金龙哲 汪 澍 编著

安全生产典型技术

ANQUAN SHENGCHAN
DIANXING JISHU

U0231289

化学工业出版社

·北京·

安全生产是企业发展的根本保证，是企业管理的重点，更是各级政府和生产经营单位的基础工作。本书从国内外安全新技术、新理论出发，全面介绍各种典型和重要的安全生产技术手段，内容包括电气与机械设备安全技术、危险化学品安全技术、油气储运安全技术、矿山安全技术、交通运输安全技术、建筑安全技术、职业危害控制技术等，涵盖电气与机械设备、危险化学品、油气储运、矿山、交通、建筑、职业危害等行业领域，满足读者实际需要。

　　本书具有科学性、系统性、参考价值高等特点，可作为企业安全生产培训教材，也可作为企业安全生产管理的管理者、技术人员、安全员等专业人员的参考书，还可供高校相关专业作为教学参考书和教材使用。

图书在版编目（CIP）数据

安全生产典型技术/金龙哲，汪澍编著 . —北京：化学工业出版社，2018.5
ISBN 978-7-122-31746-9

Ⅰ.①安… Ⅱ.①金… ②汪… Ⅲ.①安全生产 Ⅳ.①X93

中国版本图书馆 CIP 数据核字（2018）第 050122 号

责任编辑：朱　彤　　　　　　　　　　文字编辑：王　琪
责任校对：宋　玮　　　　　　　　　　装帧设计：刘丽华

出版发行：化学工业出版社（北京市东城区青年湖南街 13 号　邮政编码 100011）
印　　装：北京科印技术咨询服务有限公司数码印刷分部
787mm×1092mm　1/16　印张 14¾　字数 401 千字　2019 年 1 月北京第 1 版第 1 次印刷

购书咨询：010-64518888　　售后服务：010-64518899
网　　址：http://www.cip.com.cn
凡购买本书，如有缺损质量问题，本社销售中心负责调换。

定　　价：68.00 元
版权所有　违者必究

前言

当今国际社会，安全科学已成为重要生产力之一。近10年来，安全科学与工程学科得到了国家、产业部门和全社会的高度重视，尤其是2011年安全科学与工程（0837）新增为研究生教育一级学科，确立了安全科学在学科领域和科学界的重要位置，为安全科学的长足健康发展提供了有力保障。

安全科学与工程学科属于典型的交叉综合学科，研究范畴涉及理、工、文、管、法、医等多个领域，单是工程领域又可分为化工、建筑、交通、矿山、机电等多个行业分支，并具有各自不同的特点。高速发展的科技和社会经济更对安全专业人才的培养提出了新的挑战和更高的要求。近年来安全工程学科评估、专业认证的经验也表明，安全本科人才的培养，除了教授安全学科理论基础，还应立足于各行业实际安全问题、典型安全技术手段等，结合实践类课程，让读者对安全这一交叉学科有更多了解和直观认识，从而形成较为系统的安全观和方法论，成为拥有深厚的安全学科基础理论、宽广的安全专业知识和具有多种能力的创新型高级人才，更好地适应社会发展需要。

目前，国内提出了"大安全"学科建设模式，通过安全工程专业本科乃至研究生教育，使毕业生掌握适用于各个行业、各类组织的通用安全科学理论和实务处理方法，适应广阔就业市场的需求，为改善各行业生产与运行过程中的安全问题服务。

编者从培养安全工程专业通用型人才出发，立足于宽口径、重实践的人才培养模式，结合编者近年来的教学、科研经验，进一步梳理和完善了安全生产技术体系和内容，提取典型行业领域的实用安全技术，编写了本书，内容兼顾基础性和实用性，涵盖电气与机械设备、危险化学品、油气储运、矿山、交通、建筑、职业危害等方面，具有一定的深度和广度，可作为高等院校安全工程类本科或研究生教学专业教材，也可作为不同行业安全技术和安全管理从业人员学习和参考用书。

本书由北京科技大学金龙哲、汪澍编著，国家安全生产专家何学秋教授主审。全书共7章，张甜、刘建、欧盛南、高娜参与3部分章节的编写。

前言

此外，孙振超、申义德、卢尧、李玉丹、何生全、宋重阳、王可伟、马韵彤、朱洪民、王洋、李雅阁、牛小萌等人参与了本书的资料整理和搜集工作。

由于作者学术水平和经验等方面的局限，书中不足之处在所难免，恳请读者批评指正！

编著者
2018 年 6 月

目录

CONTENTS

第1章
电气与机械设备安全技术

1.1 电气安全技术

1.1.1 电气安全基础

1.1.1.1 电气事故

(1) 电气事故类型 电气事故是电能非正常地作用于人体或系统而造成的安全事故。按照灾害形式,电气事故可分为人身事故、设备事故、火灾事故和爆炸事故等。按照电路情况,电气事故可分为短路事故、断路事故、接地事故和漏电事故等。按照电能的不同作用形式,电气事故可分为触电伤害事故、电气系统故障事故、电气火灾爆炸事故、雷电灾害事故、静电危害事故和电磁场危害事故等。

① 触电伤害事故 触电伤害事故是电流通过人体时,由电能造成的人体伤害事故。触电事故可分为电击和电伤两大类。

a. 电击 电击是电流通过人体,刺激机体组织,使肌肉非自主地发生痉挛性收缩而造成的生理伤害,严重时会损害人体的心脏、肺部、神经系统,甚至危及生命。绝大部分触电事故是由电击造成的。电击对人体的伤害程度不但与通过人体电流的强度、种类、持续时间及人体状况等多种因素有关,还与电流流经人体的路径有关,尤其是与经过心脏附近电流比例有关。例如,由于人的心脏在左侧,因此,有左手参与的触电其危险性要高于人体其他部位触电。

b. 电伤 电伤是电流的热效应、化学效应、机械效应等对人体所造成的伤害。电伤包括电烧伤、电烙印、皮肤金属化、机械性损伤、电光眼等多种伤害。能够形成电伤的电流通常比较大。电伤属于局部伤害,多见于机体的外部,往往在机体表面留下明显的伤痕,其危险程度取决于受伤面积、受伤深度、受伤部位等。

② 电气系统故障事故 电气系统故障事故是电能在输送、分配、转换过程中失去控制而产生的会导致人员伤亡及重大财产损失的事故。例如,断线、短路、异常接地、漏电、误合闸、误掉闸、电气设备或电气元件损坏、电子设备受电磁干扰而发生误动作等。电气系统故障危害主要体现在两方面。

a. 异常带电 电气系统中,原本不带电的部分因电路故障而异常带电,可导致触电事故和设备损毁事故的发生。例如,电气设备因绝缘不良使其金属外壳带电,高压电路故障接地时在接地处附近呈现出较高的跨步电压。

b. 异常停电 如果某些大型电气设备或线路发生故障,可能造成公用电网系统波动,甚至电网解裂等重大事故。例如,大型起重吊装设施触及系统高压电网,造成接地或短路事故,引起系统变电站掉闸,区域供电停止,甚至系统电网瘫痪。

③ 电气火灾爆炸事故 电气火灾爆炸事故是由电气引燃源引发的火灾和爆炸事故。各种电气设备在使用过程中出现短路、散热不良或灭弧失效等问题时，可能产生高温、电火花或电弧放电等引燃源，引燃易燃、易爆物品，造成火灾和爆炸事故。电力变压器、多油断路器等电气设备本身就存在较大的火灾和爆炸危险。开关、熔断器、插座、照明器具、电热器具、电动机等也可能引起火灾和爆炸。在火灾和爆炸事故中，电气火灾爆炸事故占有很大比例。随着电气设备在工农业生产和家庭生活中的广泛使用，电气引发的火灾比例大幅度增加，电气安全在防火防爆中的重要性日渐凸现。

④ 雷电灾害事故 雷电灾害事故是由雷电放电造成的事故。雷电放电具有电流大（数十千安至数百千安）、电压高（数百万伏至数千万伏）、温度高（可达2万摄氏度）的特点，释放出的能量可能产生极大的破坏力。

⑤ 静电危害事故 静电危害事故是由静电放电引起的事故。静电放电具有电压高（数万伏至数十万伏）、出现范围广等特点。在生产工艺过程中，材料的相对运动、接触与分离等原因均能产生静电。

⑥ 电磁场危害事故 电磁场危害即射频危害，是由电磁场能量造成的事故。人体在电磁场辐射下会受到不同程度的伤害。过量的辐射可引起中枢神经系统的机能障碍，出现神经衰弱症候群等临床症状，可造成植物神经紊乱，出现心率或血压异常；高强度的电磁场会影响一些电磁敏感元器件的正常使用。

(2) 电气事故的特点

① 电气事故危害严重 电气事故往往会造成重大的经济损失，甚至还可能造成人员的伤亡。例如，电能直接作用于人体时，会造成电击或电伤，严重时致人死亡；电能脱离正常的通道时，会形成漏电、接地或短路，成为火灾、爆炸的起因；冶炼高炉等大型设备异常停电时，可能产生大量残次产品；大规模停电时，可能在人员密集场所形成群死群伤事故，甚至导致城市交通、通信、航空等关系国计民生的系统瘫痪，损失无法估算。

② 直观识别电气事故难度大 由于电看不见、听不见、嗅不着，本身不具备容易被人们直观识别的特征，所以电气事故不易被人们理解和察觉，才会发生诸如攀爬高压电气设施、静电引起煤气爆炸等事故。因此，落实电气安全措施，首先要提高人们的电气安全认知水平。

③ 发生电气事故的环境条件复杂 电气设备可能使用在各种复杂环境中，包括高温高压环境，如火电厂的锅炉、汽轮机、压力容器和热力管道等，易燃易爆和有毒物品环境，如燃煤、燃油、强酸、强碱、制氢、制氧系统、变压器油和电容器油、绝缘用橡胶等。电气事故的发生环境相当复杂，本身潜藏着很多不安全因素，危险性大，这些都对人身安全构成了威胁。

④ 预防电气事故的综合性强 电气事故的预防，既要有技术上的措施，又要有管理上的保证，这两方面是相辅相成的。在技术方面，预防电气事故是一项综合性学科，不仅涉及电学，还要同物理学、力学、化学、生物学、医学等的知识综合起来进行研究。在管理方面，预防电气事故主要是引进安全系统工程的理论和方法，健全和完善各种电气安全组织管理措施。大量电气事故表明，出现电气事故的主要原因是安全组织措施不健全和安全技术措施不完善。因此，预防电气事故需要综合、配套的技术和管理措施。

1.1.1.2 电流对人体的作用

电流通过人体，会令人产生发麻、刺痛、压迫、打击等感觉，还会使人出现痉挛、血压升高、昏迷、心律不齐、窒息、心室颤动等症状，严重时导致死亡。

电流对人体伤害的程度与通过人体电流的大小、电流通过人体的持续时间、电流通过人体的途径、电流的种类等多种因素有关。而且，上述各个影响因素相互之间，尤其是电流大小与通电时间之间，也有着密切的联系。

(1) 伤害程度与电流大小的关系 通过人体的电流越大，人体的生理反应越明显，伤害越严重。对于工频交流电，按通过人体的电流强度的不同以及人体呈现的反应不同，将作用于人体的电流划分为三级。

① 感知电流和感知阈值 感知电流是指电流流过人体时可引起感觉的最小电流。不同的人，感知电流值是不同的。就平均值（概率 50%）而言，成年男性感知电流约为 1.1mA（有效值，下同）；成年女性约为 0.7mA。相对于群体而言，感知电流的最小值称为感知阈值。感知阈值可按 0.5mA 考虑，并且与时间因素无关。感知电流一般不会对人体造成伤害，但可能因不自主反应导致由高处跌落等二次事故。

② 摆脱电流和摆脱阈值 摆脱电流是指人在触电后能够自行摆脱带电体的最大电流。超过摆脱电流时，人体受刺激肌肉收缩或中枢神经失去对手的正常指挥作用，导致无法自主摆脱带电体。不同的人，摆脱电流值是有差异的。就平均值（概率 50%）而言，成年男性摆脱电流约为 16mA，成年女性约为 10.5mA，儿童的摆脱电流较成人要小。相对于正常群体而言，摆脱电流的最小值称为摆脱阈值，由此可见，摆脱阈值约为 10mA。成年男性最小摆脱电流约为 9mA，成年女性最小摆脱电流约为 6mA。

③ 室颤电流和室颤阈值 室颤电流是指引起心室颤动的最小电流。不同的人，室颤电流的大小是不同的。相对于正常群体而言，最小的室颤电流被定义为室颤阈值。由于心室颤动几乎终将导致死亡，因此，可以认为，室颤电流即致命电流。室颤电流与电流持续时间关系密切。当电流持续时间超过心脏周期时，室颤电流仅为 50mA 左右；当电流持续时间短于心脏周期时，室颤电流为数百毫安。当电流持续时间短于 0.1s 时，只有电击发生在心脏易损期，500mA 以上甚至数安的电流才能够引起心室颤动。

(2) 伤害程度与电流持续时间的关系 通过人体电流的持续时间越长，越容易引起心室颤动，危险性就越大。这主要是因为以下几点。

① 能量积累 电流持续时间越长，能量积累越多，心室颤动电流减小，使危险性增加。

② 与心脏易损期重合的可能性增大 电流持续时间越长，与心脏易损期重合的可能性就越大，电击的危险性就越大。

③ 体电阻下降 电流持续时间越长，人体电阻因皮肤发热、出汗等原因而降低，使通过人体的电流进一步增加，危险性也随之增加。

(3) 伤害程度与电流途径的关系 电流总是从电阻最小的途径通过，所以触电情况不同，电流通过人体的主要途径也不同，对人体造成伤害的程度也不同。电流通过心脏会引起心室颤动，电流较大时会使心脏停止跳动，从而导致血液循环中断而死亡；电流通过中枢神经或有关部位，会引起中枢神经严重失调导致死亡；电流通过头部会使人昏迷，或对脑组织产生严重损害而导致死亡；电流通过脊髓，会使人瘫痪等。

上述伤害中，以心脏伤害的危险性为最大。因此，流经心脏的电流大、电流路线短的途径是危险性最大的途径。由于人的心脏在左侧，因此，有左手参与的触电其危险性要高于人体其他部位触电。

1.1.1.3 触电急救

人触电以后，会出现神经麻痹、呼吸困难、血压升高、昏迷、痉挛等现象，直至呼吸中断、心脏停搏，救助不及时可能导致死亡。现场抢救触电者的原则是八字方针：迅速、就地、准确、坚持。触电急救的第一步是使触电者迅速脱离电源，第二步是现场救护。

(1) 脱离电源 电流对人体的作用时间越长，对生命的威胁越大。所以，触电急救的关键是首先要使触电者迅速脱离电源。

① 脱离低压电源的方法 脱离低压电源的方法可用"拉""切""挑""拽""垫"五字来概括。救护人员应根据触电现场的具体情况，选择最恰当的方法。

"拉"是指就近拉开电源开关、拔出插销或磁插保险。

"切"是指用带有绝缘手柄的利器切断电源线。当电源开关、插座或磁插保险距离触电现场较远时，可用带有绝缘手柄的电工钳或有干燥木柄的斧头、铁锹等利器将电源线切断。

"挑"是指如果导线搭落在触电者身上或压在身下，这时可用干燥的木棒、竹竿等挑开导线或用干燥的绝缘绳套拉导线或触电者，使之脱离电源。

"拽"是指可以戴上手套或在手上包缠干燥的衣服、围巾、帽子等绝缘物品拖拽触电者，使之脱离电源。

"垫"是指如果触电者由于痉挛手指紧握导线或导线缠绕在身上，可先用干燥的木板塞进触电者身下使其与地绝缘来隔断电源，然后再采取其他办法切断电源。

② 脱离高压电源的方法 由于高压装置的电压等级高，一般绝缘材料无法保证救护人员的安全，而且高压电源开关距离现场较远，不便拉闸。因此，使触电者脱离高压电源的方法与脱离低压电源的方法有所不同，通常的做法如下。

a. 立即打电话通知有关供电部门拉闸停电。

b. 如电源开关离触电现场不太远，则可戴上绝缘手套，穿上绝缘靴，拉开高压断路器，或用绝缘棒拉开高压跌落保险以切断电源。

c. 向架空线路抛挂裸金属软导线，人为造成线路短路，迫使继电保护装置动作，从而使电源开关跳闸。抛挂前，将短路线的一端先固定在铁塔或接地引线上，另一端系重物。抛掷短路线时，应注意防止电弧伤人或断线危及人员安全，也要防止重物砸伤人。

d. 如果触电者触及断落在地上的带电高压导线，且尚未确证线路无电之前，救护人员不可进入断线落地点 8～10m 的范围内，以防止跨步电压触电。进入该范围的救护人员应穿上绝缘靴或临时双脚并拢跳跃地接近触电者。触电者脱离带电导线后，应迅速将其带至 8～10m 以外并立即开始触电急救。只有在证实线路已经无电后，方可在触电者离开触电导线后就地急救。

(2) 现场救护 触电者脱离电源后，应立即就地进行抢救。在现场施行正确的救护的同时，派人通知医务人员到现场，并做好将触电者送往医院的准备工作。根据触电者受伤害的轻重程度，现场救护有以下几种抢救措施。

① 触电者未失去知觉的救护措施 如果触电者所受的伤害不太严重，神志尚清醒，只是心悸、头晕、出冷汗、恶心、呕吐、四肢发麻、全身乏力，甚至出现昏迷，但未失去知觉，则应让触电者在通风暖和的场所静卧休息，并派人严密观察，同时请医生前来或送往医院诊治。

② 触电者已失去知觉（心肺正常）的抢救措施 如果触电者已失去知觉，但呼吸和心跳尚正常，则应使其舒适地平卧，解开衣服以利呼吸，四周不要围观人，保持空气流通。冷天时应注意保暖，同时立即请医生前来或送往医院诊治。若发现触电者呼吸困难或心跳失常，应立即施行人工呼吸或胸外心脏按压。

③ 对"假死"者的急救措施 如果触电者呈现"假死"（即所谓电休克）现象，则可能有三种临床症状：一是心跳停止，但尚能呼吸；二是呼吸停止，但心跳尚存（脉搏很弱）；三是呼吸和心跳均已停止。

当判定触电者呼吸和心跳停止时，应立即采用心肺复苏法就地抢救。所谓心肺复苏法就是通畅气道、口对口（鼻）人工呼吸、胸外按压（人工循环）三项支持生命的基本措施。

1.1.2 直接接触电击防护

直接接触电击是指人体直接接触到带电部分而引起的电击。直接接触电击的基本防护原则是：应当使危险的带电部分不会被有意或无意地触及。最常见的直接接触电击的防护措施包括绝缘、屏护和间距。这些措施的主要作用是防止人体触及或过分接近带电体造成触电事故，以及防止短路、故障接地等电气事故。

(1) 绝缘　绝缘是指利用绝缘材料对带电体进行封闭和隔离，使电流按照确定的线路流动，防止出现电气短路、触电事故的电气安全措施。良好的绝缘是电气系统正常运行的基本保证。工程上常用的绝缘材料的电阻率一般都不低于 $1 \times 10^7 \Omega \cdot m$。根据材料的物理状态，绝缘材料一般分为三类。

① 气体绝缘材料　常用的气体绝缘材料有空气、氮气、氢气、二氧化碳和六氟化硫（SF_6）等。例如，架空高压输电线路的对地绝缘，除了采用绝缘子，还需要利用空气作为绝缘介质。六氟化硫（SF_6）作为性能优良的气体绝缘介质，广泛用于高压断路器等电气设备中。

② 液体绝缘材料　常用的液体绝缘材料有从石油中提炼的绝缘矿物油，十二烷基苯、聚丁二烯、硅油、三氯联苯等合成油，以及蓖麻油等。例如，在变压器、电容器和电缆中使用的均是液体绝缘材料。

③ 固体绝缘材料　常用的固体绝缘材料有树脂绝缘漆纸和纸板等绝缘纤维制品，漆布、漆管和绑扎带等绝缘浸渍纤维制品，绝缘云母制品，电工用薄膜、复合制品和黏带，电工用层压制品，电工用塑料和橡胶，钢化玻璃、陶瓷和环氧树脂等。固体绝缘材料同时具有绝缘和支撑作用，在电气系统中使用最广泛。

(2) 屏护和间距　屏护和间距是最为常用的安全防护措施之一。从防止电击的角度而言，屏护和间距属于防止直接接触电击的安全措施。此外，屏护和间距还是防止短路、故障接地等电气事故的安全措施之一。

① 屏护　屏护是一种对电击危险因素进行隔离的手段，即采用遮栏、护罩、护盖、箱匣等将危险的带电体同外界隔离开来，以防止人体触及或接近带电体所引起的触电事故。屏护还起到防止电弧伤人、防止弧光短路、保护电气设备不受机械损伤和便于检修的作用。

为保证屏护装置的有效性，须满足如下的条件。

a. 屏护装置所用材料应有足够的机械强度和良好的耐火性能。为防止因意外带电而造成触电事故，对金属材料制成的屏护装置必须实行可靠的接地或接零。

b. 屏护装置应有足够的尺寸，与带电体之间应保持必要的距离。遮栏高度不应低于 1.7m，下部边缘离地不应超过 0.1m，网眼遮栏与带电体之间的距离不应小于表 1-1 所示的距离。户内栅遮栏的高度不应小于 1.2m，户外不应小于 1.5m，栏条间距离不应大于 0.2m。对于低压设备，遮栏与裸导体之间的距离不应小于 0.8m。户外变配电装置围墙的高度一般不应小于 2.5m。

表 1-1　网眼遮栏与带电体之间的距离

额定电压/kV	<1	10	20~30
最小距离/m	0.15	0.35	0.6

c. 遮栏、栅栏等屏护装置上应有"止步，高压危险"等标志。

d. 必要时应配合采用声光报警信号和联锁装置。

② 间距　间距是指带电体与地面之间、带电体与其他设备和设施之间、带电体与带电体之间必要的最小空间距离。间距的作用是防止人体触及或接近带电体造成触电事故；避免车辆或其他器具碰撞或过分接近带电体造成事故；防止火灾、过电压放电及各种短路事故，以及方便操作。在间距的设计选择时既要考虑安全的要求，同时也要符合人机工程学的要求。不同电压等级、设备类型、安装方式、周围环境等对间距的要求也不同。

a. 线路间距　架空线路导线在弧度最大时与地面或水面的距离不应小于表 1-2 所示的距离。

表 1-2　架空线路导线与地面或水面的最小距离

线路经过地区	最小距离/m		
	<1kV	1～10kV	35kV
居民区	6	6.5	7
非居民区	5	5.5	6
不能通航或浮运的河、湖（冬季水面）	5	5	—
不能通航或浮运的河、湖（50年一遇的洪水水面）	3	3	—
交通困难地区	4	4.5	5
步行可以到达的地区	3	4.5	5
步行不能到达的山坡、峭壁或岩石	1	1.5	3

在未经相关管理部门许可的情况下，架空线路不得跨越建筑物。架空线路与有爆炸、火灾危险的厂房之间应保持必要的防火间距，且不应跨越具有可燃材料屋顶的建筑物。架空线路导线与建筑物的最小距离见表 1-3。

表 1-3　架空线路导线与建筑物的最小距离

项目	最小距离/m		
	≤1kV	10kV	35kV
垂直距离	2.5	3.0	4.0
水平距离	1.0	1.5	3.0

架空线路导线与街道树木、厂区树木的最小距离见表 1-4。架空线路导线与绿化区树木、公园树木的最小距离为 3m。

表 1-4　架空线路导线与街道树木、厂区树木的最小距离

项目	最小距离/m		
	≤1kV	10kV	35kV
垂直距离	1.0	1.5	3.0
水平距离	1.0	2.0	—

b. 用电设备间距　常用电器开关的安装高度为 1.3～1.5m，开关手柄与建筑物之间应保留 150mm 的距离，以便于操作。墙用开关距离地面高度可取 1.4m。明装插座距离地面高度可取 1.3～1.8m，暗装插座距离地面高度可取 0.2～0.3m。明装车间低压配电箱底口距离地面高度可取 1.2m，暗装车间低压配电箱底口距离地面高度可取 1.4m。明装电能表板底口距离地面高度可取 1.8m。

c. 检修间距　低压操作时，人体及其所携带工具与带电体之间的距离不得小于 0.1m。高压作业时，各种作业类别所要求的最小距离见表 1-5。

表 1-5　各种作业类别所要求的最小距离

类别	最小距离/m	
	10kV	35kV
无遮栏作业，人体及其所携带工具与带电体之间[①]	0.7	1.0
无遮栏作业，人体及其所携带工具与带电体之间，用绝缘杆操作	0.4	0.6
线路作业，人体及其所携带工具与带电体之间[②]	1.0	2.5
带电水冲洗，小型喷嘴与带电体之间	0.4	0.6
喷灯或气焊火焰与带电体之间[③]	1.5	3.0

① 距离不足时，应装设临时遮栏。

② 距离不足时，邻近线路应当停电。

③ 火焰不应喷向带电体。

d. 置于伸臂范围之外　置于伸臂范围之外的防护是一种只用于防止人员无意识地触及电气装置带电部分的防护措施。在伸臂范围以内，不允许出现可同时触及的不同电位的部分。通常如果两个部分之间的间隔不超过 2.5m，则认为两个部分可同时触及。

由于伸臂范围值是指无其他帮助物（例如工具或梯子）的赤手直接接触范围，因此，在正常情况下手持大的或长的导电物体的情形，计算伸臂距离时应加上物品的尺寸。

1.1.3　间接接触电击防护

1.1.3.1　IT 系统

（1）IT 系统的安全原理　IT 系统即保护接地系统，是指电源中性点不接地而设备外露可导电部分接地的配电系统。当 IT 系统只有一台设备发生接地漏电故障（一次故障）时，IT 系统便与大地产生了电导性联系，见图 1-1。设备漏电流经设备接地极进入大地，经线路对地电容 C 回到其他两根相线，同时，发生故障的相线仍会有一定的电流经对地电容 C 进入大地。利用戴维南定理可获得如图 1-2 所示等效电路图，其中 Z_C 为每根相线与大地之间电容 C 的容抗（$Z_C = 1/2\pi fC$）。

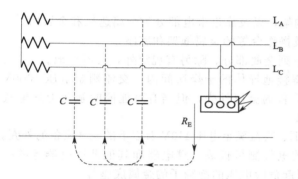

图 1-1　IT 系统单一故障状态对地电压

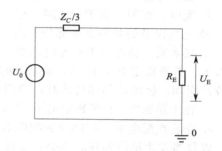

图 1-2　IT 系统重复接地的等效电路图

由图 1-2 可知，IT 系统发生接地故障后，设备外壳对地电压为：

$$U_E = \frac{R_E}{|R_E + Z_C/3|} U_0 = \frac{R_E}{\left| R_E + j\,\dfrac{1}{6\pi fC} \right|} U_0 \tag{1-1}$$

电缆与地之间的电容受架设方式、线缆类型等多种因素影响，其大小从 $1 \times 10^{-3}\mu F/km$ 到 $1 \times 10^{-1}\mu F/km$ 量级不等，容抗从数千欧姆每千米到数百千欧姆每千米。考虑电容较大情况，每根相线与地之间电容取 $0.2\mu F/km$，其相应容抗为 $16k\Omega/km$。假设电源与设备距离 2km，则每根相线对地容抗 Z_C 为 $8k\Omega$。保护接地电阻 R_E 取 4Ω，则发生碰壳故障后设备外壳对地电压为：

$$U_E = \frac{R_E}{\left| R_E + \dfrac{1}{3}Z_C \right|} U_0 = \frac{4}{\left| 4 - \dfrac{1}{3} \times 8 \times 10^3 j \right|} \times 220V = 0.33V$$

IT 系统设备发生接地漏电故障后，设备外壳对地电压非常低，远小于相对安全电压 50V。

从电流角度而言，也可以说明保护接地的作用。当 IT 系统发生漏电故障后，如果此时人触摸设备，其等效电路图如图 1-3 所示。

由于系统线路容抗 Z_C 会远大于保护接地电阻与人体电阻的并联值，因此 IT 系统发生漏电故障后，系统的总漏电流 I_L 主要取决于线路容抗，而与接地电阻 R_E 及人体电阻 R_t 关系不大，因此有：

$$I_L \approx \frac{U_0}{\left| \dfrac{1}{3}Z_C \right|} = \frac{3U_0}{|Z_C|} = 6\pi fCU_0$$

若 $Z_C = 8\text{k}\Omega$，$R_E = 4\Omega$，$R_t = 1000\Omega$，系统总漏电流为：

$$I_L = \frac{3U_0}{|Z_C|} = \frac{3 \times 220\text{V}}{8 \times 10^3 \, \Omega} = 82.5\text{mA}$$

如果没有保护接地，上述电流将全部经过人体，大于人体室颤阈 50mA，具有致命危险。采用保护接地后，由图 1-3 可知，流经人体电流为：

$$I_t = \frac{R_E}{|R_E + R_t|} I_L = \frac{4\Omega}{|4\Omega + 1000\Omega|} \times 82.5\text{mA} = 0.33\text{mA}$$

这样的电流经过人体，人是感觉不到的，更不会有什么危险。

（2）IT 系统的应用范围

① 各种不接地配电网　保护接地适用于各种不接地配电网，包括交流不接地配电网和直流不接地配电网，也包括低压不接地配电网和高压不接地配电网。它们主要包括以下几方面。

a. 电机、变压器、电器、携带式或移动式用电器具的金属底座和外壳。

b. 电气设备的传动装置。

c. 屋内外配电装置的金属或钢筋混凝土构架，以及靠近带电部分的金属遮栏和金属门。

d. 配电、控制、保护用的屏（柜、箱）及操作台等的金属框架和底座。

② 电气设备的某些金属部分　电气设备下列金属部分，除另有规定外，可不接地。

a. 在木质、沥青等不良导电地面，无裸露接地导体的干燥房间内，交流额定电压 1000V 及以下、直流额定电压 1500V 及以下的电气设备的金属外壳，但当有可能同时触及上述电气设备外壳和已接地的其他物体时，则仍应接地。

b. 在干燥场所，交流额定电压 127V 及以下、直流额定电压 110V 及以下的电气设备的外壳。

c. 安装在配电屏、控制屏和配电装置上的电气测量仪表、继电器和其他低压电器等的外壳，以及当发生绝缘损坏时不会在支持物上引起危险电压的绝缘子的金属底座等。

d. 安装在已接地金属框架上的设备，如穿墙套管等（但应保证设备底座与金属框架接触良好）。

e. 额定电压 220V 及以下的蓄电池室内的金属支架。

f. 由发电厂、变电所和工业、企业区域内引出的铁路轨道。

g. 与已接地的机床、机座之间有可靠电气接触的电动机和电器的外壳。

此外，木结构或木杆塔上方的电气设备的金属外壳一般也不必接地。

1.1.3.2　TT 系统

（1）TT 系统的安全原理　与 IT 系统的配电网不同，TT 系统的电源中性点接地。如图 1-4 所示，TT 系统保护接地的基本原理是限制故障设备外壳或零线对地电压在安全预期接触电压内。因为有工作接地，TT 系统具有较好的过压防护性能。

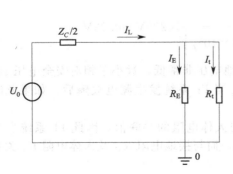

图 1-3　IT 系统保护接地的等效电路图

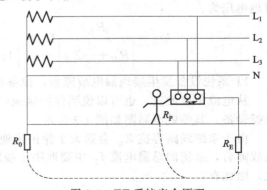

图 1-4　TT 系统安全原理

接地的配电网中发生单相电击时，人体承受的电压接近相电压。即在接地的配电网中，如果电气设备没有采取任何防止间接接触电击的措施，则漏电时触及该设备的人所承受的接触电压可能接近相电压，其危险性大于不接地的配电网中单相电击的危险性。

一方面，TT 系统如有一相漏电，则故障电流主要经接地电阻 R_E 和工作接地电阻 R_0 构成回路。在一般情况下，$R_0 \ll R_P$，$R_E \ll R_P$，漏电设备对地电压和零线对地电压分别为：

$$U_E \approx \frac{R_E}{R_0 + R_E} U$$
$$U_N \approx \frac{R_0}{R_0 + R_E} U$$

$$(1\text{-}2)$$

显然，$U_N + U_E = U$，且 $U_E / U_N = R_E / R_N$。与没有接地相比，漏电设备上对地电压有所降低，但零线上却产生了对地电压。而且，由于 R_E 和 R_N 同在一个数量级，二者都可能远远超过安全电压，人触及漏电设备或触及零线都可能受到致命的电击。

另一方面，由于故障电流主要经 R_E 和 R_0 构成回路，如忽略带电体与外壳之间的电阻，其大小为：

$$I_E \approx \frac{1}{R_0 + R_E} U$$

$$(1\text{-}3)$$

由于 R_E 和 R_0 都是欧姆级的电阻，因此，I_E 不可能太大。这种情况下，一般的过电流保护装置不起作用，不能及时切断电源，使故障长时间延续下去。例如，当 $R_E = R_0 = 4\Omega$ 时，故障电流只有 27.5A，能与之相适应的过电流保护装置是十分有限的。

（2）TT 系统的应用范围　一般情况下不能采用 TT 系统。在采用其他防止间接接触电击的措施确有困难且土壤电阻率较低的情况下，如果采用 TT 系统，必须同时采取快速切断接地故障的自动保护装置或其他防止电击的措施，并保证零线没有电击的危险。

鉴于 TT 系统设备故障引起的触电危险传播范围小，尤其对安全管理要求低等优点，TT 系统更适合低压公共用电。对于不便于统一管理的城市与农村居民散户用电，选用 TT 系统最为合适。

1.1.3.3　TN 系统

（1）TN 系统的分类　TN 系统分为 TN-S、TN-C 和 TN-C-S 三种方式，如图 1-5 所示。TN-S 系统是指保护零线与工作零线完全分开的接零系统。TN-C 系统是指干线部分保护零线与工作零线完全共用的接零系统。TN-C-S 系统是指干线部分保护零线是与工作零线共用的接零系统。

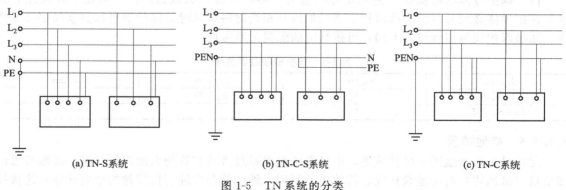

(a) TN-S系统　　　　　(b) TN-C-S系统　　　　　(c) TN-C系统

图 1-5　TN 系统的分类

（2）TN 系统的安全原理　中性点接地的三相四线制配电网的 TN 保护接零原理如图 1-6 所示。当某相带电部分碰到设备外壳（即外露导电部分）时，通过设备外壳形成该相对零线的单相短路，短路电流 I_d 能促使线路上的短路保护元件（如低压断路器或熔断器）迅速动作，断开故障部分设备的电源，缩短短路持续时间，消除电击危险。

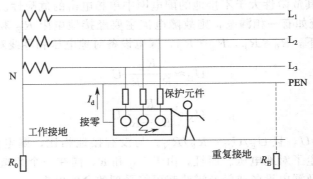

图 1-6　保护接零原理

（3）TN 系统的应用范围　TN 系统对安全管理要求高，原则上应当用于有统一部门或专业人员进行管理的企事业单位，不适合无法进行统一管理的城市及农村居民公共用电。TN-S 系统可用于有爆炸危险、火灾危险性较大或安全要求较高的场所，宜用于独立附设变电站的车间。TN-C 系统可用于无爆炸危险、火灾危险性不大、用电设备较少、用电线路简单且安全条件较好的场所。TN-C-S 系统宜用于厂内设有总变电站、厂内低压配电的场所及民用楼房。

目前，我国许多地区的企业及居民用电采用 TN-C-S 系统，而有关标准明确规定建筑施工现场临时用电必须采用独立变压器供电的 TN-S 系统。需要说明的是，鉴于 TN 系统的种种缺陷，许多国家和地区已开始转向推广 TT 系统，限制 TN 系统的使用范围。

1.1.3.4　保护导体

保护导体是指保护接地线、保护接零线、等电位连接线及与其相连接的不用作正常电流回路的导体。如果保护导体出现断开或缺陷，不仅可能导致触电事故，还可能导致电气火灾和设备损坏，因此，必须保证保护导体的可靠连接。

（1）保护导体的组成　保护导体分为人工保护导体和天然保护导体。

交流电气设备应优先利用自然导体作保护导体。例如，建筑物的金属结构（梁、柱等）及设计规定的混凝土结构内部的钢筋等均可用作自然保护导体。在低压系统中，还可利用不输送可燃液体或气体的金属管道作保护导体。在非爆炸危险环境，如自然保护导体有足够的截面积，可不再另行敷设人工保护导体。

（2）保护导体的截面积　为满足导电能力、热稳定性、机械稳定性、耐化学腐蚀性的要求，保护导体必须有足够的截面积。当保护线与相线材料相同时，保护线可以直接按表 1-6 选取，如果保护线与相线材料不同，可按相应的阻抗关系考虑。

表 1-6　保护零线截面选择

S_L/mm^2	S_{PE}/mm^2	S_L/mm^2	S_{PE}/mm^2
$S_L \leqslant 16$	S_L	$S_L > 35$	$S_L/2$
$16 < S_L \leqslant 35$	16		

1.1.3.5　接地装置

无论是工作接地还是保护接地，电气系统都要通过接地装置与大地进行连接。接地装置由接地极（接地体）与接地线构成。接地极是指埋入地中并与大地直接接触的金属导体；连接接地极与电气设备外露可导电部分的导线称为接地线。

（1）接地极（接地体）　接地极可分为自然接地极和人工接地极两类。

① 自然接地极　自然接地极是指与大地直接接触，可以兼作接地极的各种金属管道（输送易燃易爆液体或气体的管道除外）、建筑物钢筋框架、金属构件等。自然接地极具有与大地

接触面积大、流散电阻小、接地电阻稳定可靠等优点，还可以起到电位均衡的作用。自然接地极不容易遭受破坏，又可以减少材料及施工成本，如有可能，应尽量利用自然接地极。

② 人工接地极　人工接地极可分为垂直接地极和水平接地极，二者的选用要根据场地、施工难易程度及地质情况确定。如在一些土层较薄的地区，只有采用水平接地极才能取得较好的接地效果。人工接地极可选用镀锌钢管、角钢或扁钢，有些情况下也可选用铜材。可用作接地极的钢材最小规格见表 1-7。可用作接地极的铜材最小规格见表 1-8。

表 1-7　钢接地极最小规格

项目	室内	室外	交流回路	直流回路
圆钢直径/mm	6	8	10	12
扁钢截面积/mm²	60	100	100	100
扁钢厚度/mm	3	4	4	6
角钢厚度/mm	2	2.5	4	6
钢管厚度/mm	2.5	2.5	3.5	4.5

表 1-8　铜接地极最小规格

项目	地上	地下	项目	地上	地下
铜棒直径/mm	4	6	铜管管壁厚度/mm	2	3
铜棒截面积/mm²	10	30			

(2) 接地线　接地线是指由接地极到电气装置或设备的导线，接地线由三部分构成，包括埋入地下与接地极相连部分、接地干线（接地母线）以及与电气装置或设备相连的接地支线。

埋入土壤中的接地线可采用钢材或铜材。铝导体强度低，在地下容易腐蚀，使用寿命短，因此，地下接地线一般不采用铝材。埋入土壤中的接地线最小截面积见表 1-9。

表 1-9　埋入土壤中的接地线最小截面积

项目	铜	钢
有腐蚀保护(但没有机械防护)截面积/mm²	16	16
没有腐蚀防护截面积/mm²	25	50

人工接地线可采用钢带、钢筋，也可采用有色金属线作为接地线。尤其是与小型或移动设备连接的接地支线一般要采用有色金属线。采用钢质接地线，其最小规格尺寸可参照表 1-7。采用有色金属作为接地线，其最小规格见表 1-10。对于携带式电气设备，接地线应采用软钢绞线，其截面积不得小于 1.5mm²。

表 1-10　低压电气设备地面上外露铜、铝接地线最小面积

项目	铜	铝	项目	铜	铝
明设裸导线面积/mm²	4	6	电缆接地线或与相线包在同一护套内的接地线面积/mm²	1.0	1.5
绝缘导线面积/mm²	1.5	2.5			

(3) 接地装置的连接　接地干线与自然接地极或人工接地极在不同位置应不少于两处连接。每个电气装置或设备应采用单独接地支线与接地干线相连，严禁在一根接地线中串接几个电气设备，见图 1-7。对于特别重要或危险的电气设备，应单独设置接地线直接与接地极相连。

1.1.4　其他电击防护措施

(1) 双重绝缘和加强绝缘

① 工作绝缘　又称基本绝缘或功能绝缘，是保证电气设备正常工作和防止触电的基本绝缘，位于带电体与不可触及金属件之间。

② 保护绝缘　又称附加绝缘，是在工作绝缘因机械破损或击穿等而失效的情况下，可防止触电的独立绝缘，位于不可触及金属件与可触及金属件之间。

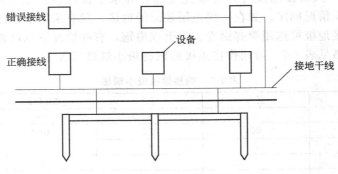

图 1-7　接地装置的连接

③ 双重绝缘　是兼有工作绝缘和附加绝缘的绝缘。

④ 加强绝缘　是基本绝缘经改进后，在绝缘强度和力学性能上具备了与双重绝缘同等防触电能力的单一绝缘，在构成上可以包含一层或多层绝缘材料。

双重绝缘和加强绝缘是在基本绝缘的基础上，通过结构和材料设计，增强绝缘性能，使之具备了直接接触电击防护和间接接触电击防护的功能。

(2) 特低电压　特低电压（旧称安全电压）又称安全特低电压，是属于兼有直接接触电击防护和间接接触电击防护的安全措施。其保护原理是：通过对系统中可能作用于人体的电压进行限制，使触电时流过人体的电流受到抑制，将触电危险性控制在安全范围内。

① 特低电压限值　特低电压限值是在任何运行条件下，允许存在于两个可同时触及的可导电部分间的最高电压值（交流为有效值，直流为无纹波直流电压值）。可以认为，限值范围内的电压在相应条件下对人是没有危害的。

② 特低电压额定值　我国国家标准规定的特低电压额定值（工频有效值）等级为 42V、36V、24V、12V 和 6V。根据使用环境、人员和使用方式等，特低电压额定值见表 1-11。

表 1-11　特低电压的等级及选用举例

安全电压（交流有效值）		选用举例
额定值/V	空载上限值/V	
42	50	在有触电危险的场所使用的手持式电动工具等，在矿井、多导电粉尘等场所使用的行灯等
36	43	在矿井、多导电粉尘等场所使用的行灯等
24	29	可供某些人体可能偶然触及的带电体的设备选用
12	15	
6	6	存在高度触电危险的环境以及特别潮湿的场所

(3) 剩余电流保护　剩余电流保护是利用剩余电流保护装置来防止电气事故的一种安全技术措施。

电气设备漏电时，将呈现出异常的电流和电压信号。剩余电流动作保护装置通过检测此异常电流或异常电压信号，经信号处理，促使执行机构动作，借助开关设备迅速切断电源。根据故障电流动作的剩余电流动作保护装置是电流型剩余电流动作保护装置，根据故障电压动作的剩余电流动作保护装置是电压型剩余电流动作保护装置。

图 1-8 是剩余电流动作保护装置的组成框图。其构成主要有三个基本环节，即检测元件、中间环节（包括放大元件和比较元件）和执行机构。其次，还具有辅助电源和试验装置。

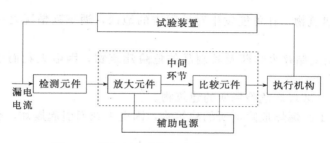

图 1-8　剩余电流动作保护装置的组成框图

（4）电气隔离　电气隔离实质上是将接地的电网转换为范围很小的不接地电网。图 1-9 是电气隔离安全原理。分析图中 a、b 两人的触电危险性可以看出：正常情况下，由于 N 线（或 PEN 线）直接接地，使流经 a 的电流沿工作接地和重复接地构成回路，电击的危险性很大；而流经 b 的电流只能沿绝缘电阻和分布电容构成回路，电击的危险性可以得到抑制。

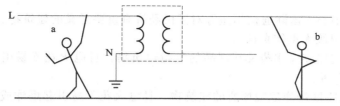

图 1-9　电气隔离安全原理

1.1.5　雷电防护

1.1.5.1　雷电防护基础知识

（1）雷击的危害　雷击是指雷云与大地之间的一次或多次放电，即对地闪击。其危害主要体现在雷电流导致的热效应、机械效应和电效应三个方面。雷击危害及影响见表 1-12。

表 1-12　雷击危害及影响

雷击对象		危害及影响
建筑物	住宅	电气装置击穿；损害通常限于暴露于雷击点或雷电流通道的对象；装设的电气、电子设备等系统失效（如电视机、计算机、电话等）
	剧院、宾馆、学校、商店	电气装置损坏（如电灯照明）很可能导致恐慌；火警失效使消防延迟
	银行、保险公司、商业公司	电气装置损坏（如电灯照明）很可能导致恐慌；火警失效使消防延迟；通信不畅、计算机失效和数据丢失所产生的问题
	医院、疗养院、监狱	电气装置损坏（如电灯照明）很可能导致恐慌；火警失效使消防延迟；特护人员问题，行动不便人员的救援困难等
	工厂	其影响取决于工厂内部物体，影响范围从轻微的损害到不可接受的损害和停产
	电信、电厂	公共服务设施不可接受的损失
	烟花厂、军火厂	火灾和爆炸危及工厂和周边四邻
	化工厂、核工厂	工厂发生火灾和故障可能给当地甚至全球环境带来不利的影响
常用服务设施	电信线路	线路的机械损伤，屏蔽层和导体的熔化；电缆和设备绝缘击穿导致直接失效，使对公众服务立即受到损失
	电力线路	使低压架空线路绝缘损坏，电缆绝缘层击穿，线路设备和变压器绝缘击穿，造成服务功能丧失
	煤气管、燃料管	非金属法兰盘衬垫的穿孔有可能造成火灾和爆炸；电气和电子控制设备受损有可能造成对公众服务的损失

（2）建筑物的防雷分类　建筑物应根据其重要性、使用性质、发生雷电事故的可能性和后果，按防雷要求分为三类。

① 第一类防雷建筑物　在可能发生对地闪击的地区，遇下列情况之一时，应划为第一类防雷建筑物。

a. 凡制造、使用或储存火炸药及其制品的危险建筑物，因电火花而引起爆炸、爆轰，会造成巨大破坏和人身伤亡者。

b. 具有 0 区或 20 区爆炸危险场所的建筑物。

c. 具有 1 区或 21 区爆炸危险场所的建筑物，因电火花而引起爆炸，会造成巨大破坏和人身伤亡者。

② 第二类防雷建筑物　在可能发生对地闪击的地区，遇下列情况之一时，应划为第二类防雷建筑物。

a. 国家级重点文物保护的建筑物。

b. 国家级的会堂、办公建筑物、大型展览和博览建筑物、大型火车站和飞机场（不含停放飞机的露天场所和跑道）、国宾馆、国家级档案馆、大型城市的重要给水泵房等特别重要的建筑物。

c. 国家级计算中心、国际通信枢纽等对国民经济有重要意义的建筑物。

d. 国家特级和甲级大型体育馆。

e. 制造、使用或储存火炸药及其制品的危险建筑物，且电火花不易引起爆炸或不致造成巨大破坏和人身伤亡者。

f. 具有 1 区或 21 区爆炸危险场所的建筑物，且电火花不易引起爆炸或不致造成巨大破坏和人身伤亡者。

g. 具有 2 区或 22 区爆炸危险场所的建筑物。

h. 有爆炸危险的露天钢质封闭气罐。

i. 预计雷击次数大于 0.05 次/a 的部、省级办公建筑物和其他重要或人员密集的公共建筑物以及火灾危险场所。

j. 预计雷击次数大于 0.25 次/a 的住宅、办公楼等一般性民用建筑物或一般性工业建筑物。

③ 第三类防雷建筑物　在可能发生对地闪击的地区，遇下列情况之一时，应划为第三类防雷建筑物。

a. 省级重点文物保护的建筑物及省级档案馆。

b. 预计雷击次数大于或等于 0.01 次/a，且小于或等于 0.05 次/a 的部、省级办公建筑物和其他重要或人员密集的公共建筑物，以及火灾危险场所。

c. 预计雷击次数大于或等于 0.05 次/a，且小于或等于 0.25 次/a 的住宅、办公楼等一般性民用建筑物或一般性工业建筑物。

d. 在平均雷暴日大于 15d/a 的地区，高度在 15m 及以上的烟囱、水塔等孤立的高耸建筑物；在平均雷暴日小于或等于 15d/a 的地区，高度在 20m 及以上的烟囱、水塔等孤立的高耸建筑物。

1.1.5.2　雷电防护系统

雷电防护系统是指用以减少雷击建（构）筑物或其附近造成的物理损害和人身伤亡的整个系统，由外部防雷装置和内部防雷装置两部分组成。

（1）外部防雷装置　外部防雷就是防直击雷（不包括防止防雷装置受到直击雷时向其他物体的反击），由接闪器、引下线和接地装置构成，利用接闪器拦截建筑物的直击雷（包括建筑物侧面的闪络），利用引下线安全引导雷电流入地，利用接地装置使雷电流入地消散，避免产生热效应或机械损坏以及危险电火花。

① 接闪器　接闪器由拦截闪击的接闪杆、接闪线（带）、接闪网以及金属屋面、金属构件

等组成，用于截收直接雷击的金属构件，大多数情况下固定在被保护的建筑物顶部，或安装在电杆（支柱）或构架上，下端要经引下线与接地装置连接。

a. 接闪杆　接闪杆保护原理是接闪杆（线）因高于被保护对象，它们的迎面先导往往开始得最早，发展得最快，最先影响雷电下行先导的发展方向，使之击向接闪杆（线），并顺利泄入地下，使处于它们周围的较低物体受到屏蔽保护而免遭雷击。

接闪杆宜采用热镀锌圆钢或钢管制成，其直径应符合表 1-13 规定；接闪杆的接闪端宜做成半球状，其最小弯曲半径宜为 4.8mm，最大弯曲半径宜为 12.7mm。

表 1-13　接闪杆直径

接闪杆	直径/mm		接闪杆	直径/mm	
	圆钢	钢管		圆钢	钢管
杆长 1m 以下	≥12	≥20	独立烟囱顶上的杆	≥20	≥40
杆长 1~2m	≥16	≥25			

注：当独立烟囱上采用热镀锌接闪环时，其圆钢直径大于或等于 12mm，扁钢截面大于或等于 100mm²，其厚度大于或等于 4mm。

b. 接闪带（线）　输电线路采用接闪线是当前应用最为广泛有效的措施，通过在输电线路的杆塔间架设裸露导线，以避免雷电击中输电线路而造成损失。架空接闪线宜采用截面不小于 50mm² 的热镀锌钢绞线或铜绞线，固定支架的高度不宜小于 150mm；明敷接闪导体固定支架的间距应满足相应的要求。

c. 接闪网　接闪网是指利用钢筋混凝土结构中的钢筋网作为雷电防护的方法，也称暗装接闪网，它以建筑物自身结构中现成的钢筋作为其组成构件，节省投资，能保持建筑物造型的完美性，全方位接闪，这些都是它的显著优点。

笼式接闪网既可以防建筑物顶部遭受雷击，又可以防建筑物侧面遭受雷击，保护被其罩住的建筑物；对雷电流产生的暂态脉冲电磁场起屏蔽作用，使进入建筑物内部的电磁干扰受到削弱；笼式接闪网也能够对雷击时产生的暂态电位升高起到电位均衡作用。

② 引下线　引下线上与接闪器连接，下与接地装置连接，其作用是把接闪器截获的雷电流引至接地装置。防雷装置的引下线应满足机械强度、耐腐蚀和热稳定的要求。引下线宜采用热镀锌圆钢或扁钢，宜优先采用圆钢。

③ 接地装置　对雷电过电压和雷电电涌的防护，总是要把雷电流传导入地，没有良好的接地装置，各种防雷措施就不能发挥令人满意的保护作用，接地装置的性能将直接决定防雷保护措施的实际效果。在泄散雷电流过程中，接地体向土壤泄散的是高幅值的快速冲击电流，其散流状况直接决定着由雷击产生的暂态低电位抬高水平，良好的散流条件是防雷可靠性和雷电安全性对接地装置的基本要求。

（2）内部防雷装置　内部防雷包括防闪电感应、防反击、防闪电电涌侵入以及提供人身安全等所有附加措施。内部雷电防护系统通过进行防雷等电位连接或与外部雷电防护系统部件的间隔距离（达到电气绝缘）来防止建筑物内部出现危险火花；安装电涌保护器可以防止雷击电磁脉冲对电子设备的损坏。

① 防雷等电位连接　防雷等电位连接是将分开的金属物体直接用连接导体或经电涌保护器连接到防雷装置上以减少雷电流引发的电位差。等电位连接可消除高电位与处于低电位的被保护建筑物或与之有联系的金属物之间的电位差，起到电位均衡的作用，避免发生电击。

② 间隔距离　为了防止雷电流流经接闪器、引下线和接地装置时产生高电位并对附近金属物或电气和电子系统线路的反击，对这种击穿反击采用间隔距离措施。间隔距离指的是两个传导部件的距离，在此距离内无危险火花产生。其作用是阻止建筑物外部雷电防护系统部件和建筑物内其他电气导电元件之间产生危险火花。间隔距离有三种组成形式：传

导部件与接闪器之间的间隔距离；传导部件与引下线之间的间隔距离；传导部件与接地装置之间的间隔距离。

③ 电涌保护器　电涌保护器是限制雷电反击、侵入波、雷电感应和操作过电压而产生的瞬时过电压和泄放电涌电流，其目的在于限制瞬时过电压和分走电涌电流的器件，它至少有一个非线性元件。电涌保护器把窜入电力线、信号传输线的瞬时过电压限制在设备或系统所能承受的电压范围内，或将强大的雷电流泄流入地，使被保护的设备或系统不会因受冲击而损坏。

1.1.5.3　人身防雷

(1) 室内人身防雷　雷电来临时，应该留在室内，首先关好门窗，防止侧击雷或球形雷进入室内。在室外工作的人员应躲入建筑物内。打雷时，家庭使用的计算机、电视、音响等弱电设备尽量不要靠近外墙，把室内用电设备的电源以及信号进行物理断开，如拔掉电气设备的电源、电话线、有线电视线、网络线等，保障财产与人身安全。

雷雨天在室内尽量少触摸金属门、接触天线、水管与水龙头、煤气管道、铁丝网、金属门窗、建筑物外墙，远离电线等带电设备或其他类似金属装置，减少使用电话和手机。

(2) 室外人身防雷　在雷电交加时，如果头、颈、身体有麻木的感觉或头发竖起，这是遭受雷击的先兆。如果在空旷的地方，应立即蹲下，双脚并拢，双手抱膝，膝盖紧贴胸部，头尽量低下去，身体其他部位不要接触地面。

高大物体易受雷击而产生旁侧闪击、接触电压和跨步电压，室外避雨要远离旗杆、电线杆、树木、高塔、烟囱等高大物体以及接闪杆与引下线。水陆交界处也是雷电高发区，应尽量离开山丘、海滨、河边、池旁。另外，雷雨天气尽量不要在旷野里行走，不要把铁锹、锄头、高尔夫球杆、金属杆的雨伞等带有金属的物体扛在肩上或高过头顶。如有条件应进入有宽大金属构架、有防雷设施的建筑物或金属壳的汽车和船只等内。不要站在高处（如山顶、楼顶等），不要接近导电性强的物体。

1.1.6　静电防护

静电是一种广泛存在于自然界、工业生产和人们日常生活中的电现象。静电的产生和积聚会产生静电电场力，并因静电放电而产生电火花，对人类生产和生活造成危害。

1.1.6.1　静电的危害

在现代工业中，静电带来的危害主要表现为引起火灾和爆炸、引起电击及引起生产故障。

(1) 静电引起火灾和爆炸　静电的能量一般都很小，但其电压很高，如在橡胶、塑料、造纸和粉碎加工等行业，静电有时可达数万伏甚至数十万伏，容易发生火花放电。如果所在场所有易燃物质，易燃物质形成爆炸性混合物后即可能引起火灾或爆炸。

静电引起火灾及爆炸危害的主要形式有：引起可燃、易燃性液体火灾或爆炸，引起某些粉尘火灾或爆炸，引起易燃性气体火灾或爆炸。

对于静电引起的火灾和爆炸，就行业性质而言，以炼油、化工、橡胶、造纸、印刷和粉末加工等行业的事故最多；就工艺种类而言，以输送、装卸、搅拌、喷射、开卷和卷绕、涂层、研磨等工艺过程的事故最多。

(2) 静电引起电击　接近静电体或带静电的人体接近接地体时，可能会遭到电击。静电引起的电击电流是由于静电放电造成的瞬间冲击性的电击，一般不会导致人员死亡，对人体的影响一般是痛感或手指麻木等，静电电击会引起人员恐慌情绪，影响正常的工作。此外，人体遭受意外电击还会引起跌倒、空中坠落或触碰设备危险部位等，造成二次事故，可能导致严重后果。

(3) 静电引起生产故障　在工业生产的某些过程中，静电会妨碍生产或降低产品质量。如在电子工业中，静电放电可以改变半导体器件的电性能，使之降级或损坏。在电子工业中，静电对电子器件的损害具有普遍性、随机性和不易察觉的特点。日本曾统计，不合格的电子器件中有45%是静电放电危害造成。在电子工业领域，全球每年因静电造成的损失高达百亿美元。

1.1.6.2　静电防护技术

根据静电产生的危害形式、现场环境条件、生产工艺和设备、产生静电的材料的性质以及发生静电危害的可能性及严重程度等因素，选择最合理的静电防护措施。

(1) 基本静电防护措施　在生产过程中，总是包含着静电产生和静电消散两个过程。设法增强静电的消散过程，可消除静电的危害。静电危害的防护主要在减少静电的产生、加快静电的消散、消除静电放电的条件、控制环境危险程度等方面采取措施。

① 减少静电的产生　工艺控制是减少静电产生的主要措施，工艺控制方法很多，应用广泛。

a. 选用适当的材料　在存在摩擦且容易产生静电的场合，生产设备宜于配备与生产物料相同的材料。在某些情况下，还可以考虑采用位于静电序列中段的金属材料制成生产设备，以减少静电的产生。

b. 限制摩擦速度或流速　限制输送速度、降低物料移动中的摩擦速度或液体物料在管道中的流速等工作参数可减少静电的产生。

允许流速与液体电阻率有着十分密切的关系。当电阻率不超过$1 \times 10^5 \Omega \cdot m$时，允许流速不超过10m/s；当电阻率在$1 \times 10^5 \sim 1 \times 10^9 \Omega \cdot m$之间时，允许流速不超过5m/s；当电阻率超过$1 \times 10^9 \Omega \cdot m$时，允许流速取决于液体性质、管道直径、管道内壁光滑程度等条件。

c. 限制非带电材料的暴露面积　带电材料在工艺过程中产生的静电电荷大部分积聚在表面，因此，限制非带电材料的暴露面积，能够有效地降低其静电电量，减轻静电危害。

② 加快静电的消散

a. 接地　接地是消除静电危害最常见的方法，主要用来消除导体上的静电。为了防止火花放电，应将可能发生火花放电的间隙跨接连通起来，并予以接地，使其各部位与大地等电位。为了防止感应静电的出现，不仅产生静电的金属部分应当接地，其他不相连接但邻近的金属部分也应接地。

b. 增湿　随着湿度的增加，绝缘体表面上形成薄薄的水膜。该水膜的厚度只有1×10^{-5}cm，其中含有杂质和溶解物质，有较好的导电性，因此，它能使绝缘体的表面电阻大大降低，能加速静电的泄漏。

允许增湿与否以及允许湿度增加的范围，需根据生产要求确定。从消除静电危害的角度考虑，保持相对湿度在70%以上较为适宜。当相对湿度低于30%时，产生的静电是比较强烈的。为防止大量带电，相对湿度应在50%以上；为了提高降低静电的效果，相对湿度应提高到65%~70%；对于吸湿性很强的聚合材料，为了保证降低静电的效果，相对湿度应提高到80%~90%。

c. 添加抗静电添加剂　抗静电添加剂是一种具有良好的导电性或较强的吸湿性的化学药剂。因此，在容易产生静电的高绝缘材料中加入抗静电添加剂之后，能降低材料的体积电阻率或表面电阻率，加速静电的泄漏，消除静电的危险。对于固体，若能将其体积电阻率降低至$1 \times 10^7 \Omega \cdot m$以下或将其表面电阻率降低至$1 \times 10^8 \Omega \cdot m$以下，即可消除静电的危险。对于液体，若能将其体积电阻率降低至$1 \times 10^8 \Omega \cdot m$以下，即可消除静电的危险。

d. 使用静电中和器　静电中和器又称静电消除器，是用来中和非导体上的静电的装置。由于静电中和器能够产生电子和离子，物料上的静电电荷得到相反极性电荷的中和，从而消除静电的危险。几种常用的静电中和器的特点和适用场所见表1-14。

表 1-14　静电中和器的特点和适用场所

静电中和器种类		特点	适用场所
外接高压电源式	通用式	消电能力强	单膜、纸、布
	送风式	作用距离远,范围较广	配管内、局部空间
	防爆式	不会成为引火源,机构较复杂	有防爆要求的场所
感应式		结构及使用简单,不易成为火源,当带电体电位在 2~3kV 以下时,难以消电	单膜、纸、布、某些粉末
放射源式		不会成为火源,要注意安全使用	密闭空间等

③ 消除静电放电的条件

a. 静电屏蔽　静电屏蔽是将接地导体（即屏蔽导体）靠近带静电体放置，以增大带静电体对地电容，降低带静电体静电电位，从而减轻静电放电的危险。应当注意到，屏蔽不能消除静电电荷。此外，屏蔽还可以减小可能的放电面积，限制放电能量，防止静电感应。

b. 结构设计　在设计和制造设备时，应避免存在易产生静电放电的条件，如在容器内避免设计细长、突出的导电性结构。

④ 控制环境危险程度　静电引起爆炸和火灾的条件之一是有爆炸性混合物存在，为了防止静电的危害，可采取以下措施控制所在环境的爆炸和火灾危险性。

a. 取代易燃介质　在许多可能产生和积累静电的工艺过程中，要用到有机溶剂和易燃液体，并由此带来爆炸和火灾的危险。在不影响工艺过程的正常运转和产品质量且经济合理的情况下，用不可燃介质代替易燃介质是防止静电引起爆炸和火灾的重要措施之一。

b. 降低爆炸性混合物的浓度　在爆炸和火灾危险环境，采用通风装置或抽气装置及时排出爆炸性混合物，使混合物的浓度不超过爆炸下限，可防止静电引起爆炸的危险。

c. 减少氧化剂含量　这种方法实质上是充填氮气、二氧化碳或其他不活泼的气体，减少气体、蒸气或粉尘爆炸性混合物中氧气的含量，氧气的含量不超过 8% 时即不会引起燃烧。

通常充填氮气或二氧化碳降低混合物的含氧量。但是，对于镁、铝、锆、钛等粉尘爆炸性混合物，充填氮气或二氧化碳是无效的，可充填氩气、氦气等惰性气体以防止爆炸和火灾。

（2）固体物料静电防护措施

① 非金属静电体或亚导体与金属导体相互连接时，其紧密接触的面积应大于 $20cm^2$。

② 架空配管系统各组成部分应保持可靠的电气连接。室外的系统同时要满足国家有关防雷规程的要求。

③ 防静电接地线不得利用电源零线，不得与防直击雷地线共用。

④ 在进行间接接地时，应在导体与非金属静电体或亚导体之间加设金属箔，或涂导电性涂料、导电膏以减少接触电阻。

⑤ 在振动和频繁移动的器件上用的接地导体禁止用单股线及金属链，应采用截面积在 $6mm^2$ 以上的裸绞线或编织线。

（3）液体物料静电防护措施

① 接地　罐、塔等固定设备原则上要求在多个部位上进行接地，其接地点应设两处以上，接地点应沿设备外围均匀布置，其间距不应大于 30m。

汽车、火车等移动设备在装卸过程中应利用专用的接地导线、夹子和接地端子将移动设备与装卸设备连接起来。油轮和船舶灌装作业前，应先将船体与陆地上接地端进行接地。

② 控制烃类液体灌装的流速　采用公路汽车运输时，在装卸油品前，必须先检查罐车内部，不应有未接地的浮动物。装油鹤管、管道、罐车必须跨接和接地。采用顶部装油时，装油鹤管应深入到槽罐的底部 200mm。装油速度宜满足下式关系：

$$V^2D \leqslant 0.5$$

式中　V——油品流速，m/s；

D——鹤管管径，m。

③ 选择正确的灌装方式　为了避免液体在容器内喷射或溅射，应将注油管延伸至容器底部，而且其方向应有利于减轻容器底部积水或沉淀物搅动。图 1-10 所示为三种比较合理的注油方式。

为了减轻从油罐顶部注油时的冲击，减少注油时产生的静电，改变注油管头（鹤管头）的形状可以起到一定的效果。经验表明，T 形注油管头、锥形注油管头、45°斜口形注油管头和人字形注油管头都能降低油罐内油面的最高电位。

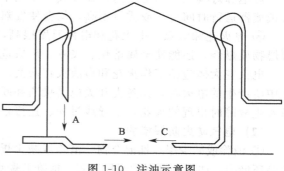

图 1-10　注油示意图

④ 吹扫和清洗　采用蒸汽进行吹扫和清洗时，受蒸汽喷击的管线、导电物体都必须与油罐或设备进行接地连接。严禁使用压缩空气对汽油、煤油、苯、轻柴油等产品的管线进行清扫。严禁使用汽油、苯类等易燃溶剂对设备、器具进行吹扫和清洗。使用液体喷洗容器时，压力不得大于 980kPa。

（4）气态粉尘物料静电防护措施

① 在工艺设备的设计及结构上应避免粉体的不正常滞留、堆积和飞扬；同时还应配置必要的密闭、清扫和排放装置。

② 粉体的粒径越细，越易起电和点燃。在整个工艺过程中，应尽量避免利用或形成粒径在 $75\mu m$ 及以下的细微粉尘。

③ 气流物料输送系统内，应防止偶然性外来金属导体混入，成为对地绝缘的导体。

④ 应尽量采用金属导体制作管道或部件。当采用静电非导体时，应具体测量并评价其起电程度。必要时应采取相应措施。

⑤ 必要时，可在气流输送系统的管道中央，顺其走向加设两端接地的金属线，以降低管内静电电位，也可采取专用的管道静电消除器。

1.1.7　电气防火防爆技术

（1）电气引燃的原因　电气装置运行中产生的危险温度、电火花及电弧是电气引起火灾和爆炸的直接原因。

① 危险温度　电气设备运行时总是要发热的。首先，电流通过导体时消耗一定的电能。这部分电能使导体发热，温度升高。其次，对于电动机、变压器等利用电磁感应进行工作的电气设备，交变电流产生的磁场在铁芯中产生磁滞损耗和涡流损耗，使铁芯发热，温度升高。此外，有机械运动的电气设备由于摩擦会引起发热，电气设备的漏磁、谐波也会引起发热使温度升高。

引起电气设备过热的主要原因包括短路、过负载、接触不良、铁芯过热、散热不良和漏电等。正确设计、施工、运行的电气设备在运行时，发热与散热平衡，其温度和温升都不会超过允许范围（表 1-15）。当电气设备非正常运行时，发热量增加，温度升高，甚至引发火灾、爆炸。

表 1-15　电气设备允许的最高温度

类别	正常运行允许的最高温度/℃	类别		正常运行允许的最高温度/℃
导线与塑料绝缘线	70	电机定子绕组对应采用的绝缘等级及定子铁芯	A 级	105
橡胶绝缘线	65		E 级	120
变压器上层油温	85		B 级	130
电力电容器外壳	65			

② 电热器具和照明灯具的热表面　电热器具内电阻丝的工作温度达 500～800℃，可引燃可燃物。若电热器具连续工作时间过长，电源线容量不够，电炉丝截短后继续使用，使用红外线加热装置误将红外光束照射到可燃物上，均可使发热量增加，甚至引起火灾。

灯泡和灯具工作温度较高，如安装、使用不当，均可能引起火灾。灯座内接触不良、荧光灯镇流器运行时间过长或质量不高，均会使发热量增加，温度上升，甚至引起火灾。

③ 电火花和电弧　电火花和电弧温度很高，尤其是电弧，温度可达 8000℃。不仅能引起可燃物质燃烧，还能使金属熔化、飞溅，形成危险的火源。

电火花大体包括工作火花和事故火花两类。工作火花是指电气设备正常工作或正常操作过程中所产生的电火花，如各类开关电器接通和断开线路时产生的火花。事故火花包括线路或设备发生故障时出现的火花，如导线过松、连接松动或绝缘损坏导致短路或接地时产生的火花。

(2) 电气防火防爆措施

① 消除或减少爆炸性混合物　消除或减少爆炸性混合物属于一般性防火防爆措施。在爆炸危险环境中，如果有良好的通风装置，能降低爆炸性混合物的浓度，从而降低环境的危险等级。

通风系统应用非燃烧性材料制作，结构应坚固，连接应紧密。通风系统内不应有阻碍气流的死角。电气设备应与通风系统联锁，运行前必须先通风，通过的气流量不小于该系统容积的 5 倍时才能接通电气设备的电源；进入电气设备和通风系统内的气体不应含有爆炸危险物质或其他有害物质。

② 隔离和间距　隔离是将电气设备分室安装，并在隔墙上采取封堵措施，以防止爆炸性混合物进入。电动机隔墙传动时应在轴与轴孔之间采取适当的密封措施，将工作时产生火花的开关设备装于危险环境范围以外（如墙外），采用室外灯具通过玻璃窗给室内照明等，都属于隔离措施。

③ 消除引燃源　为了防止出现电气引燃源，应根据爆炸危险环境的特征及危险物的级别与组别选用电气设备和电气线路，并保持电气设备和电气线路安全运行。安全运行包括电流、电压、温升和温度等参数不超过允许范围，还包括绝缘良好、连接和接触良好、整体完好无损、清洁和标志清晰等。

④ 爆炸危险环境接地和接零　爆炸危险区域的接地（或接零）要比一般场所要求高，应注意以下几个方面。

a. 接地、接零实施范围　除生产上有特殊要求之外，一般环境不要求接地（或接零）的部分仍应接地（或接零）。

b. 整体性连接　在爆炸危险环境，必须将所有设备的金属部分、金属管道以及建筑物的金属结构全部接地（或接零），并连接成连续整体，以保持电流途径不中断。接地（或接零）干线宜在爆炸危险环境的不同方向且不少于 2 处与接地体相连，以提高可靠性。

c. 保护导线　单相设备的工作零线应与保护零线分开，相线和工作零线均应装有短路保护元件，并装设双极开关同时操作相线和工作零线。

d. 保护方式　在不接地配电网中，必须装设一相接地时或严重漏电时能自动切断电源的保护装置，或能发出声、光双重信号的报警装置。

1.1.8　供电系统安全

1.1.8.1　电气设备安全

(1) 变配电站安全　变配电站是企业的动力枢纽。变配电站装有变压器、互感器、避雷器、电力电容器、高低压开关、高低压母线、电缆等多种高压设备和低压设备。变配电站发生事故不仅会影响整个生产活动的正常进行，甚至可能导致火灾和人身伤亡事故。

① 变配电站位置　变配电站位置应符合供电、建筑、安全的基本原则。从安全角度考虑，变配电站应避开易燃易爆环境；变配电站宜设在企业的上风侧，并不得设在容易沉积粉尘和纤

维的环境；变配电站不应设在人员密集的场所。变配电站的选址和建筑应考虑灭火、防蚀、防污、防水、防雨、防雪、防振的要求。地势低洼处不适宜建设变配电站。

② 建筑结构　高压配电室、低压配电室、油浸电力变压器室、电力电容器室、蓄电池室应为耐火建筑。蓄电池室应隔离。

变配电站各间隔的门应向外开启；门的两面都有配电装置时，应两边开启。门应为非燃烧体或难燃烧体材料制作的实体门。长度超过 7m 的高压配电室和长度超过 10m 的低压配电室至少应有两个门。

③ 间距、屏护和隔离　变配电站各部分间距和屏护应符合专业标准的要求。室外变、配电装置与建筑物应保持规定的防火间距。户内电压超过 10kV 的室内充油设备，油量 60kg 以下者允许安装在两侧有隔板的间隔内，油量 60～600kg 者必须安装在有防爆隔墙的间隔内，600kg 以上者应安装在单独的间隔内；户内电压低于 10kV 的变配电室，不应设在爆炸危险环境的正上方或正下方。

④ 通道　变配电站室内各通道应符合要求。高压配电装置长度大于 6m 时，通道应设两个出口；低压配电装置两个出口之间的距离超过 15m 时，应增加出口。

⑤ 联锁装置　断路器与隔离开关操动机构之间、电力电容器的开关与其放电负荷之间应装有可靠的联锁装置。

⑥ 电气设备正常运行　电流、电压、功率因数、油量、油色、温度指示应正常；连接点应无松动、过热迹象；门窗、围栏等辅助设施应完好；声音应正常，应无异常气味；瓷绝缘不得掉瓷、不得有裂纹和放电痕迹并保持清洁；充油设备不得漏油、渗油。

⑦ 安全用具和灭火器材　变配电站应备有绝缘杆、绝缘夹钳、绝缘靴、绝缘手套、绝缘垫、绝缘站台、各种标示牌、临时接地线、验电器、脚扣、安全带、梯子等各种安全用具。变配电站应配备可用于带电灭火的灭火器材。

(2) 主要变配电设备安全　除上述变配电站的一般安全要求外，变压器等设备尚需满足以下安全要求。

① 电力变压器　电力变压器是变配电站的核心设备，按照绝缘结构分为油浸式变压器和干式变压器。

a. 变压器安装　变压器各部件及本体的固定必须牢固；电气连接必须良好，铝导体与变压器的连接应采用铜铝过渡接头；变压器的接地一般是其低压绕组中性点、外壳及其阀型避雷器三者共用的接地。接地必须良好，接地线上应有可断开的连接点；变压器防爆管喷口前方不得有可燃物体；位于地下的变压器室的门、变压器室通向配电装置室的门、变压器室之间的门均应为防火门。

b. 变压器运行　运行中变压器高压侧电压偏差不得超过额定值的-5%～5%，低压最大不平衡电流不得超过额定电流的 25%。上层油温一般不应超过 85℃；冷却装置应保持正常；呼吸器内吸潮剂的颜色应为淡蓝色；通向气体继电器的阀门和散热器的阀门应在打开状态，防爆管的膜片应完整，变压器室的门窗、通风孔、百叶窗、防护网、照明灯应完好；室外变压器基础不得下沉，电杆应牢固，不得倾斜。

② 电力电容器　电力电容器是充油设备，安装、运行或操作不当即可能着火甚至发生爆炸，电容器的残留电荷还可能对人身安全构成直接威胁。

a. 电容器安装　电容器所在环境温度一般不应超过 40℃，周围空气相对湿度不应大于 80%，海拔高度不应超过 1000m；周围不应有腐蚀性气体或蒸气，不应有大量灰尘或纤维；所安装环境应无易燃、易爆危险或强烈振动；总油量 300kg 以上的高压电容器应安装在单独的防爆室内，总油量 300kg 以下的高压电容器和低压电容器应视其油量的多少安装在有防爆墙的间隔内或有隔板的间隔内；电容器应避免阳光直射，受阳光直射的窗玻璃应涂以白色；电容器室应有良好的通风，电容器分层安装时应保证必要的通风条件；电容器外壳和钢架均应采取接地（或接零）措施。

b. 电容器运行　电容器运行中电流不应长时间超过电容器额定电流的 1.3 倍；电压不应长时间超过电容器额定电压的 1.1 倍；电容器外壳温度不得超过生产厂家的规定值（一般为60℃或65℃）。电容器外壳不应有明显变形，不应有漏油痕迹。电容器的开关设备、保护电器和放电装置应保持完好。

1.1.8.2　电气线路安全

电气线路安全的基本要求包括对导电能力、机械强度、间距和导线连接的要求。

① 导电能力　导线的导电能力包含发热条件、电压损失和短路电流三方面的要求。

a. 发热条件　为防止线路过热，保证线路正常工作，不同导线运行最高温度应在表 1-16 所示的上限范围内。

表 1-16　不同导线运行最高温度

导线类型	运行最高温度/℃	导线类型	运行最高温度/℃
橡胶绝缘线	65	铅包或铝包电缆	80
塑料绝缘线	70	塑料电缆	65
裸线	70		

b. 电压损失　电压损失是受电端电压与供电端电压之间的代数差。电压损失太大，不但用电设备不能正常工作，而且可能导致电气设备和电气线路发热。我国有关标准规定，对于供电电压，10kV 及以下动力线路的电压损失不得超过额定电压的 $-7\%\sim7\%$，低压照明线路和农业用户线路的电压损失不得超过 $-10\%\sim7\%$。

c. 短路电流　一方面，为了保证短路时速断保护装置能够可靠动作，短路时必须有足够大的短路电流，这也要求导线截面不能太小；另一方面，由于短路电流较大，导线应能承受短路电流的冲击而不被破坏。

② 机械强度　运行中的导线将受到自重、风力、热应力、电磁力和覆冰重力的作用，因此，必须保证足够的机械强度。按照机械强度的要求，架空线路导线截面积不得小于表 1-17 所示，低压配线截面积不得小于表 1-18 所示。

表 1-17　架空线路导线的最小截面积

类别	最小截面积/mm²		
	铜	铝及铝合金	铁
单股	6	10	6
多股	6	16	10

表 1-18　低压配线的最小截面积

类别		最小截面积/mm²		
		铜芯软线	铜线	铝线
移动式设备电源线	生活用	0.2	—	—
	生产用	1.0	—	—
吊灯引线	民用建筑	0.4	0.5	1.5
	工业建筑	0.5	0.8	2.5
	户内、户外	1.0	1.0	2.5
支点间距离为 d 的支持件上的绝缘导线	$d\leqslant1$m，户内	—	1.0	1.5
	$d\leqslant1$m，户外	—	1.5	2.5
	$d\leqslant2$m，户内	—	1.0	2.5
	$d\leqslant2$m，户外	—	1.5	2.5
	$d\leqslant6$m，户内	—	2.5	4
	$d\leqslant6$m，户外	—	2.5	6

续表

类别		最小截面积/mm²		
		铜芯软线	铜线	铝线
接户线	$d \leq 10m$	—	2.5	6
	$d \leq 25m$	—	4	10
穿管线		1.0	1.0	2.5
塑料护套线		—	1.0	1.5

③ **间距**　架空线路电杆埋设深度不得小于 2m，并不得小于杆高的 1/6。

安装低压接户线应当注意以下各项间距要求。

a. 如下方是交通要道，接户线离地面最小高度不得小于 6m；在交通困难的场合，接户线离地面最小高度不得小于 3.5m。

b. 接户线不宜跨越建筑物，必须跨越时，离建筑物最小高度不得小于 2.5m。

c. 接户线离建筑物突出部位的距离不得小于 0.15m，离下方阳台的垂直距离不得小于 2.5m，离下方窗户的垂直距离不得小于 0.3m，离上方窗户或阳台的垂直距离不得小于 0.8m，离窗户或阳台的水平距离也不得小于 0.8m。

d. 接户线与通信线路交叉，接户线在上方时，其间垂直距离不得小于 0.6m；接户线在下方时，其间垂直距离不得小于 0.3m。

e. 接户线与树木之间的最小距离不得小于 0.3m。

如不能满足上述距离要求，需采取其他防护措施。除以上安全距离的要求外，还应注意接户线长度一般不得超过 25m；接户线应采用绝缘导线，铜导线截面积不得小于 2.5mm²，铝导线截面积不得小于 10mm²。

④ **导线连接**　导线连接有焊接、压接、缠接等多种方式。导线连接必须紧密。原则上，导线连接处的机械强度不得低于原导线机械强度的 80%；绝缘强度不得低于原导线的绝缘强度；接头部位电阻不得大于原导线电阻的 1.2 倍。

1.1.8.3　电气系统安全

(1) 短路　短路电流的限制措施保证了系统安全可靠地运行，减轻短路造成的影响。除在运行维护中应设法消除可能引起短路的一切原因外，还应尽快地切断短路故障部分，使系统电压在较短的时间内恢复到正常值。主要措施如下。

① 做好短路电流的计算，正确选择及校验电气设备，电气设备的额定电压要和线路的额定电压相符。

② 正确选择继电保护的整定值和熔体的额定电流，采用速断保护装置，以便发生短路时，能快速切断短路电流，减少短路电流持续时间，减少短路所造成的损失。

③ 在变电站安装避雷针，在变压器四周和线路上安装避雷器，减少雷击损害。

④ 保证架空线路施工质量，加强线路维护，始终保持线路弧垂一致并符合规定。

⑤ 带电安装和检修电气设备，防止误接线、误操作，在带电部位距离较近的部位工作，要采取防止短路的措施。

(2) 电气火灾

① **电气火灾的预防**　根据电气火灾和爆炸形成的主要原因，电气火灾应主要从以下几个方面进行预防。

a. 合理选用电气设备和导线，避免超负载运行。

b. 在安装开关、熔断器或架线时，应避开易燃物，并与易燃物保持必要的防火间距。

c. 保持电气设备正常运行，要特别注意线路或设备连接处的接触保持正常运行状态，以避免因连接不牢或接触不良使设备过热。

d. 要定期清扫电气设备，保持设备清洁。

e. 加强对设备的运行管理，要定期检修、试验，防止因绝缘损坏等造成短路。

f. 电气设备的金属外壳应可靠接地或接零。

g. 要保证电气设备的通风良好，散热效果良好。

② 断电灭火　电气设备发生火灾或引燃周围可燃物时，首先应设法切断电源，切断电源的措施有以下几种。

a. 发生火灾后，用闸刀开关切断电源时，最好用绝缘的工具操作。

b. 切断用磁力启动器控制的电动机时，应先用按钮开关停电，然后再断开闸刀开关。

c. 在动力配电盘上，切断电源时，应先用电动机的控制开关切断电动机回路的负荷电流，停止各个电动机的运转，然后再用总开关切断配电盘的总电源。

d. 当进入建筑物内，用各种电气开关切断电源已经比较困难或者已经不可能时，可以在上一级变配电所切断电源。

e. 城市生活居住区的杆上变电台上的变压器和农村小型变压器的高压侧，多用跌开式熔断器保护。如果需要切断变压器的电源时，可以用电工专用的绝缘杆捅开跌开式熔断器的鸭嘴，熔丝管就会跌落下来，达到断电的目的。

f. 电容器和电缆在切断电源后，仍可能有残余电压，因此，即使可以确定电容器或电缆已经切断电源，但是为了安全起见，仍不能直接接触或搬动电缆和电容器，以防止发生触电事故。

1.2　机械安全技术

1.2.1　机械安全概述

(1) 机械的组成　所谓机械，是指机器与机构的总称。传统工程学认为一台完善的现代化机器具有五个部分，即原动机构、传动机构、执行机构、控制系统和支撑装置，如图 1-11 所示。

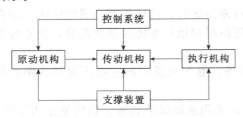

图 1-11　传统工程学视角下的机器系统的组成

上述系统工作原理如下：原动机构将各种形式的动力能变为机械能输入，经过传动机构转换为适宜的力或速度后传递给执行机构，通过执行机构与物料直接作用，完成作业或服务任务，而组成机械的各部分借助支撑装置连接成一个整体。

以下简要介绍传统上述五种机械组成部分的功能与相关设备。

① 原动机构　原动机构是提供机械工作运动的动力源。常用的原动机构有电动机、内燃机、人力或畜力（常用于轻小设备或工具，或作为特殊场合的辅助动力）等。

② 执行机构　执行机构是通过刀具或其他器具与物料的相对运动或直接作用来改变物料的形状、尺寸、状态或位置的机构。

③ 传动机构　传动机构是用来将原动机构和工作机构联系起来，传递运动和力（力矩），或改变运动形式的机构。

④ 控制系统　控制系统是用来操纵机械的启动、制动、换向、调速等运动，控制机械的压力、温度、速度等工作状态的机构系统，包括各种操纵器和显示器。

⑤ 支撑装置　支撑装置是用来连接、支撑机器的各个组成部分，承受工作外载荷和整个机器重量的装置。

(2) 机械的危险因素类型　由机械产生的危险，是指机械本身和在机械使用过程中产生的危险，可能来自机械自身、燃料和原材料、新的工艺方法和手段、人对机器的操作过程，以及机械所在的场所和环境条件等多方面。

① 机械危险　由于机械设备及其附属设施的构件、零件、工具、工件或飞溅的固体、流体物质等的机械能作用，可能产生伤害的各种物理因素，以及与机械设备有关的滑绊、倾倒和跌落危险。

② 电气危险　电气危险的主要形式是电击、燃烧和爆炸。电气危险产生的条件有人体与带电体的直接接触或接近高压带电体，静电现象，带电体绝缘不充分而产生漏电，线路短路或过载引起的熔化粒子喷射、热辐射和化学效应，由于电击所导致的惊恐使人跌倒、摔伤等。

③ 温度危险　人体与超高温物体、材料、火焰或爆炸物接触，以及热源辐射所产生的烧伤或烫伤；高温生理反应；低温冻伤和低温生理反应；高温引起的燃烧或爆炸等。

④ 噪声危险　根据噪声的强弱和作用时间不同，可造成耳鸣、听力下降、永久性听力损伤，甚至爆震性耳聋等；噪声还会对神经系统、心血管系统造成影响，还可能使人产生厌烦、精神压抑等不良心理反应；干扰语言和听觉信号，从而可能继发其他危险等。

⑤ 振动危险　按振动作用于人体的方式，可分为局部振动和全身振动。振动可对人体造成生理和心理的影响，严重的振动可能导致生理严重失调等病变。

⑥ 辐射危险　辐射源可分为电离辐射和非电离辐射两类，某些辐射源可杀伤人体细胞和机体内部的组织，轻者会引起各种病变，重者会导致死亡。

⑦ 材料和物质产生的危险　生产过程中可能接触或吸入有害物，例如有毒、有腐蚀性或刺激性的液、气、雾、烟和粉尘等；同时，生产过程中可能接触霉菌等生物和病毒、细菌等微生物和其他致害动物、植物等；生产中的物料可能存在火灾与爆炸、坍塌等危险。

⑧ 未履行安全人机工程学原则产生的危险　由于机械设计或环境条件不符合安全人机工程学原则，存在与人的生理或心理特征、能力不协调之处，可能对作业人员的生理、心理、操作等方面产生影响。

⑨ 综合性危险　存在于机械设备及生产过程中的危险有害因素涉及面很宽，既有设备自身造成的危害，又有材料和物质产生的危险，也有生产过程中人的不安全因素，以及工作环境恶劣、劳动条件差（如负荷操作）等原因带来的灾害，表现为复杂、多样、动态、随机的特点。有些单一危险看起来微不足道，当它们组合起来时就可能发展为严重危险。

（3）机械伤害的基本类型

① 卷绕和绞缠的危险　引起这类伤害的是：作回转运动的机械部件，如轴类零件，包括联轴器、主轴、丝杠等；回转件上的突出形状；旋转运动的机械部件的开口部分，如链轮、齿轮、皮带轮等圆轮形零件的轮辐等。旋转运动的机械部件将人的头发、饰物（如项链）、手套、肥大衣袖或下摆随回转件卷绕，继而引起对人的伤害。

② 挤压、剪切和冲击的危险　引起这类伤害的是作往复直线运动的零部件。其运动轨迹可能是横向的，如大型机床的移动工作台、牛头刨床的滑枕等；也可能是垂直的，如剪切机的压料装置和刀片、压力机的滑块、大型机床的升降台等。作直线运动特别是相对运动的两部件之间、运动部件与静止部件之间产生对人的夹挤、冲撞或剪切伤害。

③ 引入或卷入、碾轧的危险　引起这类伤害的主要危险是相互配合的运动部件，如啮合的齿轮之间以及齿轮与齿条之间、带与带轮等引发的引入或卷入，轮子与轨道、车轮与路面等滚动的旋转件引发的碾轧等。

④ 飞出物打击的危险　由于发生断裂、松动、脱落或弹性位能等机械能释放，使失控的物件飞甩或反弹对人造成伤害。例如，轴的破坏引起装配在其上的带轮、飞轮等运动零部件坠落或飞出；由于螺栓的松动或脱落，引起被紧固的运动零部件脱落或飞出；高速运动的零件破裂，碎块甩出；切削废屑的崩甩等。另外，还有弹性元件的位能引起的弹射，如弹簧、带等的

断裂；在压力、真空下的液体或气体位能引起的高压流体喷射等。

⑤ 物体坠落打击的危险 处于高位置的物体具有势能，当它们意外坠落时，势能转化为动能，造成伤害，如高处掉落的零件、工具或其他物体等。

⑥ 切割和擦伤的危险 切削刀具的锋刃，零件表面的毛刺，工件或废屑的锋利飞边，机械设备的尖棱、利角、锐边等，无论物体的状态是运动还是静止的，这些由于形状产生的危险都会构成潜在的危险。

⑦ 碰撞和剐蹭的危险 机械结构上的凸出、悬挂部分，如起重机的支腿、吊杆，机床的手柄，长、大加工件伸出机床的部分等，这些物件无论是静止的，还是运动的，都可能产生危险。

⑧ 跌倒、坠落的危险 由于地面堆物无序或地面凹凸不平导致的磕绊跌伤；接触面摩擦力过小（如光滑、油污、冰雪等）造成打滑、跌倒；人从高处失足坠落，误踏入坑井坠落等。

(4) 机械安全要求

① 合理的机械结构形式 机械设备的结构形式一定要与其执行的预定功能相适宜，不能因结构设计不合理而造成机械正常运行时的障碍、卡塞或松脱；不能因元件或软件的瑕疵而引起计算机数据的丢失或死机；不能发生任何能够预测到的、与机械设备的设计不合理有关的事件。

② 提高可靠性和足够的抗破坏能力 可靠性是指机械或其零部件在规定的使用条件下和规定期限内执行规定功能而不出现故障的能力。传统机械设计只按产品的性能指标进行设计，而可靠性设计除要保证性能指标外，还要保证产品的可靠性指标，即产品的无故障性、耐久性、维修性、可用性和经济性等，可靠性是体现产品耐用和可靠程度的一种性能，与安全有直接关系。

③ 对使用环境具有足够的适应能力 机械设备必须对其使用环境（如温度、湿度、气压、冰雪、振动、负载、静电、腐蚀介质等）具有足够的适应能力，特别是抗腐蚀或空蚀、耐老化磨损、抗干扰的能力，不致由于电气元件产生绝缘破坏而导致控制系统零部件临时或永久失效，或由于物理性、化学性、生物性的影响而造成事故。

④ 不得产生超标的有害物质 应采用对人体无害的材料和物质（包括机械自身的各种材料、加工原材料、润滑剂、清洗剂及废弃物等）。对不可避免的毒害物（如粉尘、有毒物、辐射性、放射性、腐蚀气体等），应在设计时考虑采取密闭、排放、隔离、净化等措施。在人员合理暴露的场所，其成分、浓度应低于产品安全卫生标准的规定，不得构成对人体健康的危害，也不得对环境造成污染。

⑤ 可靠有效的安全防护 任何机械都有多种的危险。因此，必须建立可靠的物质屏障，即在机械上配置一种或多种专门用于保护人的安全的防护装置、安全装置或采取其他安全措施。

⑥ 履行安全人机学的要求 显示装置、控制装置、人的作业空间和位置以及作业环境，应满足人体测量参数、人体的结构特性和机能特性、生理和心理条件，合乎卫生要求。

⑦ 维修的安全性 机械的可维修性是指机械出现故障后，在规定的条件下，按规定程序或手段实施维修，可以保持或恢复其执行预定功能状态。

1.2.2 常用生产机械安全技术

1.2.2.1 金属切削机械安全技术

金属切削机床是用切削方法对金属毛坯进行机械加工，使其获得预定的形状、精度和光洁度的设备。由于切削的对象是金属，因此旋转速度快，切削工具（刀具）锋利，这是金属加工的主要特点。正是由于金属切削机床是高速精密机械，其加工精度和安全性不仅影响产品质量和加工效率，而且关系到操作者的安全。

（1）金属切削加工中的危险因素

① 机床设备的危险因素

a. 静止状态的危险因素　包括：切削刀具的刀刃；突出较长的机械部分，如卧式铣床立柱后方突出的悬梁。

b. 直线运动的危险因素　包括：纵向运动部分，如外圆磨床的往复工作台；横向运动部分，如升降台铣床的工作台；单纯直线运动部分，如运动中的皮带、链条；直线运动的凸起部分，如皮带连接接头；运动部分和静止部分的组合，如工作台与床身；直线运动的刀具，如带锯床的带锯条。

c. 回转运动的危险因素　包括：单纯回转运动部分，如轴、齿轮、车削的工件；回转运动的凸起部分，如手轮的手柄；运动部分和静止部分的组合，如手轮的轮辐与机床床身；回转部分的刀具，如各种铣刀、圆锯片。

d. 组合运动的危险因素　包括：直线运动与回转运动的组合，如皮带与皮带轮、齿条与齿轮；回转运动与回转运动的组合，如相互啮合的齿轮。

e. 飞出物击伤的危险　飞出的刀具、工件或切屑有很大的动能，都能对人体造成伤害。

② 不安全行为引起的危险　由于操作人员违反安全规程而发生的事故甚多，如未戴防护帽而使长发卷入丝杠、未穿工作服使领带或过于宽松的衣袖被卷入机械转动部分、戴手套作业被旋转钻头或切屑绕在一起卷入机器危险部位。

（2）金属切削机床的防护装置　装设防护装置的目的是为了防止操作者与机床运动部件、切削刀具、被加工件接触而造成的伤害，以及避免切屑、润滑冷却液伤人。防护装置主要有以下几种。

① 防护罩　用于隔离外露的旋转部件，如皮带轮、链轮、齿轮、链条、旋转轴、法兰盘和轴头。

② 防护挡板　用于隔离磨屑、切屑和润滑冷却液，避免其飞溅伤人。一般用钢板、铝板和塑料板作材料。妨碍操作人员观察的挡板，可用透明的材料制作。

③ 防护栏杆　不能在地面上操作的机床，操纵台周围应设高度不低于 0.8m 的栏杆；容易伤人的大型机床运动部位，如龙门刨床床身两端，也应加设栏杆，以防工作台往复运动时撞人。

防护装置可以是固定式的（如防护栏杆），或平日固定，仅在机修、加油润滑或调整时才取下（如防护罩），也可以是活动式的（如防护挡板）。在需要时，还可以用一些大尺寸的轻便挡板（如金属网）将不安全场地围起来。

1.2.2.2　压力加工机械安全技术

（1）锻压机械安全技术

① 锻压机械的危险因素　锻造是金属压力加工的方法之一，它是机械制造生产中的一个重要环节。根据锻造加工时金属材料所处温度状态的不同，锻造又可分为热锻、温锻和冷锻。这里是指热锻，即被加工的金属材料处在红热状态（锻造温度范围内），通过锻造设备对金属施加的冲击力或静压力，使金属产生塑性变形而获得预想的外形尺寸和组织结构的锻件。

在锻造生产中，易发生的外伤事故按其原因可分为三种：由机器、工具或工件直接造成的刮伤、碰伤等机械伤，烫伤，以及电气伤害。

② 锻压机械的安全技术　锻压机械的结构不但要保证设备运行中的安全，而且要能保证安装、拆卸和检修等各项工作的安全。此外，还必须便于调整和更换易损件，便于对在运行中要取下检查的零件进行检查。

a. 锻压机械的机架和突出部分不得有棱角或毛刺。

b. 外露的传动装置（齿轮传动、摩擦传动、曲柄传动或皮带传动等）必须要有防护罩。防护罩需用铰链安装在锻压设备的不动部件上。

c. 锻压机械的启动装置必须能保证对设备进行迅速开关，并保证设备运行和停车状态的连续可靠。

d. 启动装置的结构应能防止锻压设备意外开动或自动开动。

e. 电动启动装置的按钮盒，其按钮上需标有"启动""停车"等字样。停车按钮为红色，其位置比启动按钮高 10～12mm。

f. 在高压蒸汽管道上必须装有安全阀和凝结罐，以消除水击现象，降低突然升高的压力。

g. 蓄力器通往水压机的主管上必须装有当水耗量突然增高时能自动关闭水管的装置。

h. 任何类型的蓄力器都应有安全阀。安全阀必须由技术检查员加铅封，并定期进行检查。

(2) 冲压机械安全技术

① 冲压机械的危险因素 根据发生事故的原因分析，冲压作业中的危险主要有以下几个方面。

a. 设备结构具有的危险 相当一部分冲压设备采用的是刚性离合器。这是利用凸轮机构使离合器接合或脱开，一旦接合运行，就一定要完成一个循环，才会停止。假如在此循环中手不能及时从模具中抽出，就必然会发生伤手事故。

b. 动作失控 设备在运行中还会受到经常性的强烈冲击和振动，使一些零部件变形及磨损甚至碎裂，引起设备动作失控而发生危险的连冲事故。

c. 开关失灵 设备的开关控制系统由于人为或外界因素引起的误动作。

d. 模具的危险 模具担负着使工件加工成型的主要功能，是整个系统能量的集中释放的部位。由于模具设计不合理，或有缺陷，没有考虑到作业人员在使用时的安全，在操作时手需要直接或经常性地伸进模具才能完成作业，因而增加了受伤的可能。有缺陷的模具则可能因磨损、变形或损坏等原因在正常运行条件下发生意外而导致事故。

② 冲压机械的安全技术

a. 手用安全工具 使用安全工具操作时，将单件毛坯放入凹模内或将冲制后的零件、废料取出，实现模外作业，避免用手直接伸入上下模口之间装拆制件，保证人身安全。

目前，使用的安全工具一般根据本企业的作业特点自行设计制造。按其不同特点大致归纳为以下五类：弹性夹钳、专用夹钳（卡钳）、磁性吸盘、真空吸盘、气动夹盘。

b. 模具防护措施 模具防护包括：在模具周围设置防护板（罩）；通过改进模具减小其危险面积，扩大安全空间；设置机械进出料装置，以此代替手工进出料方式，将操作者的双手隔离在冲模危险区之外，实行作业保护。

（a）模具防护罩（板） 设置模具防护罩（板）是实行安全区操作的一种措施，模具防护的形式包括固定在下模的防护板、固定在凹模上的防护栅栏、折叠式凸模防护罩和锥形弹簧构成的模具防护罩。

（b）模具结构的改进 在不影响模具强度和制件质量的情况下，可将原有的各种手工送料的单工序模具加以改进，以提高安全性。具体措施如下：将模具上模板的正面改为斜面；在卸料板与凸模之间做成凹槽或斜面；导板在刚性卸料板与凸模固定板之间保持足够的间隙，一般不小于 15mm；在不影响定位要求时，将挡料销布置在模具的一侧；单面冲裁时，尽量将凸模的凸起部分和平衡挡块安排在模具的后面或侧面；在装有活动挡料销和固定卸料板的大型模具上，用凸轮或斜面机械控制挡料销的位置。

c. 冲压机械的防护装置 冲压设备的防护装置形式较多，按结构分为机械式、按钮式、光电式、感应式等。

（a）机械式防护装置 包括推手式保护装置、摆杆护手装置和拉手安全装置。机械式防护装置结构简单、制造方便，但对作业干扰影响较大，操作工人不太喜欢使用，应用比较局限。

（b）双手按钮式防护装置　双手按钮式防护装置是一种用电气开关控制的保护装置。启动滑块时，将人手限制在模外，实现隔离保护。只有操作者的双手同时按下两个按钮时，中间继电器才有电，电磁铁动作，滑块启动。凸轮中开关在下死点前处于开路状态，若中途放开任何一个开关时，电磁铁都会失电，使滑块停止运动，直到滑块到达下死点后，凸轮开关才闭合，这时放开按钮，滑块仍能自动回程。

（c）光电式防护装置　光电式防护装置是由一套光电开关与机械装置组合而成的。它是在冲模前设置各种发光源，形成光束并封闭操作者前侧、上下模具处的危险区。当操作者手停留或误入该区域时，使光束受阻，发出电信号，经放大后由控制线路作用使继电器动作，最后使滑块自动停止或不能下行，从而保证操作者人身安全。

1.2.2.3　起重机械安全技术

起重机是用来进行物料搬运作业的机械设备。起重机械通过工作机构的组合运动，将物料提升，并在空间一定范围内移动，然后按要求将物料安放到指定位置，空载回到原处，准备再次作业，从而完成一次物料搬运的工作循环。起重机械的搬运作业是周期性的间歇作业。起重机械广泛用于输送、装卸和仓储等作业场所。

（1）起重作业的危险因素　起重作业属于特种作业，起重机械属于危险的特种设备。起重机械具有特殊的机构和结构形式，使起重机和起重作业方式本身存在许多危险因素。

① 吊物具有很高的势能　被搬运的物料个大体重（一般物料为十几立方米或几十立方米，均达数吨重）、种类繁多、形态各异，起重搬运过程是重物在高空中的悬吊运动。

② 起重作业是多种运动的组合　四大机构组成多维运动，体形高大金属结构的整体移动，大量结构复杂、形状不一、运动各异、速度多变的可动零部件，形成了起重机械的危险点多且分散的特点，增加了安全防护的难度。

③ 作业范围大　起重机横跨车间或作业场地，在其他设备、设施和施工人群的上方，起重机带载后可以部分或整体在较大范围内移动运行，使危险的影响范围加大。

④ 多人配合的群体作业　起重作业的程序是地面司索工捆绑吊物、挂钩；起重司机操纵起重机将物料吊起，按地面指挥，通过空间运行将吊物放到指定位置摘钩、卸料。每一次吊运循环，都必须由多人合作完成，无论哪个环节出现问题，都可能发生意外。

⑤ 作业条件复杂多变　在车间内，地面设备多，人员集中；在室外，受气候、气象条件和场地的影响，特别是流动式起重机还受到地形和周围环境等诸多因素的影响。

（2）起重机械安全技术　为保证起重机械设备及人员的安全，各种类型的起重机械均设有多种安全防护装置，常见的起重机械安全防护装置有各种类型的限位器、缓冲器、防碰撞装置、防偏斜和偏斜指示装置、夹轨器和锚定装置、超载限制器和力矩限制器等。

① 超载限制器　超载保护装置按其功能可分为自动停止型、报警型和综合型等几种。

a. 自动停止型　自动停止型超载限制器在起重量超过额定起重量时，能停止起重机向不安全方向继续动作，同时允许起重机向安全方向动作。其工作原理是通过杠杆、偏心轮、弹簧等反映载荷的变化，根据这些变化与限位开关配合达到保护作用。自动停止型一般为机械式超载限制器，多用于塔式起重机。

b. 报警型　报警型超载限制器能显示出起重量，并当起重量达到额定起重量的 95％～100％时，能发出报警的声光信号。

c. 综合型　综合型超载限制器能在起重量达到额定起重量的 95％～100％时发出报警的声光信号；当起重量超过额定起重量时，能停止起重机向不安全方向继续动作。

② 缓冲器　设置缓冲器的目的是吸收起重机的运行动能，以减缓冲击。缓冲器的类型有很多，常用的缓冲器有弹簧缓冲器、橡胶缓冲器和液压缓冲器。

缓冲器设置在起重机或起重小车与止挡体相碰撞的位置。在同一轨道上运行的起重机之间，以及在同一起重机桥架上双小车之间，也应设置缓冲器。

③ 限位器　限位器是用来限制各机构在某范围内运转的一种安全防护装置，但不能利用限位器停车。它包括两种类型：一类是保护起升机构安全运转的上升极限位置限制器和下降极限位置限制器；另一类是限制运行机构的运行极限位置限制器。

a. 上升极限位置限制器和下降极限位置限制器　上升极限位置限制器用于限制取物装置的起升高度。当吊具起升至上极限位置时，可防止吊钩等取物装置继续上升拉断起升钢丝绳，限位器能自动切断电源，使起升机构停止，避免发生重物掉落事故。

下降极限位置限制器在取物装置下降至最低位置时，能自动切断电源，使起升机构下降、运转停止，此时应保证钢丝绳在卷筒上缠绕余留的安全圈不少于 3 圈。

b. 运行极限位置限制器　运行极限位置限制器由限位开关和安全尺式撞块组成。其工作原理是：当起重机运行到极限位置后，安全尺触动限位开关的传动柄或触头，带动限位开关内的闭合触头分开而切断电源，运行机构停止运转，起重机将在允许的制动距离内停车，即可避免因硬性碰撞止挡体对运行的起重机产生过度的冲击碰撞。

凡是有轨运行的各种类型的起重机，均应设置运行极限位置限制器。

④ 防碰撞装置　对于同层多台或多层设置的桥式类型起重机，容易发生碰撞。在作业情况复杂、运行速度较快时，单凭司机判断避免事故是很困难的。为了防止起重机在轨道上运行时碰撞邻近的起重机，运行速度超过 120m/min 时，应在起重机上设置防碰撞装置。其工作原理是：防碰撞装置利用光或电波传播反射的测距原理，在两台起重机相对运动到设定距离时，自动发出报警，进而切断电源，使起重机停止运行，避免起重机之间的相互碰撞。

⑤ 防偏斜装置　为了防止大跨度的门式起重机和装卸桥在运行过程中产生过大的偏斜，应设置偏斜限制器、偏斜指示器或偏斜调整装置等，以保证起重机支腿在运行中不出现超偏现象，即通过机械和电器的联锁装置，将超前或滞后的支腿调整到正常位置，以防桥架被扭坏。当桥架偏斜达到一定量时，应能向司机发出信号或自动进行调整，当超过许用偏斜量时，应能使起重机自动切断电源，使运行机构停止运行，保证桥架安全。

常见的防偏斜装置有钢丝绳式防偏斜装置、凸轮式防偏斜装置、链式防偏斜装置和电动式防偏斜指示及自动调整装置等。

⑥ 其他安全防护装置　起重机械在使用过程中还有其他安全防护装置，如抗风防滑和锚定装置、防止起重机臂触电安全装置、幅度指示器、联锁保护装置、水平仪、防止吊臂后倾装置和登机信号按钮等。

1.2.2.4　木工机械安全技术

(1) 木材加工危险因素

① 机械危险　刀具的切害伤害，工件、工件的零件或机床的零件在加工中意外抛射飞出的冲击伤害，锯机上断裂的锯条、磨锯机上砂轮破裂的碎片等物件的打击伤害，是木材加工中常见的危害类型；其他机械伤害，如接触运动零部件和机器上凸出部位刷碰等，则发生较少。

② 木材的生物效应　木材生物活性的有毒、过敏性物质可引起许多不同的发病症状和过程，例如皮肤症状、视力失调、对呼吸道黏膜的刺激和病变、过敏症状，以及各种混合症状。发病性质和程度取决于木材种类、接触的时间或操作者自身的体质条件。

③ 化学危害　木材的天然特性使化学防腐在木材的储存、加工和成品的表面修饰处理等过程中成为必不可少的环节。可用的化学物范围很广，其中很多会引起中毒、皮炎或损害黏膜。

④ 木粉尘伤害　大量木粉尘可导致呼吸道疾病，严重的可表现为肺叶纤维化症状，木工中鼻癌和鼻窦腺癌发病率较高，据分析可能与木粉尘中的可溶性有害物有关。

⑤ 火灾和爆炸的危险　木材原料、半成品或成品、切削废料等都是易燃物,悬浮的木粉尘和使用的某些化学物质等都是易爆危险因素。火灾危险存在于木材加工全过程的各个环节。

⑥ 噪声和振动危害　木工机械是高噪声和高振动机械。

(2) 木工机械的安全技术　在设计上就应使木工机械具有完善的安全装置,包括安全防护装置、安全控制装置和安全报警信号装置等。其安全技术要求如下。

① 按照有轮必有罩、有轴必有套和锯片有罩、锯条有套、刨（剪）切有挡以及安全器送料的要求,对各种木工机械配置相应的安全防护装置。徒手操作者必须有安全防护措施。

② 对产生噪声、木粉尘或挥发性有害气体的机械设备,应配置与其机械运转相连接的消声、吸尘或通风装置,以消除或减轻职业危害,维护职工的安全和健康。

③ 木工机械的刀轴与电器应有安全联控装置,在装卸或更换刀具及维修时,能切断电源并保持断开位置,以防止误触电源开关或突然供电启动机械,造成人身伤害事故。

④ 针对木材加工作业中的木料反弹危险,应采用安全送料装置或设置分离刀、防反弹安全屏护装置,以保障人身安全。

⑤ 在装设正常启动和停机操纵装置的同时,还应专门设置遇事故需紧急停机的安全控制装置。按此要求,对各种木工机械应制定与其配套的安全装置技术标准。国产定型的木工机械,在供货的同时,必须带有完备的安全装置,并供应维修时所需的安全配件,以便在安全防护装置失效后予以更新;对早期进口或自制、非定型、缺少安全装置的木工机械,使用单位应研制和配置相应的安全装置,使所用的木工机械都有安全装置,特别是对操作者有伤害危险的木工机械。对缺少安全装置或安全装置失效的木工机械,应禁止或限制使用。

1.2.3　机械安全测试与维修

1.2.3.1　机械安全测试原理

机械设备的安全测试,是利用科学的检测技术对设备运行工况或性能参数做出诊断,定量地识别系统的状态,并对此做出预报。所谓系统状态,是指系统运行过程中其功能是良好的、正常的、劣化的或是出现了故障。

由于机械设备运行状态、工作环境等工作因素的不同,所采用的检测技术亦不尽相同。依据测试对象、测试目的、测试手段的不同,机械测试方法大致可以分为以下五类。

(1) 功能和运行测试　该检测主要测试目的是检测机械设备的功能状态和运行中的工况,以便据此采取相应的对策。

(2) 定期测试和在线监控　定期测试又称巡回检查,是每隔一定的时间对设备的各规定部位进行一次测试。在线监控是通过一些仪器仪表处理系统对设备的运行状态进行连续的测试和监控,属于现代化的测试手段,当前在一些大型复杂设备上已成功使用。

(3) 直接和间接测试　直接测试是属于对设备的零部件直接观察和测试的诊断。由于受到机械结构和运行条件等因素的限制不能进行直接测试时,可以采取间接测试技术,通过二次测试信息间接地得到有关零部件的运行工况。间接测试带有综合信息的因素,有造成误诊的可能。

(4) 常规和特殊测试　常规测试属于设备正常运行条件下进行的检测,对设备进行的技术诊断大多属于此类。对于在正常运行条件下难以取得的诊断信息,只有通过创造一个非正常运行条件来取得并进行诊断,称为特殊测试。

(5) 简易和精密测试　简易测试属于对设备进行概括性的评价诊断,可以由一般维修人员进行。精密测试则是在简易测试的基础上对设备进行工况精确诊断,一般由专家进行。

1.2.3.2　机械安全测试

(1) 机械安全测试基本概念　在机械安全的常规测试中有一类重要测试技术——无损检测。

无损检测又称无损探伤，是指在不损伤被检测对象的条件下，利用物质的声、光、磁和电等特性，在不损害或不影响被检测对象使用性能的前提下，检测被检对象中是否存在缺陷或不均匀性，给出缺陷大小、位置、性质和数量等信息。

与破坏性检测相比，无损检测有以下特点。

① 非破坏性　无损检测不损害被检测对象的使用性能。

② 全面性　由于无损检测是非破坏性的，必要时，可对被检测对象进行100％的全面检测，这是破坏性检测办不到的。

③ 全程性　破坏性检测一般只适用于对原材料进行检测，如机械工程中普遍采用的拉伸、压缩、弯曲等，破坏性检测都是针对制造用原材料进行的，对于产成品和在用品，除非不准备让其继续服役，否则是不能进行破坏性检测的，而无损检测不损坏被检测对象的使用性能。所以，无损检测不仅可对制造用原材料、各中间工艺环节直至最终产成品进行全程检测，也可对服役中的设备进行检测。

无损探伤能应用于产品设计、材料选择、加工制造、成品检验、在役检查（维修保养）等多方面，在质量控制与降低成本之间能起最优化作用。无损探伤还有助于保证产品的安全运行和（或）有效使用。由于各种无损探伤方法都各有其适用范围和局限性，因此新的无损探伤方法一直在不断地被开发和应用。通常，只要符合无损探伤的基本定义，任何一种物理的、化学的或其他可能的技术手段，都可能被开发成一种无损探伤方法。

（2）机械安全测试分类　无损检测方法很多，常规的无损检测方法包括超声波检测（UT）、磁粉检测（MT）和液体渗透检测（PT）。表1-19列出了不同的无损检测方法的特征。

表1-19　无损检测方法比较

主要特征 探伤方法	对试件的要求	探伤类型	探伤原理	探伤结论	主要优缺点
磁粉探伤法	限于铁磁性材料,试件大小受设备限制,原则上应在结束一切加工及处理工序后进行探伤	表面及近表面微小缺陷	由磁粉分布情况辨别裂纹分布形状,不能确定裂纹深度	缺陷位置、缺陷形状、缺陷长度	探伤速度快,可以进行大量的检验,灵敏度高;不能检验内部缺陷,无法确定缺陷深度
着色探伤法	材料类型不限,表面需光洁,试件厚度无要求,适用于致密性金属材料焊缝缺陷及非金属材料制品表面开口性的缺陷	近表面缺陷	根据彩色斑点和条纹发现和判断缺陷,无法确定缺陷深度	缺陷位置、缺陷形状、缺陷长度	不受材料限制,不需要专门设备,设备简单,灵敏度低,速度慢
涡流探伤法	限于导电材料,表面光滑,形状简单	表面及近表面缺陷	通过探测线圈涡电流的变化,获取试件缺陷信息,无法得知缺陷类型及深度	有无缺陷、缺陷大致大小	设备简单小巧、便于携带;测量速度较慢,不能确定缺陷的性质和深度
射线探伤法	材料类型不限,形状不限,无特殊要求,试件厚度不能太大	近表面及内部缺陷	利用射线穿透被检物各部分时强度衰减的不同检测试件缺陷	缺陷位置、缺陷形状、缺陷大小、缺陷分布	透视灵敏度高,能保存永久性的缺陷记录,不受试件材料形状的限制;探伤成本高,设备笨重,无法探明线性缺陷,射线对人体有害
超声波探伤法	材料类型不限,钢材探伤厚度可达10m,表面光滑,形状简单,可在设备运行情况下探伤,可单面探伤	任何部位的任何缺陷	利用超声波透入金属材料的深处,并由一截面进入另一截面时,在界面边缘发生反射的特点来检查零件缺陷	缺陷位置、缺陷深度、缺陷大小、缺陷分布	适用范围广,灵敏度高,对人体无害,随时可得探伤结果;只能检测简单形状的试件,表面要求高,不能判定缺陷性质

由于各种检测方法都具有一定的特点，为提高检测结果的可靠性，应根据设备材质、制造方法、工作介质、使用条件和失效模式，预计可能产生的缺陷种类、形状、部位和取向，选择

最适当的无损检测方法。

任何一种无损检测方法都不是万能的，每种方法都有自己的优点和缺点，应尽可能多用几种检测方法，互相取长补短，以保障承压设备安全运行。

1.2.3.3 机械安全维修概述

机电设备在使用过程中，不可避免地会由于磨损、疲劳、断裂、变形、腐蚀和老化等原因造成设备性能的劣化以致出现故障，从而会使其不能正常运行，最终导致设备损坏和停产，使企业蒙受经济损失，甚至造成灾难性的后果。

因此，采用系统、科学的维护和修理设备的技术与方法对机械安全进行定期的维修，以减缓机电设备劣化速度，排除故障，恢复设备原有的性能和技术要求，保障机电设备的安全运行，保障作业人员生命财产安全，提高生产效率。

(1) 机械安全维修基本流程 在设备预防性安全修理类别中，设备大修理（简称为设备大修）是工作量最大、修理时间较长的一类修理。设备大修就是将设备全部或大部分解体，修复基础件，更换或修复机械零件、电气元件，调整修理电气系统，整机装配和调试，以达到全面清除大修前存在的缺陷、恢复设备规定的精度与性能的目的。

机电设备的大修过程一般可分为修前准备、修理过程和修后验收三个阶段。

① 修前准备 为了使修理工作顺利进行并做到准确无误，修理人员应认真听取操作者对设备修理的要求，详细了解待修设备的主要问题，了解待修设备为满足工艺要求应做哪些部件的改进和改装，阅读有关技术资料、设备使用说明书和历次修理记录，熟悉设备的结构特点、传动系统和原设计精度要求，以便提出预检项目。经预检确定大件、关键件的具体修理方法，准备专用工具和检测量具，确定修后的精度检验项目和试车验收要求，为整台设备的大修做好各项技术准备工作。

② 修理过程 修理过程开始后，首先进行设备的解体工作，按照与装配相反的顺序和方向，即"先上后下，先外后里"的方法，有次序地解除零部件在设备中相互约束和固定的形式。拆卸下来的零件应进行二次预检，还要根据更换件和修复件的供应、修复情况，大致排定修理工作进度，以使修理工作有步骤、按计划地进行。

③ 修后验收 凡是经过修理装配调整好的设备，都必须按有关规定的精度标准项目或修前拟定的精度项目，进行各项精度检验和试验，如几何精度检验、空运转试验、载荷试验和工作精度检验等，全面检查衡量所修理设备的质量、精度和工作性能的恢复情况。

设备修理后，应记录对原技术资料的修改情况和修理中的经验教训，做好修后工作小结，与原始资料一起归档，以备下次修理时参考。

(2) 机械安全维修常用技术 适用于机械安全维修的技术种类繁多，其中各类零件修复技术以其省时、省工、省材料、实时提高绩效性能等优点而被广泛采用。常用的零件修复技术主要可分为金属扣合技术、工件表面强化技术、塑性变形修复技术、电镀修复技术、热喷涂修复技术、焊接修复技术、粘接修复技术七大类，各类修复技术适用范围如表 1-20 所示。

表 1-20 各类修复技术适用范围

零件修复技术	种类	适用范围
金属扣合技术	强固扣合法	可用于修复不易焊接的钢件
	强密扣合法	
	加强扣合法	
工件表面强化技术	表面形变强化	可用于改善材料表面性能,提高零件表面耐磨性、抗疲劳性,延长其使用寿命等
	表面热处理强化和表面化学热处理强化	
	三束表面改性技术	

续表

零件修复技术	种类	适用范围
塑性变形修复技术	镦粗法	用于小批或成批修复零件变形
	挤压法	
	扩张法	
	校正法	
电镀修复技术	镀铬	用于修复磨损量不大、精度要求高、形状结构复杂、批量较大和需要某种特殊层的零件
	镀铁	
	电刷镀	
热喷涂修复技术	火焰类	用于各种金属或非金属零件的机械性损伤修复领域
	电弧类	
	电热类	
	激光类	
焊接修复技术	补焊	可用于修复磨损失效零件,可以焊补裂纹与断裂、局部损伤,可用于校正形状
	堆焊	
粘接修复技术	热熔粘接法	应用粘接技术修复磨损零件,不但能修复磨损零件的尺寸,还可以改善摩擦表面的状况、延长磨损零件的使用寿命
	熔剂粘接法	
	胶黏剂粘接法	

1.2.4 机电产品安全性设计

机电产品安全设计旨在促使人们在产品设计之初就把安全因素考虑在内,从而保证人在操作使用时的安全和健康,这对于避免安全事故的发生有着重要意义。这一设计理念集中体现了安全原理中"预防为主"的思想,也更符合以人为本的人性化设计理念。

1.2.4.1 机电产品安全性分配概念及原则

(1) 机电产品安全性分配 由于机电产品的安全性与可靠性、可维修性等产品的其他质量特性一样,都是产品本身所具有的固有属性,所谓安全性分配,是指根据产品安全性的目标值,对产品的子系统、元器件的安全性按照从上至下、由整体到局部的原则,以时间、成本、效益为限制条件,进行逐步分解,以最低的代价达到可接受水平。

(2) 机电产品安全性分配原则 产品安全性分配时,根据系统设计任务书中规定的总体安全性指标,采用合适的方法分配给组成系统的子系统、组件、元器件,并将它们写入与之相对应的分系统设计任务书或技术经济合同中,使各级设计人员明确其安全性设计要求,并研究实现其要求的可能性及其办法。安全性分配通常应遵循以下基本原则。

① 对系统的安全关键部件,在满足风险在可接受范围内的前提下,分配的指标应高于其他一般部件,以便更加有效地提高系统整体的安全性水平。

② 对于现有技术条件下,单元或部件的安全性在短期提高较难,分配的安全性应为可实现的最大值即可,即安全性的分配应考虑技术、经济等条件。

③ 对于在现场使用中便于维修或人工补救的分系统或部件,在满足风险在可接受范围内的前提下,可以分配较低的安全性指标。

④ 对于一些关键部件,经过改进后仍然无法满足系统要求,则产品的事故风险是不可接受的,应该放弃产品的设计。

1.2.4.2 机电产品安全性设计流程

GB/T 15706—2012《机械安全设计通则:风险评估与风险减小》详细给出了进行风险评价和通过设计减小风险的步骤,如图 1-12 所示。消除或者降低风险的措施主要有本质安全设计、实施辅助安全防护措施、向用户提供风险信息共三个步骤。如果采取了某些安全防护措施后还不能达到减小风险,就应该重新进行风险评估活动,或是更改设备的限值等,直至达到降低风险的目的。

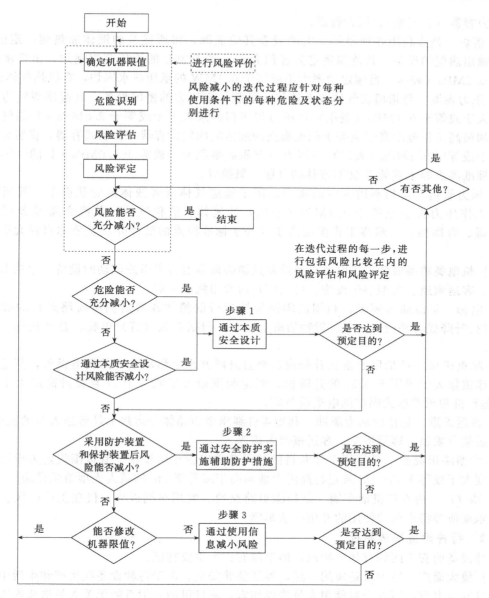

图 1-12 机械安全设计的三个主要步骤

1.3 特种设备安全技术

1.3.1 特种设备概述

特种设备是指涉及生命安全、危险性较大的锅炉、压力容器（含气瓶，下同）、压力管道、电梯、起重机械、客运索道、大型游乐设施和场（厂）内专用机动车辆。其中锅炉、压力容器（含气瓶）、压力管道为承压类特种设备；电梯、起重机械、客运索道、大型游乐设施为机电类特种设备。

1.3.1.1 压力容器的分类

特种设备依据其主要工作特点，分为承压类特种设备和机电类特种设备。

（1）承压类特种设备 承压类特种设备是指承载一定压力的密闭设备或管状设备，包括锅炉、压力容器（含气瓶）、压力管道。

① 锅炉 是指利用各种燃料、电能或者其他能源，将所盛装的液体加热到一定的参数，并对外输出热能的设备，其范围规定为容积大于或等于 30L 的承压蒸汽锅炉，出口水压大于或等于 0.1MPa（表压）且额定功率大于或等于 0.1MW 的承压热水锅炉，有机热载体锅炉。

② 压力容器 是指盛装气体或者液体，承载一定压力的密闭设备，其范围规定为最高工作压力大于或等于 0.1MPa（表压）且压力与容积的乘积大于或等于 2.5MPa·L 的气体、液化气体和最高工作温度高于或等于标准沸点的液体的固定式容器和移动式容器，盛装公称工作压力大于或等于 0.2MPa（表压）且压力与容积的乘积大于或等于 1.0MPa·L 的气体、液化气体和标准沸点等于或低于 60℃液体的气瓶，氧舱等。

③ 压力管道 是指利用一定的压力，用于输送气体或者液体的管状设备，其范围规定为最高工作压力大于或等于 0.1MPa（表压）的气体、液化气体、蒸汽介质或者可燃、易爆、有毒、有腐蚀性、最高工作温度高于或等于标准沸点的液体介质且公称直径大于 25mm 的管道。

(2) 机电类特种设备 机电类特种设备是指必须由电力牵引或驱动的设备，包括电梯、起重机械、客运索道、大型游乐设施、场（厂）内专用机动车辆。

① 电梯 是指动力驱动，利用沿刚性导轨运行的箱体或者沿固定线路运行的梯级（踏步），进行升降或者平行运送人、货物的机电设备，包括载人（货）电梯、自动扶梯、自动人行道等。

② 起重机械 是指用于垂直升降或者垂直升降并水平移动重物的机电设备，其范围规定为额定起重量大于或等于 0.5t 的升降机，额定起重量大于或等于 1t 且提升高度大于或等于 2m 的起重机和承重形式固定的电动葫芦等。

③ 客运索道 是指由动力驱动，利用柔性绳索牵引箱体等运载工具运送人员的机电设备，包括客运架空索道、客运缆车、客运拖牵索道等。

④ 大型游乐设施 是指用于经营目的并承载乘客游乐的设施，其范围规定为设计最大运行线速度大于或等于 2m/s，或运行高度距地面高于或等于 2m 的载人大型游乐设施。

⑤ 场（厂）内专用机动车辆 是指除道路交通、农用车辆以外，仅在工厂厂区、旅游景区、游乐场所等特定区域使用的专用机动车辆。

1.3.1.2 特种设备事故特征

特种设备的安全问题有如下特点，即事故有三个主要特征。

(1) 量大面广 特种设备应用广泛，涉及公共安全。由于特种设备在生产和生活中应用广泛，一旦发生事故，不仅会对使用人员造成伤害，而且可能对附近的无关人员造成伤害。

(2) 事故率较高 特种设备经常处于承压或空中运行状态，只要设备设计、制造、安装、使用、维护和管理等方面存在隐患，发生特种设备事故（如泄漏、爆炸、坠落）的可能性就客观存在。

(3) 危害性大 容易造成人员的群死群伤。尤其是盛装危险品的压力容器爆炸，甚至会造成较大范围的环境灾难。

1.3.2 特种设备设计安全技术

1.3.2.1 锅炉的安全设计

锅炉上的安全附件主要是指安全阀、压力表、液位计和液位报警器。

(1) 安全阀 当锅炉汽水系统超压时，安全阀自动开启，排汽泄压，并发出报警；当压力降到允许值后，安全阀又能自动关闭，确保锅炉在允许压力范围内继续运行。常见锅炉安全阀为弹簧式安全阀和杠杆式安全阀。

（2）压力表　压力表是测量和指示锅炉汽水系统压力大小的仪表，有现场指示表和通过变送器远传至控制室的指示表。其中远传表可以设置超压报警功能。防止超压是保证锅炉安全运行的基本要求。压力表的结构简单（一根弹簧管），使用方便，但由于其作用非常重要，为了确保压力表的长期运行可靠，压力表至少每半年应校验一次。

（3）液位计　液位计是显示汽包内液面高低的仪表，有现场液位计和通过变送器远传至控制室的液位计。其中现场安装的液位计是根据连通器内液柱高度相等的原理设计的，用于观察液位的通常是一段玻璃管或空心玻璃板；远传液位计是通过将液位转换成压力信号，再通过变送器来实现信号传递的，其原理与远传压力表类似。操作人员通过液位计观察和调节汽包的液位，防止发生锅炉缺水或满水事故。

（4）液位报警器　液位报警器用于在锅炉液位发生异常（高于最高安全液位或低于最低安全液位）时发出报警，提醒操作人员采取措施，消除险情。

1.3.2.2　压力容器的安全设计

压力容器设计要求的材料的主要性能包括力学性能和制造工艺性能。普通力学性能主要包括强度、塑性、韧性、冷弯性能和硬度等；制造工艺性能主要指铸、锻、焊、热处理等加工性能。

从安全角度考虑，压力容器设计应包括强度安全设计和结构安全设计。

（1）强度安全设计　强度安全设计是指在确定的容器结构尺寸下，所选材料在容器寿命期内有足够抵抗各种外来载荷和经受周围环境条件破坏的能力。

（2）结构安全设计　结构安全设计是指设计容器的总体或局部结构时，尽量避免制造和使用中附加的削弱容器强度的因素。

常规压力容器设计，除了通过计算来保证容器总体的强度、刚度和稳定性要求外，还要在结构上采取措施，减少附加应力和应力集中程度，此外合适的结构也是方便制造、检验，保证容器制造质量的重要措施。

压力容器设计过程中，要在总体或局部结构、焊接结构和接头形式等方面遵循便于制造、利于检验、避免局部附加应力和应力集中的一般性原则。具体应用来说，大致包括以下四个方面。

① 防止压力容器各承压部件连接处的几何形状、厚度、材料和载荷（包括温度）等突变形成的总体和局部结构不连续产生的过高的局部应力；可以采用圆滑过渡或斜坡过渡形式消除几何形状或厚度的突变。

② 避免压力容器上局部高应力和它们之间的相互叠加，在容器上限制开大孔，容器设计规范规定，凸形封头或球壳的开孔最大直径不超过壳体内直径的1/2等；即使一般性开孔，必要时也要有局部补强措施，如采用补强圈、厚壁接管或整体补强等；采用高应力区与强度薄弱环节错开分隔，在凸形封头过渡部分一般不开孔，以避免与封头过渡区不连续效应叠加；又如使接管、支座避开筒体纵环焊缝；筒体或其他受压元件的拼接焊缝应彼此错开一定距离等。

③ 合理选择焊接结构和接头形式，如避免未焊透结构和刚性焊接结构，优先采用等厚对接接头，尽量少用连接强度差的搭接和未焊透的角接接头，以减少焊接变形和附加应力。

④ 检验部位要方便无损检验，以准确发现制造缺陷，如整体补强的接管比补强圈补强的接管容易进行超声波检验。

1.3.3　特种设备使用安全技术

1.3.3.1　锅炉使用安全

（1）锅炉启动步骤

① 检查准备　对新装、迁装和检修后的锅炉，启动之前要进行全面检查。主要内容有：

检查受热面、承压部件的内外部，检查其是否处于可投入运行的良好状态；检查燃烧系统各个环节是否处于完好状态；检查各类门孔、挡板是否正常，使之处于启动所要求的位置；检查安全附件和测量仪表是否齐全、完好，并使之处于启动所要求的状态；检查锅炉架、楼梯、平台等钢结构部分是否完好；检查各种辅机特别是转动机械是否完好。

② 上水　为防止产生过大热应力，上水温度最高不超过90℃，水温与筒壁温之差不超过50℃。对水管锅炉，全部上水时间在夏季不少于1h，在冬季不少于2h。冷炉上水至最低安全水位时应停止上水，以防止受热膨胀后水位过高。

③ 烘炉　对新装、迁装、大修或长期停用的锅炉，其炉膛和烟道的墙壁非常潮湿，一旦骤然接触高温烟气，将会产生裂纹、变形，甚至发生倒塌事故。为防止此种情况发生，此种锅炉在上水后，启动前要进行烘炉。

④ 煮炉　对新装、迁装、大修或长期停用的锅炉，在正式启动前必须煮炉。煮炉的目的是清除蒸发受热面中的铁锈、油污和其他污物，减少受热面腐蚀，提高锅水和蒸汽品质。

⑤ 点火升压　一般锅炉上水后即可点火升压。点火方法由燃烧方式和燃烧设备类型确定。层燃炉一般用木材引火，严禁用挥发性强烈的油类或易燃物引火，以免造成爆炸事故。

⑥ 暖管与并汽　暖管，即用蒸汽慢慢加热管道、阀门、法兰等部件，使其温度缓慢上升，避免向冷态或较低温度的管道突然供入蒸汽，以防止热应力过大而损坏管道、阀门等部件；同时将管道中的冷凝水驱出，防止在供汽时发生水击。并汽，也称并炉、并列，即新投入运行锅炉向共用的蒸汽母管供汽。并汽前应减弱燃烧，打开蒸汽管道上的所有疏水阀，充分疏水以防水击；冲洗水位表，并使水位维持在正常水位线以下；使锅炉的蒸汽压力稍低于蒸汽母管内气压，缓慢打开主汽阀及隔绝阀，使新启动锅炉与蒸汽母管连通。

（2）点火升压阶段的安全注意事项

① 防止炉膛爆炸　锅炉点火时需防止炉膛爆炸。锅炉点火前，锅炉炉膛中可能残存有可燃气体或其他可燃物，也可能预先送入可燃物，如不注意清除，这些可燃物与空气的混合物遇明火即可能爆炸，这就是炉膛爆炸。燃气锅炉、燃油锅炉、煤粉锅炉等点火时必须特别注意防止炉膛爆炸。

防止炉膛爆炸的措施是：点火前，开动引风机给炉膛通风5~10min，没有风机的可自然通风5~10min，以清除炉膛及烟道中的可燃物。气炉、油炉、煤粉炉点燃时，应先送风，之后投入点燃火炬，最后送入燃料。一次点火未成功需重新点燃火炬时，一定要在点火前给炉膛烟道重新通风，待充分清除可燃物之后再进行点火操作。

② 控制升温升压速度　如前所说，升压过程也就是锅水饱和温度不断升高的过程。由于锅水温度的升高，锅筒和蒸发受热面的金属壁温也随之升高，金属壁面中存在不稳定的热传导，需要注意热膨胀和热应力问题。

为防止产生过大的热应力，锅炉的升压过程一定要缓慢进行。点火过程中，对各热承压部件的膨胀情况应进行监督，发现有卡住现象应停止升压，待排除故障后再继续升压；发现膨胀不均匀时也应采取措施消除。

③ 严密监视和调整仪表　点火升压过程中，锅炉的蒸汽参数、水位及各部件的工作状况在不断地变化，为了防止异常情况及事故的出现，必须严密监视各种指示仪表，将锅炉压力、温度和水位控制在合理的范围之内。同时，各种指示仪表本身也要经历从冷态到热态、从不承压到承压的过程，也会产生热膨胀，在某些情况下甚至会产生卡住、堵塞、转动或开关不灵等无法投入运行或工作不可靠的故障。因此点火升压过程中，保证指示仪表的准确可靠十分重要。

点火一段时间，当发现蒸汽从空气阀冒出时，即可将空气阀关闭准备升压。此时，应密切监视压力表，在一定的时间内压力表上的指针应离开原点。如锅内已有压力而压力表指针不动，则须将火力减弱或停息，校验压力表并清洗压力表管道，待压力表正常后，方可继续升压。

④ 保证强制流动受热面的可靠冷却　自然循环锅炉的蒸发面在锅炉点火后开始受热，即产生循环流动。由于启动过程加热比较缓慢，蒸发受热面中产生的蒸汽量较少，水循环还不正常，各水冷壁受热不均匀的情况也比较严重，但蒸发受热面一般不会在启动过程中烧坏。

由于锅炉在启动中不向用户提供蒸汽及不连续经省煤器上水，省煤器、过热器等强制流动受热面中没有连续流动的水汽介质冷却，因而可能被外部连续流过的烟气烧坏。所以，必须采取可靠措施，保证强制流动受热面在启动中不至于过热损坏。

（3）锅炉正常运行中的监督调节

① 锅炉水位的监督调节　锅炉运行中，运行人员应不间断地通过水位表监督锅内的水位。锅炉水位应经常保持在正常水位线处，并允许在正常水位线上下 50mm 之内波动。

由于水位的变化与负荷、蒸发量和气压的变化密切相关，因此水位的调节常常不是孤立地进行，而是与气压、蒸发量的调节联系在一起的。

为了使水位保持正常，锅炉在低负荷运行时，水位应稍高于正常水位，以防负荷增加时水位降得过低；锅炉在高负荷运行时，水位应稍低于正常水位，以免负荷降低时水位升得过高。

② 锅炉气压的监督调节　在锅炉运行中，蒸汽压力应基本上保持稳定。锅炉气压的变动通常是由负荷变动引起的，当锅炉蒸发量和负荷不相等时，气压就要变动。若负荷小于蒸发量，气压就上升；负荷大于蒸发量，气压就下降。所以，调节锅炉气压就是调节其蒸发量，而蒸发量的调节是通过燃烧调节和给水调节来实现的。运行人员根据负荷变化，相应增减锅炉的燃料量、风量、给水量来改变锅炉蒸发量，使气压保持相对稳定。

对于间断上水的锅炉，为了保持气压稳定，要注意上水均匀，上水间隔的时间不宜过长，一次上水不宜过多；在燃烧减弱时不宜上水，手烧炉在投煤、扒渣时也不宜上水。

③ 气温的调节　锅炉负荷、燃料及给水温度的改变，都会造成过热气温的改变。过热器本身的传热特性不同，上述因素改变时气温变化的规律也不相同。

④ 燃烧的监督调节　燃烧调节的任务是使燃料燃烧供热适应负荷的要求，维持气压稳定；使燃烧完好正常，尽量减少未完全燃烧损失，减轻金属腐蚀和大气污染；对负压燃烧锅炉，维持引风和鼓风的均衡，保持炉膛一定的负压，以保证操作安全和减少排烟损失。

⑤ 排污和吹灰　锅炉运行中，为了保持受热面内部清洁，避免锅水发生汽水共腾及蒸汽品质恶化，除了对给水进行必要而有效的处理外，还必须坚持排污。

燃煤锅炉的烟气中含有许多飞灰微粒，在烟气流经蒸发受热面、过热器、省煤器及空气预热器时，一部分烟灰会沉积到受热面上，不及时吹扫清理往往越积越多。由于烟灰的导热能力很差，受热面上积灰会严重影响锅炉传热，降低锅炉效率，影响锅炉运行工况，特别是蒸汽温度，对锅炉安全也会造成不利影响。

（4）停炉及停炉保养

① 停炉　正常停炉是预先计划内的停炉。停炉中应注意的主要问题是防止降压降温过快，以避免锅炉部件因降温收缩不均匀而产生过大的热应力。

停炉操作应按规程规定的顺序进行。大体上说，锅炉正常停炉的顺序应该是先停止燃料供应，随之停止送风，减少引风；与此同时，逐渐降低锅炉负荷，相应地减少锅炉上水，但应维持锅炉水位稍高于正常水位。对于燃气锅炉、燃油锅炉，炉膛停火后，引风机至少要继续引风5min 以上。锅炉停止供汽后，应隔断与蒸汽母管的连接，排汽降压。为保护过热器，防止其金属超温，可打开过热器出口集箱疏水阀适当放汽。降压过程中司炉人员应连续监视锅炉，待锅内无气压时，开启空气阀，以免锅内因降温形成真空。

停炉时应打开省煤器旁通烟道，关闭省煤器烟道挡板，但锅炉进水仍需经省煤器。对钢管省煤器，锅炉停止进水后，应开启省煤器再循环管；对无旁通烟道的可分式省煤器，应密切监视其出口水温，并连续经省煤器上水、放水至水箱中，使省煤器出口水温低于锅筒压力下饱和温度 20℃。

为防止锅炉降温过快，在正常停炉的 4～6h 内，应紧闭炉门和烟道挡板；之后，打开烟道挡板，缓慢加强通风，适当放水。停炉 18～24h，在锅水温度降至 70℃ 以下时，方可全部放水。

锅炉遇有下列情况之一者，应紧急停炉：锅炉水位低于水位表的下部可见边缘；不断加大向锅炉进水及采取其他措施，但水位仍继续下降；锅炉水位超过最高可见水位（满水），经放水仍不能见到水位；给水泵全部失效或给水系统发生故障，不能向锅炉进水；水位表或安全阀全部失效；设置在蒸汽空间的压力表全部失效；锅炉元件损坏危及运行人员安全；燃烧设备损坏，炉墙倒塌或锅炉构件被烧红，严重威胁锅炉安全运行；其他异常情况危及锅炉安全运行等。

紧急停炉的操作顺序是：立即停止添加燃料和送风，减弱引风；与此同时，设法熄灭炉膛内的燃料，对于一般层燃炉可以用沙土或湿灰灭火，链条炉可以开快挡使炉排快速运转，把红火送入灰坑；灭火后即打开炉门、灰门及烟道挡板，以加强通风冷却；锅内可以较快降压并更换锅水，锅水冷却至 70℃ 左右允许排水。但因缺水紧急停炉时，严禁给锅炉上水，并不得开启空气阀及安全阀快速降压。紧急停炉是为防止事故扩大不得不采用的非正常停炉方式，有缺陷的锅炉应尽量避免紧急停炉。

② 停炉保养　锅炉停炉以后，本来容纳水汽的受热面及整个汽水系统依旧是潮湿的或者残存有剩水。由于受热面及其他部件置于大气之中，空气中的氧气有充分的条件与潮湿的金属接触或者更多地溶解于水，使金属的电化学腐蚀加剧。另外，受热面的烟气侧在运行中常常黏附有灰粒及可燃物，停炉后在潮湿的气氛下，也会加剧对金属的腐蚀。实践表明，停炉期的腐蚀往往比运行中的腐蚀更为严重。

停炉保养主要指锅内保养，即汽水系统内部为避免或减轻腐蚀而进行的防护保养。常用的保养方式有压力保养、湿法保养、干法保养和充气保养。

1.3.3.2　压力容器使用安全

(1) 压力容器安全操作

① 基本要求

a. 平稳操作　加载和卸载应缓慢，并保持运行期间载荷的相对稳定。

压力容器开始加载时，速度不宜过快，尤其要防止压力的突然升高。过高的加载速度会降低材料的断裂韧性，可能使存在微小缺陷的容器在压力的快速冲击下发生脆性断裂。

高温容器或工作壁温在 0℃ 以下的容器，加热和冷却都应缓慢进行，以减小壳壁中的热应力。

操作中压力频繁地和大幅度地波动，对容器的抗疲劳强度是不利的，应尽可能避免，保持操作压力平稳。

b. 防止超载　防止压力容器过载主要是防止超压。压力来自器外（如气体压缩机、蒸汽锅炉等）的容器，超压大多是由于操作失误而引起的。为了防止操作失误，除了装设联锁装置外，可实行安全操作挂牌制度。在一些关键性的操作装置上挂牌，牌上用明显标记或文字注明阀门等的开闭方向、开闭状态、注意事项等。对于通过减压阀降低压力后才进气的容器，要密切注意减压装置的工作情况，并装设灵敏可靠的安全泄压装置。

由于器内物料的化学反应而产生压力的容器，往往因加料过量或原料中混入杂质，使器内反应后生成的气体密度增大或反应过速而造成超压。要预防这类容器超压，必须严格控制每次投料的数量及原料中杂质的含量，并有防止超量投料的严密措施。

储装液化气体的容器，为了防止液体受热膨胀而超压，一定要严格计量。对于液化气体储罐和槽车，除了密切监视液位外，还应防止容器意外受热，造成超压。如果容器内的介质是容易聚合的单体，则应在物料中加入阻聚剂，并防止混入可促进聚合的杂质。物料储存的时间不宜过长。

除了防止超压以外，压力容器的操作温度也应严格控制在设计规定的范围内，长期的超温运行也可以直接或间接地导致容器的破坏。

② 容器运行期间的检查　容器专职操作人员在容器运行期间应经常检查容器的工作状况，以便及时发现操作上或设备上的不正常状态，采取相应的措施进行调整或消除，防止异常情况的扩大或延续，保证容器安全运行。

对运行中的容器进行检查，包括检查工艺条件、设备状况以及安全装置等方面。

在工艺条件方面，主要检查操作压力、操作温度、液位是否在安全操作规程规定的范围内；检查容器工作介质的化学组成，特别是影响容器安全（如产生应力腐蚀、使压力升高等）的成分是否符合要求。在设备状况方面，主要检查各连接部位有无泄漏、渗漏现象，容器的部件和附件有无塑性变形、腐蚀以及其他缺陷或可疑迹象，容器及其连接管道有无振动、磨损等现象。在安全装置方面，主要检查安全装置以及与安全有关的计量器具是否保持完好状态。

③ 容器的紧急停止运行　压力容器在运行中出现下列情况时，应立即停止运行：容器的操作压力或壁温超过安全操作规程规定的极限值，而且采取措施仍无法控制，并有继续恶化的趋势；容器的承压部件出现裂纹、鼓包变形、焊缝或可拆连接处泄漏等危及容器安全的迹象；安全装置全部失效，连接管件断裂，紧固件损坏等，难以保证安全操作；操作岗位发生火灾，威胁到容器的安全操作；高压容器的信号孔或报警孔泄漏。

（2）容器的维护保养　做好压力容器的维护保养工作，可以使容器经常保持完好状态，提高工作效率，延长容器使用寿命。容器的维护保养主要包括以下五个方面的内容。

① 保持完好的防腐层　工作介质对材料有腐蚀作用的容器，常采用防腐层来防止介质对器壁的腐蚀，如涂漆、喷镀或电镀、衬里等。

② 消除产生腐蚀的因素　有些工作介质只有在某种特定条件下才会对容器的材料产生腐蚀。因此要尽力消除这种能引起腐蚀的，特别是应力腐蚀的条件。盛装氧气的容器，常因底部积水造成水和氧气交界面的严重腐蚀，要防止这种腐蚀，最好使氧气经过干燥，或在使用中经常排放容器中的积水。

③ 消灭容器的"跑、冒、滴、漏"，经常保持容器的完好状态　"跑、冒、滴、漏"不仅浪费原料和能源，污染工作环境，还常常造成设备的腐蚀，严重时还会引起容器的破坏事故。

④ 加强容器在停用期间的维护　对于长期或临时停用的容器，应加强维护。停用的容器，必须将内部的介质排除干净，腐蚀性介质要经过排放、置换、清洗等技术处理。要注意防止容器的"死角"积存腐蚀性介质。

⑤ 经常保持容器的完好状态　容器上所有的安全装置和计量仪表，应定期进行调整校正，使其始终保持灵敏、准确；容器的附件、零件必须保持齐全和完好无损，连接紧固件残缺不全的容器，禁止投入运行。

1.3.3.3　起重机使用安全

起重作业安全操作技术如下。

（1）吊运前的准备　吊运前的准备工作包括：正确佩戴个人防护用品，包括安全帽、工作服、工作鞋和手套；高处作业还必须佩戴安全带和工具包；检查清理作业场地，确定搬运路线，清除障碍物；室外作业要了解当天的天气预报；流动式起重机要将支撑地面垫实垫平，防止作业中地基沉陷；对使用的起重机和吊装工具、附件进行安全检查，不使用报废元件，不留安全隐患；熟悉被吊物品的种类、数量、包装状况以及周围联系，根据有关技术数据（如质量、几何尺寸、精密程度、变形要求），进行最大受力计算，确定吊点位置和捆绑方式。

（2）起重机司机通用操作要求　有关人员应认真交接班，对吊钩、钢丝绳、制动器、安全防护装置的可靠性进行认真检查，发现异常情况及时报告。

开机作业前，应确认以下情况处于安全状态方可开机：所有控制器是否置于零位；起重机上和作业区内是否有无关人员，作业人员是否撤离到安全区；起重机运行范围内是否有未清除的障碍物；起重机与其他设备或固定建筑物的最小距离是否在 0.5m 以上；电源断路装置是否加锁或有警示标牌；流动式起重机是否按要求平整好场地，牢固可靠地打好支腿。

开车前，必须鸣铃或示警；操作中接近人时，应给以断续铃声或示警。

司机在正常操作过程中，不得进行下列行为：利用极限位置限制器停车；利用打反车进行制动；起重作业过程中进行检查和维修；带载调整起升、变幅机构的制动器，或带载增大作业幅度；吊物不得从人头顶上通过，吊物和起重臂下不得站人。

严格按指挥信号操作，对紧急停止信号，无论何人发出，都必须立即执行。

吊载接近或达到额定值，或起吊危险品（液态金属、有害物、易燃易爆物）时，吊运前认真检查制动器，并用小高度、短行程试吊，确认没有问题后再吊运。

（3）司索工安全操作要求　司索工主要从事地面工作，例如准备吊具、捆绑挂钩、摘钩卸载等，多数情况还担任指挥任务。司索工的工作质量与整个搬运作业安全关系极大。其操作工序要求如下。

① 准备吊具　对吊物的重量和重心估计要准确，如果是目测估算，应增大 20% 来选择吊具，每次吊装都要对吊具进行认真的安全检查，如果是旧吊索应根据情况降级使用，绝不可侥幸超载或使用已报废的吊具。

② 捆绑吊物　对吊物进行必要的归类、清理和检查，吊物不能被其他物体挤压，被埋或被冻的物体要完全挖出；切断与周围管、线的一切联系，防止造成超载；清除吊物表面或空腔内的杂物，将可移动的零件锁紧或捆牢，形状或尺寸不同的物品不经特殊捆绑不得混吊，防止坠落伤人；吊物捆扎部位的毛刺要打磨平滑，尖棱利角应加垫物，防止起吊吃力后损坏吊索；表面光滑的吊物应采取措施来防止起吊后吊索滑动或吊物滑脱；吊运大而重的物体应加诱导绳，诱导绳长应能使司索工既可握住绳头，同时又能避开吊物正下方，以便发生意外时司索工可利用该绳控制吊物。

③ 挂钩起钩　吊钩要位于被吊物重心的正上方，禁止斜拉吊钩硬挂，防止提升后吊物翻转、摆动；吊物高大需要垫物攀高挂钩、摘钩时，脚踏物一定要稳固垫实，禁止使用易滚动物体（如圆木、管子、滚筒等）作脚踏物；攀高必须佩戴安全带，防止人员坠落跌伤；挂钩要坚持"五不挂"，即起重或吊物重量不明不挂，重心位置不清楚不挂，尖棱利角和易滑工件无衬垫物不挂，吊具及配套工具不合格或报废不挂，包装松散、捆绑不良不挂等，将安全隐患消除在挂钩前；当多人吊挂同一吊物时，应由一专人负责指挥，在确认吊挂完毕，所有人员都离开站在安全位置以后，才可发出起钩信号；起钩时，地面人员不应站在吊物倾翻、坠落可波及的地方；如果作业场地为斜面，则应站在斜面上方（不可在死角），防止吊物坠落后继续沿斜面滚移伤人。

④ 摘钩卸载　吊物运输到位前，应选择好安置位置，卸载不得挤压电气线路和其他管线，不得阻塞通道；针对不同吊物种类应采取不同措施加以支撑、垫稳、归类摆放，不得混码、互相挤压、悬空摆放，防止吊物滚落、侧倒、塌垛；摘钩时应等所有吊索完全松弛再进行，确认所有绳索从钩上卸下再起钩，不允许抖绳摘索，更不许利用起重机抽索。

⑤ 搬运过程的指挥　无论采用何种指挥信号，必须规范、准确、明了；指挥者所处位置应能全面观察作业现场，并使司机、司索工都可清楚看到；在作业进行的整个过程中（特别是重物悬挂在空中时），指挥者和司索工都不得擅离职守，应密切注意观察吊物及周围情况，若发现问题，及时发出指挥信号。

第 2 章
危险化学品安全技术

2.1 化工生产安全

当今世界人们的生活几乎离不开化学工业产品,化学工业与农业、轻工业、国防、纺织和建筑等工业部门及人们的生活都有着密切的关系,其产品已经并将继续渗透到国民经济的各个领域。化学工业对于提高人们的生活水平、促进当今其他工业的迅速发展都起着积极的作用,是国民经济发展的支柱产业。

尽管化学工业对人类社会物质文明做出了巨大贡献,但对人类的生命安全和大自然的生态平衡也带来了潜在危险,因其具有易燃、易爆、易中毒、高温、高压、腐蚀性强等许多潜在危险因素,化学工业的危险性、危害性较大,对安全生产的要求更加严格。随着化学工业的发展,化学工业所面临的安全生产、劳动保护与环境问题越来越引起人们的重视,实现化学工业的安全生产至关重要。

2.1.1 化工生产的特点

化工生产具有易燃、易爆、易中毒、高温、高压、有腐蚀性等特点。因而,较其他工业部门有更大的危险性。

(1) 化工生产涉及的原料、半成品和成品种类繁多 据统计,化学品有 15000 多种,其中危险化学品近 4000 种,剧毒品近 400 种。易燃、易爆、毒性大、腐蚀性强的危险化学品对生产、储存和运输都提出了很高的要求。在生产过程中,如果防范措施不到位,就容易发生爆炸、火灾、急性中毒(窒息)、慢性中毒(职业病)、化学灼伤等事故。

(2) 化工生产工艺条件苛刻 有些化学反应在高温、高压下进行,有的要在低温、高真空度下进行。如高压聚乙烯生产压力为 300MPa,乙烯生产工艺中裂解炉温度高达 1200℃,乙烯深冷分离温度需降到-167℃。乙烯在 30~300MPa、150~300℃的条件下很不稳定,一旦分解,产生的巨大热量使反应加剧,可能引起爆聚,严重者可导致反应器和分离器的爆炸。高压对设备强度和密封都提出了很高要求,高温容易引起设备材料强度降低、发生蠕变、氧化,低温引起材料脆化,压力和温度波动引起材料机械疲劳和热疲劳。这些苛刻条件下工作的装置一旦发生事故,后果都极其严重。

(3) 生产装置大型化 采用大型装置可以明显降低单位产品的建设投资和生产成本,提高劳动生产能力,降低能耗。因此,化工生产装置越来越趋向于大型化,特别是近年来化工产品的生产规模得到长足发展。如 20 世纪 50 年代乙烯装置的生产能力仅为 10 万吨/年,如今我国单套乙烯装置最大规模已达 100 万吨/年。通过挖潜和技术改造,生产装置还会向更大的规模发展。化工生产装置日趋大型化,涉及物料多,介质泄漏、控制失灵、设备失效等可能性增大，而且一旦发生危险，其影响、损失和危害都是巨大的。

(4) 生产过程的高度连续化与自动化 化学工业生产是一个连续的生产过程，从投产后即不间断地投料，不间断地得到产品，各工序间环环相扣，紧密相连，互相制约，具有高度连续性，加上电子技术突飞猛进的发展，使化工生产实现了连续化、自动化，优化了生产过程的控制和管理，可节省人力并减轻劳动的强度。

(5) 工艺过程复杂 化工生产涉及的化学反应复杂，如氧化、还原、氢化、硝化、水解、磺化、胺化等；涉及的工艺复杂，包括反应、输送、过滤、蒸发、冷凝、精馏、提纯、吸附、干燥、粉碎等多个化工单元操作；涉及的维护作业复杂，易发生灼伤、窒息、火灾、爆炸、触电、辐射、高空坠落、机械伤害等事故。

(6) 化工生产的系统性和综合性强 将原料转化为产品的化工生产活动，其综合性不仅体现在生产系统内部的原料、中间体、成品纵向上的联系，而且体现在与水、电、蒸汽等能源的供给，机械设备、电器、仪表的维护与保障，副产物的综合利用，废物处理和环境保护，产品应用等横向上的联系。任何系统或部门的运行状况，都将影响甚至是制约化学工艺系统内的正常运行与操作。化工生产各系统间相互联系密切，系统性和协作性很强，这也对安全生产提出了更高要求。

(7) 新材料和新工艺不断涌现 新材料的合成、新工艺和新技术的应用，可能会带来新的危险性。针对这些没有经验可循的新工艺过程和新操作，更加需要强化危险性辨识，对危险进行定性和定量评价，并根据评价结果采取优化的安全措施。

(8) 生产技术不断提高 现代大型化工生产装置的应用，需要操作人员具有现代化学工艺理论知识与技能、高度的安全生产意识和责任感，要能够熟练地对机械设备进行掌握和操作，并且还要有先进的检测方法，保证装置的安全运行。

化工生产的这些特点使得安全生产在化工行业中显得更为重要。

2.1.2 化学危险物质

2.1.2.1 化学危险物质的分类和特性

凡具有易燃、易爆、腐蚀、毒害等危险特性，并在一定条件下能引起燃烧、爆炸、灼伤、中毒等人身伤亡或财产损失的化学物质都属于化学危险物质。按其危险性质划分为九类。化学危险物质的分类及特性见表 2-1。

表 2-1　化学危险物质的分类及特性

类别	含义	分类、级别及其实例	特性
爆炸品	凡是摩擦、撞击、震动、热量或其他因素的影响，能瞬间引起单分解或复分解化学反应，并在极短时间内放出大量能量物质，能发生爆炸的物品，称为爆炸品。按其性质、用途和安全的要求可分为四类	(1)点火器材：用于点火和引爆雷管或黑火药，对火焰作用极为敏感，如导火索、点火绳、点火棒、拉火管等； (2)起爆器材：用来引爆炸药，对外界极为敏感，如导火索、雷管等； (3)炸药和爆炸药品：指在工农业生产或军事上利用化学能的物品，又分为起爆药、爆破药、火药，如雷汞、叠氮铅、黑索金、TNT、硝酸盐类、烟花剂等； (4)其他爆炸性物品：指含有火药、炸药的制品，如发令纸、信号弹、爆竹等	(1)化学反应速率快； (2)产生大量热； (3)产生大量气体，造成高压； (4)无须外界供氧
压缩气体	常温下是气体，经加压或降温后，变成液体的气体，称为液化气体，未变成液体的气体，称为压缩气体。按气体的性质可分为四类	(1)剧毒气体：毒性极强，侵入人体引起中毒或死亡，如氯气、光气、硫化氢、氰气、溴甲烷等； (2)易燃气体：极易燃烧，与空气能形成燃烧性混合物，有些还有毒性，如一氧化碳、氢气、甲烷、乙炔、丙烯、石油气等； (3)助燃气体：本身不会燃烧，但有助燃能力，有扩大火灾的危险，如压缩空气、氧气、一氧化二氮等； (4)不燃气体：性质稳定，不易与其他物质发生反应，不会引起燃烧，无毒，但对人体有窒息作用，如氮气、二氧化碳等	(1)气体受热或撞击后随之膨胀，产生巨大压力，可能引起物理爆炸； (2)气体泄漏逸散到空气中，易引起燃烧、爆炸事故

续表

类别	含义	分类、级别及其实例	特性
易燃液体	凡常温下以液体状态存在，其闪点在45℃以下的物质，称为易燃液体。根据易燃液体闪点不同可分为两类	(1)一级易燃液体:指闪点在28℃以下的液体,如乙醛闪点为－17℃,乙醇为14℃,甲苯为1℃,乙苯为15℃; (2)二级易燃液体:指闪点在28℃以上、45℃以下的液体,如松节油闪点为32℃,丁醇为35℃,乙酸为38℃	(1)易燃性,发生火灾危险性大; (2)易爆性,蒸气与空气易形成爆炸性混合物,着火爆炸; (3)流动扩散性,增加了爆炸危险性; (4)受热膨胀性,易造成"胀筒"; (5)易产生静电火花,引起火灾事故; (6)毒性
易燃固体	凡是燃点较低,遇明火、受热、撞击或某些物质接触时,会引起强烈燃烧的固体物质,称为易燃固体。按其危险性分为两类	(1)一级易燃固体:燃点低,易燃烧,燃烧时极为猛烈,多数还具有毒性,如赤磷及含磷化合物、硝基化合物、闪光粉、重氮氨基苯等; (2)二级易燃固体:燃点较高,燃烧速度慢,燃烧产物毒性较小,如镁粉、铝粉、萘及其衍生物、硫黄、硝化纤维制品等	(1)与氧化剂接触能发生剧烈反应而发生燃烧; (2)与氧化性酸作用,有的会发生爆炸; (3)对明火、热源、摩擦、撞击较敏感; (4)很多易燃固体或燃烧产物有毒
自燃物质	凡不需外界火源作用,由于本身受空气氧化而放出热量,或受外界温度影响而积热不散,达到自燃点,而引起燃烧的物质,称为自燃物质。按其氧化反应速率及危险性分为两类	(1)一级自燃物质:在空气中能剧烈氧化,反应速率极快,自燃点低,极易产生自燃且燃烧猛烈,危害性大,如黄磷、三乙基铅等; (2)二级自燃物质:在空气中氧化速率比较缓慢,在积热不散的条件下能产生自燃,如含油脂的制品	(1)自燃点较低,易氧化,氧化产生的热量使温度上升,温度上升促使氧化速率加快,产生热量更多,最终导致自燃; (2)在潮湿、热等影响下分解放热,使温度升高引起自燃; (3)接触氧化剂和金属粉末均能增大自燃危险; (4)助燃物的存在会增大自燃危险
遇水燃烧物质	凡是遇水能发生剧烈反应,放出可燃气体,同时产生热量,从而引起燃烧的物质,称为遇水燃烧物质。按危险程度可分为两级	(1)一级遇水燃烧物质:遇水和酸反应速率快,放出易燃气体和大量热量,容易引起燃烧、爆炸,如活泼金属、金属氢化物、硼氢化合物、硫的金属化合物、磷化物等; (2)二级遇水燃烧物质:遇水发生反应的速率较慢,放出的热量较少,产生的可燃气体遇火源时才发生燃烧,如石灰氮、锌粉、保险粉(低亚硫酸钠)	(1)遇水或空气中的水分会发生剧烈反应,放出易燃气体和热量,即使当时不发生燃烧、爆炸,放出的易燃气体也可能在一定空间形成爆炸性化合物; (2)遇酸或氧化剂反应剧烈,极易引起燃烧、爆炸; (3)对人体皮肤有强烈的腐蚀性,有的遇水还会产生毒性
氧化剂	凡能氧化其他物质而自身被还原,即在氧化还原反应中得到电子的物质,称为氧化剂。按氧化性强弱分为两级;按组成特点分为无机和有机两类	(1)一级无机氧化剂:主要有碱金属和碱土金属的过氧化物和盐类,它们中含有过氧基或高价态元素,性质不稳定,易分解,氧化性极强,如氯酸钾、高锰酸钾、过氧化钠、硝酸钠等; (2)二级无机氧化剂:比一级无机氧化剂相对稳定一些,但也具有较强的氧化性,也能引起燃烧,如硝酸铅、亚硝酸钠、氧化银等; (3)一级有机氧化剂:主要包括有机过氧化物和硝酸化合物,如过氧化甲酰、过氧化二叔丁酮、硝酸胍等; (4)二级有机氧化剂:主要指氧化性比一级有机过氧化物稍弱的有机过氧化物,如过氧化己酮、过氧乙酸等	(1)化学性质活泼,具有强烈的氧化性,遇酸、碱、潮湿、高热、还原剂,与易燃物品接触或经摩擦、撞击均能迅速分解,并放出氧气和大量热,引起燃烧、爆炸; (2)有些氧化物,特别是活泼金属的过氧化物,遇水或吸收空气中的二氧化碳和水蒸气能分解出助燃气体,导致可燃物燃烧、爆炸
毒害物质	凡少量进入人、畜体内,能与机体组织发生作用,破坏机体组织正常生理功能,引起机体暂时性或永久性的病理状态,甚至死亡的物质,称为毒害物质	(1)无机剧毒物:主要有氰、砷、硒及其化合物,如氰化钾、三氧化二砷、氧化硒等; (2)无机有毒物:汞、锑、铍、铊、铅、钡、氟、磷、碲及其化合物,如氯化汞、氧化铍、氯化铊、铬酸铅、磷化锌等; (3)有机剧毒物:各种有机氰化物、生物碱、有机汞、铅、砷和磷的化合物,如甲基汞、四乙基铅、对硫磷等; (4)有机有毒物:主要有卤代烃类、有机金属化合物类、某些芳烃类、稠环及杂环化合物类,如氯乙醇、二氯甲烷、硝基苯、菲醌、吗啡、咖啡因等	(1)毒物不仅毒性大,一些毒物还有易燃、易爆、腐蚀等特性; (2)毒物在水中溶解度越大,毒性越大; (3)固体毒物粒子越细,越易吸入而引起中毒; (4)液体毒物沸点越低,挥发性越大,越易中毒; (5)毒物越是无嗅无味,越易中毒

续表

类别	含义	分类、级别及其实例	特性
腐蚀性物质	凡是与人体、动植物体、纤维制品、金属等能发生化学反应并造成明显损坏的现象的物质，称为腐蚀性物质。按腐蚀强弱可分为两级；按其酸、碱性及其有机物、无机物则分为八类	(1)一级无机酸性腐蚀物质：具有强烈的腐蚀性和酸性的无机物，如硝酸、硫酸、氯磺酸等； (2)一级有机酸性腐蚀物质：具有强腐蚀性和酸性的有机物，如甲酸、三氯乙醛等； (3)二级无机酸性腐蚀物质：指氧化性较差的强酸，如盐酸、磷酸等； (4)二级有机酸性腐蚀物质：指较弱的有机酸，如冰醋酸、醋酸酐等； (5)无机碱性腐蚀物质：具有碱性的无机腐蚀物质，主要是强碱及与水作用能生成碱性溶液的物质，如氢氧化钠、硫化钠、氧化钙等； (6)有机碱性腐蚀物质：具有碱性的有机腐蚀物质，主要是有机碱金属化合物和氨类，如甲醇钠、二乙醇胺等； (7)其他无机腐蚀物质：如次氯酸钙、次氯酸钠、三氯化锑等； (8)其他有机腐蚀物质：如苯酚、甲醛等	(1)对人体、物品都有腐蚀作用，能造成人体化学灼伤，能与金属、布匹、木材、皮革等发生化学反应而使之腐蚀损坏； (2)大多有毒，有的还有剧毒； (3)易燃性，有机腐蚀物质遇明火极易燃烧； (4)有些腐蚀物质还具有极强的氧化性

毒害物质的种类很多，按化学结构可分为有机毒物和无机毒物；按其毒性大小又可分为剧毒物品和有毒物品。凡是致死量（LD_{50}）在 50mg/kg 以下、人体吸入气体毒害物质致死量在 2mg/L 以下的毒害物质属于剧毒物品，其余的毒害物质属于有毒物品。

2.1.2.2　化学危险物质的储存安全

(1) 化学危险物质储存的安全要求　化学危险物品仓库是储存易燃易爆等化学危险物品的场所，库址必须选择适当，布局合理，建筑物符合要求，科学管理，确保其储存保管安全。故在化学危险物品的储存保管中把安全放在首位。其储存保管的安全要求如下。

① 化学物质的储存限量由当地主管部门与公安部门规定。

② 交通运输部门应在车站、码头等地修建专用储存化学危险物质的仓库。

③ 储存化学危险物质的地点及建筑结构应根据国家的有关规定设置，并考虑对周围居民区的影响。

④ 化学危险物品露天存放时应符合防火防爆的安全要求。

⑤ 安全消防卫生设施应根据物品危险性质设置相应的防火防爆、泄压、通风、温度调节、防潮防雨等安全措施。

⑥ 必须加强入库验收，防止发料差错。特别是对爆炸物质、剧毒物质和放射性物质，应采取双人收发、双人记录、双人双锁、双人运输和双人使用的"五双制"方法加以管理。

⑦ 经常检查，发现问题及时处理，并严格危险品库房的出入制度。

⑧ 化学危险物品的储存，根据其危险特性及灭火办法的不同，应严格按表 2-2 的规定分类。

表 2-2　化学危险物品分类储存原则

组别	物质名称	储存原则	附注
一	爆炸性物质： 如叠氮铅、雷汞、三硝基甲苯、硝化棉（含氮量在12.5%以上）、硝铵炸药等	禁止和任何其他种类的物质共同储存，必须单独储存	
二	易燃和可燃液体： 如汽油、苯、二硫化碳、丙酮、甲苯、乙醇、甲醇、石油醚、乙醚、甲乙醚、环氧乙烷、甲酸甲酯、甲酸乙酯、乙酸乙酯、煤油、丁烯醇、乙醛、丁醛、氯苯、松节油、樟脑油等	禁止和其他种类的物质共同储存	如数量很少，允许与固体易燃物质隔开后并存
三	压缩气体和液化气体： (1)可燃气体：如氢气、甲烷、乙烯、丙烯、乙炔、丙烷、甲醚、氯乙烷、一氧化碳、硫化氢等； (2)不燃气体：如氮气、二氧化碳、氖气、氩气、氟利昂等； (3)助燃气体：如氧气、压缩空气、氯气等	(1)除不燃气体外，禁止和其他种类的物质共同储存； (2)除可燃气体、助燃气体、氧化剂和有毒物质外，禁止和其他种类的物质共同储存； (3)除不燃气体和有毒物质外，禁止和其他种类的物质共同储存	氯气兼有助燃性和毒害性

续表

组别	物质名称	储存原则	附注
四	遇水或空气能自燃物质： 如钾、钠、磷化钙、锌粉、铝粉、黄磷、三乙基铝等	禁止和其他种类的物质共同储存	钾、钠须浸入石油中，黄磷须浸入水中
五	易燃固体： 如赛璐珞、赤磷、萘、硫黄、三硝基苯、二硝基甲苯、二硝基萘、三硝基苯酚等	禁止和其他种类的物质共同储存	赛璐珞单独储存
六	氧化剂： (1)能形成爆炸性混合物的氧化剂：氯酸钾、氯酸钠、硝酸钾、硝酸钠、次氯酸钙、亚硝酸钠、过氧化钠、过氧化钡、30%的过氧化氢等 (2)能引起燃烧的氧化剂：溴、硝酸、硫酸、高锰酸钾、重铬酸钾	除惰性气体外，禁止和其他种类的物质共同储存	过氧化物有分解爆炸危险，应单独储存，过氧化物应储存在阴凉处所；表中的两类氧化剂应隔离储存
七	毒害物质： 如光气、五氧化二砷、氰化钾、氰化钠	除不燃气体和助燃气体外，禁止和其他种类的物质共同储存	

（2）化学危险物质分类储存的安全要求　爆炸性物质的储存应符合国家相关法律法规及规程规范的要求。

① 爆炸性物质必须存放在专用仓库内。储存爆炸性物质的仓库禁止设在城镇、市区和居民聚居的地方，并且应当与周围建筑、交通要道、输电线路等保持一定的安全距离。

② 存放爆炸性物质的仓库，不得同时存放相抵触的爆炸物质，并不得超过规定的存放数量。如雷管不得与其他炸药混合储存。

③ 一切爆炸性物质不得与酸、碱、盐类以及某些金属、氧化剂等同库储存。

④ 为了通风、装卸和便于出入检查，爆炸性物质堆放时堆垛不应过高过密。

⑤ 爆炸性物质仓库的温度、湿度应加强控制和调节。

2.1.2.3　化学危险物质的运输安全

化工生产的原料和产品通常是采用铁路、水路和公路运输的，使用的运输工具是火车、船舶和汽车等。由于运输的物品多数具有易燃易爆的特征，运输中往往还会受到气候、地势及环境等的影响，因此，运输安全一般要求较高。

（1）装配原则　化学危险物品的危险性各不相同，性质相抵触的物品相遇后往往会发生燃烧、爆炸事故，并且发生火灾时使用的灭火剂和扑灭方法也不完全一样，因此为保证装运中安全，应遵守有关装配原则。

（2）运输安全事项

① 公路运输　汽车装运化学危险物品时，应悬挂运送危险货物的标志。在行驶、停车时要与其他车辆、高压线、人口稠密区、高大建筑物和重点文物保护区保持一定的安全距离，按当地公安机关指定的路线和规定的时间行驶。严禁超车、超速、超重，防止摩擦、冲击，车上应采取安全防护及防雨设施。

② 铁路运输　铁路是运输化工原料和产品的主要工具。通常对易燃、可燃液体采用槽车运输，装运其他危险货物使用棚车或专用危险品货车。

装卸易燃、可燃液体等危险物品的栈台应为非燃烧材料建造。栈台每隔60m设安全梯，便于人员疏散和扑救火灾。电气设备应为防爆型。栈台备有灭火设备和消防给水设施。

蒸汽机车不宜进入装卸台，如必须进入时应在烟囱上安装火星熄灭器，停车时应用木垫，而不用刹车，以防打出火花。

装车用的易燃液体管道上应装设紧急切断阀。

槽车不应漏油。装卸油管流速也不宜过快，鹤管应良好接地，防止静电火花。雷雨时应停止装卸作业，夜间检查不应用明火或普通手电筒照明。

③ 水路运输 船舶在装运易燃易爆物品时应悬挂危险货物标志，严禁在船上动用明火，燃煤拖轮应安装火星熄灭器，且拖船尾至驳船首的安全距离不应小于50m。

装运闪点低于28℃的易燃液体的机动船舶，要经当地检查部门认可，木船不可装运散装的易燃液体、剧毒物品和放射性等危险性物品。

装卸易燃液体时，应将岸上输油管与船上输油管连接紧密，并将船体与油泵船（油泵站）的金属体用直径不小于2.5mm的导线连接起来。装卸油时，应先接导线，后接管装卸；装卸完毕后，先卸油管，后拆导线。

2.1.3 化工生产中的安全事故

在工业生产以及原材料、产品的储存或运输过程中，各种因素均可引发工业介质爆炸事故，造成严重的财产损失或人员伤亡。统计资料表明，在工业企业发生的爆炸事故中，化工企业占到1/3；化工厂火灾、爆炸事故的死亡人数占工亡总人数的13.8%，居第一位。

化工行业常见的安全事故类型有物体打击、起重伤害、机械伤害、车辆伤害、灼烫、坍塌、高处坠落、火灾、锅炉爆炸、容器爆炸、中毒和窒息、触电、其他爆炸、其他伤害。

化工生产中的安全事故主要有以下几个特点。

(1) 发生火灾、爆炸事故的概率大且后果严重 化工生产使用的反应器、压力容器的爆炸，会产生破坏力极强的冲击波，致使建筑物损坏甚至倒塌。如果密闭空间发生可燃气体爆炸，则最大爆炸压力可达到初始压力的7~12倍，杀伤力极大。化工管道破裂或设备损坏，大量易燃气体或液体瞬间泄放，便会迅速蒸发形成蒸气云团，随风飘移。如果与空气混合形成爆炸性混合物，遇到火源就发生开敞空间爆炸，会造成重大人员伤亡和财产损失。

(2) 发生中毒事故的概率大且后果严重 据统计，因一氧化碳、硫化氢、氮气、氮氧化物、氨气、苯、二氧化碳、二氧化硫、光气、氯化钡、氯气、甲烷、氯乙烯、磷、苯酚、砷化物共16种物质的造成中毒、窒息死亡人数占中毒死亡总人数的87.9%。多数化学品对人体有害，生产中由于设备密封不严，特别是间歇操作中泄漏的情况很多，极易造成操作人员的急性和慢性中毒。而且现在化工装置趋于大型化，这就使得大量化学物质处于工艺过程中或储存状态，一旦发生泄漏，人员很难逃离并导致中毒。

(3) 设备材质和加工缺陷以及腐蚀等原因引发事故概率大且后果严重 化学工艺设备一般都是在特定的生产条件下运行，由于压力或温度波动以及腐蚀介质的作用等造成材料疲劳引发事故；设备材质受到制造时的残余应力和运转时拉伸应力的作用，在腐蚀的环境中就会产生裂纹并不断扩展，造成巨大的灾难性事故。设备制造时除了选用正确的材料外，还要求正确的加工方法，如焊缝不良或未经过适当的热处理会使焊区附近材料性能劣化，易产生裂纹使设备破损等。

(4) 事故多发、频发且危险因素多 化工物料的易燃易爆特性、反应性和毒性、腐蚀性本身决定了化学工业事故的多发性和严重性，如火灾、爆炸、中毒及有毒化工物料的泄漏等。

美国保险协会（AIA）对化工行业的317起火灾、爆炸事故进行调查，分析了主要和次要原因，把化工行业危险因素归纳为以下9类：工厂选址；工厂布局；结构；对加工物质的危险性认识不足；化工工艺；物料输送；误操作；设备缺陷；防灾计划不充分。

瑞士再保险公司统计了化学工业和石油化学工业的102起事故案例，分析了上述9类危险因素所起的作用，如表2-3所示。

表2-3 化学工业和石油化学工业的危险因素在事故发生中所占比例

类别	危险因素	危险因素的比例/%	
		化学工业	石油化学工业
1	工厂选址	3.5	7.0
2	工厂布局	2.0	12.0

续表

类别	危险因素	危险因素的比例/%	
		化学工业	石油化学工业
3	结构	3.0	14.0
4	对加工物质的危险性认识不足	20.2	2.0
5	化工工艺	10.6	3.0
6	物料输送	4.4	4.0
7	误操作	17.2	10.0
8	设备缺陷	31.1	46.0
9	防灾计划不充分	8.0	2.0

（5）化工生产事故都伴有环境污染　在传统意义上，生产、交通安全事故大多只涉及人财物损失，影响局限于一时一地，而化工生产事故不但会造成生命财产损失，而且会对环境造成污染，其危害性不因为事故的结束而结束，经过辐射、扩散后，最终转变成了严重的生态问题和重大公共安全事件，影响可能波及整个区域、流域，且短期内难以消除。由于常规处理方式方法难以奏效，涉及危险化学品的安全事故一旦发生，会造成严重的后果。

2.2　化工泄漏及其控制

化工、石油化工行业火灾、爆炸和人员中毒事故很多是由于物料的泄漏引起的。导致泄漏的原因可能是腐蚀、设备缺陷、材质选择不当、机械穿孔、密封不良以及人为操作失误等；充分准确地判断泄漏量的大小，掌握泄漏后有毒有害、易燃易爆物料的扩散范围，对明确现场救援与实施现场控制处理非常重要。

2.2.1　化工生产常见泄漏源

一般情况下，根据泄漏面积的大小和泄漏持续时间的长短，可将泄漏源分为两类：一是小孔泄漏，此种情况通常为物料经较小的孔洞长时间持续泄漏，如反应容器、储罐、管道上出现小孔，或者是阀门、法兰、机泵、转动设备等处密封失效；二是大面积泄漏，即大量物料经较大孔洞在很短的时间内泄漏出，如大管径管线断裂、爆破片爆裂、反应容器因超压爆炸等瞬间泄漏出大量物料。

图 2-1 和图 2-2 简单示意了各种类型的有限孔释放，蒸气和液体以单相或两相状态从过程单元中喷射的情况。

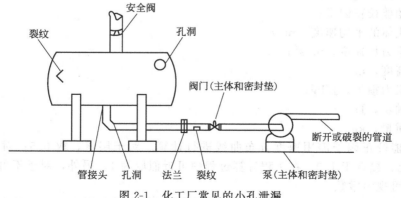

图 2-1　化工厂常见的小孔泄漏

图 2-1 所示为化工厂常见的小孔泄漏情况。对于这种泄漏，物料从储罐和管道上的孔洞和裂纹，以及法兰、阀门和泵体的裂缝及严重破坏或断裂的管道中泄漏出来。

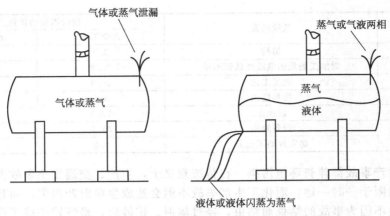

图 2-2　蒸气和液体以单相或两相状态从容器中泄漏

图 2-2 显示了物料的物理状态对泄漏过程的影响。对于储存于罐内的液体，储罐内液面以下的裂缝会导致液体泄漏出来。如果液体储存压力大于其在大气环境下沸点所对应的压力，那么液面以下的裂缝将导致泄漏的液体一部分闪蒸为蒸气。液体经闪蒸可能会形成小液滴或雾滴。液面以上的蒸气空间的裂缝能够导致蒸气流或气液两相流的泄漏，这主要依赖于物质的物理特性。

2.2.2　泄漏模式与泄漏量计算

泄漏量计算是泄漏分析与控制的重要内容，根据泄漏量可以进一步研究泄漏物质的情况。当发生泄漏的设备的裂口规则、裂口尺寸已知，泄漏物的热力学、物理化学性质及参数可查到时，可以根据流体力学中的有关方程计算泄漏量。

2.2.2.1　普通液体泄漏的泄漏量计算

液体泄漏时，液体与外界无热交换，假设液体为不可压缩流体，密度恒定不变，根据机械能守恒定律，液体流动的不同能量形式遵守如下方程：

$$\int \frac{\mathrm{d}p}{\rho} + \frac{\alpha \Delta u^2}{2} + g \Delta z + F = \frac{W_s}{m} \tag{2-1}$$

式中　　p——压强，Pa；

ρ——密度，kg/m^3；

α——动能校正因子；

u——流体的平均速度，m/s；

g——重力加速度，m/s^2；

z——高度，m；

F——阻力损失，J/kg；

W_s——轴功，J；

m——质量，kg。

上式中动能校正因子需用速度分布曲线进行计算。对于层流，取 0.5；对于活塞流，取 1.0；对于湍流，接近于 1.0。在工程计算过程中可近似取为 1。另外，对于不可压缩流体，其密度在计算时可视为常数。

（1）液体通过小孔泄漏的泄漏量计算　在暂不考虑轴功的情况下，当液体在稳定的压力作用下经薄壁小孔泄漏时，过程单元中的势能转化为动能。设容器内的压力为 p_1，小孔的直径为 d，泄漏面积为 A，容器外为大气压力，此时容器内液体的流速可以忽略，不计摩擦损失和液位变化，考虑到因惯性引起的截面收缩以及摩擦引起的速度降低，引入孔流系数 C_0，则通过小孔泄漏的实际质量流量为：

$$Q = \rho u A C_0 = A C_0 \sqrt{2 p_1 \rho} \tag{2-2}$$

对于修圆小孔，孔流系数值 C_0 约为 1；对于薄壁小孔（壁厚 $\leqslant d/2$），当 $Re > 10^5$ 时，C_0 值约为 0.61；若为厚壁小孔（$d/2 <$ 壁厚 $\leqslant 4d$）或在容器孔口处外伸有一段短管，则 C_0 值约为 0.81。大多数情况下，难以确定泄漏孔口的孔流系数，为选取一定的安全系数，确保估算出最大的泄漏量和泄漏速度，C_0 值可取为 1。

（2）液体通过储罐上的小孔泄漏的泄漏量计算　假设一液体储罐，距液面 z_0 处有一小孔，在静压能和势能的作用下，储罐中的液体流经小孔向外泄漏。泄漏过程由式(2-1)来描述，忽略储罐内的液体流速，假设液体为不可压缩流体，储罐内的液体压力为 p_g，外部为大气压力（表压 $p = 0$）。孔流系数为 C_0，则泄漏速度为：

$$u = C_0 \sqrt{\frac{2 p_g}{\rho} + 2 g z} \tag{2-3}$$

若小孔截面积为 A，则质量流量 Q 为：

$$Q = \rho u A = \rho A C_0 \sqrt{\frac{2 p_g}{\rho} + 2 g z} \tag{2-4}$$

由式(2-3)和式(2-4)可见，随着泄漏过程的延续，储罐内液位高度不断下降，泄漏速度和质量流量均随之降低。如果储罐通过呼吸阀或弯管与大气连通，则内外压力差却为 0，式(2-4)可以简化为：

$$Q = \rho u A = \rho A C_0 \sqrt{2 g z} \tag{2-5}$$

质量流量随时间变化的公式为：

$$Q = \rho A C_0 \sqrt{2 g z_0} - \frac{\rho g C_0^2 A^2}{A_0} t \tag{2-6}$$

若储罐内盛装易燃液体，一般情况下会采取氮气保护的措施。设液体的表压力（即内外压差）为 p_g，则任意时刻的质量流量为：

$$Q = \rho A C_0 \sqrt{2 g z_0 + \frac{2 p_g}{\rho}} - \frac{\rho g C_0^2 A^2}{A_0} t \tag{2-7}$$

（3）液体通过管道泄漏的泄漏量计算　在化工生产中，如果管线发生爆裂、折断等造成液体经管口泄漏，泄漏过程可用式(2-1)描述，其中阻力损失 F 的计算是估算泄漏速度和泄漏量的关键。

对于任意一种有摩擦的设备，可以使用下面的公式计算阻力损失 F：

$$F = K_f \frac{u^2}{2} \tag{2-8}$$

式中　K_f——管道或管道配件导致的压差损失；

　　　u——液体流速，m/s。

流经管道的液体压差损失为：

$$K_f = \frac{4 f L}{d} \tag{2-9}$$

式中　f——范宁摩擦系数；

　　　L——管道长度，m；

　　　d——管道直径，m。

范宁摩擦系数 f 是管道粗糙度 ε 和雷诺数 Re 的函数。表 2-4 给出了各种类型干净管道的粗糙度 ε 值。

表 2-4 干净管道的粗糙度 ε 值

管道材料	ε/mm	管道材料	ε/mm
水泥覆护钢	1~10	型钢	0.046
混凝土	0.3~3	熟铁	0.046
铸铁	0.26	玻璃钢	0.01
镀锌铁	0.15	PVC 塑料	0.008

在计算得到 f 和 K_f 后，物料从管道系统流出时质量流量的求解过程如下所示。

① 假设已知管道长度、直径和类型，管道系统的压力和高度变化，泵、涡轮等对液体的输入或输出功，管道附件的数量和类型，液体的特性（包括密度和黏度）。

② 指定初始点（假设为点 1）和终止点（假设为点 2），指定时必须仔细，因为式(2-1)中的高度依赖于该指定。

③ 确定点 1 和点 2 处的压力和高度，确定点 1 处的初始流速。

④ 确定点 2 处的液体流速，如果认为是完全发展的湍流，则这一步不需要。

⑤ 确定管道的摩擦系数。

⑥ 确定管道的超压位差损失、管道附件的超压位差损失和进、出口效应的超压位差损失，将这些压差损失相加，计算净摩擦损失。

⑦ 计算式(2-1)中各项的值，并将其代入方程中，如果式(2-1)中所有项之和为零，计算结束，如果不等于零，返回到第 4 步重新计算。

⑧ 确定质量流量。

如果认为是完全发展的湍流，求解是非常简单的。将已知项代入式(2-1)中，将点 2 的速度设为变量，可直接求解该速度。

2.2.2.2 气体或蒸气通过小孔泄漏的泄漏量计算

上面运用机械能守恒方程描述了液体的泄漏过程，其中一条很重要的假设是液体为不可压缩流体，密度恒定不变，而对于气体或蒸气，这条假设只有在初态、终态压力变化较小和较低的气体流速的情况下才可应用。当气体或蒸气的泄漏速度与声速相近或超过声速时，会引起很大的压力、温度、密度变化，则根据不可压缩流体假设得到的结论不再适用。本部分将讨论可压缩气体或蒸气以自由膨胀的形式经小孔泄漏的情况。

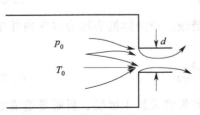

图 2-3 气体或蒸气通过小孔泄漏示意图

图 2-3 为气体或蒸气通过小孔泄漏示意图。其中轴功为 0，忽略势能变化，则机械能守恒方程可简化为：

$$\frac{\mathrm{d}p}{\rho}+\frac{\Delta u^2}{2}+F=0 \tag{2-10}$$

若孔流系数为 C_0，忽略气体或蒸气的初始动能，此过程中气体或蒸气在小孔内绝热流动，其压力与密度的关系符合绝热方程，于是计算得到泄漏的质量流量为：

$$Q=\rho uA=C_0\rho_0 A=\sqrt{\frac{2\gamma}{\gamma-1}\times\frac{RT_0}{M}\left[\left(\frac{p}{p_0}\right)^{2/\gamma}-\left(\frac{p}{p_0}\right)^{(\gamma+1)/v}\right]} \tag{2-11}$$

在泄漏过程中，p/p_0 始终发生变化，以其作为自变量，泄漏的质量流量作为因变量，通过求导计算得到最大流速和最大流量分别如式(2-12)和式(2-13)所示：

$$u=C_0\sqrt{\frac{2\gamma}{\gamma+1}\times\frac{RT_0}{M}} \tag{2-12}$$

$$Q=C_0 p_0 A\sqrt{\frac{\gamma M}{RT_0}\left(\frac{2}{\gamma+1}\right)^{(\gamma+1)/(\gamma-1)}} \tag{2-13}$$

2.2.2.3 闪蒸液体泄漏的泄漏量计算

储存温度高于其通常沸点的受压液体,如果储罐、管道或其他盛装设备出现孔洞,部分液体会闪蒸为蒸气,可能会发生爆炸。闪蒸发生的速度很快,其过程可以假设为绝热。过热液体中的额外能量使液体蒸发,并使其温度降到新的沸点。

如果泄漏的流程长度很短(通过薄壁容器上的孔洞),则存在不平衡条件,液体没有时间在孔洞内闪蒸,而在孔洞外闪蒸。这种情况应使用描述不可压缩流体通过孔洞流出的方程。

如果泄漏的流程长度大于 10cm(通过管道或厚壁容器),那么就能达到平衡闪蒸条件,且流型是活塞流。可假设活塞压与闪蒸液体的饱和蒸气压相等,但该结果仅适用于储存在高于其饱和蒸气压环境下的液体。在此假设下,质量流量由下式给出:

$$Q = AC_0 \sqrt{2\rho_f (p - p^{sat})} \tag{2-14}$$

式中　A——泄放面积,m^2;

　　　C_0——孔流系数;

　　　ρ_f——液体密度,kg/m^3;

　　　p——储罐内压力,Pa;

　　　p^{sat}——闪蒸液体处于周围环境下的饱和蒸气压,Pa。

2.2.2.4 易挥发液体泄漏的蒸发量计算

在化工生产过程中,如果装置或储存容器中的易挥发液体泄漏至地坪或围堰中,会逐渐向大气蒸发。根据传质过程的基本原理,该蒸发过程的传质推动力为蒸发物质的气液界面与大气之间的浓度梯度,液体蒸发为气体的摩尔质量可用下式表示:

$$N = k_c \Delta c \tag{2-15}$$

式中　N——摩尔通量,$mol/(m^2 \cdot s)$;

　　　k_c——传质系数,m/s;

　　　Δc——浓度梯度,mol/m^3。

通常情况下,液体在某一饱和温度 T 下的饱和蒸气压 p^{sat} 远大于其在大气中的分压 p,则 Δc 可由下式算得:

$$\Delta c = \frac{p^{sat}}{RT} \tag{2-16}$$

流体蒸发的质量流量为其摩尔通量 N 与蒸发积 A 及蒸发物质的摩尔质量 M 的乘积,即:

$$Q = NAM = \frac{k_c AM p^{sat}}{RT} \tag{2-17}$$

2.2.3 泄漏物质扩散

2.2.3.1 液体扩散

(1) 液池　液体泄漏后会立即扩散到地面,一直流至低洼处或人工边界(如防火堤、岸墙等),形成液池。液体泄漏出来不断蒸发,当液体蒸发速度等于泄漏速度时,液池中的液体量将维持不变。如果泄漏的液体挥发量较少,则不易形成气团。如果泄漏的是挥发性液体或低温液体,泄漏后液体蒸发量也大,会在液池上方形成蒸气云。

液体泄漏后在地面上形成液池。由于液体的自由流动特性,液池会在地面上蔓延。图 2-4 显示了周围不存在任何障碍物时,液池在地面上的蔓延过程。在这种情况下,液池起初是以圆形在地面上蔓延。但是,即使泄漏点周围不存在任何障碍物,液池也不会永远蔓延下去,而是存在一个最大值,即液池有一个最小厚度。对于低黏性液体,不同的地面类型,液池的最小厚度是不一样的。液池的面积和厚度与液体的泄漏速度、泄漏位置处的地面形状密切相关。

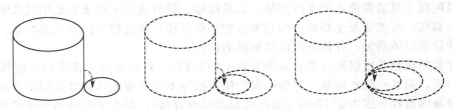

图 2-4　不存在防火堤时液池蔓延过程

实际情况下，泄漏点周围都或多或少地存在着障碍物，如防火堤。如果周围存在障碍物，则液池在地面上的蔓延要复杂一些。开始阶段，液池如同周围不存在防火堤一样以圆形向周围蔓延。遇到防火堤后，液池停止径向蔓延，同时液池形状发生改变。之后，随着泄漏的不断进行，液池转而围绕储罐蔓延，直至包围整个储罐，随后液面开始上升，其蔓延的动态过程如图 2-5 所示。

(a) 泄漏液体还没有蔓延到防火堤　(b) 泄漏液体已经蔓延到防火堤，液池形状改变　(c) 泄漏液体围绕蔓延　(d) 泄漏液体包围了储罐，液面开始上升

图 2-5　泄漏源周围存在防火堤时液池在地面上的蔓延示意图

（2）泄漏物质在水中的扩散　液体泄漏事故若发生在货船、岸边或穿越河流的管线上，液体危险物质在水流的作用下将呈浓度梯度向外扩散，危险物质所到之处，特别是河流的下游方向将会受到不同程度的污染。

若泄漏源是一维瞬时面源，危险物质可于较短时间内在与水流垂直的断面上完全混合，则扩散方程可表示为：

$$c(x,t)=\frac{m}{\sqrt{2\pi}\sigma_x}\exp\left[\frac{-(x-vt)^2}{2\sigma_x^2}\right] \tag{2-18}$$

$$\sigma_x=\sqrt{\frac{2k_x x}{v}} \tag{2-19}$$

$$k_x=0.11\frac{u^2\omega^2}{uh} \tag{2-20}$$

$$u=\sqrt{gi\frac{\omega h}{2h+\omega}} \tag{2-21}$$

式中　x——河流下游方向上的距离，m；

t——扩散时间，s；

m——断面单位面积上的泄漏源强，g/m^2；

v——水流速度，m/s；

σ_x——扩散长度尺寸，m；

k_x——纵向扩散系数；

ω——河流宽度，m；

h——河流深度，m；

u——剪切速度，m/s；

i——坡降。

若河流是宽浅型的，则泄漏源为二维瞬时线源，其扩散方程可表示为：

$$c(x,y,t)=\frac{m}{2\pi\sigma_x\sigma_y}\exp\left\{-\left[\frac{-(x-vt)^2}{2\sigma_x^2}+\frac{y^2}{2\sigma_y^2}\right]\right\}\tag{2-22}$$

$$\sigma_x=\sigma_y=\sqrt{\frac{2\varepsilon_x x}{v}}=\sqrt{\frac{2\varepsilon_y x}{v}}\tag{2-23}$$

式中　x——河流下游方向上的距离，m；

　　　y——垂直水流方向上的扩散距离，m；

　　　t——扩散时间，s；

　　　m——泄漏源强，g/m^2；

　　　v——水流速度，m/s；

σ_x，σ_y——扩散长度尺寸，m；

ε_x，ε_y——紊流扩散系数，可取为 $0.6hv$。

2.2.3.2　气体扩散

(1) 气体喷射扩散浓度分布的计算　气体喷射是指泄漏时气体从泄漏口喷出而形成的喷射。大多数情况下，气体直接喷出后，其压力高于周围环境大气压力，温度低于环境温度。如果气体泄漏能瞬时达到周围环境的温度和压力，在进行气体喷射计算时，等效喷射的孔口直径可取泄漏口孔径。

在喷射轴线上距孔口 x 处的气体浓度 $c(x)$ 按下式计算：

$$c(x)=\frac{(b_1+b_2)/b_1}{\frac{0.32x\rho}{D\sqrt{\rho_0}}+1-\rho}\tag{2-24}$$

式中　b_1，b_2——分布函数，其表达式如下：

$$b_1=50.5+48.2\rho-9.95\rho^2$$

$$b_2=23+41\rho$$

(2) 气云在大气中的扩散　液体、气体泄漏后在泄漏源附近扩散。例如，在泄漏源上方形成气云，气云将在大气中进一步扩散，影响扩大区域。因此，气云在大气中的扩散成为重大事故后果分析的重要内容。

气云在大气中的扩散情况与气云自身性质有关。当气云密度小于空气密度时，气云将向上扩散而不会影响下面的人员；当气云密度大于空气密度时，气云将沿着地面扩散，给附近人员带来严重的危害。如果泄漏物质易燃、易爆，则局部空间的体积分数很容易达到燃烧、爆炸范围，且维持时间较长，增大了发生燃烧、爆炸的可能性。

根据物质泄漏后形成的气云物理性质不同，可以将描述气云扩散的模型分为重气扩散模型和非重气扩散模型两种。

① 重气扩散

a. 重气扩散的分类　危险物质泄漏后会由于以下三个方面的原因而形成比空气重的气体。

（a）泄漏物质的分子量比空气大，如氯气等物质。

（b）由于储存条件或者泄漏的温度比较低，泄漏后的物质迅速闪蒸，而来不及闪蒸的液体泄漏后形成液池，其中一部分液态介质以液滴的方式雾化在蒸气介质中并达到气液平衡。因此泄漏的物质在泄放初期，形成夹带液滴的混合蒸气云团，使蒸气密度高于空气密度，如液化石油气等。

（c）由于泄漏物质与空气中的水蒸气发生化学反应，导致生成物的密度比空气大。

判断泄漏后的气体是否为重气，可以用 R_i 来判断，它表示质点的湍流作用导致的重力加速度变化值与高度为 h 的云团由于周围空气对其剪切作用而产生的加速度的比值，其表达式为：

$$R_i = \frac{(\rho - \rho_a)gh}{\rho_a^2 v} \tag{2-25}$$

式中 ρ，ρ_a——云团和空气的密度，kg/m^3；

$\qquad v$——空气对云团的剪切力产生的摩擦速度，m/s。

通常定义一个临界 R_{i0}，当 R_i 超过 R_{i0} 时，即认为该扩散物质为重气。R_{i0} 的选取具有很大的不确定性，其值一般为 10。

b. 重气扩散模型

（a）经典模型   经典模型即 BM 模型，它是根据一系列重气扩散的试验数据绘制成的图表，Hanna 等对其进行了无量纲处理并拟合成解析公式，发现能与 Britter 和 McQuaid 绘制的试验曲线较好地吻合。该模型具有简单、易用的特点。

（b）一维模型   该模型主要包括用于重气瞬时泄漏的箱模型和用于连续泄漏的板块模型。重气形成后会由于重力的作用而在近地面扩散，一维模型认为其扩散过程包括重力沉降阶段、重气扩散向非重气扩散转换阶段和被动扩散阶段。

在重力沉降阶段，重气泄漏后由于其密度比周围空气的密度大，云团的顶部会由于重力的作用而下陷，从而导致云团径向尺寸增大，高度减小。

在重气扩散向非重气扩散转换阶段，云团会发生空气卷吸，空气卷吸的过程就是云团稀释冲淡的过程。空气卷吸分为顶部空气卷吸和侧面空气卷吸，总的空气卷吸质量等于两者之和。试验以及模型的预测结果表明，与顶部空气卷吸质量相比，侧面空气卷吸的质量可以忽略，在此阶段除了由于卷吸空气的进入而导致云团的体积、质量发生改变外，云团还会与周围的环境发生热量交换，从而导致云团温度的改变。

在被动扩散阶段，由于云团的密度接近或者小于空气，受浮力的影响，云团向高处扩散。判断的准则为前述的准则。此后其扩散模型可采用高斯（Gauss）模型进行计算。

（c）三维流体力学模型   该模型是基于计算流体力学（CFD）的数值方法，以 N-S 方程为理论依据，结合一些初始条件和边界条件，加上数值计算理论和方法，从而实现预报真实过程。该方法在原理上具有可以模拟任何复杂情况下的重气扩散过程的能力。目前 CFD 的数值计算方法主要是对重气扩散的湍流模拟，由于重气扩散过程发生在大气边界层内，尤其是靠近地面的底层，即近地层，而大气边界层研究的主要是湍流输送的问题，其中比较成熟的湍流模拟模型有 k-ε 模型，且国内外不同的学者对该模型均做过不同的修正。

c. 重气扩散影响因素   影响重气扩散的因素很多，根据其泄漏的实际情况及国内外研究现状，可归纳如下。

（a）初始释放状态   初始释放状态包括泄漏物质的储存相态、储存的压力及温度、储存容器的填充程度、泄漏源在储存容器上的位置、泄漏的面积、泄漏形式（瞬时泄漏或连续泄漏）、泄漏物质的密度等，这些因素均会影响重气在大气中的扩散。

（b）环境风速与风向   风速对重气扩散的影响是复杂的，不同高度的风速是不断变化的，风速的增大会加剧重气和空气之间的传热和传质，使得重气的扩散加剧。风速越大，风对重气云团的平流输送作用越大，同时使紊流扩散作用增大，导致重气云团的浓度下降，下风向处气体浓度降低，重气与周围空气的热量交换加剧。试验结果表明，风速较大时，下风向各处气体体积分数较小；风速较小时，下风向各处气体体积分数较大。

（c）地面粗糙度   重气在扩散过程中，若遇到障碍物，风场结构会发生变化，使重气扩散情况变得复杂，特别是当泄漏源在障碍物的背风面时，由于低压会发生回流，导致重气在泄漏源附近的体积分数较高，不利于扩散。研究表明，不同类型的障碍物导致地表粗糙程度不同，对重气扩散影响也不同。

（d）空气湿度　空气湿度对扩散的影响主要表现在两个方面：一是空气湿度影响空气的密度，进而影响扩散气云转变为重气的时间；二是空气湿度影响气云与外界环境之间的热量交换。

（e）大气温度与稳定度　重气扩散过程中存在其与大气之间的热量交换，空气的温度直接影响重气云团的温度以及其转换为非重气的时间。大气稳定度与气温的垂直分布有关，不同温度层的重气云团的状态不同。一般来说，对于近地源，不稳定条件可以加速重气的扩散。

（f）地面坡度　试验结果表明，坡度对重气扩散具有重要的影响，不同的坡度对扩散的影响不同。对于顺势扩散，坡度越大，云团到达同一地点的时间越短，云团在斜面上的停留时间越短。

（g）太阳辐射　重气在扩散过程中不仅与卷吸空气和地面发生热量交换，同时太阳的热辐射也对其产生影响。太阳的热辐射影响泄漏物质的蒸发量，进而影响重气扩散时的体积分数。太阳辐射越强，蒸发量越多，重气体积分数越高，扩散所需要的时间越长。

② 非重气扩散

a. 非重气扩散的定义　根据气云密度与空气密度的大小，将气云分为重气云、中性气云和轻气云三类。如果气云密度显著大于空气密度，气云将受到方向向下的重力作用，这样的气云称为重气云。如果气云密度显著小于空气密度，气云将受到方向向上的浮力作用，这样的气云称为轻气云。如果气云密度与空气密度相当，气云将不受明显的浮力作用，这样的气云称为中性气云。轻气云和中性气云统称为非重气云。

非重气云在空气中的扩散过程可用高斯模型来描述。泄漏气体或气体与空气混合后的密度接近空气密度时，重力下沉与浮力上升作用可以忽略，扩散主要是由空气的湍流决定。在假设均匀湍流场的条件下，有害物质在扩散截面的浓度分布呈高斯分布，所以称为高斯扩散。

高斯模型包括高斯烟羽模型和高斯烟团模型。烟羽模型适用于连续点源的泄漏扩散，而烟团模型适用于瞬间点源的泄漏扩散。

高斯扩散模型建立较早，模型简单，试验数据充分，应用非常广泛。在重气泄漏场合，可以先使用重气模型，当湍流扩散起主要作用时，再改用高斯扩散模型。

b. 泄漏物质非重气扩散方式　物质泄漏后，会以烟羽、烟团两种方式在空气中传播、扩散，利用扩散模式可描述泄漏物质在事故发生地的扩散过程。

一般情况下，对于泄漏物质密度与空气接近的情况或经很短时间的空气稀释后即与空气接近的情况，可用图 2-6 所示的烟羽扩散模式描述连续泄漏物质的扩散过程，通常泄漏时间较长。图 2-7 所示的烟团扩散模式描述的是瞬时泄漏物质的扩散过程。瞬时泄漏源的特点是泄漏在瞬间完成。连续泄漏源包括连接在大型储罐上的管道穿孔、挠性连接器处出现的小孔或缝隙的泄漏、连续的烟囱排放等；瞬时泄漏源包括液化气体钢瓶破裂、瞬时冲料形成的事故排放、压力容器安全阀的异常启动、放空阀的瞬时错误开启等。

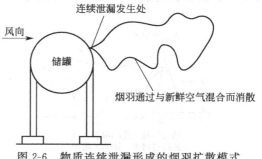

图 2-6　物质连续泄漏形成的烟羽扩散模式

泄漏物质的最大浓度是在释放发生处（可能不在地面上）。由于有毒物质与空气的湍流混合和扩散，因此在下风方向的浓度渐低。

c. 非重气扩散模式及影响因素　物质泄漏后，会以烟羽（图 2-6）或烟团（图 2-7）两种

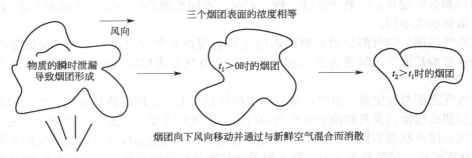

图 2-7　物质瞬时泄漏形成的烟团扩散模式

方式在空气中传播、扩散。

　　众多因素影响着有毒物质在大气中的扩散，如风速、大气稳定度、地面条件（建筑物、水、树）、泄漏处离地面的高度、物质释放的初始动量和浮力等。

　　随着风速的增加，图 2-6 中的烟羽变得又长又窄；物质向下风向输送的速度变快，但是被大量空气稀释的速度也加快了。

　　大气稳定度与空气的垂直运动有关。白天，空气温度随着高度的增加迅速下降，促使了空气的垂直运动。夜晚，空气温度随高度的增加下降不多，导致较少的垂直运动。有时相反的现象也会发生。在相反的情况下，温度随着高度的增加而增加，导致最低限度的垂直运动。这种情况经常发生在夜间，因为热辐射导致地面迅速冷却。

　　大气稳定度划分为三种类型：不稳定、中性和稳定。对于不稳定的大气情况，在上午早些时候的地面吸收热量的速度大于热量散失的速度，因此，地面附近的空气温度比高处的空气温度高。这导致了大气不稳定，因此较低密度的空气位于较高密度的空气的下方。这种浮力的影响增强了大气的机械湍流。对于中性稳定度，地面上方的空气温度较高，风速增加，减弱了太阳能或日光照射的影响。空气的温度差不影响大气的机械湍流。对于稳定的大气情况，太阳加热地面的速度没有地面的冷却速度快，因此地面附近的温度比高处空气的温度低。这种情况是稳定的，因为高密度的空气位于较低密度的空气的下面。浮力的影响抑制了机械湍流。

　　地面条件影响地表的机械混合和随高度而变化的风速。树木和建筑物的存在加强了这种混合，而湖泊和敞开的区域则减弱了这种混合。

　　泄漏高度对地面浓度的影响很大。随着释放高度的增加，地面浓度降低，这是因为烟羽需要垂直扩散更长的距离，如图 2-8 所示。

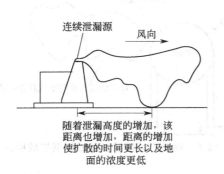

图 2-8　增加泄漏高度将降低地面浓度

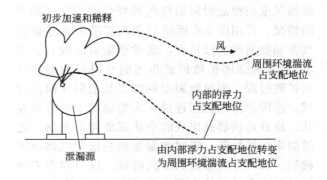

图 2-9　泄漏物质的初始加速度和浮力影响扩散形态

　　泄漏物质的动量和浮力改变了泄漏的有效高度，如图 2-9 所示。高速喷射所具有的动量将气体带到泄漏处上方，导致更高的有效泄漏高度。如果气体密度比空气小，则泄漏的气体一开始具有浮力，并向上升高。如果密度比空气大，则泄漏的气体开始就具有沉降力，并向地面下沉。泄漏气体的温度和分子量决定了相对于空气的气体密度。对于所有气体，随着气体向下风向传播和同新鲜空气混合，最终将充分稀释，并认为具有中性浮力。此时，扩散由周围环境的湍流所支配。

2.2.4　泄漏扩散控制

一旦发生化工泄漏事故，迅速控制泄漏源，采取正确有效的泄漏控制、防火防爆、现场环境处理、抢险人员个体防护等措施，对于遏制事故发展，减少事故损失，防止次生事故发生，具有十分重要的作用。

2.2.4.1　化工生产中泄漏控制的原则

(1) 无论气体泄漏还是液体泄漏，泄漏量的多少都是决定泄漏后果严重程度的主要因素，而泄漏量又与泄漏时间有关。因此，控制泄漏应该尽早发现泄漏并尽快阻止泄漏。

(2) 通过人员巡回检查可以发现较严重的泄漏，利用泄漏检测仪器、气体泄漏检测系统可以尽早发现各种泄漏。

(3) 利用停车或关闭遮断阀，停止向泄漏处供应物料可以控制泄漏。一般来说，与监控系统联锁的自动停车速度快，仪器报警后人工停车速度较慢，需 3~15min。

2.2.4.2　化工泄漏的预防及控制

泄漏控制的关键是要坚持预防为主，采取积极的预防措施，有计划地对装置进行防护、检修、改造和更新，变事后堵漏为事前预防，可以有效地减少泄漏的发生，减轻其危害。

(1) 提高认识，加强管理

① 从思想上要树立"预防泄漏就等于提高经济效益"的认识。

② 完善管理、按章行事，这是防止泄漏的重要措施。

事实上，各种物质的泄漏根本原因都是管理上出问题。制定一套完善的管理措施是非常必要的。强化劳动纪律，经常对职工进行业务培训和职业教育，提高技术素质和责任感。职工要熟悉生产工艺流程和设备，了解、掌握泄漏产生的原因和条件，才能做到心中有数，及早采取措施，减少泄漏发生。

③ 要加强立法，以提高管理者的责任。

除此之外，还必须依靠多种技术措施，进行综合治理。

(2) 可靠性设计

① 紧缩工艺过程。化工行业应尽量缩小工艺设备，采用危害性小的原材料和工艺步骤，简化工艺和装置，减少危险物储存量。

② 生产系统密闭化。生产工艺中的各种物料流动和加工处理过程应该全部密闭在管道、容器内部，防止物料泄漏或空气窜入负压管道、容器内。

③ 正确选择材料和材料保护措施。选用材料的材质要与使用的温度、压力、腐蚀性等条件相适应，能够满足耐高温、强腐蚀等苛刻条件，不能适应的要采取防腐蚀、防磨损等保护措施。例如，在含硫化氢及硫蒸气腐蚀环境中，各种金属材料的耐腐蚀性中铝的耐腐蚀性最好，且其力学性能和价格的优越性都使之成为高硫油加氢精制反应装置上密封垫的首选材料。

④ 冗余设计。为了提高可靠性，应提高设防标准。如在强腐蚀环境中，壁厚一般都设计有一定的腐蚀裕量，重要的场合要使用双层壁。

⑤ 降额使用。设施的各项技术指标（特别是工作压力）在任何情况下都不能超过最大额定值，即使是瞬时的超过也不允许。同时还要综合考虑异常情况、异常反应、操作失误、杂质混入以及静电、雷击等引起的后果。

⑥合理的结构形式。为避免零件的磨损，应采用润滑系统。为防止润滑油泄漏，应尽量使

用固体润滑剂。为了避免设备和管道冻裂，须采取保温、伴热等措施。

⑦ 正确地选用密封装置，密封结构设计应合理。采用先进的密封技术，如机械密封、柔性石墨、液体密封胶，改进落后的、不完善的密封结构。正确选用密封垫圈，在高温、高压和强腐蚀性介质中，宜采用聚四氟乙烯材料或金属垫圈。如果填料密封达不到要求，可加水封和油封。

⑧ 设计应方便使用维修。设计时应考虑装配、操作、维修、检查的方便，同时也有利于处理应急事故和及时堵漏。开关应设在便于操作处，阀门尽量设在一起。处于空中的阀门应设置平台，以便操作。有密封装置的部位，特别是动密封部位，要留有足够的空间，以便更换和堵漏。法兰和压盖螺栓应便于安装和拆卸，空间位置不能太小。对于容易出现泄漏以及重要的部位和设备，应设副线、备用容器和设备。

⑨ 新管线、新设备投用前要严格按照规程做好耐压试验、气压试验和探伤，严防有隐患的设施投入生产。

(3) 日常维护　生产装置状况不良常常是引发泄漏事故的直接原因，因此及时检修是非常重要的。生产装置在新建和检修投产前，必须进行气密性检测，确保系统无泄漏。

设备交付投用后，必须正确使用与维护。生产装置要经常进行检查、保养、维修、更换，及时发现并整改隐患，以保证系统处于良好的工作状态。要严格按规程操作，不得超温、超压、超振动、超位移、超负荷生产，控制正常生产的操作条件，减少人为操作所导致的泄漏事故；必须定期对装置进行全面检修，更换改进零部件、密封件，消除泄漏隐患；严格执行设备维护保养制度，认真做好润滑、盘车、巡检等工作，做到运转设备振动不超标，密封点无漏气、漏液。

出现故障时，要及时发现，及时按维护检修规程维修，及时消除缺陷，防止问题、故障及后果扩大。如果设备老化、技术落后，泄漏事故频发，就应该对其更新换代，从根本上解决泄漏问题。加强管理，强化全员参与意识，完善各项管理制度和操作规程，加强职工业务培训，提高员工操作技能。

2.2.4.3　化工泄漏应急处理

泄漏发生后，如果能及时发现，采取迅速、有效的应急处理方法，可以把事故消灭在萌芽状态。应对泄漏的处理方法，关键是三个环节。

一是及时找出泄漏点，控制危险源。危险源控制可从两方面进行，即工艺应急控制和工程应急控制。工艺应急主要措施有：切断相关设备（设施）或装置进料，公用工程系统的调度，撤压、物料转移，喷淋降温，紧急停工，惰性气体保护，泄漏危险物的中和、稀释等。工程应急主要措施有：设备设施的抢修，带压堵漏，泄漏危险物的引流、堵截等。

二是抢救中毒、受伤人员和解救受困人员。这一环节是应急救援过程的重要任务。主要任务是将中毒、受伤和受困人员从危险区域转移至安全地带，进行现场急救或转送到医院进行救治。

三是泄漏物的处置。现场物料泄漏时，要及时进行覆盖、收容、稀释处理，防止二次事故的发生。从事故处理经验来看，这一环节如不能有效地进行，将会使事故影响大大增加。对泄漏的控制或处理不当，可能会失去处理事故的最佳时机，使泄漏转化为火灾、爆炸、中毒等危害更大的恶性事故。

化工企业要制定有效的应急预案，泄漏发生后，根据具体情况，有效地进行救援，控制泄漏，努力避免处理过程中发生伤亡、中毒事故，把损失降到最低。

主要危险泄漏物质的应急处理如下。

(1) 硫化氢　当发生硫化氢泄漏后，一定要逆风疏散，泄漏污染区人员要迅速撤离到上风处，并隔离至气体散尽，切断火源。合理通风，切断气源，喷雾状水稀释、溶解，注意收集并处理废水。如有可能，将残余气或漏出气用排风机送至水洗塔或与塔相连的通风橱内，或使其

通过 $FeCl_3$ 水溶液，管路装设止回装置以防止溶液倒吸。

发现有人硫化氢中毒后，抢救人员不能盲目地直接上前，一定要做好个人防护（戴防毒面具、防护眼镜等）。应急处理人员佩戴正压自给式呼吸器（临时没有时，可短时间用湿毛巾捂住口鼻），穿着一般消防防护服。当处理污水罐、污水道及下水道时，一定要穿戴防毒面具和救护带，最好用通风机吹风，使气体散逸。

硫化氢中毒引起的死亡大部分发生在现场，因此，对于中毒者要抓紧"黄金 4 分钟"，将中毒者迅速撤至空气新鲜处，并送医院抢救，在转送途中要坚持继续抢救。对呼吸困难者输氧，对眼膜损伤者及时用生理盐水冲洗。

（2）一氧化碳　一氧化碳比空气轻，故救护者应俯身进入有毒环境，立即通风，并迅速将患者移至空气新鲜处，揭开领口，保持呼吸道通畅，有条件可进行吸氧，并注意保暖。对呼吸停止者立即进行人工呼吸，及时转送医院，尽早用高压氧舱治疗，防治脑水肿、肺水肿和呼吸衰竭。

进入高浓度一氧化碳环境时，必须戴供氧式防毒面具或带氧气罐的专用防毒面具，并应有他人监护。

（3）氯气　由于氯气既具有火灾危险性，又有毒害性，其危险程度比单一具有火灾危险的天然气等易燃物质更高。为了减轻泄漏危害，使用氯气的单位应做好准备。如工业冷却循环水车间、加氯车间内应设水池，装满石灰水或碱液，一旦氯气瓶发生泄漏，能立即吊进水池。

泄漏污染区人员应迅速撤离到上风处，同时用湿毛巾捂住口鼻，不能大呼大叫，以防吸进更多的有害气体，同时杜绝火源。

抢险处理人员戴正压自给式呼吸器，穿一般消防防护服；合理通风，切断气源，喷雾状水稀释、溶解，并用碱液、氨水或石灰水进行中和处理。

（4）氨气　发生氨气泄漏时，尽快逃离现场到上风向，用湿毛巾捂住口鼻，不要大声呼叫。警戒区内应切断电源、消除明火。

抢救时严禁使用压迫式人工呼吸法。如沾染皮肤，应立即寻找水源（如跳进河水中，尽可能潜水游向安全地带），用大量水冲洗，然后用 2‰～3‰乙酸或硼酸清洗。如溅入眼睛，应立即拉开眼睑，用清水冲洗，有条件可用可的松、氯霉素眼药水处理。

2.3　燃烧爆炸理论与防火防爆技术

2.3.1　燃烧爆炸理论

2.3.1.1　燃烧理论

（1）燃烧与燃烧条件

① 燃烧的定义及本质　燃烧是可燃物与助燃物（空气、氧气或其他氧化性物质）发生的一种发热、发光的剧烈氧化还原反应。失控的燃烧便酿成了火灾。燃烧的三个特征表现为放热、发光和生成新的物质。

从化学本质而言，一切燃烧反应均是氧化还原反应，因此参加反应的物质必含氧化剂和还原剂，即助燃物和可燃物。如一些单质（氧气、氯气），含高化学价元素的化合物（含氧酸及其盐）可作助燃物，许多金属、非金属单质和有机化学物可作可燃物。可燃物和助燃物发生燃烧反应，其产物有气、液、固三种形式。发生燃烧反应必须具有能源，明火、摩擦或撞击火花、静电火花、射线、高温、压缩升温化学反应热等都可作为点火能源。

② 燃烧的必要条件　具备一定数量和浓度的可燃物和助燃物，以及具备一定能量的点火源，同时存在并发生相互作用，是引起燃烧的三个必要条件，即燃烧三要素。缺少其中任一个条件，燃烧便不会发生。所以，所有的防火措施都在于防止这三个条件同时存在，所有的灭火

措施都在于消除其中的任一或多个条件。

可燃物、助燃物和点火源是燃烧的三个必要条件，即燃烧三要素，俗称"火三角"，其关系如图 2-10 所示。

图 2-10　火三角

(2) 燃烧过程　可燃物质可以是固体、液体或气体，绝大多数可燃物质的燃烧是在气体（或蒸气）状态下进行的，燃烧过程随可燃物质聚集状态的不同而不同。

① 气体燃烧　气体最易燃烧，只要提供相应气体的最小点火能，便能着火燃烧。其燃烧形式分为两类：一类是可燃气体和空气或氧气预先混合成混合可燃气体的燃烧，称为混合燃烧，混合燃烧由于燃料分子已与氧分子充分混合，所以燃烧时速度很快，温度也高，通常混合气体的爆炸反应就属于这种类型；另一类就是将可燃气体，如煤气，直接由管道中放出点燃，在空气中燃烧，这时可燃气体分子与空气中的氧分子通过互相扩散，边混合边燃烧，这种燃烧称为扩散燃烧。

② 液体燃烧　许多情况下并不是液体本身燃烧，而是在热源作用下由液体蒸发所产生的蒸气与氧气发生氧化、分解以至于着火燃烧，这种燃烧称为蒸发燃烧。

③ 固体燃烧　如果是简单固体可燃物质，如硫，在燃烧时先受热熔化（并有升华），继而蒸发生成蒸气而燃烧；而复杂固体可燃物质，如木材，燃烧时先是受热分解，生成气态和液态产物，然后气态和液态产物的蒸气再氧化燃烧，这种燃烧称为分解燃烧。

在火灾爆炸事故现场，可燃气体、液体、固体的燃烧通常不是孤立的，而是互相蔓延。扩散燃烧、混合燃烧、表面燃烧、蒸发燃烧、分解燃烧这五种燃烧形式间也是可以互相转化或者几种同时并发，一旦发生这种情况，往往会造成灾害性的后果。可燃物的燃烧过程，包括许多吸热和放热的化学过程以及传热的物理过程。物质受热燃烧时，温度变化是很复杂的，物质燃烧过程的温度变化大致情况见图 2-11。

T_A 为可燃物开始加热时的温度，这时加热的热量主要用于可燃物的熔化、蒸发和分解，可燃物温度上升缓慢。温度升到 T_B 时，可燃物开始氧化，由于温度低，氧化速率不快，氧化所放出的热量不足以克服系统向外界的散热。此时如果停止加热，可燃物将降低温度，故而不能引起燃烧。如果继续加热，会使氧化反应加剧，温度快速上升。可燃物温度升到 T_C 时，氧化产生的热量与系统向外界的散热相等，如果温度再升高一点，超过这种平衡状态，即使停止加热，温度亦能自行上升，因此 T_C 即为可燃物的自燃点。温度升到 T_D，则可燃物燃烧起来，同时出现火焰。此时温度还会继续上升，达到温度 T_E。

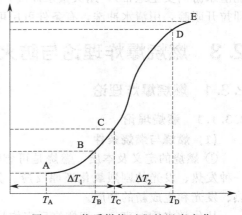

图 2-11　物质燃烧过程的温度变化

(3) 燃烧类型　根据燃烧的起因不同，燃烧可分为闪燃、自燃和着火三类。

① 闪燃　由于温度的影响，各种液体的表面空间都有一定量的蒸气存在，这些蒸气与空气混合后，一旦遇到点火源，会出现瞬间闪火而不能持续燃烧的现象称为闪燃。引起闪燃时的最低温度称为闪点。在闪点时，由于温度的影响，蒸气量一般很少，所以一闪就灭。但从消防角度来看，闪燃往往是要起火的先兆。可燃液体的闪点越低，越易起火，火灾危险性越大。表2-5 给出的是部分可燃液体的闪点。

表 2-5 某些可燃液体的闪点

液体名称	闪点/℃	液体名称	闪点/℃	液体名称	闪点/℃	液体名称	闪点/℃
戊烷	−40	乙酸丁酯	22	丁醇	29	氯苯	28
己烷	−21.7	丙酮	−19	乙酸	40	二氯苯	66
庚烷	−4	乙醚	−45	乙酸酐	49	二硫化碳	−30
甲醇	11	苯	−11.1	甲酸甲酯	−20	氰化氢	−17.8
乙醇	11.1	甲苯	4.4	乙酸甲酯	−10	汽油	−42.8
丙醇	15	二甲苯	30	乙酸乙酯	−4.4		

② 自燃 可燃气体在助燃气体（如空气）中，在无外界明火的直接作用下，由于受热或自行发热能引燃并持续燃烧的现象称为自燃。在一定条件下，可燃物质产生自燃的最低温度称为自燃点，也称引燃温度。

在化工生产中，可燃物质接触高温表面、加热、烘烤、冲击、摩擦或自行氧化、分解、聚合、发酵等都会导致自燃的发生。表 2-6 给出的是部分可燃物质的自燃点。

表 2-6 某些可燃物质的自燃点

物质名称	自燃点/℃	物质名称	自燃点/℃	物质名称	自燃点/℃	物质名称	自燃点/℃
甲烷	537	乙烷	515	丙烷	466	丁烷	365
甲醇	455	乙醇	422	丙醇	405	丁醇	340
二硫化碳	102	乙酸戊酯	375	汽油	280	水煤气	550～650
乙醚	170	丙酮	537	煤油	380～425	天然气	550～650
焦炉气	640	氨气	630	一氧化碳	605	苯	555

③ 着火 在有空气存在的环境中，可燃物质与明火接触能引起燃烧，并且在火源移去后能保持继续燃烧的现象称为着火。能引起着火的最低温度称为着火点或燃点，如木材的着火点为 295℃。

2.3.1.2 爆炸理论

(1) 爆炸及其分类

① 爆炸的定义及特征 爆炸是指物质的状态和存在形式发生突变，在瞬间释放出大量的能量，形成空气冲击波，可使周围物质受到强烈的冲击，同时伴随响声或光效应的现象。爆炸现象一般具有如下特征。

a. 爆炸过程进行得很快。

b. 爆炸点附近压力瞬间急剧上升。

c. 发出声响。

d. 周围建筑物或装置发生振动或遭到破坏。

简言之，爆炸是系统的一种非常迅速的物理的或化学的能量释放过程。

② 爆炸的分类 爆炸的分类方法主要有三种：第一种是按照爆炸的性质分类，分为物理爆炸、化学爆炸和核爆炸；第二种是按照爆炸的传播速度分类，分为轻爆、爆炸和爆轰；第三种是按照爆炸的反应物质分类，分为气相爆炸、液相爆炸、混合相爆炸。通常使用最多的分类方法是第一种，即将爆炸分为物理爆炸、化学爆炸和核爆炸。在研究化工、石油化工工厂防火防爆技术中，通常只研究物理爆炸和化学爆炸，故核爆炸在本书中不做讨论。

a. 物理爆炸 物理爆炸由物理变化所致，其特征是爆炸前后系统内物质的化学组成及化学性质均不发生变化。物理爆炸主要是指压缩气体、液化气体和过热液体在压力容器内，由于某种原因使容器承受不住压力而破裂，内部物质迅速膨胀并释放大量能量的过程。

b. 化学爆炸 化学爆炸是由化学变化造成的，其特征是爆炸前后物质的化学组成及化学性质都发生了变化。化学爆炸按爆炸时所发生的化学变化的不同又可分为三类。

（a）简单分解爆炸 引起简单分解爆炸的爆炸物，在爆炸时并不一定发生燃烧反应。爆炸能量是由爆炸物分解时产生的。属于这一类的有叠氮类化合物，如叠氮铅、叠氮银等；乙炔类化合物，如乙炔铜、乙炔银等。

（b）复杂分解爆炸 这类物质爆炸时有燃烧现象，燃烧所需的氧气由自身供给，如硝酸甘油在爆炸反应中会生成氧气。

（c）爆炸性混合物爆炸 爆炸性混合物是至少由两种化学上不相联系的组分所构成的系统。混合物组分之一通常为含氧相当多的物质；另一组分则相反，是不含氧或含氧量不足以发生分子完全氧化的可燃物质。

爆炸性混合物可以是气态、液态、固态，或是多相系统。气相爆炸包括混合气体爆炸、粉尘爆炸、气体的分解爆炸、喷雾爆炸。液相爆炸包括聚合爆炸和不同液体混合引起的爆炸。固相爆炸包括爆炸性物质的爆炸、固体物质混合引起的爆炸和电流过载所引起的电缆爆炸等。

(2) 爆炸的破坏作用 爆炸常伴随发热、发光、高压、真空、电离等现象，爆炸的威力与爆炸物质的性质、数量、爆炸的条件有关，其破坏作用的大小还与爆炸的场所有关。爆炸的破坏及危害形式有以下四种。

① 直接破坏作用 化工装置、机械设备、容器等爆炸后，不仅其本身断裂或变成碎片而损坏，碎片飞散出去也会在相当大的范围内造成危害。爆炸碎片的飞散距离一般可达 $100 \sim 500m$，甚至更远，飞散的碎片或物体不仅对人造成巨大威胁，其能量对建筑物、生产设备、电力与通信线路等都能造成重大破坏作用。在化工生产爆炸事故中，由于爆炸碎片造成的伤亡占很大比例。

② 冲击波的破坏作用 任何爆炸过程都伴随大量高压气体的产生或释放，高压气体以极高的速度膨胀，挤压周围空气的同时，压缩的空气层向四周传播。爆炸时由于气体等物质急速向外扩张，还在爆炸中心产生局部真空或低压，低压区也向外扩张，这样在爆炸中心附近的某一点就受到压力升降交替的波状气压向四周扩散，这就是冲击波。爆炸的主要破坏作用就是由冲击波造成的。在爆炸中心附近，空气冲击波波阵面上的超压可以达到数兆帕，在这样的高压下，建筑物被摧毁，机械设备、管道等也会受到严重破坏。冲击波的另一个破坏作用是由高压与低压的交替作用造成的，交替作用可在作用区域内产生震荡作用，使建筑物因震荡松散破坏。

③ 造成火灾 爆炸气体扩散通常在爆炸的瞬间完成，对一般可燃物质不致造成火灾，而且爆炸冲击波有时能起灭火作用。但是爆炸的余热或余火，会点燃从破损设备中不断泄漏出的可燃气体、可燃液体蒸气或其他可燃物质而造成火灾。爆炸过程的抛撒作用会造成大面积的火灾，从而引燃附近设备，储油罐、液化气罐或气瓶爆炸后最容易发生这种情况。事故中储存设施的破裂将导致液体泄漏，着火面积也将迅速扩大。

④ 造成中毒和严重环境污染 生产、使用的许多化学品不仅易燃，而且有毒。爆炸事故可能导致有害物质泄放，对现场人员及周围居民都构成威胁，大气、土壤、地下水、地表水等都可能受到污染。

(3) 常见爆炸基本概念

① 机械爆炸 机械爆炸是由装有高压非反应性气体的容器突然失效造成的。

② 受限爆炸 受限爆炸发生在容器或建筑物中。这种情况很普遍，并且常导致建筑物中居民受到伤害和造成巨大的财产损失。最常见的受限爆炸情形包括蒸气爆炸和粉尘爆炸。

③ 无约束爆炸 无约束爆炸发生在空旷地区。这种类型的爆炸通常是由可燃气体泄漏引起的。气体扩散并同空气混合，直到遇到引燃源。

无约束爆炸比受限爆炸少，因为爆炸性物质常常被风稀释到低于其爆炸下限。这些爆炸都是破坏性的，因为通常会涉及大量的气体和较大的区域。

④ 蒸气云爆炸 化学工业中，大多数危险的、破坏性的爆炸是蒸气云爆炸。其发生过程

是：大量的可燃蒸气突然泄漏（当装有过热液体和受压液体的容器破裂时就会发生）；蒸气扩散到整个区域，同时与空气混合；产生的蒸气云被点燃。

由于生产中可燃物质储存量的增加和操作条件更加苛刻，导致蒸气云爆炸的发生次数有所增加。装有大量液化气体的、挥发性的过热液体或高压气体的任何过程都被认为是蒸气云爆炸发生的潜在源。

⑤ 沸腾液体扩展蒸气爆炸　如果装有温度高于其在大气压下的沸点温度的液体的储罐破裂，就会发生沸腾液体扩展蒸气爆炸，即 BLEVE 爆炸。紧接着是容器内大部分物质的爆炸性气化，如果气化后形成的气云是可燃的，还会发生燃烧或爆炸。当外部火焰烘烤装有易挥发性物质的储罐时，就会发生该类型的爆炸。随着储罐内物质温度的升高，储罐内液体的蒸气压增加，由于受到烘烤，储罐的结构完整性降低。如果储罐破裂，过热液体就会爆炸性地蒸发。

⑥ 粉尘爆炸　粉尘爆炸是悬浮在空气中的可燃性固体微粒接触到火焰（明火）或电火花等任何着火源时发生的爆炸现象。这种爆炸是由细小的固体颗粒的快速燃烧引起的。许多固体物质（包括常见的金属，如铁和铝）当变成细小的粉末后就成了易燃易爆物质。

（4）爆炸极限　可燃气体或蒸气与空气混合形成的爆炸性混合气体并不是在任何混合比例下都是可燃烧或爆炸的，而且混合的比例不同，燃烧的速度也不同。由试验可知，当混合物中可燃气体的含量接近化学计量浓度时，燃烧最快或最剧烈；若含量减少或增加，火焰传播速度均下降；当浓度高于或低于某一极限值时，火焰便不再蔓延。

可燃气体或蒸气与空气（或氧气）组成的混合物在点火后可以使火焰蔓延的最低浓度，称为该气体或蒸气的爆炸下限（也称燃烧下限）；同理，能使火焰蔓延的最高浓度称为爆炸上限（也称燃烧上限）。浓度在下限以下或上限以上的混合物是不会着火或爆炸的。

可燃气体（蒸气）的爆炸极限可按标准 GB/T 12474—2008《空气中可燃气体爆炸极限测定方法》规定的方法测定。爆炸极限一般用可燃气体（蒸气）在混合物中的体积分数 φ（%）来表示，有时也用单位体积中可燃物含量来表示（g/m^3 或 mg/L）。

爆炸极限值是随多种不同条件影响而变化的，其主要影响因素包括初始温度、初始压力、惰性介质、容器大小、点火能源、点火位置和含氧量等。

2.3.2　防火防爆技术

防火防爆技术是化学工业安全技术的重要内容之一，为了确保安全生产，首先必须做好预防工作，消除可能引起燃烧爆炸的危险因素，这是最根本的解决方法。从理论上讲，使可燃物质不处于危险状态，或者消除一切着火源，这两个措施，只要控制其一，就可以防止火灾和化学爆炸事故的发生。但在实践中，由于生产条件的限制或某些不可控因素的影响，仅采取一种措施是不够的，往往需要采取多方面的措施，以提高生产过程的安全程度。另外，还应考虑其他辅助措施，以便在发生火灾爆炸事故时，减少危害的程度，将损失降到最低限度，这些都是在防火防爆工作中必须全面考虑的问题。

2.3.2.1　火灾及爆炸事故物质条件的排除

（1）控制可燃可爆物质

① 取代或控制用量　化工生产、使用、加工、储存过程中，使用危险性低且仍能满足工艺要求的替代物质，可减少事故风险。例如，在工厂辅助服务系统中，如条件允许，加热系统的介质可使用蒸汽代替热油，这将大大降低火灾的风险性。通常，还可以采用稀释或冲淡物料的方法降低危险性，如条件允许，尽可能使用氯化氢或氨气的水溶液而不是纯氯化氢或氨气。在萃取、吸收等单元操作中，为提高操作安全性，可用燃烧性较差的溶剂代替。

② 加强密闭　为防止易燃气体、蒸气和可燃性粉尘与空气形成爆炸性混合物，应设法使生产设备和容器尽可能密闭操作。对具有压力的设备，应防止气体、液体或粉尘逸出与空气达

到爆炸浓度；对真空设备，应防止空气漏入设备内部达到爆炸极限。

如设备本身不能密封，可采用液封或负压操作，以防系统中可燃气体逸入厂房。

③ 通风排气 存在可燃气体、有毒气体、粉尘作业的场所，应设置通风排气设备，以降低作业场所空气中危险物质的浓度，防止有害物质超过人员接触的安全限值或形成爆炸性混合物。

化工生产装置尽量布置在室外，以保持良好的通风，降低有害物质浓度。通风通常可分为自然通风和机械通风；按换气方式也可分为排风和送风；按作用范围可分为局部通风和全面通风。通风排气必须满足两个要求：一是避免人员中毒；二是防火防爆。

当自然通风不能满足要求时，就必须采用机械通风，强制换气。不管是采用排风还是送风方式，都要避免气体循环使用，以保证进入车间的空气为纯净的空气。排送风设备应有独立分开的风机室，送风系统应送入较纯净的空气；排出、输送温度超过 80℃的空气或其他气体以及有燃烧爆炸危险的气体、粉尘的通风设备，应由非燃烧材料制成；空气中含有易燃易爆危险物质的厂房，应采用不产生火花的材料制造的通风机和调节设备。

④ 惰性化 用惰性气体稀释或置换管道、容器内的空气或可燃气体、蒸气或粉尘等爆炸性混合物，可使系统内危险物质或氧气的含量降低，破坏燃烧爆炸条件。惰性化处理是避免燃烧爆炸事故发生的手段之一。例如，向油罐或煤粉加工、储运的设备内充装氮气等都属于惰性化处理。常用惰性气体有氮气、二氧化碳、水蒸气及卤代烷等。

⑤ 工艺参数的安全控制 化工生产应采用安全合理的工艺过程，正确控制各种工艺参数，防止超温、超压和溢料、跑料，以实现化工安全生产。

a. 控制温度 化学反应速率与温度有密切关系，为防止温度过高或过低而发生事故，操作中应注意掌握以下几个方面。

（a）控制反应温度 每个反应都有其确定的反应温度，在升温操作过程中应防止升温速度过快而引起的剧烈反应，导致压力升高或冲料，引起易燃易爆物质的燃烧爆炸。要防止加料时温度过低造成物料的累积，温度提高后反应突然加剧，反应热不能及时移出而引起超温、超压，发生事故。

（b）防止搅拌中断 搅拌可以加速传热和传质，使反应物料温度均匀，防止局部过热。反应时一般应先加入一种物料再开始搅拌，然后按规定的投料速度投入另一种物料。如果先把两种反应物料投入反应锅内再开始搅拌，就有可能引起两种物料剧烈反应而造成超温、超压。生产过程中如果由于停电、搅拌器脱落而造成搅拌中断时，应立即停止加料，并采取有效降温措施。降温后采用人工转动搅拌器或开数转后立即停止搅拌，同时观察温度上升情况，逐步恢复搅拌。对因搅拌中断仍可能引起事故的反应装置，除采用双路电源供电外，还要密切注意反应器内搅拌器的运转情况，搅拌器上电动机的电流变化，以便及时发现异常情况，防止事故发生。

（c）防止干燥温度过高 某些易燃和易分解物如偶氮二异丁腈、过硫酸钾及重氮盐等是很不稳定的，干燥温度过高很容易引起火灾爆炸。因此要严格控制干燥温度，防止局部过热造成事故。某些对热敏感的物料，其生产设备的加热面要低于物料液面，以避免局部过热而分解，引起火灾爆炸。

b. 投料的控制 投料的控制主要是控制投料速度、投料配比、投料顺序、原料纯度以及投料量。

（a）投料速度 对于放热反应，加料速度不能超过设备的传热能力。如果加料速度太快，将会引起温度迅速升高，使物料分解而造成事故；如果加料速度突然减慢，反应温度降低，一部分反应物料因温度过低而不反应，升温后反应加剧，容易引起超温、超压而发生事故，所以要严格控制投料速度。

（b）投料配比　生产中对反应物料的浓度、体积、质量、流量等都要准确分析和计算。对连续化程度较高、危险性较大的生产，刚开车时要特别注意投料的配比，更应经常分析含量，并尽量减少开、停车次数。投料的配比不当，还会生成危险的过反应物，如三氯化磷的生产是将氯气通入黄磷，若通氯过量则生成极易分解的五氯化磷而造成爆炸事故，因此要严格按配比投料。

（c）投料顺序　化工生产必须按照一定的顺序投料。例如，氯化氢的生成，应先通氢后通氯；三氯化磷的生产，应先通磷后通氯，否则极易发生爆炸事故。

（d）原料纯度　许多化学反应，由于反应物料中含有过量杂质，以致引起燃烧爆炸。如用于生产乙炔的电石，其含磷量不得超过 0.08%，因为电石中的磷化钙遇水后生成易自燃的磷化氢，而可能导致乙炔与空气混合物的爆炸。因此，对生产原料、中间产品及成品应有严格的质量检查制度，以保证原料的纯度。

（e）投料量　投入化工反应设备或储罐的物料都有一定的安全容积，带有搅拌器的反应设备要考虑搅拌开动的液面升高；储罐、气瓶要考虑温度升高后液面或压力的升高。投料太多，如超过安全容积系数，往往会引起溢料或超压。投料过少也可能产生事故。一方面，投料太少，温度计接触不到液面，使温度显示出现假象，导致判断错误而引起事故；另一方面，投料太少，使加热设备的加热面与物料的气相接触，可使易于分解的物料发生分解，从而引起爆炸。

c. 溢料和泄漏的控制　由于物料的起泡、设备的损坏、管道的破裂、人为的误操作、反应失控等，都可以造成化学反应中反应物料的跑、冒、滴、漏。易燃液体的跑、冒、滴、漏很可能会引起火灾爆炸事故，为此要防止这种现象的发生，尤其是易燃易爆物料渗入保温层。

⑥ 气体检测与报警　在存在可燃气体或挥发性可燃液体的场所，以及存在有毒气体或蒸气的场所，安装泄漏检测报警装置，也是防止发生火灾、爆炸、中毒事故采取的重要措施。

检测报警装置自动检测危险物质有无泄漏及泄漏后所达到的浓度，如果报警器与生产安全装置之间相互联锁，就能够实现自动监测、报警、自动停车、启动自动灭火装置等措施，防止火灾爆炸事故的发生。

（2）点火源及其控制　化工生产中引起火灾的点火源有明火、冲击与摩擦、光线和射线等。因此需要对各种点火源进行分析，采取安全防护措施，严格控制点火源。

① 明火的控制

a. 加热明火的控制　加热易燃液体，尽量避免采用明火而改用蒸汽或其他热载体，如在高温反应或蒸馏操作中必须使用明火或烟道气时，设备应严格密闭，燃烧室应与设备分开建筑或隔离，封闭外露明火，并定期检查，防止泄漏。装置中明火加热设备的布置，应远离可能泄漏易燃气体或蒸气的工艺设备和储罐区，并应布置在散发易燃物料的侧风向或上风向。有两个以上的明火设备，应将其集中布置在装置的边缘。

b. 维修用火的控制　有易燃易爆物料的场所，应尽量避免动火作业。如生产需要无法停工，应将要检修的设备或管道卸下移至远离易燃易爆物料的安全地点进行。对输送、储存易燃易爆物料的设备、管道进行检修时，应将有关系统进行彻底处理，用惰性气体吹扫置换，并经爆炸分析合格后方可动火。当检修的系统与其他的设备管道连通时，应将相连的管道拆下断开或加堵金属盲板隔离，在加盲板处要挂牌并登记，防止易燃易爆物料窜入检修系统或因遗忘造成事故。电焊线破残应及时更换或修补，不得利用与易燃易爆生产设备有联系的金属构件作为电焊线，防止电路接触不良时产生电火花。在禁火区域，禁止机动车辆进入，必要时加装火星熄灭器，为防止烟囱飞火引起的火灾爆炸，膛内燃烧要充分，烟囱有足够高度，必要时加装火星熄灭器。

c. 其他火源的控制　为防止易燃物料与高温的设备、管道表面相接触，可燃物的排放应远离高温表面。高温表面的隔热保温层应完好无损，并防止可燃物因泄漏、溢料、泼溅而积聚在保温层内。为防止自燃物品引起火灾，应将油棉纱头等放入有盖的金属筒内，放置在安全地点并及时处理。

② 摩擦与撞击　机器中轴承等转动部分的摩擦、铁器的相互撞击或铁器工具打击混凝土地面等，都可能产生火花，当管道或容器裂开，物料喷出时，也可能因摩擦起火。为此要采取如下措施：设备的轴承转动部分应保持良好的润滑，并严格保持一定油位，轴瓦间隙不能太小，材料选用有色金属，并经常清除附着的可燃油垢；凡是撞击的两部分应采用两种不同的金属制成，撞击工具用青铜或木制品；为防止铁器随物料进入设备内部发生撞击起火，可在设备前安装磁铁分离器；禁止穿带铁钉的鞋进入易燃易爆区，不能随意抛掷、撞击金属设备和管道。

③ 电气火花　电气火花的危险程度仅次于明火，对车间的电气动力设备、仪器仪表、照明设备和电气线路等，分别采用防爆、封闭、隔离等措施，具体参考本书第 1 章内容。

2.3.2.2　火灾及爆炸事故蔓延扩散的控制

安全生产首先应当强调防患于未然，把预防放在第一位。一旦发生事故，就要考虑如何将事故控制在最小的范围内，使损失最小化。因此，火灾及爆炸蔓延的控制在开始设计时就应重点考虑。对工艺装置的布局设计、建筑结构及防火区域的划分，不仅要有利于工艺要求、运行管理，而且要符合事故控制要求，以便把事故控制在局部范围内。

为了限制火灾蔓延及减少爆炸损失，厂址选择及防爆厂房的布局和结构应按照相关要求建设，如根据所在地区主导风的风向，把火源置于易燃物质可能释放点的上风侧；为人员、物料和车辆流动提供充分的通道；厂址应靠近水量充足、水质优良的水源等。化工企业应根据相关标准，建设相应等级的厂房；采用防火墙、防火门、防火堤对易燃易爆的危险场所进行防火分离，并确保防火间距。

(1) 分区隔离、露天布置、远距离操纵　化工生产中，因某些设备与装置危险性较大，应采取分区隔离、露天布置和远距离操纵等措施。

① 分区隔离　在总体设计时，应慎重考虑危险车间的布置位置。按照国家的有关规定，危险车间与其他车间或装置应保持一定的间距，充分考虑相邻车间建（构）筑物可能引起的相互影响。对个别危险性大的设备，可采用隔离操作和防护屏的方法使操作人员与生产设备隔离。

在同一车间的各个工段，应视其生产性质和危险程度而予以隔离，各种原料、半成品、成品的储藏，亦应按其性质、储量不同而进行隔离。

② 露天布置　为了便于有害气体的散发，减少因设备泄漏而造成易燃气体在厂房内积聚的危险性，宜将这类设备和装置布置在露天或半露天场所，如氮肥厂的煤气发生炉及其附属设备、加热炉、炼焦炉、气柜、精馏塔等。石油化工生产中的大多数设备都是在露天放置的。在露天场所，应注意气象条件对生产设备、工艺参数和工作人员的影响，如设有合理的夜间照明、夏季防晒防潮气腐蚀、冬季防冻等措施。

③ 远距离操纵　在化工生产中，大多数的连续生产过程主要是根据反应进行情况和程度来调节各种阀门，而某些阀门操作人员难以接近，开闭又较费力，或要求迅速启闭，上述情况都应进行远距离操纵。操纵人员只需在操纵室进行操作，记录有关数据。对于热辐射高的设备及危险性大的反应装置，也应采取远距离操纵。远距离操纵的方法有机械传动、气压传动、液压传动和电动操纵。

(2) 防火与防爆安全装置

① 阻火装置　阻火装置的作用是防止外部火焰窜入有火灾爆炸危险的设备、管道、容器，或阻止火焰在设备或管道间蔓延。主要包括阻火器、安全液封、单向阀、阻火闸门等。

a. 阻火器　在容易引起燃烧爆炸的高热设备、燃烧室、高温氧化炉和高温氧化器，输送可燃气体、易燃液体蒸气管线之间，以及易燃液体、可燃气体的容器、管道、设备的排气管上，多用阻火器进行阻火。

阻火器的工作原理是使火焰在管中蔓延的速度随着管径的减小而减慢，最后可以达到一个使火焰不蔓延的临界直径。

阻火器有金属网、砾石和波纹金属片等形式。

b. 安全液封　安全液封一般安装在气体管道与生产设备或气柜之间。一般用水作为阻火介质。安全液封的阻火原理是将液体封在进出口之间，一旦液封的一侧着火，火焰都将在液封处被熄灭，从而阻止火焰蔓延。安全液封的结构形式常用的有敞开式和封闭式两种，如图2-12、图2-13所示。

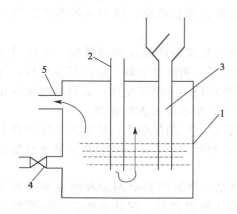

图 2-12　敞开式液封

1—外壳；2—进气管；3—安全管；
4—验水栓；5—气体出口

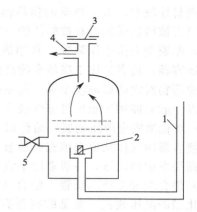

图 2-13　封闭式液封

1—气体进口；2—单向阀；3—防爆膜；
4—气体出口；5—验水栓

水封井是安全液封的一种，设置在有可燃气体、易燃液体蒸气或油污的污水管网上，以防止燃烧或爆炸沿管网蔓延，水封井的结构如图2-14所示。

安全液封的使用安全要求如下。

（a）使用安全水封时，应随时注意水位不得低于水位阀门所标定的位置，但水位也不能过高。安全液封应保持垂直位置。

（b）冬季使用安全水封时，在工作完毕后应把水全部排出、洗净，以免冻结。如发现冻结现象，只能用热水或蒸汽加热解冻，严禁用明火烘烤。为了防冻，可在水中加少量食盐以降低冰点。

（c）使用封闭式安全水封时，由于可燃气体

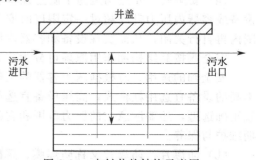

图 2-14　水封井的结构示意图

中可能带有黏性杂质，使用一段时间后容易黏附在阀和阀座等处，所以需要经常检查止逆阀的气密性。

c. 单向阀　单向阀也称止逆阀、止回阀，生产中常用的有升降式单向阀、摇板式单向阀和球式单向阀。单向阀的作用是仅允许流体向一定的方向流动，遇有回流时即自动关闭，可防止高压窜入低压系统而引起管道、容器、设备炸裂，可也用作防止回火的安全装置。如液化石油气瓶上的调压阀就是单向阀的一种。

d. 阻火闸门　阻火闸门是为防止火焰沿通风管道蔓延而设置的阻火装置。正常情况下，阻火闸门受易熔合金元件控制处于开启状态，一旦着火，温度升高，会使易熔金属熔化，此时闸门失去控制，受重力作用自动关闭。部分阻火闸门是手动的，在遇火警时由人迅速关闭。

② 防爆泄压装置　防爆泄压装置是一种超压保护装置。它的功能是：当容器在正常的工作压力下运行时，装置保持严密不漏，而一旦系统内发生爆炸或压力骤增时，装置就能自动、迅速地释放能量，使容器内的压力始终保持在最高许可压力范围以内，以减少巨大压力对设备的破坏或爆炸事故的发生。同时，它还有自动报警的作用，使操作人员能及时采取措施。

a. 防爆泄压装置的种类　安全泄压装置按结构形式可分为阀型、断裂型、熔化型和组合型等几种。

(a) 阀型安全泄压装置　阀型安全泄压装置就是常用的安全阀。这种装置的特点是：它仅仅排泄容器内高于规定部分的压力，当容器内压力降至正常操作压力时，它即自动关闭。这样可避免容器因出现超压就必须把全部气体排出而造成生产中断和浪费，因此被广泛采用。其缺点是：密封性较差；由于弹簧的惯性作用，阀的开启常有滞后现象；用于一些不洁净的气体时，阀口有被堵塞或阀瓣有被粘住的可能。

(b) 断裂型安全泄压装置　常用的断裂型安全泄压装置是爆破片和爆破帽。前者用于中压和低压容器，后者多用于高压和超高压容器。其特点是：密封性能好，泄压反应较快，气体内所含的污物对它的影响较小等。但是由于它在完成泄压后不能继续使用，而且容器也停止运行，所以一般只能用于超压可能性较小且不宜装设阀型安全泄压装置的容器。

(c) 熔化型安全泄压装置　熔化型安全泄压装置就是常用的易熔塞。它是通过易熔合金的熔化，使容器内气体从原来填充有易熔合金的孔中排出而泄放压力的。主要用于防止容器由于温度升高而发生的超压，一般多用于液化气体钢瓶。

(d) 组合型安全泄压装置　组合型安全泄压装置是一种同时具有阀型和断裂型或者是阀型和熔化型的泄压装置。常见的有弹簧安全阀和爆破片的组合型。它具有阀型和断裂型的优点，既能防止阀型安全泄压装置泄漏，又可以在排放高的压力以后使容器继续运行。容器超压时，爆破片断裂，安全阀开放排气，待压力降至正常压力时，安全阀关闭，容器继续运行。

b. 防爆泄压装置的构成　泄压装置包括安全阀、防爆片、防爆帽、防爆门、防爆球阀、放空阀门等。

(a) 安全阀　安全阀是为了防止设备或容器内非正常压力过高引起物理爆炸而设置的。当设备或容器内压力升高超过一定限度时安全阀能自动开启，排放部分气体，当压力降至安全范围内再自行关闭，从而实现设备和容器内压力的自动控制，防止设备和容器的破裂爆炸。

安全阀按其结构和作用原理可分为静重式、杠杆式和弹簧式等。

安全阀的选用，应根据压力容器的工作压力、温度、介质特性来确定。工作温度高而压力不高的设备宜选用杠杆式，高压设备宜选用弹簧式，一般多用弹簧式安全阀。选用时，除了注意正确选型，还要注意它的压力范围和它的排气量。安全阀的安装应遵守安装条例及说明，定期维护与保养。

(b) 防爆片　防爆片又称防爆膜、爆破片（板）。当设备或容器内因化学爆炸或其他原因产生过高压力时，防爆片作为人为设计的薄弱环节自行破裂，高压流体即通过防爆片从放空管排出，使爆炸压力难以继续升高，从而保护设备或容器的主体免遭更大的损坏，使在场的人员不致遭受致命的伤害。

防爆片一般使用在以下几种场合：存在爆炸或异常反应使压力瞬间急剧上升的场合；不允许介质有任何泄漏的场合；生产过程中产生大量沉淀或黏附物，妨碍安全阀正常动作的场合。

爆破片一般装设在爆炸中心的附近效果最好。室内设备上的防爆片，应在爆破片的爆破孔上接装导爆筒至室外安全地点，以防爆破片爆破后大量可燃易燃物料充满室内空间。防爆片一般满 6 个月或 12 个月更换一次。此外，容器超压未破裂的防爆片以及正常运行中有明显变形的防爆片应立即更换。

(c) 防爆门　防爆门一般设置在燃油、燃气或燃烧煤粉的燃烧室外壁上，以防止燃烧爆炸时设备遭到破坏。防爆门的总面积一般按燃烧室内部净容积 $1m^3$ 不少于 $250cm^2$ 计算。为了防止燃烧气体喷出时将人烧伤，防爆门应设置在人员不常到的地方，高度不低于 2m。

（d）防爆帽 防爆帽又称爆破帽，也是一种断裂型的安全泄压装置。防爆帽的样式多，它的主要元件就是一个一端封闭且中间具有一薄弱断面的厚壁短管。当容器内的压力超过规定，使薄弱断面上的拉伸应力达到材料的强度极限时，防爆帽即从此处断裂，气体由管孔中排出。为防止防爆帽飞出伤人，其外部常装有套管式保护装置。

防爆帽的结构简单，制造较容易，而且爆破压力误差较小，比较容易控制。它适用于超高压容器，因为超高压容器的安全泄压装置不需要大的泄放面积，而且爆破压力较高，防爆帽的薄弱断面可有较大的厚度，便于制造。制成后的防爆帽需经抽样做爆破试验，合格后方可投入使用。

（e）放空管 当反应物料发生剧烈反应，采取加强冷却、减少投料等措施不能阻止超温、超压、爆聚、分解爆炸事故发生的设备，应设置自动或手控的放空管以紧急排放危险物料。

2.3.2.3 消防设施

（1）火灾的分类 通过对可燃易燃物质的着火与灭火的研究，GB/T 4968—2008《火灾分类》中，将火灾分成如下六类。

① A 类火灾 指固体物质火灾，这种物质往往具有有机物性质，一般在燃烧时能产生灼热的余烬。如木材、棉、毛、麻、纸张等火灾。

② B 类火灾 指液体火灾和可熔化的固体物质火灾。如汽油、柴油、原油、醇类、沥青、石蜡等火灾。

③ C 类火灾 指气体火灾。如煤气、天然气、甲烷、乙烷、氢气等火灾。

④ D 类火灾 指金属火灾。如钾、钠、镁、钛、铝镁合金等火灾。

⑤ E 类火灾 带电火灾。如物体带电燃烧的火灾。

⑥ F 类火灾 烹饪器具内的烹饪物火灾。如动植物油脂的火灾。

此外，还有带电设备及其电路上的物质，如电动机、变压器、电缆及电气配线，由于放电或其他能源引起的电气火灾，未作单独类型列入标准。

（2）灭火的基本方法 灭火就是要破坏已经形成的燃烧条件，使其不致着火。根据燃烧理论，燃烧必须具备可燃物质、助燃物质（氧化剂）和着火能源，这三个条件缺一不可。根据燃烧的三个条件，可以采取除去可燃物、隔绝助燃物（氧化剂）、将可燃物的温度冷却到燃点以下等灭火措施。

① 隔离法 隔离法就是将着火区及其周围的可燃物隔离或移开，燃烧就会因缺乏燃料不能蔓延而停止。在实际运用时，如将近火源的可燃、易燃及助燃物移到安全区域；如泄漏可燃气体、液体发生燃烧，则应首先截断气源或液流，尽快关闭管道阀门，减少和终止可燃物进入燃烧区域；拆除与烧着物毗连的易燃建筑物等，这样就可使可燃物与火源隔离，在其他灭火措施的支援下，达到终止燃烧的目的。

② 窒息法 窒息法即阻止空气流入燃烧区或用不燃烧亦不助燃的惰性气体稀释空气，使燃烧物得不到足够的氧气而熄灭。如用石棉毯、湿麻袋、黄沙、泡沫等不燃或难燃物覆盖在燃烧物上；用水蒸气或二氧化碳等惰性气体灌注容器设备；封闭起火的船舱、坑道、设备以及门、窗、孔洞等。

③ 冷却法 物质的燃烧需要能量，任何可燃物的着火燃烧，温度必须达到燃点。也就是说，需要一个最小着火能量。火场高温可以使可燃物着火而扩大火势。将灭火剂直接喷射到燃烧物上，以降低燃烧物的温度，当温度降到燃点以下，燃烧也就停止了；或将灭火剂喷洒在火源附近的可燃物上，降温以防止受辐射热影响而起火。冷却法是灭火的重要方法，主要用水作灭火剂。

④ 化学中断法 经典的着火三角形理论，一般可以用来解释灭火的机理，但有些物质的燃烧从动力学的角度进行分析，其反应速率并不完全取决于这三个因素，还取决于可燃物燃烧的连锁反应。当某些燃料接触到火源时，它不仅会气化，而且该物质分子的组合会发生热解作用，即在燃烧之前先裂解成更简单分子。这些分子中原子间的共价键常常发生断裂，生成自由基。这是一种非常活泼的化学形态，它能与其他的自由基或分子起反应，使燃烧扩展开去。

化学中断法就是利用某种药剂抑制燃烧过程中自由基的产生，从而使燃烧反应不能传递下去以达到有效灭火的目的。卤代烃类物质是一种常用的灭火剂。

(3) 灭火物质及其选用 现代使用的灭火剂，除水以外已经发展了许多类型，其中有泡沫液、二氧化碳、干粉、卤代烷类化学灭火剂等。在使用中必须根据生产过程、原材料和产品的性质、建筑结构情况选择合适的灭火剂。

① 水与水蒸气 水是使用最广泛的灭火剂，价廉、取用方便、供应量大、对人体基本无害，有很好的灭火效能，适用于扑救大面积火灾。1kg 水的温度升高 1℃需要吸收 4.18kJ 的热量，其汽化潜热为 $2.26×10^6$ J/kg，因此水可以从燃烧物上吸收大量热量，使燃烧物迅速降温，水吸热后形成大量蒸汽，可以阻止空气进入燃烧区，同时稀释燃烧区空气中含氧量，逐渐抑制燃烧的进行。此外，喷射水流由于水力的冲击产生机械作用，冲击燃烧物和火焰，使燃烧强度显著减弱。

水作为灭火剂可以以不同形态出现，如水柱喷射、水雾或水蒸气。其灭火效果也各有不同。水蒸气的灭火作用是使火场含氧量减少，以阻止燃烧，并能造成汽幕使火焰与空气隔开。空气中含水蒸气浓度不低于 35%时，可有效地灭火。

在用水灭火时要注意以下物质不能用水扑救。

a. 遇水燃烧物品不能用水扑救，如金属钠、钾、电石等火灾，只能用干沙土扑救。

b. 比水轻的非水溶性可燃、易燃液体的火灾，原则上不用水扑救，如苯、甲苯等，如用水扑救，水会沉在液体下面形成喷溅、漂流，反而扩大火势，最好用泡沫液、二氧化碳、干粉等扑救，但数量少时可用雾状水扑救。

c. 对储存硫酸、硝酸等场所，如遇加压水流会沸腾飞溅，故宜用干沙土、二氧化碳扑救。

d. 未切断电源的电气火灾不能用直流水扑救。

e. 高温设备、高温铁水不能用水扑救，因有可能引起设备破裂、铁水飞溅，可用水蒸气扑救。

② 泡沫灭火剂 凡与水混合并通过化学反应或机械方法产生灭火泡沫的灭火药剂都属于泡沫灭火剂，它一般由起泡剂、泡沫稳定剂、降黏剂、抗冻剂、防腐蚀剂及大量水组成。其灭火主要原理是产生大量泡沫，黏附在燃烧物表面，使其与空气隔绝。按生成泡沫的机理可分为化学泡沫灭火剂和空气泡沫灭火剂两类。

空气泡沫灭火剂又称机械泡沫灭火剂，是以发泡剂加入少量稳定剂、防腐剂和防冻剂等添加剂和大量水，通过发泡装置吸入大量空气而成的一种泡沫灭火剂。广泛应用于石油化工消防中。由于发泡剂和添加剂的不同，可分为普通蛋白泡沫灭火剂、氟蛋白泡沫灭火剂、抗溶性泡沫灭火剂和高倍泡沫灭火剂。

③ 惰性气体灭火剂 惰性气体灭火剂，应用最广泛的是 CO_2，其灭火原理是：液态 CO_2 从钢瓶中喷出立即气化，吸收大量气化热，能冷却燃烧物；CO_2 气体能隔绝和稀释降低空气中的含氧量，当空气中 CO_2 体积分数达 29.2%时，能使燃烧因缺氧而熄灭。

CO_2 可以扑救易燃液体、可燃液体和一般固体物质火灾。由于其不导电性，不污损设备，故可用于扑救电气、精密仪器以及贵重生产设备的火灾。

CO_2 不能扑救钾、钠、镁、铝等金属火灾，因上述物质非常活泼，能夺取 CO_2 中的氧进行燃烧反应；CO_2 也不适宜于自身给氧燃烧物质的灭火（如硝化纤维）。

在用 CO_2 扑救时，要注意 CO_2 能使人窒息。当空气中浓度达 5%时，人的呼吸即发生困难，当达 10% 时，就会使人死亡。同时还要注意用 CO_2 灭火以后，可燃物温度尚未降低，仍有发生复燃的可能。

氮气作为灭火剂，也可稀释降低可燃气体及环境中的含氧量，使燃烧停止，一般在装置系统内使用。

④ 干粉灭火剂　干粉灭火剂的主要成分为碳酸氢盐（$NaHCO_3$）和磷酸氢盐（$NH_4H_2PO_4$）等组成的干粉剂。其灭火原理是干粉在 CO_2 或氮气的压力推动下，以粉雾状喷出，碳酸氢盐受热分解为碳酸盐、水和 CO_2，并吸收热量，起到一定的冷却和降低含氧量的作用，同时干粉颗粒对燃烧时的活性基团起钝化作用。

干粉灭火剂主要适用于扑救可燃气体以及电气设备的火灾，对一般固体的火灾也很有效。但灭火后留有残渣，不适合扑救精密仪器火灾。钠盐干粉中加入的硬脂酸镁对空气泡沫有破坏作用，故干粉灭火剂不能与空气泡沫灭火剂并用。

（4）灭火装置

① 机械泡沫灭火设施　机械泡沫灭火设施按灭火系统设备装置的设置方式可分为固定式、半固定式和移动式泡沫灭火系统三种类型。

固定式泡沫灭火系统，一般由消防水泵、泡沫液罐、比例混合器、混合液管线和泡沫产生器及阀件等组成。

半固定式泡沫灭火系统，由泡沫室（泡沫产生器）和带有接口的泡沫混合液管线组成，它固定在要灭火设备或装置上（如油罐），其余泡沫混合液产生部分则由泡沫消防车代替。

移动式泡沫灭火系统则是以泡沫钩枪或泡沫管架代替泡沫产生器，由泡沫消防车来完成混合液产生的任务。

这三种类型的设置视具体情况而定，一般在偏僻地方的油罐区或在 10min 内不能调来足够消防力量的油罐区应设置固定式灭火系统；对拥有足够移动力量的炼油厂、石油化工厂等油罐区，为节约投资，可采用半固定式或移动式灭火系统。

② 干粉灭火装置　干粉灭火系统的设备，一般由干粉储罐和作为动力的储气瓶及管道、阀门、喷头组成。可装成固定系统，是以手动操作、半自动或自动启动的灭火系统。由探测器将起火信号传至启动装置，达到自动喷粉灭火目的，或发出报警由人工操作喷粉灭火。

③ 二氧化碳灭火系统　二氧化碳灭火系统一般由储气钢瓶、管道和喷头组成。根据消防对象的具体情况，可设计采用固定式灭火系统和移动式灭火系统。按灭火用途及要求可分为全充满系统和局部应用系统。

④ 卤代烷灭火装置　卤代烷灭火系统有全淹没式灭火系统、局部应用灭火系统和敞开式灭火系统三种。按安装形式分为固定式灭火系统和半固定式灭火系统。

全淹没式灭火系统能在被防护的整个"封闭"空间中迅速形成浓度比较均匀的卤代烷灭火剂气体与空气的混合物，并保持一定的浓度且达到灭火所需"浸渍"的时间。这里所谓的"封闭"是相对露天而言，而不是绝对密封。

局部应用灭火系统是在较大空间中局部区域应用的重要设备，在喷射时处于卤代烷的保护之下。

敞开式灭火系统是指在开敞空间（如浮顶油罐）安装的卤代烷灭火装置，在喷射灭火时，灭火剂迅速向大气扩散。

卤代烷灭火装置的组成设备包括灭火剂容器、阀和管道、喷嘴及启动控制装置等。

（5）消防用水及设施

① 工厂消防用水　消防用水量应为同一时间内火灾次数与一次灭火用水量的乘积。在考虑消防用水时，首先应确定工厂在同一时间内的火灾次数。

一次灭火用水量应根据生产装置区、辅助设施区的火灾危险性、规模、占地面积、生产工艺的成熟性以及所采用的防火设施等情况，综合考虑确定。

② 消防给水设施

a. 消防水池或天然水源　可作为消防供水源。当利用此类水源时，应有可靠的吸水设施，并保证枯水时最低消防用水量，消防水池不得被易燃可燃液体污染。

b. 消防给水管道　是保证消防用水的给水管道，可与生活、生产用水的水道合并，如不经济或不可能，则设独立管道。低压消防给水系统不宜与循环冷却水系统合并，但可作备用水源。

消防给水管道可采用低压或高压给水。消防给水管网应采用环状布置，其输水干管不应少于两条，目的在于当其中一条发生事故时仍能保证供水。环状管道应用阀分成若干段，此阀应常开，以便检修时使用。

c. 消火栓　可供消防车吸水，也可直接接水带放水灭火。室外消火栓应沿道路设置，便于消防车吸水，设置数量由消火栓的保护半径和室外消防用水量确定。

③ 露天装置区消防给水　石油化工企业露天装置区有大量高温、高压（或负压）的可燃液体或气体、金属设备、塔器等，一旦发生火警，必须及时冷却防止火势扩大。故应设灭火、冷却消防给水设施，包括消防供水竖管、冷却喷淋设备、消防水幕和带架水枪等。

厂内除设置全厂性的消防设施外，还应设置小型灭火器和其他简易的灭火器材。其种类及数量，应根据场所的火灾危险性、占地面积及有无其他消防设施等情况综合全面考虑。

(6) 消防站　消防站是消防力量的固定驻地。油田、石油化工厂、炼油及其他大型企业，应建立本厂的消防站。其布置应满足消防队接到火警后 5min 内消防车能到达消防管辖区（或厂区）最远点的甲类、乙类、丙类生产装置、厂房或库房；按行车距离计，消防站的保护半径不应大于 2.5km，对于丁类、戊类火灾危险性场所，也不宜超过 4km。

消防车辆应按扑救工厂一处最大火灾的需要进行配备。消防站应装设不少于两处同时报警的受警电话和有关单位的联系电话。

2.4　烟花爆竹安全技术

2.4.1　烟花爆竹分类及事故类别

2.4.1.1　烟花爆竹分类

烟花爆竹是指以烟火药为主要原料制成，引燃后通过燃烧或爆炸，产生光、声、色、型、烟雾等效果，用于观赏，具有易燃易爆危险的物品。烟花爆竹产品按照燃放效果的不同分为烟花和爆竹两大类。烟花是指燃放时能形成色彩、图案，产生声响，以视觉效果为主的产品；爆竹是指燃放时能产生爆音、闪光等，以听觉效果为主的产品。

烟花产品根据燃放效果分为以下十类：喷射类、旋转类、升空类、吐珠类、线香类、地面礼花类、烟雾类、造型玩具类、小礼花弹类（直径不大于 38mm）和其他类。

爆竹产品根据氧化剂类型分为以下四类：硝酸盐炮类、高氯酸盐炮类、氯酸盐炮类和其他炮类。

2.4.1.2　烟花爆竹事故类别

(1) 自燃自爆事故　这类事故不需外因作用，其原因如下。

① 原材料问题。原材料纯度不够，含杂质高，或材料超过保质期变质等。

② 原材料或药物受潮湿等。

③ 配料不当或辅助材料变质等。

④ 烟火药散热不彻底、干燥不彻底等。

(2) 机械能作用事故　机械能作用事故是一种物理因素的反应，是外力（机械能）作用产生的结果，其原因如下。

① 违反操作方法。操作时摩擦、撞击、拖拉等；不使用专用的工具等。

② 干燥方法不当。干燥（日晒、烘房）时超过规定温度、倒架、使用明火烘烤、药架离热源太近等。

③ 处理销毁废品方法不当。

④ 机械设计、制造缺陷或机械发生故障引发事故。

（3）自然灾害事故　自然灾害事故是指由山火、山洪、地震、雷击等难以抗拒的自然因素所导致的事故。

（4）其他事故　这类事故是由静电积累、火源、电源、小动物啃咬等引发的，既与自燃自爆事故和机械能作用类事故有相似之处，又有别于它们。

2.4.2　烟花爆竹安全技术

2.4.2.1　烟花爆竹安全生产技术

（1）烟火药制造安全技术

① 原料准备　烟火药的原材料必须符合有关原料质量标准，并且有产品合格证。化工原料进厂后需进行工艺鉴定合格后，才可使用，以充分保证烟火药和产品制作的质量和安全。在备料和使用过程中不能混入增加药物感度的物质。化工原料储存条件差或储存时间长时，与空气中的氧气、水分缓慢反应会发生变质。因此出厂期超过 1 年的原材料，必须重做检验，合格后方可使用。

② 粉碎、筛选　粉碎、筛选是将干燥的、无杂质的药物采用不同的方法进行加工，使其达到规定的细度。

a. 粉碎　粉碎应在单独工房进行，粉碎前后应筛选掉机械杂质，筛选时不能使用铁质等会产生火花的工具。烟火药所用的原材料只能分机单独进行粉碎，感度高的物料应专机粉碎。其他药物共用工房和粉碎机，必须在粉碎完一种药物后，将工具和粉碎机清扫干净后，才能再粉碎另外一种药物。

机械粉碎物料的注意事项如下。

（a）粉碎前对设备应进行全面检查，并认真清扫粉尘。

（b）必须远距离控制，人员未远离机房时，严禁开机。粉碎工房与周围工房的安全距离，应符合国家标准 GB 50161—2009《烟花爆竹工程设计安全规范》要求。

（c）进出料前必须断电停机，并应停机 10min，保证其充分散热，以防机械过热而引发事故。

（d）粉碎时应注意通风散热，防止粉尘浓度超标。

（e）粉碎、筛选机械应有良好的接地导电装置。

b. 筛选　粉碎后的物料应按要求过筛，并且包装后，在包装上贴上标签，注明品名、规格重量、日期等，盛装烟火药原料的包装容器，必须使用不与内装物起化学作用的材料制作，最好使用加盖防潮容器。

③ 配料与混合　配料、混合是将各种药物原料按照配比，通过一定的方法把它们均匀地合并到一起，使各成分充分混合，满足工艺质量要求。由于烟火药剂混合后其感度极高，当充分混匀时其危险性最大。配料、混合时称量原料所用的秤盘和秤砣等不能用钢或铁制品，以防碰撞、摩擦而引起事故。称量好的药物原料应分批送入混合工序进行配制混合。

药物混合应在专用工房内进行，严禁在仓库或其他操作工房进行配料混合。工房应单独建设，与相邻工房应留有足够的安全距离。在这一操作过程应坚持"少量、多次、勤运走"的原则，严防碰撞和摩擦。

配制含氯酸盐等高感度药剂时，必须有专用工房，使用专用工具，并应有防护设施。工房如需改作他用时，应重新清洗干净，方可使用。

④ **压药与造粒** 压药与造粒应在专用工房中进行。使用机械压药与造粒时应单机单间，隔墙传动。工房设备、电器均应符合 GB 50161—2009《烟花爆竹工程设计安全规范》要求。手工压药、造粒时，每间工房定员不能超过 3 人，每间工房药物的停滞量不能超过 5kg。压药、造粒时，除操作人员外任何人不能进入工房内。

压药、造粒一般应采用湿法生产，尽量降低药物的感度。压药、造粒过程中如有严重发热现象，应立即停止操作，将药物摊开散热，并立即报告安全部门进行处理。机械造粒时药物温升不能超过 20℃，如发现机器运转有不正常现象，应立即关闭电源，停机寻找原因，并报告有关部门进行处理，消除不正常现象后才能重新工作。

⑤ **药物干燥** 为了减少药物的水分，保证烟火储存的安全性和良好的燃烧效应，药剂必须进行干燥，药物干燥是比较危险的工序之一。干燥时严禁用明火直接烘烤药物，可采用的干燥方式包括日光干燥、热水或低压蒸汽取暖干燥、热风干燥、红外线或远红外线干燥等。

烘房内应设置自动感温报警装置，并有专人看管，烘房看管人员应严格控制烘房室内最高温度不得超过 60℃，所有药物要与热源隔离，其最小距离为 30cm。

（2）烟花爆竹产品制作安全技术 各种产品装、筑药的领取量不得超过表 2-7 限量。未列入表 2-7 的烟火药，干药每人每次限量领 1kg；含水率在 5％～15％以内限量领 3kg。

表 2-7　装、筑产品时药物领料配制方法及限量

名称	氧化剂	还原剂	配制方法	限量/kg	
				装药	筑药
黑火药	硝酸盐	木炭、硫黄	干法	5	3
含氯酸盐的黑火药	硝酸盐、氯酸盐	木炭、硫黄、铝粉等	干法	1	1
爆炸音剂	氯酸钾	硫黄、铝粉等	干法	0.5	0.5
含高氯酸盐的烟火药	高氯酸钾	木炭、铝粉、铝镁合金粉、钛粉等	干法	1.5	1.5
笛音剂	高氯酸钾	苯甲酸氢钾、苯二甲酸氢钾等	干法	1.5	0.25
烟幕剂	氯酸盐、高氯酸盐	成烟物	干法	3	3

① **每次需装填药的半成品数量** 每次需装填药的半成品数量，其总药量不得超过表 2-7 限额。

② **装药与筑药** 装药与筑药应在单独工房操作，工房使用面积不得少于 3.5m²。装、筑含高感度烟火药时，应在有防护墙（堤）的工房内进行，每间定员 1 人。装、筑不含高感度烟火药时，每间工房定员不得超过 2 人。每次限量药物用完后，应及时将半成品送入中转库或指定地点。

③ **钻孔与切割** 钻孔与切割有药半成品应在专用工房内进行。所使用的钻切工具，要求刃口锋利，使用时应涂蜡擦油或交替使用，工具不合要求时不得强行操作。

④ **封口** 操作人员人均使用面积不得少于 2m²，操作间的生产通道宽度不得少于 1.2m。半成品停滞量的总药量人均不应超过装填压药工序限量的 2 倍。操作工在完成一次限量的半成品加工送交后，才能领取下次的半成品。半成品封口必须牢实，严防药物外泄。

⑤ **产品组装** 组装礼花弹时，装填药料的每间工房不得超过 2 人操作，人均使用面积不得少于 3.5m²，装填药料时，只能轻轻按压，不许进行强烈冲击。在安装外导火索和发射药盒时，不许有药粉外泄。

组装组合烟花，仅限于各种效果的半成品准备好后进行。若需装、筑药物时应按装药与筑药规定进行。每间工房不得超过 4 人，人均使用面积不少于 3.5m²，主要通道宽度不少于 1.5m。组合烟花的钻孔、上引线，按钻孔与切割规定进行。

⑥ **引火线制作** 手工生产硝酸钾引火线应在单独工房内进行，每间工房定员不得超过 2 人，人均使用面积不得少于 3.5m²，每人每次领药限量为 1kg。机器生产硝酸钾引火线，每间工房不得超过 2 台机组，机组间距不得少于 2m，工房内药物停滞量不得超过 2.5kg。盛装引

火线药的器皿必须用不产生火花和静电积累的材质制成，严禁敲打、撞击。

无论手工还是机器生产氯酸钾引火线，都限于单独工房操作，每间工房定员 1 人，药物限量不得超过 0.5kg。盛装引火线药的器皿必须用不产生火花和静电积累的材质制成，严禁敲打、撞击。

裁切引火线时，捆扎引火线与裁切引火线分开。捆扎引火线房的引火线停滞量按药量计算不超过 5kg，应设置安全箱盛装引火线头。裁切氯酸钾引火线停滞量按药量计算不得超过 0.5kg；裁切硝酸钾引火线停滞量按药量计算不得超过 1kg。裁切引火线只许 1 人单间操作。工房应保持清洁，药粉和引火线头应及时清除。

2.4.2.2　烟花爆竹安全储运技术

(1) 包装　盛装烟火药原料的包装容器，必须使用不与内装物起化学作用的材料制作的防潮加盖容器。粉碎后的氯酸钾应用小纸袋盛装，每袋重量不得超过一次配合量，并放置在有盖的木质容器内。成品包装工序的最大停滞量，应按产品总量中所含药量计算。不得超过各种装、筑、压工序所规定药量的 2 倍。包装车间操作人员人均面积不得少于 2m²，主要通道宽度不得少于 1.2m。内包装与外包装容器的间隙可用纸和不产生静电的材料填充，使内装物在运输中不致摇晃和相互碰击。

(2) 运输　搬运烟火药的运输车辆应使用汽车、板车、手推车，不许使用三轮车和畜力车，禁止使用翻斗车和各种挂车。运输时，遮盖要严密。手推车、板车的轮盘必须是橡胶制品，应以低速行驶，机动车的速度不得超过 10km/h。进入仓库区的机动车辆，必须有防火花装置。

装卸作业中，只许单件搬运，不得碰撞、拖拉、摩擦、翻滚和剧烈振动，不许使用铁锹等铁质工具。运输中不得强行抢道，车距应不少于 20m，烟火药装车堆码应不超过车厢高度。厂区不在一处时，厂区之间原材料、半成品的运输应遵守厂外危险品运输规定。

(3) 储存　入库的原材料、半成品应贴有明显的标签，包括名称、产地、出厂日期、危险等级和重量等。库墙与堆垛之间、堆垛与堆垛之间应留有适当的间距作为通道和通风巷，主要通道宽度应不少于 2m。烟火药、半成品、成品堆垛高度按照表 2-8 规定。

表 2-8　仓库堆码要求

名称	成品与半成品	烟火药	成箱成品	货架离地面
高度/m	≤1.5	≤1	≤2.5	>0.3

储存烟花爆竹的基本安全要求如下。

① 烟花爆竹按药物、半成品、成品，应分类、分级专库存放。

② 仓库设置应符合 GB 50161—2009《烟花爆竹工程设计安全规范》要求，保证仓库的内、外部安全距离，设置安全疏散出口，安装或配备有防火、防盗、防潮通风、防虫伤鼠咬、防雨防雷等方面的装置、设施或器材。

③ 库房显眼处要公布库房安全管理制度和书写醒目的警示标语，如"危险品仓库，严禁烟火"等。

④ 库房内木地板、垛架和木箱上使用的铁钉，钉头要低于木板外表面 3mm 以上，钉孔要用油灰填实，无地板的仓库，地面要放置 30cm 高的垛架，并铺以防潮材料。

⑤ 库房区内应分别设置相应的消防栓、水池、灭火器、沙子等消防器材、工具，库房周围要有 15~20m 宽的防火隔离带。

⑥ 库房内应有干湿球温度计，以便及时检查温度、湿度，做好防潮、降温、通风处理。

⑦ 木质包装，严禁在库房内进行拆箱、钉箱和其他可能引起爆炸的作业。

⑧ 库内均不得安装火炉，不得使用电烙铁，严禁吸烟，不得设办公室、休息室，禁止住人，禁止在库内进行封装、加工、打包等操作。

⑨ 保管人员和装卸人员收发货物时要轻拿轻放，做到不推、不拖、不撞、不摩擦。

⑩ 库内要保持清洁，堆放整齐，地面和库房周围不得有散落的易燃易爆物品，不得穿硬底鞋和带钉的鞋进入库内。

第3章
油气储运安全技术

3.1 油气储运安全概述

3.1.1 石油、原油及天然气

根据 1983 年第 11 届世界石油大会对石油、原油和天然气的定义，石油（petroleum）是指在地下储集层中以气相、液相和固相天然存在的，通常以烃类为主并含有非烃类的复杂混合物。原油（crude oil，简称 oil）是指在地下储集层中以液相天然存在的，并且在常温和常压下仍为液相的那部分石油。天然气（natural gas，简称 gas）则是指在地下储集层中以气相天然存在的，并且在常温和常压下仍为气相（或有若干凝液析出），或在地下储集层中溶解在原油内，在常温和常压下从原油中分离出来时又呈气相的那部分石油。

因此，石油是原油和天然气的总称。我国习惯上将原油称为石油，故国内也常采用"石油天然气"这样的提法来指原油和天然气，但在国际交往中则必须将石油、原油和天然气三者的含义严格区分开来。

3.1.2 油气储运安全的特点及要求

油气储运安全就是通过分析来确定油气储运系统中存在的固有的或潜在的危险，并针对这种危险所采取的各种安全管理、安全技术措施。油气储运工程系统大部分在野外分散作业，整个生产过程具有机械化、密闭化和连续化的特点，生产介质为易燃、易爆的石油和天然气，具有很高的危险性。因此，做好油气储运工程安全工作具有重要意义。

3.1.2.1 油气储运安全的特点

油气储运安全的特点主要包含以下三个方面的内容。

(1) 油气储运系统大部分在野外分散作业，各个环节都有机地联合在一起。油气储运整个生产过程具有机械化、密闭化和连续化的特点，生产的介质为易燃、易爆的原油和天然气，对人与人、人与机器之间的协调都有较高的要求，所有生产工作的完成都需要有严格的规章制度、严密的劳动组织和正确的生产指挥系统以及每个岗位工人的熟练操作，否则生产的安全就无法保证。

(2) 油气储运的主要介质是原油和天然气。原油和天然气具有易燃、易爆、易挥发和易于聚集静电等特点。挥发的油气与空气混合达到一定的比例，遇明火就会发生爆炸或燃烧，造成很大的破坏。油气还有一定的毒性，如果大量排泄或泄漏，将会造成人、畜中毒和环境污染。

(3) 油气储运设备和材料是多种多样的，带有不同程度的危险性。储运生产过程中使用的机械、设备、车辆及原材料数量大、品种多，给安全管理带来一定的困难。

3.1.2.2　油气储运生产的安全要求

油气储运的特点决定了对安全的要求有一些是与其他产业体系相同或相似的，例如工程施工中的安全要求、交通安全要求、某些自然灾害事故的预防要求以及对生产中常会发生的一些一般性事故的安全要求等，这些可称为"一般安全要求"。另外，还有一些是由油气储运工程生产的特殊性决定的，例如油气储罐、防火防爆及防静电聚积等方面的安全要求，以及地震、雷击等对油气储运工程有特殊危害的自然异变的预防要求等，这些则称为"特殊安全要求"。

（1）一般安全要求　在油气储运工程生产中，发生频率较高的是一些常见的一般性事故。这些事故大体上可归纳为五类。

① 由机械性外力的作用而造成的机械性伤害事故。

② 由机械、化学和热效应的联合作用而产生的小型爆炸事故。

③ 因人体接触或接近带电物体而造成的电击或电伤事故，以及因电气设备异常发热而造成的设备烧毁等电气事故。

④ 因直接接触高温物体而造成的热伤害事故（包括低温作业中的冻伤事故）。

⑤ 因有毒或有腐蚀性的物质作用于人体而造成伤害或中毒的化学物质伤害事故；一般性的自然灾害事故，包括洪涝及大风等。

上述事故均属于常见事故，不仅发生的概率高，而且在各个产业体系中都有可能发生。但需要强调的是，油气储运工程生产中的许多重大事故，如储罐着火、爆炸等，往往都是由常见的一般性事故引起的二次事故，因此对一般性事故的预防也绝不可掉以轻心。

（2）特殊安全要求　油气储运工程生产中的特殊安全要求可以用"五防"来概括，即防火、防爆、防静电、防油气蒸发与泄漏和防中毒与腐蚀。

（3）事故预防措施　在储运工程生产的全过程中，首先要针对原油和天然气易燃、易爆的特点采取相应的安全措施；针对其他方面的特点，也应采取有效的安全措施。在油气储运工程生产活动中开展的"六防"就是有效的事故预防措施，"六防"即防火、防爆、防触电、防中毒、防冻、防机械伤害。

① 防火　防火是油气储运工程生产中极为重要的安全措施，防火的基本原则是设法防止燃烧必要条件的形成。

② 防爆　油气储运工程生产过程中发生的爆炸，大多数是混合气体的爆炸，即可燃气体（原油蒸气或天然气）与助燃气体（空气）的混合物浓度在爆炸极限范围内的爆炸，属于化学性爆炸的范畴。原油、天然气的爆炸往往与燃烧有直接关系，爆炸可以转为燃烧，燃烧也可以转为爆炸。

③ 防触电　随着油气储运工程的不断发展，电气设备已遍及油气储运工程生产的各个环节。如果电气设备安装、使用不合理，维修不及时，就会发生电气设备事故，危及人身安全，给国家和人民带来重大损失。

④ 防中毒　原油、天然气及其产品的蒸气具有一定的毒性。这些物质经口、鼻进入人体，超过一定吸入量时，可导致慢性或急性中毒。

除了上述物质能够直接给人体造成毒害外，油气储运工程生产过程中泄漏油气还会对生态环境造成危害，水中的鱼虾等生物也会死亡。

⑤ 防冻　LNG 是以甲烷为主要组分的液烃类混合物，其中含有通常存在于天然气中的少量的乙烷、丙烷、氮气等其他组分。LNG 储存温度极低，其沸点在大气压力下约为 $-160\,^{\circ}\text{C}$。

LNG 造成的低温会对身体暴露的部分产生各种影响，如果处于低温环境的人体未能施加保护，将会引起冷灼伤。LNG 接触到皮肤时，可造成与烧伤类似的灼伤，如果暴露于寒冷的气体中，即使时间很短，不足以影响面部和手部的皮肤，但眼睛等脆弱的组织会受到损害。人体未受保护的部分不允许接触装有 LNG 而未经隔离的容器，这种极冷的金属会粘住皮肉，而且拉开时会将其撕裂。

⑥ 防机械伤害　机械伤害事故是指由于机械性外力的作用而造成的事故。在储运工程生产活动中机械伤害事故是较常见的，一般分为人身伤害和机械设备损坏两种。在储运工程生产过程中，接触的机械是较多的，从起重、装卸到运输，作业人员在生产过程中接触机械是不可避免的。

3.1.3　油气储运事故类型

3.1.3.1　机械性事故

机械性事故是指由于机械性外力的作用而造成的事故。一般表现为人身伤亡或设备损坏。油气储运工程范围内使用的机械设备，多数是重型或大容量的，而且是在重载、高速、高压或高温等条件下运行，机械化及自动化程度也都比较高，因此在油气储运工程范围内，经常发生翻机、断轴、开裂、重物脱落等机械性事故。同时，由于在生产过程中使用了大量的管道及各种阀件，因而泄漏、断裂等事故也时有发生。机械性事故极易引发人身伤亡，其中常见的机械性事故及应当采取的相应预防措施如下。

(1) 机器外露的运动部分在运行中引起的绞、碾伤害或因运动部件断裂、飞出而造成的人身伤亡及机器损坏事故。

要求机器的外露部分应加装防护罩。对于一些事故发生频率高、危险性大的机器，如游梁式抽油机、离心泵、压缩机、加热炉等，在危险部位要做好安全标记，靠近居民区附近或道路两旁要加装防护栏。

(2) 导致各类机械性事故发生的手持工具，如锤、钳、扳手等，易造成的碰、砸、割等人身伤害。这类机械性事故在油气储运工程生产中发生频率最高。

工人在操作时要注意安全，并必须穿戴劳保服装。在重物坠落或空中运移时造成的打击事故，经常发生于设备安装、吊装等作业中。因此，作业时应加装必要的防护措施，现场工作人员必须戴安全帽，非工作人员必须远离现场。

(3) 高处坠落造成的伤亡事故，如从罐顶、房顶上坠落，或从平地跌入坑内或池中等。

对此要求登高作业人员必须使用安全带，在高空施工时加装安全网，在平台及梯子等处应设置扶手及护栏，在地坑及水池上要加盖或加护栏等。

3.1.3.2　火灾及爆炸事故

油气储运工程范围内常见的爆炸事故，有压力容器的爆炸、切割或修补储存油气的容器或管道时引起的爆炸以及油气泄漏后引起的爆炸等。2013 年 11 月 22 日，位于山东省青岛经济技术开发区的中国石油化工股份有限公司储运分公司东黄输油管线破裂，造成原油泄漏，泄漏的原油进入市政排水暗渠，在形成密闭空间的暗渠内油气积聚遇火花发生爆炸，造成 62 人死亡、136 人受伤，直接经济损失 75172 万元。

原油和天然气在储存、运输等作业过程中，原油蒸气不断地向空气中逸散，称为"挥发"。油气储运中的"跑、冒、滴、漏"现象，称为泄漏。这两种现象不但直接造成经济损失，而且还会导致火灾及爆炸事故。

爆炸事故防范和处理的基本要求是：防止爆炸性混合气体的形成；在有爆炸危险的场所，严格控制火源的进入；一旦发生爆炸，及时泄出压力，使之转化为单纯的燃烧，以减轻其危害；同时切断爆炸传播途径等。

火灾事故防范和处理的基本要求是：在危险场所应严格控制火源，配备相应的消防器材，并设置危险警示装置、自动报警系统及通风设备；采用与生产性质相适应的耐火建筑等级；严防生产设备的"跑、冒、滴、漏"等。

油气储运生产中，腐蚀现象分为均匀腐蚀和局部腐蚀。统计表明，造成设备及管道突然性事故的大部分原因是局部腐蚀。严重的腐蚀会损坏设备和管线，不但影响正常生产，而且造成"跑、冒、滴、漏"，成为事故隐患，严重者还会导致设备管线爆炸，造成中毒、火灾、爆炸事故。

3.1.3.3　电气事故

电气事故主要表现为人体接触或接近带电物体时造成的电击或电伤、电弧或电火花引发的爆炸事故以及由电气设备异常发热而造成的设备烧毁，甚至引起火灾等事故。油气储运生产中，介质的特殊性决定了在油气可能泄漏、聚积的场所，包括电动机、变压器、供电线路、各种调整控制设备、电气仪表、照明灯具及其他电气设备等电气设施，在运行及启、停过程中绝不允许有电火花及电弧产生，要达到整体防爆要求。

预防电气事故大体上有以下安全要求：电气设备的选择与安装应符合安全原则，这是保证用电安全的先决条件；采用各种防护措施，其中包括防止接触电气设备中带电部件的防护措施、防止电气设备漏电伤人的防护措施、防止因高压电窜到低压线路上而引起触电事故的防护措施以及在使用电气设备时应使用各种防护用品等；建立严格的安全用电制度，对工人进行安全用电知识教育，并定期或按季节对电气设备进行安全检查。

3.1.3.4　中毒事故

原油及其蒸气具有一定的毒性，当原油及其蒸气从口、鼻进入人的呼吸系统，能使人体器官受害而产生急性或慢性中毒。当空气中油气含量超过 2.22%，将会使人立即晕倒，失去知觉，造成急性中毒。此时若不能及时发现并抢救，则可能导致窒息死亡。若皮肤经常与原油接触，则会产生脱脂、干燥、裂口、皮炎或局部神经麻木等症状。

无硫天然气主要成分为烃类混合物，属于低毒性物质，但长期接触可导致神经衰弱综合征。不同油气田生产的天然气组成差别较大，但其主要组分为甲烷，尤其是干天然气（贫气）中的甲烷含量一般均高达 90% 以上。甲烷属于单纯窒息性气体，高浓度时使人因缺氧窒息而引起中毒，空气中甲烷浓度达到 25%～30% 时人会出现头昏、呼吸加速、运动失调等症状。含硫天然气中含有一定浓度的 H_2S。H_2S 为无色、剧毒气体，具有臭鸡蛋气味，是强烈的神经毒物，对黏膜亦有明显的刺激作用。H_2S 对人体的影响主要为急性中毒和慢性损害，较高浓度下发生"电击样"中毒，慢性接触可引起嗅觉减退，但是否能引起慢性中毒尚有争论。

除了直接对人体造成毒害外，原油和天然气的排放还会给生态环境造成危害。其中主要是含油污水的排放，原油排入水中后，将漂浮在水面上形成一层油膜，阻止大气中的空气溶解于水，从而造成水体缺氧，影响到水体的自净作用。

油气储运工程生产中的防中毒措施大体上可归纳为三个方面。

(1) 严格控制废气、废液和废渣的排放量（其中包括防止泄漏），对生产流程及主要设备进行密闭操作以及对含油污水进行处理等。

(2) 及时排除聚集于工作场所的油气，主要是采取通风措施，但应指出的是，因油气密度比空气大，常积存于地面上及低洼处，故通风设备应设置于低处。

(3) 对工作人员加强防毒知识教育，健全职业卫生制度，强调使用防毒用品等。

3.1.3.5　雷击事故

雷电是大自然中的静电放电现象，建筑物、构筑物、输电线路和变配电装备等设施及设备遭到雷电袭击时，会产生极高的电压和极大的电流，在其波及的范围内可能造成设备或设施的损坏，导致火灾或爆炸，并直接或间接地造成人员伤亡。

3.1.3.6　泄漏事故

油气储运工程范围内常见的泄漏事故类型分为可燃气体泄漏、有毒气体泄漏、液体泄漏。根据泄漏情况，可以把生产中容易发生泄漏的设备归纳为十类：管道、挠性连接器、过滤器、阀门、压力容器或反应罐、泵、压缩机、储罐、加压或冷冻气容器、火炬燃烧器或放散管。

泄漏后果与泄漏物质的相态、压力、温度、燃烧性、毒性等性质密切相关。泄漏的危险物质的性质不同，其泄漏后果也不相同。

（1）可燃气体泄漏后果　可燃气体泄漏后与空气混合达到燃烧界限，遇到引火源就会发生燃烧或爆炸。泄漏后着火时间不同，泄漏后果也不相同：可燃气体泄漏后立即着火，发生扩散燃烧，产生喷射性火焰或形成火球，影响范围较小；可燃气体泄漏后与周围空气混合形成可燃云团，遇到引火源发生爆燃或爆炸，破坏范围较大。

（2）有毒气体泄漏后果　有毒气体泄漏后形成云团在空气中扩散，有毒气体浓度较大的浓密云团将笼罩很大范围，影响范围大。

（3）液体泄漏后果　一般情况下，泄漏的液体在空气中蒸发而形成气体，泄漏后果取决于液体蒸发生成的气体量。液体蒸发生成的气体量与泄漏液体的种类有关：常温常压液体泄漏时，液体泄漏后聚集在防液堤内或地势低洼处形成液池，液体表面发生缓慢蒸发；加压液化气体泄漏时，液体在泄漏瞬间迅速气化蒸发，没来得及蒸发的液体形成液池，吸收周围热量继续蒸发；低温液体泄漏后形成液池，吸收周围热量蒸发，液体蒸发速度低于液体泄漏速度。

泄漏引起的危害包括：资源浪费和损失；环境污染；进一步引起燃烧、爆炸；有毒介质的泄漏会导致中毒事故。

3.1.3.7　地震灾害事故

地震所产生的危害，是由行进的地震波和永久性的土地变形而引起的。对油气储运工程来说，地震会造成油、气储罐开裂或倾覆以及管道及阀件断裂等震害。地震波所能影响的区域要比永久性的土地移动的发生区域大，破坏管道系统薄弱部分的可能性大。而永久性的土地移动比地震波形成的最大地表变形的后果要严重，常常造成严重的灾难性破坏。在发生地震时，永久性的土地移动对地下管道和其他管道造成的最大扭曲，可以看成是地震中最严重的破坏形式。其中储罐、管道及各种大型容器均属于高压性设备，而且多为集中布置，被输送、储存及加工的又是易燃易爆的油气，因此，遭受地震时不仅损坏率极高，同时还会伴随发生火灾及爆炸等严重的二次事故。

总的来说，储运过程中发生频率高、损失严重的事故类型主要是火灾事故、爆炸事故和泄漏事故以及泄漏引起的中毒事故。这些事故相互关联，甚至在同一事故中共同存在。例如，天然气管线发生泄漏，有害气体大量扩散可能引发中毒事故，另外泄漏气体遇明火可能发生爆炸或燃烧。

3.2　油气集输站场安全技术

3.2.1　原油集输系统

3.2.1.1　原油集输站概述

原油集输站主要担负三个方面的任务。

（1） 负责将各油井采出的气液混合物经过油气混输管道输送至油气集中处理站（也称联合站或油气集输站），进行气液分离、原油脱水和原油稳定等操作工艺，使处理后的原油符合国家质量标准。

（2） 将分离出的天然气或伴生天然气输送到天然气处理厂进行再次脱水、脱酸处理或天然气凝液回收深加工，使之成为商品天然气以及气田副产品（液化石油气、轻烃燃气、硫黄等）。

（3） 合格原油外输至油田原油库。

油田原油集输联合站典型工艺流程如图 3-1 所示。

3.2.1.2　原油集输系统设备安全要求

原油集输系统的主要设备与装置包括油气分离器、加热油炉、原油电脱水器以及原油稳定

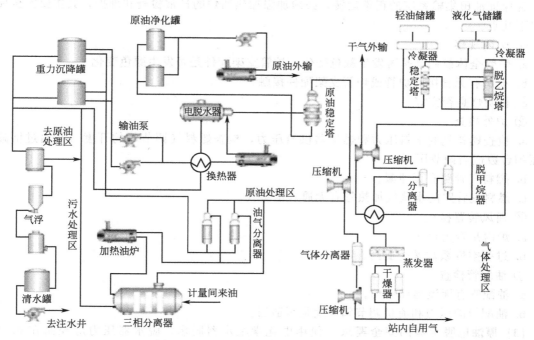

图 3-1 油田原油集输联合站典型工艺流程

装置。

(1) 油气分离器的安全要求 油气分离器属于压力容器，在投产前要进行认真的检查，并进行试压，检查各个部分安装是否正确，分离器筒体及各附件是否紧固，内部各结构是否正常，检查后将各部件清扫干净。然后封闭人孔、排污孔，调好压力调节装置与调压阀、安全阀进行试压。试压合格后，打开分离器采暖盘管的进出口阀门，待采暖管线送热正常后，先打开天然气出口阀门，再打开分离器出油阀门，检查出油阀门是否灵活好用，这一切都正常后，缓慢打开进油阀门向分离器内进油。在分离器的整个投产过程中，要认真观察分离器进油、出油、出气等各种工作参数，发现问题及时处理。

分离器安全运行与否，不仅直接影响油气分离的效果，而且影响原油和天然气的质量以及集输过程的经济效益。在油气分离器的运行管理过程中，应注意以下几点。

① 经常检查分离器的液位控制与调节机构，确保其灵敏可靠，以保证分离器的液面平稳、适当。分离器的液面高度一般控制在液面计的 $1/3 \sim 2/3$ 之间，液面过高容易造成天然气管线跑油，堵塞管线；液面过低容易导致原油中带气，影响输油泵的正常工作。

② 注意分离器的来油温度，特别是在冬季应防止温度过低造成管线凝油。一般情况下，分离器的来油温度要比原油凝固点高 5℃左右，冬季还要更高一些。

③ 保持适当的分离压力，不能太高，也不能太低。压力太高，不但影响来油管线的回压，而且使分离后的原油带气；压力太低，又容易使天然气管线进油，分离器液面过高。

④ 在冬季生产过程中，要注意分离器的采暖、保温等情况。特别是安全阀、压力表、液位计及管线较细、流动性差、容易冻结的部位，更要加强其保温、防冻措施。

(2) 加热油炉的安全要求 加热油炉是原油集输站生产中的主要热动力设备，负责提高油温，降低原油黏度，为系统提供足够的热能，给生活区提供冬季采暖水等。加热油炉是一个高温、高压、密闭的压力容器，其加热介质也是易燃、易爆的油品，存在很大的危险因素。因此，在平时的生产运行中，应及时监控加热油炉的各项工作参数是否正常、工况是否稳定、当班人员是否按照操作规程作业。

为保证油田集输系统的正常运转，必须加强加热油炉的日常检查和维护，其主要安全要求有以下几点。

① 炉内观察

a. 炉管全体或局部是否发生颜色变化，炉管支架配件是否发生颜色变化。

b. 火焰有无直接与炉管或炉管支架配件接触。

c. 长明灯是否完好。

② 炉外检查

a. 检查燃料气的来料压力和燃烧器供给压力，检查燃料气调节阀的开度，并通过增减燃烧器的台数适当调节压力。

b. 燃料气管路有无泄漏。

c. 燃料气管路的水蒸气加热管有无通入水蒸气。

③ 通风装置检查

a. 炉内是否为负压。

b. 过剩空气系数是否适当。

④ 油配管检查

a. 油配管有无泄漏和振动。

b. 油配管的压力和流量调节阀开度是否适当。

(3) 原油电脱水器的安全要求　使用电化学脱水器脱水，脱水器压力应控制在 $0.15 \sim 0.3$MPa。因为压力小于 0.1MPa 时，原油中的气体容易析出，使容器顶部产生气体空间，通电时容易引起爆炸事故；而当容器内气体压力过大时，极易把脱水器内部的液体排掉，使液位下降，损坏极板；压力大于 0.3MPa 时，有可能超过容器的安全工作压力，可能会引起容器的超压爆炸或发生油着火事故。

油、水的温度应控制在 $40 \sim 50$℃。温度过低，无法完成脱水作业；温度过高，析出的气体会增多，不利于安全运行，同时能耗损失大。在脱水过程中，必须严格控制脱水器的液位，因为脱水器电极板间电压为 $20 \sim 40$kV，如果液位低于电极，通电时会使电极板过热而被烧坏；液位过高，会造成脱水器超压引起物理爆炸或造成跑油事故。脱水器油水界面的控制，一要避免水淹电极造成电场破坏，二要防止界面过低造成放水跑油事故。

(4) 原油稳定装置的安全要求　原油稳定装置是为了减少原油输送中轻组分的挥发损失而建立的轻烃回收装置。在原油稳定过程中，存在安全隐患的主要部位有以下几个。

① 稳定后塔底原油泵、重沸油泵及侧线抽油泵　三种泵所输送的原油介质温度较高，而原油在较高温度下渗透性强，易渗漏，因而危险性很大。在实际运行中，也曾出现过因原油泄漏引起可燃气体报警仪报警的现象。该部位的危险性较大，要求岗位人员严密监测检查。

② 回流分离罐系统　装置在运行中，回流分离罐的分离放水是连续进行的，一旦分离脱水不良或界面控制失灵，都会造成部分轻烃直接排至装置的污水系统中，形成危险源。所以应按时进行巡检，并且必须将排放出的轻烃进行回收分离。

③ 冷油泵系统　装置在正常运行中，轻烃回流泵和轻烃外输泵都处于连续运行状态，很容易出现渗漏现象而危及整个系统的安全。

④ 压缩机　压缩机的检查内容主要包括：温度和压力；运行声音（控制喘振）；轴振动和轴位移；化验结果（出口气体含氧量、润滑油）。

3.2.1.3　原油集输站的主要安全设施

(1) 安全泄放系统　原油集输生产中压力容器、压力管道、输油泵等设备的安全运行是保证原油集输过程正常、安全运转的根本，要防止这些受压设备发生安全生产事故，就必须做好受压设备安全附件（安全泄压装置、紧急切断装置、安全联锁装置、压力仪表、液面计、测温仪表等）的设计工作。

原油集输站必须具有高危生产设备的安全阀、阻火器等防爆阻火设施，例如来气进站设放空阀，在分离器等设备上设安全阀等。

（2）通风系统　通风是防止燃烧爆炸物形成的重要方法之一。在含有易燃、易爆及有毒物质的生产厂房内要采取通风措施，通风气体不能循环使用。选择空气新鲜、远离放空管道和散发可燃气体的地方作为通风系统的气体吸入口。在有可燃气体的厂房内，排风设备和送风设备应有独立分开的通风机室。排出温度超过 80℃ 的空气或其他气体以及有燃烧爆炸危险的气体、粉尘时，通风设备应为耐火材料。排出具有燃烧爆炸危险粉尘的排风系统应采用耐火的设备和能消除静电的除尘器。排出与水接触能生成爆炸混合物的粉尘时，不能采用湿式除尘器。通风管道不宜穿越防火墙等防火分隔物，以免发生火灾时火势通过通风管道蔓延。

（3）含油污水排放系统　随着油田开发的不断深入，原油含水量不断上升，日产含油污水量骤增。如果这些污水不经处理直接排放到环境中，势必会造成土壤、地表水的污染。因此，原油集输生产过程中产生的污水必须经过适当的处理，达到国家要求的质量标准后，回注地层或排向污水池。

（4）惰性介质保护系统　惰性介质在原油集输站的防火、防爆工作中起着重要的作用。常用的惰性介质有二氧化碳、氮气、水蒸气等。惰性介质在生产中的应用主要有以下几个方面：易燃固体物质的粉碎、筛选处理及其粉末输送多采用惰性介质覆盖保护；易燃、易爆生产系统检修时，在拆开设备前或需动火时，用惰性介质进行吹扫和置换；发生危险物料泄漏时用惰性介质稀释；发生火灾时，用惰性介质进行灭火；易燃、易爆物料在系统投料前，为防止系统内形成爆炸性混合物，应采用惰性介质置换；采用氮气输送易燃液体；在有易燃、易爆危险的生产场所，对有发生火花危险的电器、仪表等采用充氮正压保护。

因为惰性介质与某些物质可以发生化学反应，所以应根据不同的物料系统采用不同的惰性介质和供气装置，不能随意使用。

（5）报警系统　原油集输站的报警系统的主要作用是当某些压力容器或运转设备的工作参数出现异常或站场内出现可燃气体时，警告操作人员及时采取措施消除隐患，保证生产正常运行。

（6）自动联锁系统　联锁是利用机械或电气控制依次接通各个相关的仪器及设备，使之彼此发生联系，达到安全生产的目的。在原油集输生产中，联锁装置常被用于下列情况：多个设备或部件的操作先后顺序不能随意变动时；同时或依次排放两种液体或气体时；打开设备前预先解除压力或需降温时；在反应终止需要惰性介质保护时；当工艺控制参数超出极限值必须立即处理时；危险部位或区域禁止无关人员入内时。

（7）消防系统　根据《中华人民共和国消防法》和国家四部委联合下发的《企业事业单位专职消防队组织条例》关于"生产、存储易燃易爆危险物品的大型企业，火灾危险性较大、距离当地公安消防队较远的其他大型企业，应设专职消防队，承担本单位的火灾扑救工作"，同时按照《石油天然气工程设计防火规范》的相关要求，油气集输系统应根据实际情况设置三级消防站，负责中央处理站及油气田区域的消防戒备任务。

依据《石油天然气工程设计防火规范》规定，其他站场不设置消防给水设施，仅配置一定数量的小型移动式干粉灭火器。

3.2.2　天然气集输系统

3.2.2.1　天然气集输系统概述

天然气集输系统是指天然气从井口开始，通过管网输送至集输站场，依次经过预处理和气体净化工艺，成为合格的商品天然气，最后外输至用户的整个生产过程。

天然气集输系统包括集输管网、集输站场、天然气处理厂、自动控制系统以及其他辅助设施。

（1）集输管网　天然气集输管网是气井井口到集气站的采气管道以及集气站到天然气处理厂（含天然气净化厂，下同）之间的原料天然气输送管道的统称，是天然气地面生产过程中必不可少的生产设施。其结构形式因气井的分布状况、采用的集输工艺技术、气田所在地的地形地貌和交通条件的不同而千差万别，但所有的集输管网都是密闭而统一的连续流动管路系统，在使用功能上是一致的。

（2）集输站场　集输站场是为了满足天然气集输而定点设置的专用生产场所，按使用功能的不同，可分为井场、集气站（含单井站）、增压站、阀室、清管站和集气总站等。站场的种类、数量、布置以及站内的生产工艺流程和设备配置等，与天然气的气质条件、气井的分布状况和采用的集输工艺的具体需要有关。

（3）天然气处理厂　天然气处理厂的主要任务是将集输站场的来料天然气通过天然气脱酸性气体、脱水、硫黄回收和尾气处理等工艺操作，变为合格的商品天然气。

（4）自动控制系统　由于集输系统生产场所高度分散而又同步运行，工作参数紧密相关，因而任何一个部位的工作异常都会对其他部分产生影响。天然气特有的物性、苛刻的集输工作条件又使整个生产过程面临很大的安全风险，因此，必须保证集输系统的生产安全和各生产过程间的工作协调一致。

只有具备统一的、贯穿集输全过程的生产自动控制和信息传输系统，对各生产过程和它们之间的工作关系做全面的实时监控，才能保证集输生产在安全和各部分间协调一致的情况下运行，并提高生产管理工作水平和减少生产操作人员。

对集输过程的监视、控制是在连续采集、传递、储存和加工处理各种生产数据的基础上进行的。适用于对分散进行而又彼此相关的工业生产过程做自动控制的监视控制和数据采集（SCADA）技术，已在天然气集输系统中得到了广泛应用。

（5）其他辅助设施　天然气集输站的其他辅助设施主要包括供电、通信、消防、防雷、防静电、防腐及阴极保护、污水处理及回注设施等。

3.2.2.2　天然气处理厂设备的安全与管理

天然气处理厂的主要生产设备有压缩机组、透平膨胀机、加热油炉、泵。

（1）压缩机组　天然气处理厂使用的大多是螺杆式压缩机，又称螺杆压缩机，分为单螺杆式压缩机及双螺杆式压缩机。其工作原理为：由电动机带动主转子转动，另一转子由主转子通过喷油形成的油膜进行驱动，或由主转子端和凹转子端的同步齿轮驱动，经过一个完整转动周期后依次完成吸气、压缩、排气三个工作循环，达到输送气体的目的。

压缩机运行的安全要求如下。

① 运行中应对机组各系统进行巡回检查，测试各运行参数，判断机组是否正常。

② 为保证机组安全运行，应确保机组的保护系统状况良好。应定期检查各个阀门及开关是否良好；定期检查各种仪表及传感器的标定范围，检查控制器及减压阀的压力设定值。

操作人员应熟练掌握机组的紧急措施装置，如紧急关闭阀、紧急停机装置等。

（2）透平膨胀机　透平膨胀机是空气分离设备及天然气液化分离设备和低温粉碎设备等获取冷量所必需的关键部件。其工作原理是：利用一定压力的气体在透平膨胀机内进行绝热膨胀对外做功而消耗气体本身的内能，从而使气体自身强烈地冷却而达到制冷的目的。

透平膨胀机的应用主要有两个方面：一是利用它的制冷效应，通过流体膨胀，获得所需要的温度和冷量；二是利用膨胀对外做功的效应，利用或回收高能流体的能量。

透平膨胀机安全操作中应注意以下几点。

① 透平膨胀机启动前，必须首先打开轴承气阀门，同时打开密封气阀门，使密封气压力

稍高于膨胀机背压。

② 必须保证工作气源、轴承和密封气源的洁净，否则将影响膨胀机的正常运转，造成卡机等严重事故。

③ 透平膨胀机投产初期，在设备安装前应对膨胀机控制柜上的进排气阀门进行解体脱蜡。

④ 透平膨胀机制动风机进、排气管道较长时，管径应适当增大。

(3) 加热油炉　在生产过程中，天然气处理厂提供热源的主要设备为加热油炉。它是一个高温、高压、密闭的压力容器，其加热介质也是易燃、易爆的油品，存在很大的危险因素。因此，在平时的生产运行中，应及时监控加热油炉的各项工作参数是否正常、工况是否稳定、当班人员是否按照操作规程作业。

为保证天然气处理厂生产的正常运转，必须加强加热油炉的日常检查和维护。

(4) 泵　用于输送液体并提高液体压力，将机械能转化为液体位能的机器称为泵。天然气处理厂的生产工艺中，液体回流及原油外输等过程都是依靠泵来完成的。

泵在运行过程中最易发生的就是汽蚀现象。泵的汽蚀会产生大量的气泡，堵塞流道，破坏泵内液体的连续流动，使泵的流量、扬程和效率明显下降；受汽蚀现象的影响，加上机械剥蚀和电化学腐蚀的作用，会使金属材料发生破坏，严重时可造成叶片或前后盖板穿孔，甚至叶轮破裂，造成严重事故。

在生产过程中，当班操作人员应当定时检查泵的运转情况并明确以下几点。

① 压力指示稳定，压力波动应在规定范围内。

② 泵壳内和轴承瓦应无异常声音，润滑良好，油位在规定范围内。

③ 电机电流应在铭牌规定范围内。

④ 轴瓦冷却水及水封水应畅通且无漏水现象。

⑤ 按时记录有关资料数据。

3.2.2.3　天然气处理厂的主要安全设施

(1) 安全泄放系统　天然气处理厂属于高危生产场所，具有高温、高压、有毒、易燃、易爆等危险特性，并且站内压力容器密布、油气管道纵横，潜在的事故危险性极大。为了防止这些受压设备发生安全生产事故，就必须做好受压设备安全附件（安全泄压装置、紧急切断装置、安全联锁装置、压力仪表、液面计、测温仪表等）的设计工作。

(2) 惰性介质保护系统　天然气处理厂在防火、防爆工作中常用的惰性介质有二氧化碳、氮气、水蒸气等。

(3) 自动控制系统　天然气处理厂对重要参数设置自动监测、控制、保护系统。对有危险的操作参数增设自动联锁保护装置。站场内自控仪表、火炬点火系统等特别重要的负荷均采用UPS 不间断电源，当外电源断电时，UPS 放电时间应不少于 30min。

(4) 报警系统　天然气处理厂的报警系统与集输站的报警系统一致。

(5) 安全与消防系统　消防系统主要指站场的消防措施（包括站内工艺设备与道路安全距离、站场围墙设置、消防车道、灭火设施、消防器材配备等）应符合《石油天然气工程设计防火规范》的要求，安全措施（包括站场作业方案，操作规程，安全责任制，职工培训，安全标志的设置，防雷、防爆、防静电技术，动火安全管理等）应符合规范要求。

3.2.3　油气集输系统

3.2.3.1　油气集输系统设计的安全保护

(1) 设计方法中采用的安全保护

① 获取现场准确基础数据　对具有有毒、有害及腐蚀性气体或成分的油气集输系统，在开发前期必须取全、取准油气井的第一手资料数据，为集输系统设计、施工和投产运行打好

基础。

a. 做好石油天然气组成的分析。H_2S、CO_2 等酸性组分及 Cl^-、硫醇、硫醚以及有机硫化物的含量不同，集输工艺也不同，采用的设备和材料也不同。

b. 做好单井的产量预测，合理确定产量、温度、压力及采出水量。摸清油气井产物中混合介质的腐蚀性及对管道的腐蚀程度。

c. 要取全、取准基础数据，必须保证足够的试采时间，通过试采数据为天然气集输系统设计提供全面的技术资料。

② 设计必须选用成熟技术，充分考虑施工制造能力　随着科技的不断发展，在工程项目的建设过程中会不断出现各种新工艺、新技术、新设备、新材料，对加快工程建设步伐、降低工程投资、提高工程质量等方面能起到较大的作用。

对易燃、易爆的油气集输系统，首先应该重视安全和质量，在设计上必须选用成熟适用的技术和设备。同时，设计还必须结合施工能力和生产制造能力，结合产量、温度和压力资料，确定地面工艺技术，选择管道和设备的材质。满足不了安全和质量要求的技术和设备严禁采用；对不得不采用的技术，要开展技术攻关，进行研究和试验，在确保安全可靠的前提下，才能应用在油气集输系统中。

在设备制造上，必须吸取油气田集输系统安全事故的教训，在提高制造水平、加强监督检验、改进和提高设备的检验标准手段和检验方法上提出具体要求。在设计中必须严格遵守设计标准和规范，任何人不得以任何原因违反，特别是建设单位、施工单位不得向设计方提出违反规范和标准的要求。

③ 应用系统优化及仿真技术　在集输系统优化过程中，大量专业软件，如 TGNET、TLNET、ProFES-Transient、PIPEPHASE、PIPESIM、OLGA 和 CASERⅡ等，广泛应用于系统的仿真模拟，如输送工况模拟，开工工况模拟，停工工况模拟，停工再启动工况模拟，放空、排污工况模拟，清管工况模拟，事故工况模拟，应力分析等。设计人员利用这些软件，可以对大型管网的各方案及各种工况进行快速的静态和动态仿真计算分析。

④ 引进系统风险评价技术，提高设计安全性评价　在工艺装置的设计安全性评价上，国外一般进行危险与可操作性的分析（HAZOP），而国内从事 HAZOP 分析的专业公司较少，建设单位和设计单位也缺乏具体的分析手段，与国外有较大的差距。

HAZOP 分析通常在工艺方案基本确定的情况下实施，该技术在国际上得到广泛的认同。对高危工程来说，开展设计阶段的 HAZOP 分析对提高设计质量、保障工程安全是十分必要的，但我国目前只有部分项目进行了 HAZOP 分析验证。HAZOP 分析由经验丰富的技术专家、运行管理人员、操作人员和职业健康防治管理人员等全面参与，将全系统划分为多个节点，针对每一个节点内的各种偏离工况、事故工况，研究其产生原因及后果，评估现有设计是否合理、保护措施是否完善、操作是否安全。HAZOP 分析作为一种设计手段，重在分析偏离工况下的安全保护措施，使得设计更为完整，有效降低系统风险。

通过上述各项研究评估，全面分析生产过程中存在的风险，对风险及危害提供量化评估数据，有利于更科学地采取应对措施，及时修改完善设计，提高设计水平，有力保证今后的安全平稳生产。

⑤ 严格遵循设计程序，遵守安全规范　可行性研究主要是解决建设项目是否可行的问题，为建设项目立项提供依据。可行性研究报告提出后，须报请有关主管部门进行审批，必要时邀请专家咨询和审查，在技术上和经济上提出咨询和审查意见供主管部门参考，最后由主管部门批准或修改后批准。

初步设计的依据是批准后的可行性研究，初步设计是可行性研究的继续。批准后的初步设计应给出生产工艺流程、主要设备选型、主要管道的材质、壁厚和口径以及其他主要工程量。

批准后的初步设计是决定整个工程优劣的前提，是整个工程建设的核心，是建设项目技术先进、经济合理的保证。

施工设计的主要依据是批准后的初步设计，是保证整个建设工作顺利进行的关键阶段，其设计工作量最大，要求最严格，必须准确地反映初步设计文件和主管部门的审批要求。施工设计不仅要求工艺设计本身的正确性和一致性，还要配合专业保持一致性，不能出现彼此碰撞和矛盾。为此，在出图之前要进行细致的会审，确保施工设计的质量。在图纸发到施工现场后，须由施工单位事先熟悉图纸，在施工期间设计人员要深入现场进行现场服务，及时修改在施工中发现的不符合实际和不合理的部分，以及由于外界原因需要修改的部分。设计人员还要参加验收、试车、试运行工作，与建设单位、施工单位共同配合，确保工程建设按计划进度和质量标准要求完成。

⑥ 加强安全设施设计　2008 年 1 月 8 日，为进一步做好陆上石油天然气建设项目安全设施设计专篇编写工作，根据国家安全监管总局《关于印发非煤矿矿山建设项目初步设计＜安全专篇＞编写提纲和安全设施设计审查与竣工验收有关表格格式的通知》（安监总管一字（2005）29 号）的执行情况，国家安全监管总局制定了《陆上石油天然气建设项目安全设施设计专篇编写指导书》。

油气集输系统的安全设施设计必须执行该指导书的相关规定，其主要内容有以下几个方面。

a. 区域布置及总平面布置的安全措施。

b. 设备、管道、仪表等材质的选择。

c. 防火、防爆的安全措施。

d. 防毒、防化学伤害的安全措施。

e. 在防机械伤害、物体打击、高处坠落、高温烫伤、噪声、振动、电气伤害、自然灾害等方面采取的安全措施。

f. 人员逃生和救援。

g. 安全预评价报告中建议措施的采纳情况。最后还应该对安全设施设计后的风险状况进行分析。

⑦ 应用标准化设计方法　标准化设计是根据天然气集输系统中井和站场的特定功能和工艺流程，设计一套通用的、标准的、相对稳定的、适用于特定气田地面建设的指导性和操作性文件。

标准化是对工艺流程的进一步优化、简化和定型，也是确保安全的有效方法。标准化设计提高和保证了设计质量，缩短了设计周期，推进模块化建设，有利于规模化采购，降低了建设成本，促进整个地面建设的标准化、规范化，它主要适用于地面工艺较为先进、成熟和进行大规模建设的气田。

（2）设计过程中采用的安全保护　设计安全是油气集输系统达到本质安全的前提，即本质安全是通过设计者在设计阶段采取技术措施来消除安全隐患，所以设计是安全源头，只要抓好了源头的安全，就可以达到事半功倍的效果，防患于未然。

① 总工艺流程安全　油气集输系统总工艺流程应遵循国家各种技术政策和安全法规，各种技术标准和产品标准，各种规程及环保、卫生规范和规定，并应考虑天然气气质、气井产量、压力、温度和油气田构造形态、驱动类型、井网布置、开采年限、逐年产量、产品方案及自然条件等因素，使总工艺流程合理和可靠。

总工艺的确定主要来源于两方面的资料数据：油气田开发方案和近期收集的有代表性的油气井动态资料。

上述两方面的资料中，以下各种资料和数据对于制定油气田集输流程很重要。

　　a. 井流产物、井口条件下石油天然气取样分析资料、油的分析和评价资料。

　　b. 构造储层特征，可采储量、开采速度、开采年限、逐年生产规模、平均产量、生产井井网布置图、生产井数等。

　　c. 油气层压力和温度、生产条件下的井口压力和温度、油气田压力递减率。不同油气区有适合各自特点的安全工艺技术。例如，对于高含硫气田，由于 H_2S 的剧毒特性，安全风险极大，介质对钢材具有特殊的腐蚀性，增加了气田开发难度和风险。川渝气区的川东北罗家寨、渡口河等气田就属于此类。

　　② 集输系统的布局　集输系统（包括管网和站场）的布局应遵循以下原则。

　　a. 在气田开发方案和井网布置的基础上，集输管网和站场应统一考虑、综合规划、分步实施，应做到既满足工艺技术要求，又集中简化生产管理和方便生活。

　　b. 产品应符合销售流向要求。

　　c. "三废"处理和流向应符合环保要求。

　　d. 集气系统的通过能力应协调平衡。

　　e. 集输系统的压力应根据气田压力和商品气外输首站的压力要求综合平衡确定。集输站场和集输管网与周边城镇、居民点、厂矿企业、交通线的安全布局、防火间距、公共安全防护距离等内容应满足国家及行业安全标准的要求。

　　③ 平面布置安全　区域布置应根据油气集输站场、相邻企业和设施的特点及火灾危险性，结合地形与风向等因素合理布置。

　　油气集输站场总平面布置应根据其生产工艺特点、火灾危险性等级、功能要求，同时也要结合地形、风向等条件确定。平面布置时，设备、管道、建筑物、构筑物之间应按照规范要求保持足够的防火间距，这就是距离安全或隔离安全。具体要求如下。

　　a. 天然气集输站场与周围居住区、相邻厂矿企业、交通线等的防火间距，应符合 GB 50183—2015《石油天然气工程设计防火规范》中的规定。

　　b. 火炬和放空管宜位于油气集输站场生产区最小频率风向的上风侧，且宜布置在站场外地势较高处。火炬和放空管与油气集输站场的间距应符合 GB 50183—2015《石油天然气工程设计防火规范》中的规定。

　　c. 进行防爆分区，防爆分区属于标志安全，将不同等级的防爆区域划为不同的界限，并设置不同的标志。

　　④ 设备及管道的材质选择

　　a. 酸性环境材质的选择。油气集输中的酸性环境一般是 H_2S+H_2O 腐蚀环境或 $HCl+H_2S+H_2O$ 腐蚀环境。H_2S+H_2O 腐蚀环境选用抗 H_2S 腐蚀材料；对于 $HCl+H_2S+H_2O$ 腐蚀环境，由于不锈钢在接触湿的氯化物时，有应力腐蚀开裂和点蚀的可能，应避免接触湿的氯化物或者控制物料和环境中的 Cl^- 浓度不超过 $25\times10^{-6}mol/L$。

　　b. 低温环境材质的选择。我国常将低于 $-20℃$ 的工作环境称为低温环境，低温环境选材要考虑材料的冷脆性，需采用低温管材，且应做低温冲击韧性试验，GB 50316—2000（2008版）《工业金属管道设计规范》对金属材料的使用温度下限给出了规定。

　　c. 高温环境材质的选择。高温环境选材要考虑材料的石墨化、蠕变等因素。碳素钢、碳锰钢和锰钒钢在 427℃ 及以上温度下长期工作时，其碳化物有转化为石墨的可能性，因此限制其最高工作温度不得超过 427℃，金属材料的使用温度应符合 GB 50316—2000（2008版）《工业金属管道设计规范》中的规定。

　　d. 高压环境材质的选择。当无缝钢管用于设计压力大于或等于 10MPa 的情况时，碳钢、合金钢的出厂检验项目不应低于现行国家标准 GB 6479—2013《高压化肥设备用无缝钢管》规定，不锈钢的出厂检验项目不应低于现行国家标准的 GB/T 14976—2012《流体输送用不锈钢无缝钢管》的规定。

e. 不同介质材质的选择。Q235-A、Q235-B 及 Q235-C 材料宜用于输送 C 类及 D 类流体的管道，且设计压力不宜大于 1.6MPa。Q235-A·F 材料仅宜用于输送 D 类流体的管道及设计温度低于或等于 250℃ 的管道支吊架。

f. 加工工艺材质的选择。金属材料在焊接时，其焊缝及热影响区将被加热至 A_{c3} 以上的温度，由于焊缝及其热影响区的冷却速度较快，冷却后容易被淬硬。钢材含碳量越高，焊缝及其热影响区的硬化与脆化倾向越大，在焊接应力作用下越容易产生裂纹。钢的各种化学成分对钢淬硬性的影响通常折算成碳的影响，称为碳当量，用 Ce 表示。

经验表明：当 $Ce<0.4$ 时，钢材的淬硬倾向不明显，可焊性优良，焊接时不必预热；当 $Ce=0.4\sim0.6$ 时，钢材的淬硬倾向逐渐明显，需要采取适当预热、控制焊接线能量等工艺措施；当 $Ce>0.6$ 时，钢材的淬硬倾向很强，属于难焊材料，需要采取较高的预热温度和严格的焊接工艺措施。

g. 仪表设备材质的选择。现场仪表均应选用相应防爆等级的产品，仪表外壳均为铝、不锈钢、玻璃等防火材质，仪表电缆选择阻燃型。

（3）油田集输系统装置设计的安全要求

① 为有效地控制化学反应中的超温、超压和爆聚等不正常情况，在设计中应预先分析反应过程中各种动态特性，并采取相应的控制措施。

② 能有效地控制和防止火灾及爆炸的发生。充分分析、研究生产中存在的可燃物、助燃物和点火源的情况及可能形成的火灾危险，采用相应的防火、灭火措施。分析、研究在防爆设计方面可能形成爆炸性混合物的条件、起爆因素及爆炸传播的条件，并采取相应的措施，以控制和消除形成爆炸的条件以及阻止爆炸波冲击。

③ 从保障整个油气集输系统的安全出发，全面分析原料、成品、加工过程、设备装置等的各种危险因素，以确定安全的工艺路线，选用可靠的设备装置，并设置有效的安全装置及设施。

④ 对使用物料的毒害性进行全面分析，并采取有效的隔离、密闭、遥控及通风排毒等措施，以预防工业中毒和职业病的发生。

⑤ 必须采取可靠的安全防护系统，以消除与防止造成潜在危险，即可能使大量设备和装置遭受毁坏或有可能泄放出大量有毒物料而造成多人中毒的工艺流程和生产装置的特殊危险因素。

3.2.3.2 油气集输管道线路布置安全技术

集输管道线路的选择应结合沿线城镇、乡村、工矿企业、交通、电力、水利等建设的现状与规划以及沿线地区的地形、地貌、地质、水文、气象、地震等自然条件，并考虑到施工和日后管道管理维护的方便，确定线路合理走向。管道不得通过城市水源地、飞机场、军事设施、车站、码头。因条件限制无法避开时，应采取必要的保护措施并经国家有关部门批准。管道管理单位应设专人定期对管道进行巡线检查，及时处理天然气管道沿线的异常情况。

埋地管道与地面建（构）筑物的最小间距应符合 GB 50251—2015《输气管道工程设计规范》和 GB 50253—2014《输油管道工程设计规范》的规定。埋地管道与高压输电线平行或交叉敷设时，其安全间距应符合 GB 50061—2010《66kV 及以下架空电力线路设计规范》和 GB 50253—2014《输油管道工程设计规范》的规定，因条件限制无法满足要求时，应对管道采取相应的防雷保护措施，且防雷保护措施不应影响管道的阴极保护效果和管道的维修。

埋地管道与通信电缆平行敷设时，其安全间距不宜小于 10m，特殊地带达不到要求的，应采取相应的保护措施；交叉时，二者净空间距应不小于 0.5m，且后建工程应从先建工程下方穿过。

　　埋地管道与其他管道平行敷设时，其安全间距不宜小于 10m，特殊地带达不到要求的，应采取相应的保护措施，且应保持两管道间有足够的维修、抢修间距；交叉时，二者净空间距应不小于 0.5m，且后建工程应从先建工程下方穿过。

　　根据现场实际情况实施管道水工保护。管道水工保护形式应因地制宜、合理选用，并应定期对管道水工保护设施进行检查，发现问题应及时采取相应措施。

3.3　油气管道完整性管理及评价

　　油气输送管线在长时间服役后，会因腐蚀、疲劳、应力腐蚀、机械损伤、地质灾害等原因而造成各种各样的损伤，这些损伤的存在会威胁管道的安全性和可靠性。严重的损伤能引起管线泄漏和开裂，甚至导致火灾、爆炸、中毒等事故发生。特别是在人口稠密地区，此类事故往往会造成人员伤亡、重大经济损失和环境污染，同时会带来恶劣的社会及政治影响。石油天然气管道的安全运行直接关系到我国国民经济发展和社会稳定。

　　2001 年美国石油协会（API）和美国机械工程师协会（ASME）提出的管道完整性管理的理念，受到了国际上管道运营商和管道科技工作者的高度重视，管道完整性管理体系、技术、标准正在逐步完善和配套。管道完整性管理经过近十年的研究和实践，在国际上被普遍认为是管道安全管理的有效模式，也是管道安全管理的发展方向。

3.3.1　油气管道完整性管理

3.3.1.1　油气管道的特点

　　(1) 输油管道的特点　原油的外输主要有四种：汽车运输、火车运输、船舶运输和管道输送。这四种运输方式中，以管道输送最为安全、经济适用。从安全、经济、方便等方面综合考虑，输油长输管道有以下五个方面的特点：生产连续运行，工作压力高；外输能力大，便于管理；密闭输送，无噪声、无污染，隐蔽性好，且受地理环境影响的因素少；能耗少，运费低，运行周期长；输送安全、方便等。

　　输油管道系统由输油站和管道两部分组成，一般长达数百公里，沿线设有首站（起点站）、若干中间站和末站。首、末站的位置依管道特点而不同，如原油管道的首站一般位于油田，末站一般为港口、炼油厂等。首站的任务是收集原油，经计量后输往下站，末站的任务是接收来油和向用油单位供油。一般首、末站均设置油罐进行储油。

　　根据管道的操作特点不同，可把长输管道分为常温输油管道、加热输油管道、顺序输送管道。

　　① 常温输油管道　是在管道敷设的沿线不加设任何加热装置，油品温度近似于管道的环境温度。这种输送方式适用于输送成品油、轻质油和低黏度、低凝固点的原油，有一定的局限性。

　　② 加热输油管道　是在管道敷设的沿线安装许多加热站（加热炉），对管道内的原油进行加热升温，使管道内油品的最低温度始终保持在规定的范围内。加热输油管道适用于输送高黏度、高凝固点的油品。

　　③ 顺序输送管道　是把多种不同性质的油品利用同一管道进行分批输送。顺序输送可以充分利用管道和设备的输送能力，减少管道投资和外输成本。它适用于年输送能力小、外输油品种多的企业。在顺序输送过程中，存在混油和切换流程的问题。

　　长输管道的输油工艺流程主要有两种：从泵到泵输送流程（闭式流程）和旁接油罐输送流程（开式流程）。从泵到泵密闭输送流程与旁接油罐非密闭输送流程的主要区别是取消了中间站的旁接油罐，全线密闭相连，形成一个统一的水力系统，克服了旁接油罐流程的许多缺点。

但若采用这种流程，当管道输送能力突然变化时，如电力供应中断导致某中间站停运或机泵故障使某台泵机组停运、阀门误开关或管道某处堵塞、管道某处漏油等，产生的水击压力波会以100m/s 左右的速度沿管道传播，造成管内液体的压力脉动。

（2）输气管道的特点　天然气管道是油田伴生气和气田气集输管道，其中从油气分离器至净化、脱水站的伴生气集输管道和从气井井口至净化、脱水、脱轻质油前的管道均为湿气集输管道，经净化、脱水、脱轻质油以后的输送或输配气管道为干气输气管道。天然气输气管道就是把集气站收集到的油田气层气、伴生气，进行净化、脱水及经过深冷、分离等初加工处理后，利用压缩机加压以后输送给用户的管道。天然气输气管道适用于经过气相、液相和固相分离后的干气输送。这样，可减少气体中液相、固相对管道的冲蚀、腐蚀和磨损，有利于管道安全运行。

输气管道的特点是：管径大，管线长，工作压力高，连续运行，输气量大。目前我国输气管道最大管径为 1016mm，工作压力高达 10MPa，长达数千公里。国外大型输气管管径达1420mm，工作压力为 7～8MPa，年输气能力可达 $300 \times 10^8 m^3$。与输油不同，天然气管道输送必然是上、下游一体化的，开采、收集、处理、运输和分配是在统一的连续密闭系统中进行的。

3.3.1.2　油气管道完整性管理

（1）管道完整性　管道完整性（pipeline integrity）是指以下内容。

① 管道始终处于安全可靠的工作状态。

② 管道在物理上和功能上是完整的，管道处于受控状态。

③ 管道运营商已经采取了措施，并将不断采取行动防止事故的发生。

④ 管道完整性是与管道的设计、施工、运行、维护、检修和管理的各个过程密切相关的。

管道完整性管理（pipeline integrity management）是指管道公司根据不断变化的管道相关因素，对管道运行中面临的风险进行识别和评价，制定相应的风险控制对策，不断改善识别到的不利影响因素，从而将管道运行的风险水平控制在合理的、可接受的范围内。管道公司通过监测和检验等技术手段，获取与专业管理相结合的管道完整性信息，对可能造成管道失效的主要威胁因素进行分析，据此对管道的适用性进行评估，最终达到持续改进、减少和预防管道事故发生、经济合理地保证管道安全运行的目的。

（2）管道完整性管理的内容　管道完整性管理是指对所有影响管道完整性的因素进行综合的、一体化的管理。大体上包括以下内容。

① 建立完整性管理机构，拟定工作计划、工作流程和工作程序文件。

② 进行管道风险分析，了解事故发生的可能性和将导致的后果，制定预防和应急措施。

③ 定期进行管道完整性检测和完整性评价，了解管道可能发生事故的原因和部位。

④ 采取修复或减轻失效威胁的措施。

⑤ 检查、衡量完整性管理的效果，确定再评价的周期，持续不断地进行完整性管理。

⑥ 开展培训教育工作，不断提高管理和操作人员的素质。通过完整性管理，可以提高管道的管理水平，确保管道的安全运行。

（3）管道完整性管理的特点　管道完整性管理体系体现了安全管理的时间完整性、数据完整性和管理过程完整性及灵活性的特点。

① 时间完整性　需要从管道规划、建设到运行维护、检修的全过程实施完整性管理，它将要贯穿管道整个寿命，体现了时间完整性。

② 数据完整性　要求从数据收集、整合、数据库设计、数据的管理、升级等环节，保证数据完整、准确，为风险评价、完整性评价结果的准确、可靠提供基础。特别是对在役管道的检测，可以给管道完整性评价提供最直接的依据。

③ 管理过程完整性　风险评价和完整性评价是管道完整性管理的关键组成部分。要根据管道的剩余寿命预测及完整性管理效果评估的结果，确定再次检测、评价的周期，每隔一定时间后再次循环上述步骤。还要根据危险因素的变化及完整性管理效果测试情况，对管理程序进行必要修改，以适应管道实际情况。持续进行、定期循环、不断改善的方法体现了安全管理过程的完整性。

④ 灵活性　完整性管理要适应于每条管道及其管理者的特定条件。管道的条件不同是指管道的设计、运行条件不同，环境在变化，管道的数据、资料在更新，评价技术在发展。管理者的条件是指该管理者要求的完整性目标和支持完整性管理的资源、技术水平等。因此，完整性管理的计划、方案需要根据管道实际条件来制定，不存在适于各种各样管道的"唯一"的或"最优"的方案。

3.3.2　油气管道完整性评价

油气管道完整性评价应用安全工程的理论、方法，分析和研究管道中不安全因素的内在联系，检查各种可能发生事故的概率及其危害程度，对风险做出定性及定量评价。管道完整性评价是在役管道完整性管理的重要环节，主要用于风险排序的结果中表明需要优先和重点评价的管段。完整性评价的内容包括：对管道及设备的检测，评价检测结果，用不同技术检查使用的管道评价检测的结果；评价故障类型及严重程度，分析确定管道完整性，对于在役管道，不仅要评价它是否符合设计标准的要求，还要对运行后暴露出的问题、发生的变化和产生的缺陷进行评价；根据存在的问题和缺陷的性质、严重程度，判断管道能否继续使用或需要修复、降级使用或停止使用直至报废，对目前使用不会造成危害但其缺陷会进一步发展的管道，要在监控下使用并进行寿命预测，有严重缺陷、对管道安全构成威胁的管段，要立即采取相应的措施。

美国《危险液体管道完整性管理体系》和英国《金属结构内可接受缺陷的评价方法指南》推荐的完整性评价方法有三种：在线检测、压力试验、直接评价。

(1) 在线检测（in-line inspection）　应用内检测器在管内运行来完成对管道缺陷及损伤的在线检测。从 20 世纪 60 年代开始应用的内检测器，目前在检测能力、范围、精度等方面得到了很大改善，美国、英国、德国及加拿大等国家都有一些知名的管道检测公司，研制了多种检测器并不断更新换代，专门提供管道完整性检测、评价服务。

管道中可以检测到的缺陷分为三种主要类型：几何形状异常（凹陷、椭圆变形、位移等）、金属损失（腐蚀、划伤等）、裂纹（疲劳裂纹、应力腐蚀开裂等）。

目前主要应用的内检测器有漏磁检测器和超声波法检测器两种。它们现在都可以用于检测管道的腐蚀缺陷和裂纹，其性能及应用各有其特点。在线检测是获取管道完整性信息的最直接的手段，但内检测器价格昂贵，不同缺陷类型及不同口径的管道需要不同型号、规格的检测器。有的在役管道受条件所限，不能顺利通过内检测器，若进行内检测，管道的改造工作量可能很大，所需代价过高。

(2) 压力试验（pressure testing）　对不能应用内检测器实施在线检测的管道，要确定某个时期内其安全运行的操作压力水平，可以采用压力试验。

压力试验一般指水压试验，特定条件下也可用空气试压。这是长期以来被工业界接受的管道完整性验证方法。它可以用来进行强度试验或泄漏试验，可以检查建设及使用过程中管段材料及焊缝的原始缺陷及腐蚀缺陷等的综合情况。在有关的规范中对试压过程中试压介质选择、升压过程、应达到的试验压力、持续时间、检查方法等均有详细规定。

在役管道的水压试验的局限性在于：需要停输数天至数周来进行试压，而且可能有破坏性；大型管道试压用水量很大，含油污水的排放和处理花费大。水压试验与最贵的内检测相比，对于陆上管道其费用较后者高 2.6 倍，而海底管道的试压费用更高。在役管道的试压对正在持续发展的腐蚀缺陷特别是局部腐蚀的检测不是很有效，因为它只能证明试压时管道是完好的，不能保证管道今后长期完好。因此，运用压力试验来评估管道完整性时一定要注意管道腐蚀控制的情况，要研究阴极保护状况、防腐涂层状况的检测资料、管道泄漏情况，综合研究管道风险评估结果及预计的缺陷类型、程度等来确定何时进行及如何进行压力试验。

若第一次压力试验后，与时间有关的、很小的缺陷已扩展到临界状态，就需要再次进行压力试验。试验的间隔时间取决于多种因素：试验压力与实际操作压力之比值；特殊缺陷长大的速率，如腐蚀造成的金属损失、应力腐蚀裂纹、疲劳裂纹等长大的速率。可以应用完整性评价数据及风险评价模型帮助确定再试压的间隔时间。

(3) 直接评价（direct asessment） 直接评价方法包括了四个步骤：预先评价、管段检测、直接调查、后评价。它主要针对内、外腐蚀缺陷，在它们发展到破坏管道完整性之前，应进行缺陷检测和预防。对于输油管道，外腐蚀占主要地位。以下内容主要介绍管道外腐蚀的直接评价。

① 预先评价 收集并综合分析管道历史及现状的资料、数据，估计腐蚀程度和可能性，以确定需要进行直接评价的管段，并选择在该条件下使用的检测方法和工具。

② 管段检测 采用地上或间接检测的方法检测管段阴极保护情况、防腐层缺陷或其他异常。例如，对于埋地管道的外腐蚀，常用变频-选频法、多频管中电流法、防腐层检漏等方法来检测防腐层性能；用密间隔电位法、直流电位梯度法等检测阴极保护有效性；用土壤电阻率、自然电位等测试土壤腐蚀性等。由于这些间接检测方法各有特点，没有一种是绝对准确的，其准确性除了受检测方法本身的局限性影响以外，还与检测人员的素质直接相关。因此，每个管段上至少需要使用两种方法来检查管道及涂层的缺陷，在基本调查方法出现困难或有疑问时，应采用第二种方法做补充调查。若两种方法的结果出现矛盾时，应考虑采用第三种方法以保证探测结果的可靠性。通过对检测数据的分析得出管段缺陷的状况、性质及严重程度。

③ 直接调查 对上一步发现的最严重危险部分进行开挖和自测检查，以证实检测评价的结论。一般每个直接评价的管段开挖点控制在 1～2 个，至少开挖一处。在防腐层破损处及管壁腐蚀处详细测量、记录缺陷情况及环境参数，用于评估管道最大缺陷的情况及平均腐蚀速率。

④ 后评价 综合分析上述各步骤的数据及结论，确定直接评价的有效性和再评价的间隔。再评价的时间是以保证上次评价中经过修复的缺陷不至于发展成为危及管道安全的危险缺陷来确定。若修复缺陷的数量多，占发现缺陷的比例大，修复的标准越高，再评价周期就越长。

由于许多在役管道现有的条件无法运行内检测器，采用水压试验费用很高且需要停输，还将面临大量含油污水处理等各种困难，采用直接评价方法是一种可行的选择。例如，美国联邦法规49CFR195 要求管道的经营者在 2002 年 2 月及 2003 年 2 月以前为油气管道提交书面的管道完整性管理计划。截至 2000 年 11 月，美国只有总长 37%的油气管道进行了内检测，能进行内检测的管道中 80%是液体管道，70%的输气管道不能进行内检测。因此，为了达到法规的时限要求，美国大多数管道的业主愿意对 50%以上管段采用直接评价方法来进行完整性评价。

3.4 油库和天然气集输系统安全技术

油库是用来接收、储存和发放原油或石油产品的企业和单位。油库是协调原油生产、原油加工、成品油供应及运输的纽带，是国家石油储备和供应的基地，它对于保障国防和促进国民经济高速发展具有相当重要的意义。

油库安全管理的重要性主要表现：油库需要储存大量的油品，容量通常达数十万吨，一旦发生火灾或爆炸等事故，往往会产生难以估计的损失；油品输送量大，装油作业频繁，在储罐区及其附近区域经常有大量油气飘浮，形成危险的着火源，极易引起火灾；油田和长输管道首、末站的油库，均为连续性进出油，雷雨时不能停止输送，存在雷击危险。

为了保证油库安全生产，必须从设计和管理两个方面系统地加以考虑，制定一系列安全管理措施，预防火灾和雷击、爆炸等事故的发生，并确定紧急情况下的抢救措施。其目的是尽可能地避免发生火灾、爆炸、跑漏油等事故，一旦发生事故，要努力做到减少人员伤亡、财产损失和生产中断时间。

3.4.1 油库设备安全技术

油库设备的安全技术应包括从设备的设计、制造（选型）、安装、验收、使用、维修、技术改造、检验直至报废的全过程。加强对设备的安全技术管理，就应加强对设备全过程的管理，每一环节都应从安全角度进行审核，使设备不但满足使用要求，而且还满足维修使用方便和安全的要求。加强与设计、制造、安装和使用维修部门的联系，认真汲取油库设备安全技术管理的经验，做好油库设备的安全技术管理。

油库设备的安全技术管理的内容包括以下九个环节：设计制造（安装）、竣工验收、立卡建档、培训教育、精心操作、加强维护、科学检修、事故调查和判废处理。对于已投用的油库设备，主要应做好竣工验收以后的七个环节的安全技术管理。

3.4.1.1 油库设备安全技术概述

（1）油库分类 油库根据其管理体制和业务性质分为独立油库和附属油库；按照其储油方式可以分为地面油库、隐蔽油库、山洞油库、水封石洞油库；按照运输方式分为水运油库、陆运油库、水陆联合油库；按照储存的油品分为原油库和成品油库。

一般来说，石油库容量大，作业量大，出现事故的可能性大，事故造成的损失及其影响也比较严重，在设计标准和安全方面的要求应当更加严格。根据新中国成立以来石油库经营管理和操作经验，将石油库按其总容量划分为四级，如表3-1所示。

表 3-1　石油库的等级划分

等级	石油库总容量[①]（TV）/m³	等级	石油库总容量[①]（TV）/m³
一级	50000≤TV	三级	2500≤TV<10000
二级	10000≤TV<50000	四级	500≤TV<2500

① 表中总容量指石油库公称容量和桶装油品设计存放量之总和，不包括零位罐、高架罐、放空罐以及石油库自用油品储罐的容量。

（2）石油储存的危险性 石油储存的危险性包括石油对人体的危害和石油燃烧爆炸的危险性。油品具有较强的挥发性和扩散性，具有易燃、易爆特性，具有易积累静电和热膨胀性。由于这些特性，石油储运具有较大的火灾危险性。

① 火灾特性 石油产品主要由烷烃和环烷烃组成，大致是碳原子数在4个以下为气体，5~12个为汽油，9~16个为煤油，15~25个为柴油，20~27个为润滑油。碳原子数在16个以下为轻质馏分，很容易挥发成气体。不同的油品，其挥发性不同，一般轻质成分越多，挥发性越大，如汽油大于煤油，煤油大于柴油，润滑油挥发最慢。同种油品在不同温度、压力下，挥发性也不同，温度越高，挥发越快，压力越低，挥发越快。从油品中挥发出来的油蒸气迅速与空气混合，形成可燃混合气，一旦遇到足够大的点火能量，就会引起燃烧或爆炸。挥发性越大的油品，其火灾危险性越大。

② 扩散性 油品的扩散性及其对火灾危害的影响主要表现在以下三个方面。

a. 油品（特别是轻质油品）作为液体具有很强的流动性。油品的流动性取决于油品的黏度。黏度越低，流动性越好。常温下，轻质油品黏度都较低，都具有较强的流动性。重质油品常温下黏度较高，但温度升高，黏度降低，其流动扩散性也增强。油品的流动性使其在储存和输转过程中易发生溢油和漏油事故，同时也易沿着地面或设备流淌扩散，增加了火灾危险性，易使火灾范围扩大，增加了灭火难度和火灾损失。

b. 油品比水轻，且不溶于水，这一特性决定了油品会沿水面漂浮扩散。油品泄漏到有水的环境，会造成严重的污染，甚至造成火灾。这一特性也使得不能用水直接覆盖扑救油品火灾，因为这样反而可能扩大火势和范围。

c. 油蒸气具有扩散性。油蒸气的扩散性是由于油蒸气的密度比空气略大，且很接近，有风时受风影响会随风飘散，即使无风时也能沿着地面扩散到 50m 以外，并易积聚在坑洼地带。

③ 易燃性　由于油品的主要组分是碳氢化合物及其衍生物，属于可燃性有机物质，这就决定了油品的燃烧特性。油品的易燃性是根据闪点来划分的，闪点越低，越易燃烧，火灾危险性越大。常见的油品的闪点及其火灾危险性分类见表 3-2 和表 3-3。另外，油品的易燃性还在于油品的燃烧速度很快，尤其是轻质油品。

表 3-2　常见油品的闪点

油品	闪点/℃	油品	闪点/℃
原油	27～45	柴油	50～90
汽油	−58～10	润滑油	120～200
煤油	28～60	航空润滑油	270 左右

表 3-3　油品火灾危险性分类

类别		闪点/℃	举例
甲		28 以下	汽油、原油
乙		28～60	喷气燃料、灯用煤油、35 号轻柴油
丙	A	60～120	轻柴油、重柴油、20 号重柴油
	B	120 以上	润滑油、100 号重油

3.4.1.2　油库储油设备安全技术

(1) 储油罐的类型　储油罐按建筑材料可分为金属油罐和非金属油罐两大类，按安装位置可分为地上油罐、半地下油罐、地下油罐和洞库油罐四类，按结构形状可分为立式油罐、卧式油罐和特殊形状油罐三类。储油罐的分类如图 3-2 所示。

(2) 油罐操作中的安全注意事项　油罐操作中应注意如下安全事项。

① 新建或大修的油罐，在使用前应进行油罐检尺，并编制出油罐的容积表。

② 决定进油后应再一次检查油罐所有附件是否完备、连接是否紧固、阀门的开闭位置是否正确。

③ 检查完毕后开始进油，进油速率应在呼吸阀的允许范围之内。

④ 油罐进油时应加强巡逻检查，注意焊缝或罐底有无渗漏现象，并定时检尺，当油面接近安全油高时，应严加监视，防止冒顶跑油事故。

⑤ 根据油罐的规定结构和工艺条件，应明确规定各油罐的最大装油高度（安全高度）和最低存油高度。进油时，应严格控制油面在最大装油高度之内。抽油时，不得低于最低存油高度，浮顶油罐须使浮盘保持漂浮状态。

⑥ 打开量油孔时，操作人员应站在上风处，保证呼吸到新鲜空气。量油时，尺要沿着量油孔内的铝质（或铜质）导向槽下尺，以免钢卷尺和孔壁摩擦产生火花。检尺后，应将量油孔的盖板盖严，并注意盖内的垫圈是否完好。

⑦ 油罐加热时，应先打开冷凝水阀门，然后逐渐打开进气阀，以防止水力冲击损坏加热管的焊口、垫片或其他附件。

⑧ 油罐加热必须在液面高出加热器 50cm 以上才可进行，加热温度应比油品的闪点低 15℃，正常储油时的加热温度以油品不冻凝为原则，以减少油品的蒸发损失。非金属油罐的加热温度一般不得超过 50℃。

⑨ 重油罐进行脱水作业时，油温加热到 80℃为宜，开阀时有"小开—大开—小开"的原

则，操作人员要严守岗位，以免发生跑油事故。

⑩ 油罐加热时，应定时测温并检查冷凝回水，发现回水有油时应及时查找原因。

⑪ 油罐应定期清除罐底积物，清理时间可根据油罐沉积程度和质量要求而定，一般两年左右清洗一次。

⑫ 清罐时要有充分的安全措施，并办理进罐作业票，禁止单独一人进入罐内，进罐人员身上应拴有结实的救生信号绳，绳末端留在罐外，罐外人孔附近要经常有监护人，以备随时救护罐内人员。

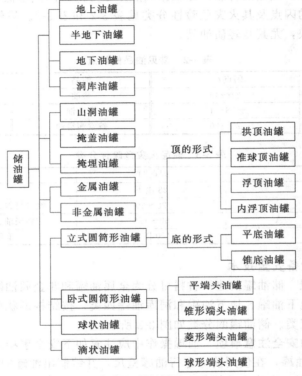

图 3-2　储油罐的分类

⑬ 清罐时，当排出底油后，一般采用通入水蒸气或热水驱除罐内油气的方式，同时打开人孔及透光孔进行通风，只有当罐内瓦斯浓度低于爆炸下限且油品蒸气低于最大允许浓度时，方可进罐操作，以防瓦斯爆炸或中毒。

⑭ 油罐清洗后应该仔细检查罐体及各个附件状况，特别是下部人孔是否封闭紧固，脱水阀是否关闭，确认无误后方可进油。

⑮ 定期检查呼吸阀动作是否灵敏，特别在冬季更要注意呼吸阀的阀盘及安全阀底部的积水不要冻凝，以防进、出油操作时压力超过允许范围而鼓开罐顶或抽瘪罐，对呼吸阀和安全阀下面的防火器也要定时检查，以免堵塞。

⑯ 罐区内禁止穿化纤服装和钉子鞋上罐，禁止在罐顶撞击铁器，禁止在罐顶开关手电筒。

⑰ 浮顶油罐在使用前应该注意检查如下事项：浮梯是否在轨道上；导向炮架有无卡阻；密封装置是否有效；顶部人孔是否密封；透气阀有无堵塞等。

⑱ 内浮顶油罐首次进油（或清罐后首次进油），检尺及采样要在空罐进油 12h 后进行。

⑲ 检尺或采样时，操作人员应站在上风侧，禁止在罐顶撞击铁器和开关手电筒。

⑳ 发现油罐的管路或阀门冻结时，禁止用明火烘烤，可用水蒸气或热水解冻。

（3）油罐及其附属设施的危险因素与安全处理

① 储罐的危险因素与安全处理

a. 储罐破裂 储罐破裂是油库最严重的安全事故之一。储罐储油后，下部罐壁受到较大压力，大型储罐在第一道环焊缝附近环向应力最大，因此储罐破裂事故多发生在罐壁下部。若高液位下罐体发生突发性开裂，可能会造成全部油品外泄，冲毁防火堤，若失控的漫流油品遇火源被点燃后，将形成大面积的油库流火。引起储罐破裂的原因主要有以下几点。

（a）储罐基础选址或处理不当。若基础设计失误或基础处理不好，储罐储油后会发生不均匀下沉或地基局部塌陷，造成罐壁撕裂或罐底板断裂。

（b）储罐板材质量差或焊缝质量差，使用前和完工后未做全面质量检查，储油后在外界条件（如寒冷和高温等）影响下，罐体破裂。

（c）地震、滑坡或飓风可能对储罐造成毁坏，使储罐破裂。

防止油罐破裂要从设计、操作、维修三个方面着手。首先，在设计上，应规定油罐的工作压力，确定油罐的通气孔和呼吸阀的工作能力是很重要的。其次，在操作上，应按照操作规程操作，要对操作人员培训，使其了解储罐的承受压力。最后，应及时对油罐进行维护，保持通气孔、呼吸阀及其他检测仪表完好。

b. 储罐腐蚀与渗漏 储罐渗漏主要是由储罐内外腐蚀，特别是罐底板的腐蚀造成的。腐蚀、渗漏是储罐多年运行后最常发生的问题。例如某石化公司油库，始建于 20 世纪 80 年代末，有储油罐 167 座，罐容积多在 $2000 \sim 10000 m^3$ 之间，自 1996 年以来该公司的储油罐陆续出现罐底泄漏事故，仅 2001 年 12 月至 2002 年 2 月间就连续发生 4 座储油罐的腐蚀穿孔及泄漏事件。

储罐渗漏多发生在储罐底部，渗漏初期由于渗漏量小，往往不易发现，渗漏的油品进入地下后污染环境，也可能发生聚集导致火灾事故。储罐腐蚀主要是由电化学腐蚀和氧化腐蚀造成的。油罐渗漏时的常见现象有：没有收发油作业时，坑道、走道、罐室和操作间油气味道很浓，罐内油面高度有不正常下降；罐身底部漏气时，油罐压力计读数较同种油罐低，严重时有漏气声；罐身上部渗漏处往往黏结较多的尘土，罐体储油高度以下渗漏会出现黑色斑点或有油附着罐壁向下方扩散的痕迹，甚至冒出油珠；罐身下部沥青砂有稀释的痕迹，地面排水沟有不正常的油迹，埋地罐的这种现象在雨天更明显。

当储罐中的油品含水率高、含盐高、温度高或含氧量、含硫量高时，有利于电化学腐蚀的发生。在罐内壁上涂刷防腐涂料既可阻止罐壁微电池的形成，也可降低罐壁与油品中的盐分、水和氧的接触，起到对罐壁的保护作用。利用牺牲阳极保护技术或外加电流阴极保护技术可有效弥补涂层缺陷引起的腐蚀，并能更为有效地防止储罐的电化学腐蚀，使储罐的使用寿命大大延长。在罐外壁上涂刷防锈涂层可起到将罐壁与空气隔离的作用，从而防止罐壁氧化。

c. 储罐边缘板缝隙渗漏 储罐罐底边缘板与罐基础间通常存在缝隙，很大一部分罐底部腐蚀穿孔就是由于水汽或雨水从边缘板缝隙中进入罐底而引起的。通过对边缘板和圈梁之间的缝隙进行防水密封可有效防止此类渗漏。

经常出现在罐体下圈板平焊缝的焊接接头和罐底弓形边缘板上的裂纹，以及通常发生在油罐上部圈体和罐底的砂眼，绝大多数是由于钢板和焊缝受腐蚀形成的。新建油罐的砂眼可能由于钢板未经严格检查、焊接时用潮湿焊条或焊接技术不高，以致焊缝里产生气饱而形成，这些都是油罐渗漏的主要原因。另外，腐蚀对油罐的破坏作用较大，尤其是处于洞库或埋地的油罐，由于其环境潮湿，更容易由于腐蚀造成油罐的穿孔漏油。

因此，应正确选择油罐钢材型号，保证油罐焊接质量，减少油罐内应力，防止油罐变形，防止油罐基础不均匀下沉。还应加强对钢板质量的检查，加强焊接施工质量管理，在油罐使用中做好防腐工作。应在油罐内外壁表面涂刷防腐涂料，采用牺牲阳极保护法，在油罐中投入少量的缓蚀剂可以防止或减轻油罐内壁的腐蚀，做好洞库防潮工作。

d. 油罐吸瘪事故 油罐内部的正负压力的调节是由呼吸阀进行的，若由于设计或使用方面的问题，造成油罐的呼吸不畅，则在油罐验收、发油或气温骤降时就会发生油罐吸瘪。吸瘪的部位多发生在油罐的顶部，轻则引起油罐变形，重则引起油罐严重凹瘪，不能继续使用，影响油库的正常工作，而且修复油罐也是比较麻烦的。因此，在油罐的日常管理上，应严格遵守操作规程，防止事故的发生。

为防止油罐吸瘪事故发生，常采用以下预防措施：设计上，油罐呼吸阀的呼吸量应与油罐进出油流量相匹配；油罐每年至少清洗一次，每月至少校查一次，在气温较低时每周至少校查一次，遇到气温骤降、台风等特殊情况应随时检查、清理和吹扫呼吸阀、阻火器或呼吸管路，以防其堵塞。如果已经发生油罐吸瘪的情况，要冷静正确地处理，要做到慢慢打开检尺口，关闭出（入）口阀门，停止收发油作业；对于洞库油罐，应立即停止收发油作业，查找原因；如果是呼吸阀失灵或堵塞，可以慢慢打开放水阀，放入空气，平衡罐内压力；如果是呼吸管道积油或积水造成了堵塞，应慢慢排出呼吸管内的油料或水，逐渐使罐内外压力达到平衡。

e. 油罐泄漏事故　油罐发生泄漏应尽快采取措施，停止和减缓泄漏，同时做好防火、防爆事故预防，防止泄漏加剧、扩大和发生火灾及污染，造成更大灾害。其措施一般为发现泄漏的人员应立即向值班调度员报告，值班人员和站库领导应立即赶到现场，对油气区采取警戒并切断一切可能引火的火源；消防队应迅速赶到漏油现场的安全地点，随时准备扑救可能引起的火灾；立即组织人员启动输油泵将漏油罐内的原油全部转到其他油罐中去；采取防毒保护措施，清查漏油部位，制定抢修安全措施；临时安装收油设备，将防火堤内和泄漏的原油回收干净，彻底铲除地面油泥并覆土平整，消除可能存在的隐患。

f. 内浮顶油罐浮盘沉没事故　内浮顶油罐由于浮盘变形、浮盘立柱松落失去支撑作用，浮盘密封圈损坏并撕裂翻转、中央排水管升降不灵活、浮盘和浮舱腐蚀、操作管理不当、责任心不够、维护不及时等都会造成浮盘沉没。

针对内浮顶油罐浮盘沉没事故，在设计方面应做到：改进浮舱与单盘的连接形式，增加其连接强度，提高其抗疲劳破坏的能力；采取有效措施，增加单盘的刚度，防止或减轻单盘的变形；增加浮顶导向管，避免浮顶运行时产生偏移、卡阻现象，确保浮顶上下自由运行；对炼油厂油库，降低进油温度，增设油品稳定和脱气设施，保证进油蒸气压力在 80kPa 以下。

在日常管理方面，应做到：制定浮顶油罐的操作、维护、保养和修理规程，严格按规程管理运行浮顶油罐；实际储存油品高度严禁超过油罐的安全储油高度；油罐浮顶不得有积水、积油等，发现积油（水）应及时排除；空罐进油时，管内的流速应不大于 1.5m/s，当油液位超过油罐进油口后可加大流速，但流速不得大于 4m/s。

g. 油罐溢油事故　产生油罐溢油事故的主要原因是计量失误或油泵工作（输转）时间过长，油罐内油品超过安全储量，油品从泡沫发生器、呼吸阀等处溢出，内浮顶油罐可从罐壁通气孔溢出。当浮顶进入上止点后，油泵继续输转将导致沉顶事故。

防止溢油事故的发生，重要的是加强操作人员的工作责任心教育。一旦发现溢油事故，应立即停止油泵输转作业，检查油罐区水封井、阀门是否可靠关闭，事故现场不得进行任何产生火花的操作。

② 储罐附件的危险因素与安全处理

a. 加热盘管穿孔渗漏　在储存高凝油品的储罐中，通常配有一组或多组加热盘管，以 0.2～0.6MPa 压力的蒸汽为热源对油品加热，以防止油品在冬季凝罐。加热盘管由钢管焊接而成，多以与罐底呈一定倾角的方式安装在罐底部，但加热盘管常因穿孔而发生泄漏，影响储罐的正常使用。国内油库因加热器（即加热盘管）穿孔而导致的事故屡见不鲜，有的加热器使用 1 年后便出现穿孔泄漏，3～4 年后便达到穿孔失效高峰期，使加热器的维修周期远远短于油罐的大修期。

加热盘管失效主要是由盘管坑状腐蚀和管内汽、水的冲刷磨损造成的，具体可分为管壁的电化学腐蚀穿孔、弯头处的磨损腐蚀穿孔、疲劳裂纹等。

防止加热器失效的主要措施有：增加管壁厚度，确保焊接时的质量，采取减少水击和磨损腐蚀的措施（如增大弯头半径、增加防冲挡板等），减小盘管支架间距，增加吹扫管线（停用时将盘管内的残液和残渣吹出）等。

b. 搅拌器密封件渗漏　搅拌器使储罐内的液体均匀混合或在盘管加热过程中使热量均匀分散。

侧壁叶轮搅拌器是目前广泛使用的一类搅拌器，它通过罐壁下部的开孔插入储罐内，传动轴通过入口接管固定在罐壁上，并采用补偿式机械密封连接，既能保证密封，又能在不拆卸整机的情况下更换机械密封及轴承等易损件。这类搅拌器可能出现的问题主要有：轴在机械密封处偏摆量大致使机械密封使用寿命短，密封件或轴承损坏引起漏油，传动机构底座与储罐基础的不一致下沉和搅拌器旋转时引起的振动等对罐壁强度的影响。

旋转喷射循环搅拌系统主要由轴流涡轮、喷嘴及变速装置等组成，由泵加压输出的油品供给到系统的轴流涡轮驱使其旋转，这种旋转力随同压力送出的原油传送到喷嘴，喷嘴靠喷射的反作用力自动水平旋转，喷出的油同时推动罐内油品的旋转对流，起到搅拌作用。由于旋转喷射循环搅拌系统永久性地装在储罐内，自身无动力装置，因此具有耐用和不需要经常维护的特点，但造价较高。

c. 切水/污水排放装置跑油　油罐通常设有切水排放口或污水排放口，用于排放油品静止存放过程中脱出的污水。油罐切水的排放有两种控制方式：一是利用通过安装在排放口上的阀门手动排放；二是通过安装在排放口上的自动排放装置实现自动排放。

由于手工切水操作的间断性和切水中轻油组分的易挥发性，工艺上很难控制其切水完全，还会由于操作不当造成跑油事故。切水自动排放装置有浮球机械控制方式和电磁控制方式两类，有些适用于轻质油品，有些既适用于轻质油品，也适用于原油。如果自动排放装置出现误动作，同样会造成跑油事故。

d. 浮顶倾覆　浮顶在罐内介质浮力作用下浮在液面上，浮顶下端的浸没深度主要取决于浮舱的浮力，浮顶及附件的质量，刮蜡板及密封机构对罐壁摩擦力的大小和方向，导向筒对导向管、量油管摩擦力的大小及方向等。当浮舱破坏进油、浮顶积水过度、受狂风吹动漂移或浮顶受导向管（或量油管）等卡阻时，其浸没深度就会发生变化，造成浮顶倾斜，以致沉底。近十年来，国内已发生浮顶沉底事故十几起。浮顶倾覆沉底除造成巨大经济损失外，还可能因罐内油品失去密封而导致油气挥发和火灾。

3.4.2　油库防雷防静电技术

3.4.2.1　油库建（构）筑物的防雷设计

油库建（构）筑物可分为三类：第一类建（构）筑物，是指因电火花引起爆炸，会造成巨大破坏和人身伤亡的建（构）筑物，如 0 区和 1 区爆炸危险环境的建（构）筑物；第二类建（构）筑物，是指电火花不引起爆炸或不致造成巨大破坏和人身伤亡的建（构）筑物，如 1 区和 2 区爆炸危险环境中的建（构）筑物；第三类建（构）筑物，是指确定需要防雷的 21 区、22 区、23 区火灾危险环境中的建（构）筑物。对于第一、二类建（构）筑物应有防直击雷、防感应雷和防雷电波侵入的措施；第三类建（构）筑物应有防直击雷和防雷电波侵入的措施。

(1) 防直击雷的措施　为了防止直击雷害，常采用避雷针、避雷线和避雷网等装置。这些装置必须满足以下要求。

① 装设独立避雷针或架空避雷线时，所有被保护的建筑物和构筑物均应在保护范围以内。对排放有爆炸危险物质的管道，其保护范围应高出管顶 2m 以上。

② 独立避雷针至被保护的建筑物和构筑物及与其有联系的金属物（如管道、电缆）的距离，应符合下式要求，并保证不得小于 3m。

地上部分：

$$S \geqslant 0.3R_{ch} + 0.1h_x \tag{3-1}$$

地下部分：

$$S \geqslant 0.3R_{ch} \tag{3-2}$$

式中　R_{ch}——冲击接地电阻，Ω；

　　　h_x——被保护建（构）筑物或计算点的高度，m。

③ 架空避雷线的支柱和接地装置至被保护建（构）筑物及与其有联系的金属物的距离与上一项相同，至屋面和突出屋面的物体的距离应符合下式要求，但不得小于 3m：

$$S \geqslant 0.15R_{ch} + \left(h + \frac{L}{2}\right) \tag{3-3}$$

式中　S——避雷线的支柱高度，m；

　　　L——避雷线的水平长度，m。

④ 独立避雷针或架空避雷线应有独立的接地装置，其冲击接地电阻不应大于 10Ω。

(2) 防感应雷的措施　感应雷也能产生很高的冲击电压，为防止它的危害，应采取以下措施。

① 建筑物内的所有较大的金属物和构件以及突出屋面的金属物均应接地。金属屋面周边每隔 18～24m 应使用引下线接地一次。现场浇制的或由预制构件组成的钢筋混凝土屋面，其钢筋宜绑扎或焊接成电气闭合回路，同样应每隔 18～24m 用引下线接地一次。

② 平行敷设的长金属物，如管道、电缆外皮等，其净距小于 100mm 时，应每隔 20～30m，用金属线跨接。交叉净距小于 100mm 时，交叉处也应用金属线跨接。此外，当管道连接处不能保持良好的金属接触时，也应在连接处用金属跨接。

③ 防感应雷的接地装置的接地电阻不应大于 10Ω，一般应与电气设备共用接地装置，室内接地干线与防感应雷的接地装置的连接不应少于两处。

(3) 防雷电波侵入的措施　防雷电波侵入的保护装置一般分为阀型避雷器、管型避雷器和保护间隙，具体保护设施有以下几项。

① 低压线路最好采用电缆直埋敷设，并在进户端将电缆外皮与接地装置相接。当采用架空线时，在进入建筑物处应采用一段长度不小于 50m 的金属铠装电缆直埋引入，在架空线与电缆连接处应装设阀型避雷器，电缆外皮与绝缘子铁脚应连在一起接地，冲击接地电阻不应大于 10Ω。

② 架空金属管道在进入建（构）筑物处，应与防感应雷的接地装置相连，距离建（构）筑物 100m 以内的一段管道应每隔 25m 左右接地一次，其冲击接地电阻不应大于 20Ω。埋地或在地沟内敷设的金属管道在进入建（构）筑物处，也应与防感应雷的接地装置相连。所有上述接地应尽可能利用建（构）筑物的钢筋混凝土或金属基础作为接地装置，并和其他接地共用这一接地装置。

(4) 油罐的防雷设计

① 地面油罐的防雷设计

a. 固定顶金属油罐　固定顶金属油罐是目前使用较多的油罐类型，对于这类油罐，国家标准 GB 50074—2014《石油库设计规范》中规定"对于装有阻火器的固定顶钢油罐，当顶板厚度大于或等于 4mm 时可不装设避雷针（线）"，但油罐要有良好的接地装置，因为油罐都是焊接的，罐体本身处于电气连接，雷电直击在油罐上时，雷电流能沿罐体通过接地装置导入大地。即使是在遭受感应雷时，罐体产生的感应电流也不会因其不连续而产生火花。

对于钢板厚度小于 4mm 的油罐，为了防止直击雷击穿油罐钢板引起事故，应装设避雷针（线）。避雷针（线）的保护范围应包括整个油罐。值得注意的是，油罐的呼吸阀和阻火器是油罐防雷设备中的关键设备。从调查来看，很多油库的雷击着火事故都是由于没有安装呼吸阀和阻火器而造成的。因此，平时要注意阻火器的维护与保养，使其能正常发挥阻火作用。过去在油罐防雷设计上，总认为油罐有避雷针就可以不遭受雷击，实际上避雷针的保护范围是一定的，对球形雷和雷电绕击不起作用，所以只有维护好油罐附件，使其处于完好状态，才不致遭受雷电损害。

b. 浮顶油罐　浮顶油罐在正常情况下很少有油气逸出，因此浮顶上面的油气很少，一般都达不到爆炸极限。即使雷击着火，也只发生在密封装置损坏之处，故着火范围有限，易于扑灭，不致造成重大事故，因此可以不装设避雷针，但为了防止感应雷并导走油品传到金属罐顶上的静电荷，外浮顶储罐应利用浮顶排水管将罐体与浮顶做电气连接，每条排水管的跨接导线应采用一根横截面不小于 $50mm^2$ 扁平镀锡软铜复绞线。

c. 非金属油罐　非金属油罐罐体内部的钢筋很难做到电气的可靠闭合，当遭受雷击时，由于雷电机械力的作用，油罐会遭到破坏，故应装设独立避雷针（线）来防止直击雷。同时，当发生感应雷时，由于钢筋很难全部做到电气上的连接，这样在钢筋上产生强大的感应电动势和感应电流，在不连续的钢筋间会产生放电火花，点燃油蒸气，引起爆炸着火事故。因此，这种油罐可用 $\phi8mm$ 圆钢做成不大于 $6m\times6m$ 的网格铺盖在罐顶上并接地。对于油罐的金属附件和罐体外裸露的金属件，应做好电气连接并接地。

② 地下油罐和洞库油罐的防雷设计

a. 地下油罐的防雷设计　地下覆土油罐是将油罐置于覆土的保护体内，由于受到土壤的屏蔽作用，当雷电击中罐顶土层时，土壤可将雷电流疏散导入大地。因此，国内外有关规范规定"凡覆土厚度在 0.5m 以上的油罐，都可不考虑防雷措施"。由于地下覆土油罐的呼吸阀、阻火器、量油孔、采光孔等附件一般都没有覆土层保护，所以对这些附件应做好电气连接并接地。

b. 洞库油罐的防雷设计　洞库油罐被设置在人工开挖的罐室内，要求罐室顶部自然防护层厚度应有 30m，所以其自然防护能力强，对罐体不存在防雷要求。但是，洞库油罐的金属呼吸管与金属通风管通过坑道引出，暴露在洞外，当直击雷或感应雷的高电位通过这些管线引到洞内时，有可能就在某一间隙处放电引燃油气而造成火灾、爆炸事故。因此，露在洞外的金属呼吸管与金属通风管应装设独立避雷针，其保护范围应高出管口 2m 以上，避雷针的尖端应设在爆炸危险空间以外（尖端高出油气管顶 4m），避雷针的位置应距管道 3m 以上。

除了采用上述避雷针防雷外，还应采取下列防高电位引入洞内的措施。

（a）进入洞内的金属管线，从洞口算起，当其洞外埋地长度超过 50m 时，可不设接地装置；当其洞外部分不埋或埋地长度小于 50m 时，应在洞外做两次接地，接地点间距小于 100m，接地电阻小于 20Ω。这样可使地面和管沟管线受到雷击或雷电感应产生的高电位在引入洞内之前大大降低，避免在洞内引起雷害事故。

（b）雷击时，雷电还可能沿低压架空线路将高电位引入洞库造成事故，因此要求电力和通信线路采用铠装电缆埋地引入洞内。由架空线路转换为电缆埋地引入洞内时，由洞口至转换处的距离不应小于 50m，电缆与架空线的连接处应装设阀型避雷器。避雷器、电缆外皮和瓷铁脚应做电气连接并接地，接地电阻不宜大于 10Ω。

3.4.2.2　油库的防静电技术

（1）静电产生原理　所有物质的带电都可以用双电层理论进行解释。油库中，油料因流动、喷射、沉降、过滤、冲击等产生的静电也不例外。所谓双电层理论，是指当两种不同属性的物体相接触时，由于不同物质的原子得失电子的能力不同，不同原子、原子团或分子的外层电子的能级不同，在接触面处各自的电荷将发生新的排列，并发生电子转移，使界面两侧出现大小相等、极性相反的两层电子，同时在接触面形成电位差。

① 静电积聚　油料在管道内流动时便产生流动电流，随着油料经管线送入油罐或注入油罐车，油料中的电荷也注入了油罐或油罐车。进入油罐或油罐车的带电油料越多，其所带静电

荷量越大。

② 静电泄漏　油料中的静电荷随着油料的注入而增加，当油罐停止注油后，若不考虑由于油料中杂质的沉降所引起的带电，则罐内的静电荷量由于存在泄漏而逐渐减少。

③ 油料带电　在装卸油过程中，油料因流动、喷射、冲击和沉降而带电，这四种带电形式均可用双电层理论进行解释。这些带电油料不断地流入罐内而使罐内油料的电荷积聚，产生一定的电场强度和电位。

a. 流动带电　流动带电是油料储运中常见的带电形式，如油料在管道内流动时，连续发生接触与分离的现象而使被输送的油料带电。当油料处于静止状态时，在油料与金属管壁的分界面上存在着一个双电层。在管壁表面的电荷层称为固定层，该层厚度只有一个分子直径大小且不随液体流动，另一层电荷与界面上金属管壁一侧的电荷符号相反，分布在靠油料的一边，这部分电荷的密度随着与金属管壁的距离加大而减小，处于一种扩散状态。当管道内的油料流动时，靠管壁的负电荷被束缚着，不易流动，而呈扩散状态的正电荷则随油料一起流动，形成电流。这种因流体流动冲走电荷而形成的电流称为流动电流。在工程上经常用这个物理量来衡量油料中带有静电的程度。由于油料的流动使原来的双电层发生了变化，油料中的正电荷被冲走时，原在管壁内侧被束缚的负电荷由于相反电荷的离去而有条件聚集到管壁外侧成为自由电荷。同时，带电油料离去后，又有中性油料分子进行补充，即刻又出现新的双电层。若金属管线接地，则除去管线内侧双电层所束缚的负电荷外，管壁外侧多余的负电荷被导入大地，同时，正电荷随着油料的流动移向前方。

b. 喷射带电　当带有压力的油料从喷嘴或管口以束状喷出后，这种束状的油料便与空气连续发生接触与分离现象，使油料带电。由于喷出的油料与空气接触时，部分油料被分裂成许许多多的小油滴，其中比较大的油滴很快沉降，其他微小的油滴停滞在空气中形成雾状小油滴，这些小油滴云带有大量电荷，形成电荷云。

c. 冲击带电　油料从管道上喷出后遇到壁或板时，油料与壁或板不断地发生接触与分离现象，与壁、板分离后的油料向上飞溅，形成许多带电的油滴，并在其间形成电荷云。这种带电类型在油料的储运过程中经常发生，如轻质油料经过顶部注入口向储油罐或油罐车装油，当油柱下落时与罐壁或油面发生冲突，引起飞沫、气泡和雾滴而带电。

d. 沉降带电　油料由于不同程度地含有杂质，如固体颗粒杂质和水分等，这些颗粒杂质聚集成的大水滴向下沉降也会发生静电带电现象。当油料的静电与罐壁的感应电荷所产生的电场不足以引起放电时，油料的部分电荷仅通过罐壁泄漏，当其产生的场强超过罐内气体所能承受的场强时，气体则被击穿而放电。通过罐壁泄漏，当其产生的场强超过罐内气体所能承受的场强时，气体则被击穿而放电。不同气体的击穿强度不同，如空气的击穿场强为 $35.5kV/cm$，罐内油蒸气的击穿场强为 $4\sim5kV/cm$。

(2) 静电放电　静电放电通常是一种电位较高、能量较小、处于常温常压下的气体击穿。按放电形式的不同，主要分为电晕放电、扇形放电和火花放电三种形式。

① 电晕放电　电晕放电一般发生在电极相距较远、带电体表面有突出部分或棱角的地方，如罐壁的突出物、鹤管等。因突出物或棱角处的曲率半径较小，其尖端积累了很大的电荷量，因此这些地方电场强度较大，能将混合气体局部电离，并出现微弱的辉光和"嘶嘶"声。此种形式的放电能量小而分散，一般放电能量为 $0.012\sim0.03mJ$，不能点燃轻油混合气体（可燃气体点燃的最小放电能量为 $0.25mJ$）。因此其危险性小，引起灾害的概率较小。

② 扇形放电　扇形放电一般发生在油面与平板或球形电极之间，其特点是两极间因气体击穿而形成放电通路，其击穿通路在金属端较集中，其后分出很多分叉，散落在油面上。因此，此种放电不集中在某一点上，而是分布在一定的空气范围内。该放电在单位空间内释放的能量较小，但具有一定的危险性，比电晕放电引起灾害的概率高。

③ 火花放电　火花放电是两电极间的气体被击穿而形成放电通路，但该通路没有分叉，其放电在电极上有明显的集中点，放电时伴有短爆裂声，在瞬间内能量集中释放，因而危险性最大。当两极均为导体且相距又较近时，往往发生火花放电，如油罐内供测量用的金属浮子在接地线断掉时，落入罐内而又漂浮在油面上的金属浮子、系在绝缘绳上的金属测量取样器等均可能引起火花放电。

（3）油库设备静电分布的特点

① 储油罐的静电分布　油库中储油罐的形式多种多样，静电荷在其中的分布也各不相同。对于立式圆柱形拱顶油罐和锥顶桁架油罐，其电位分布相同，最高电位均在油罐中心处。对于无力矩悬链曲线顶油罐，由于罐顶有中心支柱支撑，因此油罐中的最高电位不在油罐中心，而在罐中心与罐壁 1/2 处的圆线上。对于浮顶油罐，基本上不存在静电火灾危险。

油罐在装油过程中，油面电位的最大值有时发生在停止装油后。从注油结束的时刻到最大电位值出现的时刻，称为延迟时间。油罐进油到罐容的 90% 时停止作业后实测的电位变化曲线中，延迟时间是 23.6s，一般 78s 之后电位才有显著下降。因此，为了安全起见，当需要直接测量液位或油温时，应该躲过罐内静电荷的泄漏时间（也称静置时间）。日本的《静电安全指南》中是按油罐的容积和油料的电导率来确定静置时间，如表 3-4 所示。原中国石油化工总公司制定试行的《石油化工企业易燃、可燃液体静电安全规定》中规定的静电静置时间与日本相同，中国人民解放军总后勤部物资油料部根据军用轻质油料品种少和电导率差异不大的实际情况，为使用方便，对轻质油料静置时间做出了规定，如表 3-5 所示。

表 3-4　油料静置时间

带电液体电导率/(S/m)	储油设备容积/m³			
	<10min	10～50min	50～5000min	>5000min
>10⁻⁶	1	1	1	2
10⁻¹²～10⁻⁶	2	3	10	30
10⁻¹⁴～10⁻¹²	4	5	60	120
<10⁻¹⁴	10	15	120	200

表 3-5　轻质油料静置时间

油罐容积/m³	<10	10～50	50～5000	>5000
静置时间/min	3	5	15	30

② 管路系统的静电分布　油库的收发油管路系统主要包括管线、泵和过滤器。卸油时，一般为泵式卸油管路系统。装油时，一般为自流式装油管路系统。管路系统主要包括管线和过滤器。从图 3-3 中可以看出，泵式卸油管路系统产生的静电荷，从过滤器开始大量产生，并达到高峰，经泵后也产生大量的静电荷，最后经管线进入油罐。

③ 铁路油罐车的静电分布　目前，给铁路油罐车装油一般都为自流式装油，其静电的产生受管路系统、装油方式和鹤管分流头形状的影响。铁路油罐车在装卸油及运输的过程中会产生静电，静电分布情况如图 3-4 所示。自流式装油管路系统与泵式卸油管路系统的不同之处是没有泵的作用而使静电荷急剧增加的环节。

对于自流式装油管路系统，由于没有泵的作用而使静电荷急剧增加的环节，进入过滤器的初值较小，但为了避免进入油罐车的电荷过大，一般要求过滤器离装卸油栈台在 100m 以外，以便有足够的时间使静电荷逸散。

油罐车内油面电位的分布，主要取决于电荷所在位置和电容数值的大小。一般来说，在鹤管油柱下落处的电荷密度较大，在车内中部位置电容较小（有爬梯时稍有增加），所以油罐车中心部位的电位较高。油面电位的大小随油面的上升而变化，最高电位出现在 1/3～1/2 容积处。

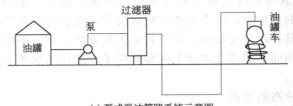

(a) 泵式泄油管路系统示意图

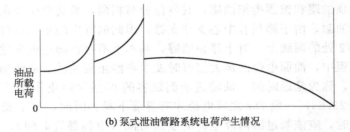

(b) 泵式泄油管路系统电荷产生情况

图 3-3　泵式卸油管路系统电荷产生情况分析图

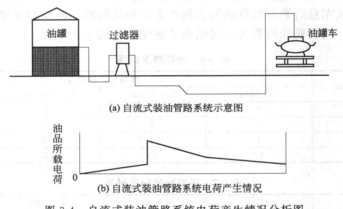

(a) 自流式装油管路系统示意图

(b) 自流式装油管路系统电荷产生情况

图 3-4　自流式装油管路系统电荷产生情况分析图

（4）油库防静电的技术措施　工艺控制法就是在工艺流程、设备结构、材料选择和操作管理等方面采取措施，以限制静电的产生或控制静电的积累，从而保证油库安全。

① 限制输送速度　降低物料移动中的摩擦速度或液体物料在管道中的流速等工作参数，可限制静电的产生。装轻质油料时初始流速要慢，不得大于 1m/s，直到鹤管管口完全浸入油料中才可逐渐提高流速。给铁路油罐车灌装时，油料在鹤管内的允许流速按下式计算：

$$V^2 D \leqslant 0.8 \tag{3-4}$$

式中　V——油料流速，m/s；

　　　D——鹤管内径，m。

对于汽车油罐车，灌装时油料在鹤管内的允许流速按下式计算：

$$V^2 D \leqslant 0.5 \tag{3-5}$$

② 采用合理的装油方式　装油方式可分为上部装油方式和底部装油方式，不同的装油方式对油面电位的影响相差很大。对轻质油料而言，铁路油罐车的装油方式为上装式。当鹤管伸至油罐底部时，实现了暗流装油，避免了因喷射、冲击而引起的静电。但在实际操作中，由于鹤管头部伸入油品中，会造成鹤管内阻力增加，油料从套管间溢出，所以往往鹤管头部与油罐底部留有一定的距离。因此，在装油的初始阶段，油料必然要冲击罐底，搅动罐内油料，产生

大量的冲击电荷，使罐内油料的静电荷量急剧增加，尤其是在鹤管口附近的油面上会集聚更多的电荷，使电位梯度增大，容易引起放电。

使用不同的鹤管分流头能降低油品喷溅带电。目前主要使用的分流头有圆筒形、T 形、锥形和 45°斜口等数种。除圆筒形外，其他各种分流头都能使油料分散下落，避免局部电荷过多，其中 T 形分流头降低油面电位的效果最为显著。

③ 采取合理的操作方式　为了防止静电危害，在操作上应遵守如下原则。

a. 避免由顶部喷溅装油，应使鹤管接近罐底，并采用 T 形或 45°斜口分流头，以减少底部的水和沉淀物的搅动。

b. 检尺、测温和取样要等罐内油料静置到规定时间后方可进行，严禁在装油过程中进行检尺、测温和取样。检测用的吊绳必须采用导电性能良好的绳索，并与罐体进行可靠接地。

c. 过滤器与容器之间要有足够的管段，以便通过过滤器的油料有 30s 以上的电荷泄漏时间。

d. 不允许用压缩气体搅拌。

e. 应打捞出浮在油面上的金属。

f. 油罐进油时，顶盖不允许有人。

g. 浮顶油罐的浮顶浮起前，进油速度应限制在 1m/s 以下。

h. 车、油船换装油品前，必须洗罐（舱）。

④ 加快静电荷的逸散　在产生静电的任何工艺过程中，总是包含着产生和逸散两个区域。逸散就是指电荷从带电体上泄漏消散。可采取如下措施加快静电荷逸散。

a. 在输送液体物料时，利用流速减慢时消散显著的特点，使带电的液体在通过管道进入储罐之前，先进入缓冲器内"缓冲"一段时间，这样就可使大部分电荷在这段时间里逸散，从而大大减少了进入储罐的电荷。

b. 经输油管注入储罐的液体会带入一定的静电荷，由于同性相斥，液体内的电荷将向器壁、液面集中并泄入大地，此过程需一定时间，所以石油产品送入储罐后应静置一定时间，才能进行检尺、采样等工作。

c. 降低爆炸性混合物浓度可消除或减轻爆炸性混合物的危险，可以在危险场所充填惰性气体，如二氧化碳和氮气等，用以隔绝空气或稀释爆炸性混合物，以达到防火、防爆的目的。

d. 油罐或管道内混有杂质时，有类似粉体起电的作用，静电产生量将增大。油品采用空气调和也是很不安全的。石油产品在生产输送中要避免水、空气及其他杂质与油品之间以及不同油品之间相互混合。

⑤ 消除产生静电的附加源　产生静电的附加源包括液流的喷溅、容器底部积水受到注入液流的搅拌、在液体或粉体内夹入空气或气泡、粉尘在料斗或料仓内冲击、液体或粉体的混合搅动等。只要采取相应的措施，就可以减少静电的产生，这些措施如下。

a. 从底部注油或将油管延伸至容器底部液面下，从而避免液体在容器内喷溅。

b. 改变注油管出口处的几何形状，主要是为了减轻从油罐车顶部注油时的冲击，从而减少注油时产生的静电。这样做对降低油罐内油面的电位有一定的效果。

⑥ 接地与跨接　接地与跨接是最常见的消除静电的方法。静电接地是指将设备、容器及管线通过金属导线和接地体与大地相连而形成等电位。跨接是指将金属设备以及各管线之间用金属导线相连接，形成等电位。接地与跨接的目的：一是人为地使设备与大地形成等电位体，避免因静电电位差造成火花而引起灾害；二是当有杂散电流时，形成一个良好的通路，以防止在断路处产生火花而造成事故。

在油库中，应进行静电接地的设备可分为两大类：一类是固定设备，包括储油罐、输油管线、铁路装卸油场、码头装卸油设施设备和自动化计量设备等；另一类为移动设备，包括铁路油罐车、汽车油罐车、油船和油桶等。下面仅介绍储油罐和输油管线的接地与跨接。

a. 储油罐的接地与跨接　油库中，油罐的种类繁多。对于一般金属油罐，通过外壁进行良好的接地即可。洞库内的油罐、油管、油气呼吸管、金属通风管和管件都应用导静电引线连接。在主引道内设导静电干线（一般用 40×4 扁钢），引线和干线连接形成导静电系统，干线引至洞外，在适当的位置设静电接地体。对于非金属油罐，应在罐内设置防静电导体引至罐外接地，并与油罐的金属管线连接。除外壁良好的接地外，浮顶油罐还需要将浮顶与罐体、挡雨板与罐顶、活动爬梯与罐顶进行跨接，跨接线用截面积不小于 $25mm^2$ 的钢绞线。为了保证接地可靠，油罐接地应不少于两点，若油罐已有防雷接地装置，可不必再设防静电装置。

b. 输油管线的接地与跨接　地下、地上或管沟敷设的输油管和集油管等管线，其始端、末端、分支处以及直线段每隔 $200 \sim 300m$ 处，应设防静电接地和防感应雷接地装置，接地电阻不宜大于 30Ω，接地点宜设在固定墩（架）处。对于不长于 $200m$ 的管线，应在始端、末端各设一个接地装置。

管线用法兰连接的阀门、流量计、过滤器、泵、储油罐等设备，每一个连接处都应设导静电跨接，其接触电阻不应大于 0.03Ω，用金属螺栓一般都能满足要求，若不满足要求，两法兰间应采用连接极或钢线跨接，每处至少装两根。

在平行敷设的管线之间的管道支架（固定座）处应做跨接，输油管线已装阴极保护区段不应再做静电接地。平行敷设的地上管线之间间距小于 $1m$ 时，每隔 $50m$ 左右应用 40×4 扁钢相互跨接。

3.4.3　油库大型储罐和天然气集输系统火灾灭火技术

3.4.3.1　原油火灾常用的灭火方法

发生原油火灾时常用的灭火方法有以下几种。

（1）冷却法　冷却法的目的在于吸收可燃物氧化过程中放出的热量。对于已燃烧的物质，可以降低其温度到燃点以下，同时抑制可燃物分解的过程，减缓可燃气体产生的速度，造成因可燃气体"供不应求"而灭火。对于已燃物附近的其他可燃物，可使它们免受火焰辐射热的威胁，破坏燃烧的温度条件。

（2）窒息法　窒息法是通过隔绝助燃物——氧气，使已燃物在与新鲜空气隔绝的情况下自行熄灭。运用这种方法灭火的方式有以下几种。

① 用不燃物或难燃物直接堆积覆盖在燃烧物的表面，隔绝新鲜空气。

② 用水蒸气或难燃气体喷射到燃烧物上，稀释空气中的氧气，使氧气在空气中的含量降低到 9% 以下。

③ 封闭正在燃烧的容器的孔洞、缝隙，使容器中的氧气消耗殆尽后，火焰自行熄灭。

（3）隔离法　隔离法是将火源与可燃物隔离，以防止燃烧蔓延。具体方法有以下几种。

① 迅速移开火场附近的可燃、易燃、易爆物。

② 及时拆除与火场毗邻的可燃物及导火物。

③ 阻止新的可燃物和易燃物进入燃烧地带。

④ 限制燃烧的物质流散、飞溅。

⑤ 将可移动的燃烧物移到空旷的地方，使燃烧物在人的控制下燃烧。

（4）化学中断法　化学中断法又称化学抑制法，它是一种近代发展起来的新的灭火技术。它是依据新的燃烧理论提出的，它认为燃烧是由于某些活性基团维持的连锁反应。化学中断法灭火就是借助化学灭火剂破坏、抑制这些活性基团的产生和存在，中断燃烧的连锁反应，从而达到灭火的目的。

3.4.3.2　原油储罐的灭火方法

（1）灭火基本要求　坚持冷却保护，防止爆炸，充分利用固定、半固定消防设施，适时扑灭火灾。

（2）灭火具体要求

① 及时扑灭　及时发现火灾，并迅速向火场调派具备相应灭火能力的消防人员，力求及时扑灭火灾。

② 冷却保护　对燃烧油罐全面冷却，控制火势发展，防止油罐变形或塌裂；对于没有保温层的邻近罐需进行半面（着火面）冷却，并视情况加大冷却强度。

③ 以固为主，固移结合　对装有固定、半固定泡沫灭火装置的燃烧罐，在可以使用的情况下，坚持"以固为主"的原则，辅以移动式消防车泡沫炮或移动泡沫炮、泡沫钩管、泡沫管枪等相结合的方法灭火。

④ 备足力量，攻坚灭火　对爆炸后形成稳定燃烧的油罐，在进行冷却的同时，积极做好灭火准备工作，在具备了灭火所需人员、装备、灭火剂、水等条件下迅速将火势扑灭。

⑤ 隔绝空气，窒息灭火　油罐的裂口、呼吸阀、量油孔等处呈火炬型燃烧时，可采取封堵或覆盖灭火法，将其窒息。

（3）灭火措施和行动要求

① 火情判断　通过外部观察、询问知情人、仪器检测，迅速查明以下情况。

a. 燃烧罐内油的储量、液面高度和油液面积。

b. 燃烧罐的罐顶结构。

c. 受火势威胁或热辐射作用的邻近罐的情况。

d. 固定、半固定灭火装置完好程度以及架设泡沫钩管的位置。

e. 原油的含水率，有无水垫层。

② 冷却防爆措施

a. 冷却燃烧罐的供水强度为 $0.68 \sim 0.8 L/(s \cdot m^2)$，冷却邻近罐的供水强度为 $0.35 \sim 0.7 L/(s \cdot m^2)$。

b. 开启水喷淋冷却装置。

c. 利用水枪、带架水枪或水炮。

d. 冷却水要射至罐壁上沿，要求均匀，不留空白点。

e. 对邻近受火势威胁的油罐，视情形启动泡沫灭火装置，先期用泡沫覆盖，防止油品蒸发，引起爆炸。

f. 用湿毛毡、棉被等覆盖呼吸阀、量油口等油品蒸气的泄漏点。

③ 灭火准备

a. 加强灭火剂储备，泡沫液的准备量通常应达到一次灭火用量的 6 倍，同时准备一定数量的干粉灭火剂。

b. 落实人员、装备，灭火所需要的大功率泡沫消防车、干粉消防车、举高消防车、移动泡沫炮、泡沫钩管、指战员个人防护装备器材等要组织到位，落实灭火人员，明确灭火任务。

c. 确保火场供水，指定专人负责火场供水，合理分配水源，确定最佳的供水方案，确保供水不间断。

d. 保证火场通信畅通，有条件的火场应设置大功率扩音器。

④ 灭火措施

a. 对大面积地面流淌性火灾，采取围堵防流、分片扑灭的灭火方法；对大量的地面油品火灾，可视情形采取挖沟导流方法，将油品导入安全的指定地点，利用干粉泡沫扑灭。

b. 对灭火装置完好的燃烧罐，启动灭火装置实施灭火。

c. 对灭火装置被破坏的燃烧罐，利用泡沫管枪、移动泡沫炮、泡沫钩管或利用高喷车、举高消防车喷射泡沫等方法灭火。

d. 对在油罐的裂口、呼吸阀、量油口等处形成的火炬型燃烧，可用覆盖物（浸湿的棉被、石棉被、毛毡等）覆盖火焰窒息灭火，也可用直流水冲击灭火或喷射干粉灭火。

⑤ 注意事项

a. 灭火人员应配有防高温、防毒气的防护装备。

b. 正确选用灭火剂，液上喷射可使用普通蛋白泡沫，液下喷射应使用氟蛋白泡沫。

c. 正确选择停车位置，消防车尽量停在上风或侧风方向，与燃烧罐保持一定的安全距离，扑救原油罐火灾时，消防车头应背向油罐，以备紧急撤离。

d. 注意观察火场情况变化，及时发现沸溢、喷溅征兆。

e. 充分冷却，防止复燃，燃烧罐的火势被扑灭后，要继续对其罐壁实施冷却，直至使油品温度降到燃点以下为止。

3.4.3.3 天然气灭火措施

(1) 天然气火灾扑救措施

① 天然气火灾灭火要求

a. 及时发现，迅速扑灭。及时发现火灾，并抓住火灾初期阶段或火势较弱的有利时机，利用环境条件，做到查明情况快、信息传递快、战术决策快，迅速控制和扑灭火灾。

b. 以冷制热，防止爆炸。在灭火的同时，对着火设备及四周邻近设备进行冷却降温，防止设备、容器、管道因受高温影响而引起燃烧爆炸。

c. 先重点，后一般。在扑救火灾时，一般可先扑灭外围火，并控制火势向周围蔓延扩大，防止形成大面积火灾。但在消防力量不足时，则应根据着火部位的不同情况，先重点，后一般，先易后难，控制火势，待增援力量到达后，再一举扑灭火灾。

d. 各个击破，适时合围。对于较大面积的火灾，应采取各个击破、穿插分割、堵截火势、适时围歼的方法。

② 扑救天然气火灾的具体措施

a. 断源灭火。该方法是解决集输系统火灾首先应该考虑的方法。

b. 灭火剂灭火。扑救天然气火灾，可选用的灭火剂很多，通常可选择水、干粉、卤代烷、水蒸气、氮气及二氧化碳等灭火剂灭火。利用水枪灭火时，宜以 $60°\sim70°$ 的倾斜角度入射，用压力大于 6kPa 的高压水流喷射火焰，可取得良好的灭火效果。

c. 堵漏灭火。对气体压力不大的漏气火灾采取堵漏灭火时，可用湿棉被、湿麻袋、湿布、石棉毡或黏土等封住着火部位，隔绝空气，使火熄灭。在关阀补焊时，必须严格执行操作规程和动火规定，并迅速进行作业，以避免二次着火爆炸。

天然气泄漏但尚未着火时，应迅速关闭进气阀门和落实堵漏措施，杜绝气体外泄。迅速设置警戒区，警戒区应布置在天然气浓度在爆炸下限 30% 的范围内，并随时注意风向变化；禁止一切车辆驶入警戒区，停留在警戒区的车辆严禁启动；做好灭火准备，防止遇火源发生着火爆炸。消防车到达现场，不可直接进入天然气扩散地带，应停留在扩散地带上风方向和高坡安全地带，消防人员动作应谨慎，防止碰撞金属产生火花而引发火灾。根据现场情况，动员天然气扩散区的居民和职工迅速熄灭一切火种并撤离扩散区。

天然气扩散后可能遇到火源的部位，应作为灭火工作的重点区域，安排部署消防力量，做好应对着火爆炸事故的准备。利用喷雾水或水蒸气吹散泄漏的天然气，防止形成爆炸性混合物。险情排除后，经过测试，其浓度确已低于爆炸下限时，方可恢复正常生产。

(2) 天然气火灾灭火注意事项 扑灭天然气火灾时应注意以下几点。

① 扑灭含有较高硫化氢的天然气火灾时，应注意防毒。

② 进入现场的人员，严禁穿铁钉鞋和化纤衣服。一般先采取淋湿衣服的措施，以防产生静电火花。用地形、地物（如门板、墙壁、设备、工具车等）作掩体，防止冲击波和热辐射的伤害。观察储气罐（柜）爆炸征兆，当发现储气罐排气阀猛烈排气并有刺耳哨声、罐体剧烈震动、火焰发白时，便是爆炸征兆，应迅速组织全体人员撤离。

③ 危险区内不得敲打金属，防止产生火花，必要时可使用铜锤、胶皮锤等不产生火花的工具。

④ 排除室内天然气须破拆门窗时，应选择侧风向，使用木棍击碎玻璃，以防撞击产生火花引起天然气着火爆炸。

⑤ 充分利用厂、站、库内的灭火设施。

⑥ 灭火时，一定要在指挥人员的统一指挥下，各消防力量同时灭火，一举将火扑灭，切忌各行其是、分散灭火，否则既浪费人力、物力，又达不到灭火的目的。

⑦ 一切非灭火人员应远离现场。

3.4.3.4　天然气的防火防爆措施

天然气的防火防爆措施包括下面几种。

(1) 控制天然气泄漏　防止天然气泄漏，是预防天然气火灾的主要措施。通常漏气的主要部位有输气管上的阀门、计量表、调压检修表、调节器检修柜、旋转阀垫圈处、软管与灶具或其他用具的连接部位等，应加强对这些部位的护理与检查。

(2) 消除着火源　一般可能出现的着火源主要有非防爆电器产生的电火花、电气焊火花、静电火花、雷电火花、撞击火花、明火及其他着火源等。针对这些着火源应采取以下措施进行严格消除和控制：站区所有电器要使用防爆电器并定期检修；站区内严禁烟火，禁止吸烟和带入火种；严禁车辆进入防区，在燃气泄漏情况下禁止发动车辆；检修作业中应防止撞击、摔砸、强烈摩擦；检修作业动火或使用非防爆电器应按照危险作业规定执行；燃气设备应采取防静电措施；罐区及建筑物应采取防雷措施；站区辅助区应严格控制火源。

(3) 控制氧化剂　氧化剂要分类存放。例如，有机氧化剂不能和无机氧化剂混存，氯酸盐、硝酸盐、高锰酸盐和亚硝酸盐都不能混存，过氧化物则宜专库存放。氧化剂还应与爆炸物、易爆物、可燃物、酸类、碱类、还原剂以及生活区隔离。库房内要洁净、阴凉通风、干燥，防止酸雾进入，远离火种、热源，防止日光曝晒，照明设备要防爆。

3.4.3.5　不同类型油罐的火灾扑救方法

储存易燃及可燃油品的油罐，特别是 $5000m^3$ 以上的大型储罐，一般都按规范要求设有固定或半固定消防设施。选用的灭火药剂有空气（机械）泡沫液、氟蛋白泡沫液。这些设施都是为了在火灾发生初期迅速将火扑灭或将火灾抑制于萌芽状态。

油罐一旦着火，只要固定或半固定消防系统没有遭到破坏，油库消防值班人员和工作人员应首先启动消防供水系统，对着火罐和邻近罐进行喷淋冷却保护，同时按照固定消防的操作程序，启动固定消防泡沫泵，根据着火罐上设置的泡沫产生器所需的泡沫液量，配制泡沫液，保证泡沫供应强度，连续不断地输送泡沫混合液，力争在较短时间内将火扑灭。

在油罐掀顶的同时，往往会将固定消防设施破坏，使其丧失灭火功能。特别是装于非金属油罐上的固定消防设施，更易遭到破坏。无论是金属锥顶罐还是非金属罐，着火爆炸后，固定消防设施均遭到破坏，未能起到预计的作用。当固定消防设施遭到破坏而不能发挥作用时，扑救油罐火灾便显得更加复杂和困难。这时必须根据油品性质、火灾特点、油罐破坏情况、有无沸溢发生、对周围环境威胁程度等，做出正确判断，迅速制定灭火方案，做好人力与物力上的充分准备，力求尽决控制火势和灭火。

(1) 拱顶罐火灾的扑救

① 火炬型燃烧的扑救　火炬型燃烧一般是在罐顶呼吸阀、透光孔或裂缝处的燃烧。

灭火时，首先应根据火焰燃烧的特点来判断在短期内油罐是否会发生爆炸。一般认为当火焰呈橘黄色、发亮、有黑烟时，油罐不会爆炸。这时罐内油气混合气体的浓度超过了爆炸极限，处于富气状态，且因混合气中缺氧，燃烧不完全，故有黑烟冒出，还伴有烧得火红的微小炭粒，使火焰显得发亮。当火焰呈蓝色、不亮、无黑烟时，说明罐内油气混合物的浓度处在爆炸极限范围内，有可能在短期内发生爆炸。

如果着火罐不会发生爆炸，这时灭火人员可以靠近着火处，采取关闭盖子或用覆盖物（如浸湿的棉被、麻袋、石棉毡等）窒息灭火，也可以用手提式化学干粉灭火。

如果着火罐随时都可能发生爆炸，严禁灭火人员靠近油罐。这时可用喷射水流、泡沫进行切割、封闭的方法灭火。特别需要指出的是发生火炬型燃烧时，严禁将罐内油品外输，这样会使罐内形成负压，将罐外燃烧的火焰吸入罐内引起爆炸。

② 油罐罐盖全部掀掉时的火灾扑救　对于罐盖全部被掀掉的油罐火灾，如果设有固定消防设施且火灾后未遭到破坏而失效时，应首先启动清水系统，对着火罐和邻近罐进行冷却，接着启动泡沫灭火系统，对着火罐油面火焰进行泡沫灭火；当固定消防设施遭到破坏时，可用预先计算出的足够数量的移动式灭火设备，及时控制火势，迅速扑灭火灾。

对有可能产生沸溢现象的原油罐或重油罐，在着火爆炸后顶盖全部被掀掉，为油品沸溢创造了条件。因此，在扑救这类油罐的火灾时，在灭火方案上要考虑以下几点。

a. 破坏热波或减小热波的传递速度　由前面所述的原油火灾特性可知，原油罐发生沸溢现象主要是由于原油发生火灾后具有产生热波的性质。如果在灭火过程中，采取以下措施破坏热波或减小热波的传递速度，就可以防止沸溢或延缓沸溢的时间。

(a) 在热波中注入冷却水。着火后，施放泡沫之前，用软管喷头将水注入油品表面形成的热波中，水流速度控制在 $0.08\sim0.2L/(min\cdot m^2)$ 的范围内。这时油品表面起泡，导致缓和的溢出，起到冷却热波层和减小热波传递速度的作用。这一操作应持续到安全施放泡沫为止。

(b) 空气搅拌法。当罐内液位较高时，可用空气搅拌法破坏热波层。在热波深度达罐中油品的 1/4 前，采用空气搅拌法最有效。超过此深度，搅动热波可能会使油品温度升高超过水的沸点。在这种情况下，若罐底有水，将会开始沸溢。若罐底无水，而油温超过水的沸点，则在施放泡沫时也会发生缓和的沸溢，此时若能进行有效的控制，火焰将会熄灭并减少泡沫用量。

(c) 当液位较低时，可泵入部分冷油来降低热波温度。

b. 施放泡沫的时间　用泡沫扑灭沸溢性油品的火灾时，施放泡沫的时间至关重要。

由试验可知，一般在着火后的 30min 内，也就是有效热波厚度在 $30\sim50cm$ 以下时，应将火扑灭。如果错过了施放泡沫的良机，尽管施放了泡沫也达不到预期效果，仍会发生沸溢，造成人员伤亡、火灾扩大的后果。

③ 罐盖部分破坏或塌落在罐内时的火灾扑救　油罐发生爆炸或燃烧后，多数情况是罐盖的一部分掉进罐内，而一部分在液面上。罐顶呈凹凸不平的状态，火焰灼烧液面的罐盖，对泡沫有破坏作用。此外，由于罐顶凹凸不平、泡沫不易覆盖住被罐盖遮挡部分的火焰，不能发挥灭火作用。

在这种情况下，当液位较低时可以提高液位，使液面高出罐盖，然后再注入泡沫，扑灭火灾。

如果是原油罐或重油罐，在使用泡沫灭火不能发挥作用时，这时的灭火方针应是尽量减少油品沸溢带来的损失。根据估算可能发生沸溢的时间，将油品外输一部分。这不仅可以减少油品损失，而且为油品沸溢在罐内准备了更多的空间，不致使油品外泄过多，扩大火势。

除了估算沸溢发生的时间外，还可通过观察热波传递的深度来判断沸溢的发生。一般观察热波传递深度的具体操作是：在着火罐的上风方向用水枪把水喷射在罐壁上，观察罐壁上水的汽化界面，热波深度一般在这个界面以下，也可以在上风向的罐壁上涂上热敏漆或其他受热变色涂料，它们在热波界面上将会改变颜色。

④ 罐壁或罐底破坏时的火灾扑救　油罐着火后，无论罐壁或罐底遭到破坏都会使油品流散，在防火堤内形成大面积燃烧，给扑救工作带来很大困难。遇到这种情况，应根据具体情况，采用相应的措施，科学地组织灭火力量，有效地扑灭火灾。

当油罐周围全是油火，灭火人员无法接近着火罐时，即使固定泡沫灭火设备未被破坏，也无法使用，其他灭火设备也无法使用。在这种情况下，应组织足够的灭火力量，采用堵截包围的灭火方法，首先扑救防火堤内的流散火焰，一般可用化学干粉灭火器，由远及近逐渐向着火罐推进进行灭火，然后再扑救罐内的火灾。

（2）浮顶罐火灾的扑救　浮顶罐的火灾几乎全是发生在罐顶边缘密封处。因为只有这个地方由于密封不严，有可燃气体冒出而被点燃。储存在浮顶罐中的原油，由于发生沸溢的条件不完全具备，尽管在密封圈处发生火灾，油罐也不会发生沸溢现象。

浮顶罐火灾大多数可以在发生火灾的短期内被扑灭。用便携式泡沫水龙带或手提式化学干粉灭火器即可扑灭。如果周围都有火焰，应两个人合作同时进行灭火，即由同一点开始灭火，然后背向而行，在罐的另一侧汇合。

对于密封处火灾发现较晚的少数罐，由于燃烧时间较长，周围钢板温度会很高。这时，如果直接使用泡沫灭火，泡沫会遭到破坏。因此，首先应该用水冷却油罐，然后再使用泡沫进行灭火。

扑救浮顶罐火灾时，要特别注意的是泡沫和水雾不能以大流量直接冲入密封处，防止油品从此处溅到浮顶上，引起大面积燃烧，给灭火带来更大困难。同时也要防止泡沫和冷却水大量注入浮顶。这不仅可以节约大量泡沫剂，而且不致使浮顶负荷太重而沉没。在灭火过程中，还要注意打开浮顶上的排泄阀。

如果浮顶发生了沉没，油品一定会全部卷入火灾。在这种情况下，应将油品转移到罐外安全的地方。转移油品的数量应满足使液位降低到浮顶沉降到的深度为止。这时再进行灭火会比较容易，沸溢的机会也少。灭火方法和步骤与拱顶罐相同。

（3）非金属罐火灾的扑救　非金属罐多建于地下或半地下。罐周围一般不设防火堤。出于结构强度方面的考虑，罐身较浅而断面面积较大，油罐着火后，钢筋混凝土预制顶盖几乎全部被破坏或炸飞，致使暴露面积增大，罐顶上的固定消防设施多数也易遭到破坏而失效。由于罐身浅，容易在短期内发生沸溢、喷溅。因此，非金属罐一旦发生火灾，具有更大的危险性和破坏性。

非金属罐火灾的扑救，难度比金属罐大得多。因此，必须根据其火灾特点，制定出周密的消防预案，确定灭火力量。

① 确定灭火力量　确定非金属罐的灭火力量，及时控制火势，迅速、有效地将火扑灭。除遵照消防规范的要求外，还应考虑到非金属罐燃烧面积大及其他火灾特点，计算出实际所需的最大灭火力量。例如，当罐内钢筋混凝土柱表面温度达 $600 \sim 700 ℃$ 时，其辐射热对泡沫有严重的破坏作用。

② 建立联合消防体系　实践证明，对于非金属罐的火灾，在固定消防设施遭到破坏的情况下，仅凭本单位的消防力量，往往难以扑救。对于这种情况，除应适当扩大专职消防力量进行自防、自救外，还应协同友邻单位，建立联合消防体系，即各单位可根据各自的火灾特点，确定联合灭火方案及各自出动的灭火力量。在规定的时间内，着火单位能够汇集足够的灭火力量，从而迅速、有效地控制和扑灭火灾。

此外，由于地下或半地下的非金属罐周围一般不设防火堤，一旦发生火灾，油火将会四处流淌。这时可根据具体情况，采取筑堤堵流，把流散的油品堵截在一定范围内，控制火势的发展，或者把油品引导到安全的地方。

为了防止非金属罐着火时发生沸溢，平时应该经常注意排出罐内底水。

第4章
矿山安全技术

我国煤矿约 90% 以上采用井工开采，地下作业是井工开采的基本特点。与地面作业相比，地下作业存在许多不安全的自然因素，其中水、火、瓦斯、矿尘、顶板是煤矿井工开采危害最为严重的五大灾害因素。

矿山安全技术是伴随着矿山生产的出现而出现的，又随着矿山生产技术的发展而不断发展。工业革命后，矿山生产中广泛使用机械、电力及烈性炸药等新技术、新设备、新能源，使矿山生产效率大幅度提高。同时，采用新技术、新设备、新能源也带来了新的不安全因素，导致矿山事故频繁发生，事故伤害和职业病人数急剧增加。

随着现代科学技术的进步，彻底改变了矿山生产面貌，矿山安全技术也不断发展更新，大大增强了人们控制不安全因素的能力。矿山安全技术及工程知识结构庞大，涉及面很广，本部分内容主要论述矿山井下生产中重大的安全因素及其引发灾害事故的防治，包括矿井通风、矿井瓦斯及防治、矿井火灾及防治、矿井粉尘及防治、矿井水灾及防治等。

4.1 矿井通风

矿井通风是指利用机械和自然风压为动力，使地面新鲜空气进入井下，并在井巷中作定向和定量流动，稀释井下有害物质并将污浊的空气排出矿井的全过程。其实质是有效、合理地组织空气流动，稀释有害物质。矿井通风的基本任务是：连续不断地向井下供给适当的空气，将新鲜空气科学、合理地分配到各个用风地点，控制并稀释有毒有害物质，调节矿井内气候条件，保证安全生产。

4.1.1 矿井空气流动的基本理论

矿井空气流动的基本理论主要研究矿井空气沿井巷流动过程中宏观力学参数的变化规律以及能量的转换关系。

4.1.1.1 空气的主要状态参数

与矿井通风工程研究密切相关的空气状态参数有温度、压力（通常用压强表示）、密度、比容、湿度和焓，有时还考虑空气的黏性。湿空气的密度（kg/m³）计算公式为：

$$\rho = \frac{0.003484P}{273.15+T}\left(1 - \frac{0.378\varphi P_s}{P}\right) \tag{4-1}$$

式中　P——空气的绝对压力，Pa；

　　　T——空气的干球温度，℃；

　　　P_s——在温度为 t 时饱和水蒸气的分压力，Pa；

φ——空气的相对湿度，φ 取 0~1。

在矿井通风工程中，空气密度（kg/m³）可近似地按下式计算：

$$\rho = (0.003458 - 0.003473)\frac{P}{T} \tag{4-2}$$

特别地，当井下空气相对湿度超过 60% 时，一般按 $\rho = \dfrac{0.003458P}{T}$ 来近似计算。

4.1.1.2　风流能量与压力

能量与压力是通风工程中两个重要的基本概念，它们既密切相关又有区别。空气的能量对外做功有力的表现时，我们称之为压力，压力可以理解为单位体积流体所具有的对外做功的机械能，其单位为 Pa。$1\text{Pa} = 1\text{N/m}^2 = 1\text{N} \cdot \text{m/m}^3 = 1\text{J/m}^3$。

(1) 静压能和静压　空气分子作无规则的热运动时所具有的分子动能中一部分转化为能够对外做功的机械能称为静压能，用 E_P 表示（J/m³）。空气分子撞击到器壁上，就会有力的效应，这种单位面积上的力的效应称为静压力，简称静压，以 P 表示，单位为 N/m²，即 Pa。在矿井通风学中，压力的概念与物理学中的压强相同，即单位面积上受到的垂直作用力，静压力即为单位体积空气的静压能。

(2) 重力位能和位压　物体在地球重力场中因地球引力的作用，由于位置不同而具有的一种能量称为重力位能，用 E_{po} 表示。重力位能是一个相对概念，其计算应有一个参照基准。

$$E_{\text{po}_{1\text{-}2}} = \int_2^1 \rho g \, \mathrm{d}Z \tag{4-3}$$

式中　$E_{\text{po}_{1\text{-}2}}$——1 断面与 2 断面间单位体积空气具有的重力位能差，J/m³ 或 Pa；

　　　　ρ——1 断面与 2 断面间空气的密度，它是 Z 的函数，kg/m³；

　　　　Z——各断面在地球重力场的标高，m。

在矿井通风工程中，通常将某点空气所具有的静压能和位能之和称为势能，它与物理学中刚体的势能不是同一个概念。显然，势能也是一个相对概念，通常只定义某两断面间空气的势能差而不定义某断面空气所具有的势能。

(3) 动能和动压　单位体积流体作宏观运动（即定向流动）时所具有的那部分能量称为动能，用 E_v 表示，单位为 J/m³，其动能转化所显现的压力称为动压或速压，以 h_v 表示，单位为 Pa，计算公式为：

$$h_v = \frac{1}{2}\rho v^2 \tag{4-4}$$

式中　h_v——某点空气流速为 v 时单位体积空气所具有的动能，即动压，J/m³ 或 Pa；

　　　　v——某点空气流速，m/s。

通常情况下，以某断面平均速压来研究井巷空气流动规律。

4.1.1.3　风流点压力及其相互关系

风流点压力是指测点单位体积空气所具有的总能量，即压力。

在压入式通风管路中，任意一点空气的绝对全压 P_t 和绝对静压 P_s 一般都高于外面与该点同标高的大气中的大气压力 P_0，故称正压通风；在抽出式通风的管路中，任意一点空气的绝对全压 P_t 和绝对静压 P_s 一般都低于外面与该点同标高的大气中的大气压力 P_0，故称负压通风。但在风机出口的扩散器中，由于扩散器断面的变化，其内部空气的绝对静压 P_s 小于与该点同标高的外面大气中的大气压力 P_0，安装扩散器的目的也在于回收速压，以提高风机对井巷通风的能力。风流点压力存在如下关系：

$$P_t = P_s + h_v \tag{4-5}$$

$$h_t = |P_t - P_0| \tag{4-6}$$

$$h_s = |P_s - P_0| \tag{4-7}$$

式中　P_s，P_t——通风管路中某点空气的绝对静压、绝对全压，Pa；

　　　P_0——与通风管路中某点同标高的外面大气压力，Pa；

　　　h_s，h_t——通风管路中某点空气的相对静压、相对全压，Pa；

　　　h_v——通风管路中某点空气的速压，Pa。

由于相对静压、相对全压都是取绝对值，故一般存在下列关系。

在抽出段：

$$h_s = |P_s - P_0| = P_0 - P_s \tag{4-8}$$

$$h_t = |P_t - P_0| = |P_s + h_v - P_0| = P_0 - P_t = P_0 - (P_s + h_v) = h_s - h_v \tag{4-9}$$

在压入段：

$$h_s = |P_s - P_0| = P_s - P_0 \tag{4-10}$$

$$h_t = |P_t - P_0| = P_t - P_0 = (P_s + h_v) - P_0 = h_s + h_v \tag{4-11}$$

4.1.1.4　通风能量方程

井巷中流动的空气（即风流）是连续不断的介质，它充满其所流经的井巷空间。在无点源或点汇存在时，对于不可压缩流体（密度为常数）的稳定流动，通过任一断面的体积流量（即风量）相等。

（1）单位质量流量的流体流动的能量方程　在热力学中，一般按单位质量流量，根据热力学第一定律进行能量方程的推导，得出流体的能量方程为：

$$L_R = \int_2^1 \nu \, dP + \left(\frac{1}{2}v_1^2 - \frac{1}{2}v_2^2\right) + g(Z_1 - Z_2) + L_t \tag{4-12}$$

式中　L_R——流体从 1 断面流至 2 断面时对外界做的功，实际上相当于流体由 1 断面至 2 断面时产生的流动阻力功，或称能量损失，J/kg；

　　　ν——流体的比容，m³/kg；

　　　v_1，v_2——流体在 1、2 断面的平均流速，m/s；

　　　Z_1，Z_2——1、2 断面相对于基准面的高程，m；

　　　L_t——1、2 断面间有压源（如局部通风机）为流体提供的能量，J/kg。

进一步推导可知，设流体由 1 断面至 2 断面的热力过程的多变指数为 n，则：

$$L_R = \frac{n}{n-1}\left(\frac{P_1}{\rho_1} - \frac{P_2}{\rho_2}\right) + \left(\frac{1}{2}v_1^2 - \frac{1}{2}v_2^2\right) + g(Z_1 - Z_2) + L_t \tag{4-13}$$

令 $\dfrac{n}{n-1}\left(\dfrac{P_1}{\rho_1} - \dfrac{P_2}{\rho_2}\right) = \dfrac{P_1 - P_2}{\rho_m}$，则有：

$$\rho_m = \frac{P_1 - P_2}{\dfrac{n}{n-1}\left(\dfrac{P_1}{\rho_1} - \dfrac{P_2}{\rho_2}\right)} = \frac{P_1 - P_2}{\dfrac{\ln P_1/P_2}{\ln \dfrac{(P_1/\rho_1)}{(P_2/\rho_2)}}\left(\dfrac{P_1}{\rho_1} - \dfrac{P_2}{\rho_2}\right)} \tag{4-14}$$

其中，ρ_m 称为 1、2 断面间流体的平均密度，单位为 kg/m³。

则单位质量流量的流体流动的能量方程为：

$$L_R = \frac{P_1 - P_2}{\rho_m} + \left(\frac{1}{2}v_1^2 - \frac{1}{2}v_2^2\right) + g(Z_1 - Z_2) + L_t \tag{4-15}$$

（2）单位体积流量的流体流动的能量方程　我国矿井通风学术界习惯使用单位体积流量的能量方程。在考虑到空气的可压缩性时，在前述单位质量流量的能量方程的基础上，方程式两边同时乘以空气的平均密度 ρ_m，并令 $h_R = L_R\rho_m$，$H_t = L_t\rho_m$，则能量方程变为：

$$h_R = P_1 - P_2 + \left(\frac{1}{2}v_1^2 - \frac{1}{2}v_2^2\right)\rho_m + g\rho_m(Z_1 - Z_2) + H_t$$

$$= P_1 - P_2 + \left(\frac{1}{2}v_1^2 - \frac{1}{2}v_2^2\right)\rho_m + \int_2^1 \rho g\,dZ + H_t \tag{4-16}$$

式中　h_R——单位体积流体从 1 断面流至 2 断面过程中能量损失，通常称为通风阻力，J/m^3，
　　　　即 Pa；

　　　H_t——单位体积流体从 1 断面流至 2 断面过程中，有压源（如局部通风机）对流体附
　　　　加的功，J/m^3，即 Pa。

特别说明：在矿井通风系统内部，一般 1 断面与 2 断面间无风机，则 L_t 和 H_t 均为 0；能
量方程中有关速压的计算中，v_1、v_2 分别为 1、2 断面上平均风速，由于井巷断面上风速分布
不均匀，用断面平均风速计算出来的断面总动能与断面实际总动能不等，需用动能修正系数
k_v 加以修正。

$$k_v = \frac{\int_S \rho \frac{u^2}{2} u\,dS}{\rho \frac{v^2}{2} vS} = \frac{\int_S u^3\,dS}{v^3 S} \tag{4-17}$$

式中　u——微元断面 dS 处的风速；

　　　v——断面平均风速。

在矿井条件下，$k_v = 1.02 \sim 1.05$，在一般计算精度内，k_v 可取 1。

在矿井通风中，能量方程中动压本身很小，故实际应用时，取：

$$\left(\frac{1}{2}v_1^2 - \frac{1}{2}v_2^2\right)\rho_m = \frac{1}{2}\rho_1 v_1^2 - \frac{1}{2}\rho_2 v_2^2 \tag{4-18}$$

进行上述处理后，单位体积流量的流体流动时的能量方程可简化为：

$$h_R \approx P_1 - P_2 + \left(\frac{1}{2}\rho_1 v_1^2 - \frac{1}{2}\rho_2 v_2^2\right) + \int_2^1 \rho g\,dZ + H_t \tag{4-19}$$

当 1、2 断面间无动力源时，能量方程为：

$$h_R \approx P_1 - P_2 + \left(\frac{1}{2}\rho_1 v_1^2 - \frac{1}{2}\rho_2 v_2^2\right) + \int_2^1 \rho g\,dZ \tag{4-20}$$

实际上在矿井通风工程中，上述能量方程直接取等号而不用约等号。

4.1.2　井巷通风阻力

空气沿井巷流动时，由于风流的黏滞性和惯性以及井巷壁面对风流的阻滞、扰动作用而使
风流的总能量降低，单位体积空气流动过程中所产生的能量损失称为通风阻力。井巷通风阻力
可分为摩擦阻力（亦称为沿程阻力）和局部阻力。

4.1.2.1　摩擦阻力

风流在井巷中作沿程流动时，由于流体层间的摩擦和流体与井巷壁间的摩擦所形成的阻力
称为摩擦阻力。

（1）层流状态下摩擦阻力计算　计算公式为：

$$h_{fc} = 2\nu\rho \frac{LU^2}{S^2} v = 2\nu\rho \frac{LU^2}{S^3} Q \tag{4-21}$$

式中　h_{fc}——空气作层流运动时所产生的摩擦阻力，Pa；

　　　ν——空气的运动黏度，m^2/s；

　　　ρ——空气密度，kg/m^3；

　　　v——井巷风流断面的平均风速，m/s；

L——井巷长度，m；

U——井巷断面的平均周长，m；

S——井巷平均断面积，m^2；

Q——井巷风量，m^3/s。

（2）紊流状态下摩擦阻力计算　计算公式为：

$$h_{fw}=\frac{\lambda\rho}{8}\times\frac{LU}{S}v^2=\frac{\lambda\rho}{8}\times\frac{LU}{S^3}Q^2 \tag{4-22}$$

式中　h_{fw}——空气作紊流运动时所产生的摩擦阻力，Pa；

λ——沿程阻力系数（无因次系数），在紊流状态时，λ 只与井巷的相对糙度有关，对于几何尺寸和支护已定型的井巷，λ 可视为定值。

（3）摩擦阻力系数 α　计算公式为：

$$\alpha=\frac{\lambda\rho}{8} \tag{4-23}$$

α 称为井巷的摩擦阻力系数，与井巷的相对糙度和空气密度有关，单位为 $N\cdot s^2/m^4$ 或 kg/m^3。习惯上，在矿井通风工程中，将大气压力为 0.1013MPa、温度为 20℃、相对湿度为 60％ 的状态称为标准状态，在标准状态下空气密度为 ρ_0，$\rho_0=1.2kg/m^3$，此时井巷的摩擦阻力系数称为标准值，记为 α_0，当井巷中空气密度为 ρ 时，$\alpha=\alpha_0/1.2$。

（4）摩擦风阻 R_f　计算公式为：

$$R_f=\alpha\frac{LU}{S^3} \tag{4-24}$$

R_f 称为井巷的摩擦风阻，单位为 $N\cdot s^2/m^8$ 或 kg/m^7。

对于紊流状态下，存在下列关系：

$$h_f=\frac{\lambda\rho}{8}\times\frac{LU}{S}v^2=\frac{\lambda\rho}{8}\times\frac{LU}{S^3}Q^2=\alpha\frac{LU}{S^3}Q^2=R_fQ^2 \tag{4-25}$$

4.1.2.2　局部阻力

风流在运动过程中，由于井巷断面、方向变化以及分岔或汇合等原因，使均匀流动在局部地区受到影响而遭到破坏，从而引起风流速度场分布变化并产生涡流，导致风流的能量损失，这种阻力称为局部阻力。局部阻力 h_1 一般也用动压的倍数来表示：

$$h_1=\xi\frac{\rho}{2}v^2 \tag{4-26}$$

式中，ξ 为局部阻力系数，为无因次。其值与风流的流动状态、局部阻力物的形状及计算时风速 v 的选定有关。同摩擦阻力计算相似，局部阻力计算也可以通过局部风阻来进行，即 $h_1=R_1Q^2$，其中 R_1 称为局部风阻。

在实测井巷通风阻力时，一般都将局部阻力包含在摩擦阻力当中，不另行计算，但局部阻力比较明显时，只考虑局部阻力。

4.1.2.3　矿井总风阻与矿井等积孔

井巷通风系统中，风流一般都处于完全紊流状态，摩擦阻力与局部阻力均与风量的平方成正比，对于特定井巷，当空气密度 ρ 不变时，其风阻 R 值基本上为定值。在矿井通风系统中，地面大气从进风井进入井下，沿井巷流动，直到风硐由主要通风机排出，沿途要克服各段井巷的通风阻力。从进风井口到主要通风机入口，把顺序连接的各段井巷的通风阻力累加起来，就得到矿井通风总阻力 H_R。若矿井在该主要通风机负责的这一系统中总风量为 Q，则本系统的总风阻 R（$N\cdot s^2/m^8$ 或 kg/m^7）为：

$$R = \frac{H_R}{Q^2} \tag{4-27}$$

显然，R 是反映矿井通风难易程度的一个指标，R 值越大，矿井通风越困难，反之则较容易。对于矿井某一个通风系统，其总风阻受风网结构、井巷风阻、风量分配等多种因素影响。

习惯上，常用矿井等积孔来形象地描述矿井通风难易程度。假定在无限空间有一薄壁，在薄壁上开一面积为 A（m^2）的孔口，当孔口通过的风量等于矿井风量 Q，而孔口两侧的风压差等于该矿井通风系统的总阻力 H_R 时，则称该矿井通风系统的等积孔为 A（m^2）。A 与 H_R、R、Q 存在下列关系：

$$A = \frac{1.19Q}{\sqrt{H_R}} = \frac{1.19}{\sqrt{R}} \tag{4-28}$$

显然，A 值越大，则表明 R 值越小，矿井通风越容易，反之越难。

4.1.2.4　降低矿井通风阻力的措施

降低矿井通风阻力，对保证矿井安全生产和提高经济效益都具有重要意义。摩擦阻力是矿井通风阻力的主要组成部分，但许多矿井的回风系统（特别是风硐）的局部阻力也占有相当大的比例。从总体上讲，降低矿井通风阻力的主要措施有：减小井巷摩擦阻力系数 α；保证各井巷有足够大的有效通风断面 S；选用周长较小的井巷；减少井巷长度 L；避免井巷内风量过于集中；设法降低井巷的局部阻力。

4.1.3　矿井通风动力

克服矿井通风阻力的能量或压力，称为通风动力。通风机提供的机械风压和由于通风回路中各井巷空气密度不同而形成的自然风压都是矿井通风动力。

4.1.3.1　自然风压

自然风压是由于地表气候条件变化、井下风流与井巷和设备进行热交换等原因引起。当进风侧空气平均密度较回风侧空气平均密度大时，自然风压的作用方向与风机的作用方向相同，自然风压作为通风动力，与主要通风机风压联合克服矿井通风阻力，相反，自然风压则成为矿井通风的阻力。

4.1.3.2　通风机及其附属装置

矿井通风的主要动力是通风机，矿井用通风机按其服务范围可分为主要通风机、辅助通风机和局部通风机三种。按通风机的构造和工作原理又分为离心式风机和轴流式风机两种。

4.1.3.3　通风机特性曲线

表征通风机装置性能的主要参数有风压 H_f、风量 Q_f、风机轴功率 N_f、效率 η 和转速 n 等。通风机装置全压 H_{ft} 是通风机装置对空气做功时消耗于每 $1m^3$ 空气的能量，其值为风机扩散器出口风流的总能量与风机入口风流的总能量之差。在抽出式矿井中，存在以下关系：

$$H_{ft} + H_N = H_R + H_v \tag{4-29}$$
$$H_{ft} = H_{fs} + H_v \tag{4-30}$$
$$H_{fs} + H_N = H_R \tag{4-31}$$

式中　H_{ft}——通风机装置的相对全压，Pa；

　　　H_{fs}——通风机装置的相对静压，Pa；

　　　H_v——通风机扩散器出口速压，Pa，若安装扩散器，其值为 H_{v4}，若不安装，其值为 H_{v3}；

　　　H_N——矿井通风系统的自然风压，Pa，当其作用方向与风机作用方向一致时，H_N 取正值，反之，取负值；

H_R——矿井通风系统的总阻力，Pa，其值等于单位体积空气在进风井口地面处与主要通风机入风口的总能量之差。

通风机装置的输出功率以全压计算时称为全压功率 N_{ft}（kW），以静压计算时称为静压功率 N_{fs}（kW），计算式为：

$$N_{ft} = H_{ft}Q_f \times 10^{-3} \tag{4-32}$$

$$N_{fs} = H_{fs}Q_f \times 10^{-3} \tag{4-33}$$

设风机的轴功率即通风机的输入功率为 N（kW），则相对应的通风机装置全压效率 η_{ft} 和静压效率 η_{fs} 计算式为：

$$\eta_{ft} = \frac{N_{ft}}{N} \times 100\% = \frac{H_{ft}Q_f}{1000N} \times 100\% \tag{4-34}$$

$$\eta_{fs} = \frac{N_{fs}}{N} \times 100\% = \frac{H_{fs}Q_f}{1000N} \times 100\% \tag{4-35}$$

4.1.3.4　主要通风机工况点

(1) 通风机的合理工作范围　从经济角度考虑，通风机的运转效率不应低于60%。从安全方面考虑，为使风机在稳定区内工作，实际工作风压不应超过最高风压的90%，叶片角度应不低于最小允许安装角度，也不应高于最大安装角度，转速亦不高于最高允许转速。

(2) 比例定律　同一系列风机在相应工况点工作时，气体在风机内流动过程是相似的，这时风机之间在任一对应点的同名物理量之比为常数，这些常数称为相似常数或比例系数。同一系列风机满足几何相似，是风机相似的必要条件，动力相似则是风机相似的充要条件，满足动力相似的条件是雷诺数（$Re = ul/v$）和欧拉数 $[Eu = \Delta P/(\rho u)^2]$ 分别相等。同一系列风机在相似的工况点符合动力相似的充要条件。

① 压力系数 $\bar{H}$　计算公式为：

同一系列风机在相似工况点的全压系数和静压系数均为一常数：

$$\frac{H_t}{\rho u^2} = \bar{H}_t, \quad \frac{H_s}{\rho u^2} = \bar{H}_s \tag{4-36}$$

式中，$\bar{H}_t$、$\bar{H}_s$ 分别为全压系数和静压系数；ρ 为空气密度；u 为圆周速度。

② 流量系数 $\bar{Q}$　计算公式为：

$$\frac{Q}{\frac{\pi}{4}D^2 u} = \bar{Q} \tag{4-37}$$

式中，D 为相似风机的叶轮外缘直径；$\bar{Q}$ 为同一系列风机的流量系数。

③ 功率系数 $\bar{N}$　计算公式为：

$$\frac{1000N}{\frac{1}{4}\pi\rho D^2 u^3} = \frac{\bar{H}\bar{Q}}{\eta} = \bar{N} \tag{4-38}$$

同一系列风机在相似工况点的效率 η 相等，功率系数 $\bar{N}$ 为常数。

$\bar{H}$、$\bar{Q}$、$\bar{N}$ 三个参数都不含因次，因此称为无因次系数。根据同一系列风机在不同的工况下测得的 Q、H、N 和 η 等参数，计算出该系列风机的 $\bar{H}$、$\bar{Q}$、$\bar{N}$ 和 η，并绘制出 $\bar{H}$-$\bar{Q}$、$\bar{N}$-$\bar{Q}$ 和 η-$\bar{Q}$ 曲线，该曲线即为该系列风机的类型特性曲线，亦称风机的无因次特性曲线。

4.1.4　矿井通风网络中风量分配与调节

（1）矿井通风基本定律　矿井通风基本定律包括风量平衡定律、风压平衡定律和通风阻力定律。

风量平衡定律是指在稳态通风条件下，单位时间流入某节点的空气质量等于流出该节点的空气质量，即 $\sum M_i = 0$，若不考虑风流密度的变化，则流入与流出某节点的各分支的体积流量（即风量）的代数和为零，即：

$$\sum Q_i = 0 \tag{4-39}$$

风压平衡定律（或称能量平衡定律）是指沿任一闭合回路顺时针风流方向的风压降之和等于逆时针风流方向的风压降之和，即：

$$\sum H_i - H_{fi} - H_N = 0 \tag{4-40}$$

式中　H_i——第 i 个分支的通风阻力，顺时针风流时，其值为正，逆时针风流时为负；

H_{fi}——第 i 个分支中专设风机产生的风压，其正负值与分支阻力值相反；

H_N——回路中自然风压，顺时针时为负，逆时针时为正。

通风阻力定律为：

$$h_i = R_i Q_i^2 \tag{4-41}$$

（2）串联风路　若干风路顺次首尾相接，称为串联风路。在串联风路中，各分支风量相等，总风阻等于各分支风阻之和，总阻力等于各分支阻力之和。

（3）角联风网　角联风网是指内部存在角联分支的网络。角联分支（亦称对角分支）是指位于风网的任意两条有向通路之间且不与两通路的公共节点相连的分支。角联分支的风向取决于其始、末节点间的压能差，风流由能量高的节点流向能量低的节点，当两点能量相等时风流停滞。

（4）通风网络动态分析　在矿井生产过程中，随着采掘工作面的推进、转移，通风网络结构及各分支的风阻都将发生相应的变化，或由于井下生产过程中，井巷瓦斯涌出量的变化、煤炭或矿石自燃等原因，也需对井下通风网络结构、各分支的风阻进行人为的调节，因此，矿井通风网络实际上处于一个动态变化过程中。

4.1.5　矿井通风的基本要求

根据《煤矿安全规程》的要求，矿井通风需满足以下要求。

（1） 井下空气成分：采掘工作面的进风流中，O_2 浓度不低于 20%，CO_2 不超过 0.5%；所有有人员工作的地点，CO 不超过 0.0024%，NO_2 不超过 0.00025%，SO_2 不超过 0.0005%，H_2S 不超过 0.00066%，NH_3 不超过 0.004%。

（2） 井巷的最高风速、最低风速、各井巷的空气温度、风量都必须符合《煤矿安全规程》要求。

（3） 矿井必须有完整独立的通风系统，改变全矿井通风系统时，必须编制通风设计及安全措施。

（4） 矿井开拓新水平和准备新采区的回风，必须引入总回风巷或主要回风巷中。

（5） 生产水平和采区必须实行分区通风。准备采区必须在采区构成通风系统后，方可开掘其他巷道。采煤工作面必须在采区构成完整的通风、排水系统后，方可回采。

（6） 采掘工作面应实行独立通风。同一采区、同一煤层上下相连的同一风路中的两个采煤工作面、采煤工作面与其相连接的掘进工作面、相邻的两个掘进工作面，布置独立通风有困难时，在制定措施后，可采用串联通风，但串联通风的次数不得超过 1 次。串联通风时，必须在进入被串联工作面的风流中安设瓦斯报警断电仪，而且瓦斯和二氧化碳浓度都不得超过

0.5％。开采有瓦斯喷出或突出危险的煤层时，严禁任何两个工作面之间串联通风。

(7) 采掘工作面的进风和回风不得经过采空区或冒顶区。无煤柱开采沿空送巷和沿空留巷时，应采取防止从巷道的两帮和顶部向采空区漏风的措施。

(8) 采空区必须及时封闭。必须随采煤工作面的推进逐个封闭通至采空区的连通巷道。采区开采结束后 45 天内必须在所有与采区相连通的巷道中设置防火墙，全部封闭采区。

(9) 控制风流的风门、风桥、风墙、风窗等设施必须可靠。开采突出煤层时，工作面回风侧不应设置风窗。

(10) 新井投产前必须进行 1 次矿井通风阻力测定，以后每 3 年至少进行 1 次。矿井转入新水平生产或改变一翼通风系统后，必须重新进行矿井通风阻力测定。

(11) 矿井通风系统图必须标明风流方向、风量和通风设施的安装地点。必须按季绘制通风系统图，并按月补充修改。多煤层同时开采的矿井，必须绘制分层通风系统图。矿井应绘制矿井通风系统立体示意图和矿井通风网络图。

(12) 矿井必须采用机械通风。主要通风机必须安装在地面，装有通风机的井口必须封闭严密，漏风率不超过 5％（无提升设备时）～15％（有提升设备时）。

(13) 生产矿井主要通风机必须装有反风设施，并能在 10min 内改变巷道中的风流方向；当风流方向改变后，主要通风机的供给风量不应小于正常供风量的 40％，矿井应定期检查反风设施，并进行反风演习。

(14) 严禁主要通风机房兼作他用。主要通风机房内必须安装水柱计、电流表、轴承温度计等仪表，还必须有直通矿井调度室的电话，并有反风操作系统图、司机岗位责任制和操作规程。

(15) 因检修、停电或其他原因停止主要通风机运转时，必须制定停风措施。

(16) 矿井通风系统中，如果某一分区风路的风阻过大，主要通风机不能供给其足够风量时，可在井下安设辅助通风机，但必须供给辅助通风机房新鲜风流，在辅助通风机停止运转期间，必须打开绕道风门。

(17) 掘进巷道必须采用矿井全风压通风或局部通风机通风。煤巷、半煤岩巷和有瓦斯涌出的岩巷的掘进通风方式应采用压入式，如果采用混合式，必须制定安全措施。

(18) 局部通风机必须由指定人员负责管理，保证正常运转，压入式局部通风机和启动装置必须安装在进风巷道中，距掘进巷道回风口不得小于 10m；全风压供给该处的风量必须大于局部通风机的吸入风量，局部通风机安装地点到回风口间的巷道中的最低风速不得低于 0.15m/s（岩巷）或 0.25m/s（煤巷）。

(19) 掘进工作面不得随意停风，有计划停风时，必须编制停电停风计划，同时制定排放瓦斯和恢复通风的安全措施。

(20) 井下炸药库、充电硐室一般应有独立的通风系统，回风流必须直接引入矿井总回风巷或主要回风巷中。井下机电设备硐室一般应设在进风流中，个别可设在回风流中，但此回风流中的瓦斯浓度不得超过 0.5％，并必须安装甲烷断电仪。

4.2 矿井粉尘及防治

4.2.1 矿井粉尘的性质

4.2.1.1 矿井粉尘的概念

在矿井生产过程中，破碎煤炭和岩石所产生的微小煤岩颗粒称为矿井粉尘。

井下施工用的粉状材料飞扬起来也能成为矿井粉尘的附加粉尘，如黄土、水泥、沙子和隔绝煤尘爆炸用的岩粉等。在矿井粉尘中，尘粒直径小于 1mm 的煤炭颗粒称为煤尘，尘粒直径

小于 $5\mu m$ 的岩石颗粒称为岩尘。飞扬在空气中的粉尘随着人的呼吸进入人体的呼吸器官，其中较大的粉尘可以排出体外，而直径小于 $5\mu m$ 的粉尘则沉留在肺部而引起尘肺病。我们把这样的粉尘称为呼吸性粉尘。悬浮在空气中的粉尘称为浮游粉尘，沉落在巷道两帮、顶底板或设备、物料上的粉尘称为沉积粉尘。

4.2.1.2 矿井粉尘的来源

在矿井生产过程中产生粉尘的主要环节有：电钻或风钻打眼、放炮，风镐或机械采煤，放顶煤开采的放煤作业，人工或机械装渣，人工攉煤或机械装煤，自溜运输，各种方式的运输或转载，工作面放顶及假顶下的支护，挑顶刷帮，提升卸载等。井下粉尘较多的地点有：采煤或掘进工作面，自溜运输巷道，皮带运输机的转载点，煤仓和溜煤眼的上下口，井口的卸载点等。

井下施工用的粉状材料有时会成为高浓度的有害粉尘。例如在掘进工作面进行锚喷作业时，喷射水泥砂浆或混凝土会产生大量的水泥和砂粒粉尘。

4.2.1.3 矿井粉尘的物理化学性质

(1) 粉尘的游离二氧化硅含量 各种粉尘对人体都是有害的，粉尘的化学组分及其在空气中的浓度，直接决定对人体的危害程度。矿井井下的粉尘是成分很复杂的混合物，其中有煤炭或岩石的尘粒，有炮烟和油雾，有钎头、钢轨磨损后的金属微粒等，其中主要是煤岩尘粒。煤岩尘粒本身又有复杂的矿物成分和化学成分，其中对人体危害较大的成分是游离的二氧化硅，它是使矿工患肺沉着病的主要物质。

(2) 粉尘的比表面积和表面能 单位质量（或单位体积）粉尘的总表面积称为比表面积。粉尘的比表面积与直径成反比，粒径越小，比表面积越大。由于粉尘的比表面积增大，它的表面能也随之增大，增强了表面活性，在研究粉尘的湿润、凝聚、附着、吸附、燃烧等性能时，必须考虑其比表面积。

(3) 粉尘的凝聚和附着 一般把尘粒间相互结合形成一个新的大尘粒的现象称为凝聚；尘粒与其他物体结合的现象称为附着。粉尘的凝聚有利于对它的捕集分离。

(4) 粉尘的湿润性 不同性质的粉尘对同一性质的液体的亲和程度是不同的，称为粉尘的湿润性。用湿润角、接触角或边界角 θ 来表示，亲水性粉尘 $\theta \leqslant 60°$，湿润性差的粉尘 $60° < \theta < 85°$，疏水性粉尘 $\theta \geqslant 85°$。这一性质对于防尘有重要的作用。

(5) 粉尘的光学特性 粉尘的光学特性包括粉尘对光的反射、吸收和透光程度等。在通风除尘中可以利用粉尘的光学特性来测定粉尘的浓度和分散度。

(6) 粉尘的自燃性和爆炸性 粉尘的自燃是由于粉尘氧化反应产生的热量不能及时地散发，而使氧化反应自动加速所造成的。在封闭或半封闭空间内（包括矿井的各种坑道），可燃性悬浮粉尘的燃烧会导致化学爆炸。但低于爆炸浓度下限或高于爆炸浓度上限的粉尘都属于安全的。

(7) 粉尘的电性质 粉尘具有荷电性，自然界中的粉尘通常都带有电荷。粉尘的电性质对除尘有着重要意义，但是粉尘的自然荷电具有两种极性，且电量很少，为了静电除尘，须利用附加条件使粉尘荷电。

4.2.1.4 粉尘的粒度

粉尘的粒度就是粉尘颗粒的大小，用粉尘横断面的直径（称为粒径）来表示，常用 mm 或 μm 为度量单位。按照粉尘的可见程度和沉降状况可把粉尘分为三类：粒度大于 $10\mu m$ 的粉尘，在强光下肉眼可以看见，在静止空气中加速沉降；粒度为 $0.1 \sim 10\mu m$ 的粉尘，要在显微镜下才能看见，在静止空气中等速沉降；粒度小于 $0.1\mu m$ 的粉尘，只能在超显微镜下才能看见，在空气中不会沉降而长期悬浮。

粉尘中的各种粒度或粒级（如 $0 \sim 2.5\mu m$ 等）占粉尘总粒数或总质量的百分比称为粉尘的

粒度分布，它反映某一地点粉尘粒度的组成情况。细微的粉尘由于粒度小、重量轻，在它的周围还吸附了一层空气薄膜，能够阻碍尘粒相互凝聚，因此在空气中不易沉降下来，这称为粉尘的悬浮性。

4.2.1.5 粉尘的浓度和测定方法

浮游粉尘浓度可以用重量法或计数法来表示。重量法是用测出每立方米空气中含有粉尘的质量，来表示粉尘浓度，常用的单位是 mg/m^3。重量法测尘是使一定体积的空气通过滤膜将粉尘过滤下来，称出滤膜在过滤前后的质量，即可算出过滤下来的粉尘质量，最后算出相当于 $1m^3$ 空气应含有的粉尘质量。计数法是用测出每立方厘米空气中含有粉尘的颗粒数，来表示粉尘浓度，常用的单位是 个/cm^3。计数法测尘是用仪器使一定体积空气中的粉尘附着在玻璃片上，然后在显微镜下数出玻璃片上有多少粒粉尘，最后算出相当于 $1cm^3$ 空气中所含的粉尘颗粒数。为保护工人健康，我国政府规定，含游离二氧化硅在 10％以上的粉尘，浮游浓度不得超过 $2mg/m^3$，含游离二氧化硅小于 10％的粉尘（包括煤尘），浮游浓度不得超过 $10mg/m^3$。

4.2.2 矿井粉尘的危害

4.2.2.1 煤尘爆炸

(1) 煤尘爆炸同时具备的三个条件

① 煤尘本身具有爆炸性 一般来说，无烟煤除个别情况外大多属无爆炸性煤尘，而其余的各类煤炭均属爆炸性煤尘。煤的碳化程度越低，挥发分产率越高，煤尘的爆炸性就越强。

② 浮游煤尘具有一定的浓度 煤尘能够爆炸的最低或最高浓度称为爆炸的下限或上限浓度。低于下限浓度或高于上限浓度的煤尘都不会发生爆炸。不同种类的煤炭和不同的试验条件所得到的爆炸上下限浓度是不相同的，但一般来说，煤尘爆炸的下限浓度为 $30\sim50g/m^3$，上限浓度为 $1000\sim2000g/m^3$，其中爆炸力最强的浓度为 $300\sim400g/m^3$。井下空气中如果有瓦斯和煤尘同时存在，可以相互降低两者的爆炸下限，从而增加瓦斯煤尘爆炸的危险性。瓦斯浓度达到 3.5％时，煤尘浓度只要达到 $6.1g/m^3$，就可能发生爆炸。

③ 点燃煤尘的引爆火源 煤尘爆炸的引爆温度一般为 $650\sim990℃$，这种温度在井下各种作业地点是容易产生的。温度越高，越容易引起爆炸。如果空气中含氧量降低，则引爆温度升高，含氧量低于 17％时，煤尘就不会爆炸。

(2) 煤尘爆炸的过程和特点 具有爆炸性的煤尘遇到火源时，火源周围煤尘迅速气化放出可燃性气体，这些气体与空气混合被点燃，燃烧的热量传递给附近的煤尘又使它们受热气化和燃烧，这种煤尘气化燃烧不断循环扩展下去，传播速度越来越快，最终使煤尘的燃烧转变为爆炸。

煤尘爆炸可放出大量热能，爆炸火焰温度高达 $1600\sim1900℃$，使人员和设备受到严重损害。煤尘爆炸时，爆源 $10\sim30m$ 内的破坏程度较轻。在爆炸区内，离爆源越远，爆炸压力越高，破坏力越强。

(3) 引起煤尘爆炸的原因 引起煤尘爆炸的直接原因常见的有以下几种：使用非矿井安全炸药在煤层中放炮，放炮的火焰将爆破后扬起的煤尘点燃引爆；放炮时违章操作（如不掏净炮眼内的煤粉、不填或少填炮泥、用炮纸和煤粉代替炮泥、放炮前不洒水等），使放炮时出现明火把煤尘引爆；不适当地使用毫秒雷管（如毫秒雷管最后一段延期时间超过 130ms 等）或在煤层中使用段发雷管，使后起爆的爆炸火焰点燃先起爆形成的高浓度煤尘和瓦斯；在煤层中放连珠炮，用多根放炮导线连续放炮；在有煤尘沉积的地方放明炮或在煤仓中放炮处理堵仓；倾斜井巷中跑车、矿车和轨道的摩擦热或碰撞火花点燃被扬起的沉积煤尘；局部火灾或瓦斯爆炸点燃被扬起的沉积煤尘等。

4.2.2.2 肺沉着病

(1) 肺沉着病的种类和危害 矿井工人长期吸入矿井空气中的浮游粉尘而引起肺部的病变,总称为矿工肺沉着病。肺沉着病包括硅肺沉着病、煤肺沉着病和煤硅肺沉着病三种。

① 硅肺沉着病 矿井工人长期吸入含游离二氧化硅 10% 以上的岩尘而引起的肺沉着病称为硅肺沉着病。

② 煤肺沉着病 矿井工人长期吸入煤尘所引起的肺沉着病称为煤肺沉着病。

③ 煤硅肺沉着病 既接触煤尘又接触硅尘的矿井工人可能得煤硅肺沉着病。

(2) 肺沉着病的影响因素 肺沉着病的发病年限、病情轻重、得病人数与矿井的下列因素有关。

① 粉尘的成分 粉尘中游离二氧化硅含量越高,发病的年限越短,得病的人数也越多。在含有 80%~95% 游离二氧化硅的粉尘空气中工作,发病年限可缩短到一年半。

② 粉尘的浮游浓度 在浓度很高的粉尘环境中工作,进入肺部的粉尘量增大,加快了肺沉着病的发展,使发病年限缩短,得病的人数也增多,得病后病情的发展也较快。因此,降低粉尘浓度是预防肺沉着病的最主要措施。

③ 粉尘的粒度 各种粒度的粉尘并不是都能进入人体肺部的,粒度大于 $25\mu m$ 的尘粒被鼻毛阻留在鼻孔内,$5\sim25\mu m$ 的尘粒大多阻留在鼻腔的通道和湿润的黏膜上,一部分则阻留在呼吸道的表皮上。以上这些较大的尘粒都可以通过咳嗽或其他形式排出体外。最后进入肺内的属于 $5\mu m$ 以下的尘粒,其中的一部分还可以在呼吸时排出体外,一部分则留在肺细胞中。留在肺细胞中的尘粒多数是 $0.2\sim2\mu m$ 的粉尘。因此,粉尘中呼吸性粉尘的浓度越大,肺沉着病发展越快。

④ 工人接触粉尘的工龄 工龄越长,在肺内沉留的粉尘越多,发病的可能性越大,但也与工龄期内接触粉尘的浓度和成分有关。

⑤ 工人的体质 在粉尘相同和工龄相同的条件下,由于工人体质不同,肺部抵抗粉尘侵害的能力也不同。在一般情况下,得病只是一部分人,而且病情的严重程度也不一致。因此,安排好工人生活、保证必要的休息和睡眠都是预防职业病的重要措施。

4.2.3 矿井综合防尘技术

4.2.3.1 减尘技术

煤层注水防尘的实质是用水预先湿润尚未开采的煤体,使其在开采过程中大幅度减少粉尘产生量。煤层注水是通过煤体中的注水钻孔将水压入煤体,使水均匀分布于煤层中无数细微的裂隙和孔隙之中,达到预先湿润煤体的目的。预先湿润的煤层能使浮游煤尘大量消除在产生之前,与其他捕集或冲淡等防尘方法相比,是一种最为积极而有效的从根本上减少粉尘的防尘技术,因此,在现代综合防尘技术中占有重要的地位。

煤层注水是回采工作面积极有效的防尘措施,降尘率一般为 60%~90%。煤层注水的减尘原理如下。

(1) 水进入煤体的动力是注水压力和毛细作用力。水进入各种裂隙后,在注水压力的作用下水先沿阻力较低的大裂隙以较快的速度流动,随压力的增高而运动速度加快;细小孔隙中水的运动主要靠毛细作用力,毛细作用力的大小随毛细管的管径变细而增加。

(2) 水进入各种裂隙后,将煤体中的原生煤尘预先湿润,使其不能随落煤作业而飞扬进入工作面空间。

(3) 由于水进入了煤体的各级孔隙、裂隙,甚至 $1\mu m$ 以下的微孔隙中也充满了毛细作用渗入的水,使整个煤体被包围起来,回采时抑制煤尘的产生。

(4) 不同煤层的煤种,水对煤的湿润性也不同。

4.2.3.2 降尘技术

(1) 湿式降尘工作方式 湿式降尘是利用水或其他液体，使之与尘粒相接触而分离捕集粉尘的方法，是煤矿井下应用最普遍的一种方法。湿式降尘有两种工作方式。

① 用水或其他液体湿润、冲洗初生和沉积的粉尘。用水湿润初生或已沉积的粉尘，防止飞扬扩散于空气中，是很有效而简便的防尘措施，装载、运输、切割煤层、煤岩钻进等作业过程广泛采用湿式作业。

② 用水或其他液体捕集悬浮于空气中的粉尘。用水捕集悬浮于空气中的粉尘，要通过除尘装置使水与浮尘相接触。水与浮尘接触的方式可分为喷雾方式、储水冲击方式、充填层方式。

湿式除尘具有较高的除尘效率，一般都在 90%～99% 以上，对呼吸性粉尘也有很好的除尘效果，设备简单，故障少，适合矿井条件，应用较广泛。

(2) 湿式除尘原理 由于湿式除尘器的构造形式多种多样，其捕尘作用比较复杂且互不相同，但最基本的是水滴的捕尘作用，其基本捕尘机理有惯性作用、扩散作用、凝集作用等。

4.2.3.3 排尘技术

尘源产生的粉尘，其中总有一部分要逸散到附近空气中，为了防止凝聚和扩散，恶化劳动环境，需要采取通风方法对含尘空气进行稀释，利用风流带走粉尘，使其达到卫生标准。

4.2.3.4 除尘技术

(1) 湿润剂除尘 以水为主体的湿式综合除尘，因粉尘具有一定的疏水性，水的表面张力又较大，对 $2\mu m$ 粒径粉尘捕获率只有 1%～28%，$2\mu m$ 粒径以下的粉尘捕获率更低。

湿润剂溶于水中时，其分子完全被水分子包围，亲水基一端被水分子引入水中，疏水基一端则被排斥伸向空气中，朝向空气的疏水基与粉尘粒子之间有吸附作用，把尘粒带入水中，得到充分湿润。

(2) 泡沫除尘 利用表面活性剂的特点，使其与水一起通过泡沫发生器，产生大量的高倍数的空气机械泡沫，利用无空隙的泡沫体覆盖和遮断尘源。泡沫除尘原理包括拦截、黏附、湿润、沉降等。

(3) 重力和惯性力除尘 在巷道一定的风流条件下，一定粒度的粉尘因重力沉降现象从空气中分离出来。呼吸性粉尘采样器的平板淘析器，即是根据重力沉降原理设计的。

惯性沉降原理是：作直线运动的含尘气流，当遇到障碍物时，气流的运动方向将发生急剧改变，尘粒仍保持其原来的运动状态而被沉降分离。

(4) 旋风除尘 旋风除尘器是利用离心力作用分离捕集粉尘的装置，是惯性力除尘的一种装置。

4.2.3.5 个体防护技术

矿井生产环节采取综合防尘措施后，某些防尘措施难以顾及的作业地点，粉尘浓度很大，所以个体防护是综合防尘工作中不容忽视的一个重要方面。

个体防护的防尘用具主要包括防尘风罩、防尘帽、防尘呼吸器、防尘口罩等，其目的是使佩戴者能呼吸净化后的清洁空气，又不影响正常操作。

4.2.3.6 其他除尘方法

井巷中沉积的煤尘飞扬起来，很容易使巷道空间的浮游煤尘浓度达到爆炸界限而发生或扩展爆炸，常常造成区域性或全矿性的恶性事故。常用以下几种方法处理沉积的煤尘。

(1) 清扫法 将沉积在巷道帮顶、支架和设备表面上的煤尘清扫干净。一般是人工清扫，将扫落的煤尘集中起来运出。

(2) 冲洗法 用水将帮顶和支架上沉积的煤尘冲洗到底板上，并使煤尘保持潮湿，然后再将底板上的煤尘清除出去。这种方法能够将沉积的煤尘清除得比较干净，而且简单易行，因此在矿井中得到广泛应用。

（3）**撒布岩粉法** 定期在井巷周壁和支架上撒布岩粉，增加沉积煤尘中的不燃性物质，以防止煤尘参与爆炸。这是一种行之有效的防止煤尘爆炸的措施，在世界各国得到广泛应用。

（4）**黏结法** 将含有表面活性物质的湿润剂和吸水性盐类的水溶液喷洒在井巷周壁和支架表面上，粘住沉积的煤尘和后来陆续沉积的煤尘，使之不会重新扬起成为浮游煤尘。

4.3 矿井火灾及防治

4.3.1 矿井火灾及其危害

4.3.1.1 矿井火灾发生的原因及其分类

凡发生在井下的火灾，以及发生在井口附近但危害到井下安全的火灾，都称为矿井火灾。

发生矿井火灾的原因有两种：一是外部火源引起的火灾；二是煤炭本身的物理化学性质的内在因素引起的火灾。因此，矿井火灾分为两类：外因火灾和内因火灾。

（1）**外因火灾** 违章在井下吸烟，在井下拆卸矿灯、放明炮、电焊、气焊等，都可能引起井下火灾。据统计，我国黑色金属、有色金属等非煤矿井中，外因火灾占矿井火灾事故的80%～90%，是矿井火灾的主要形式。外因火灾一般发生在井口附近、井下机电硐室、采煤工作面和有电缆的木支架巷道等处。

（2）**内因火灾** 非煤矿井的内因火灾，主要发生在开采有自燃倾向的硫化矿物的矿井。在煤矿生产中，由于有的煤层自身的物理化学性质具有自燃性，与空气接触后能氧化生热，如果散热条件不好，就会自燃。内因火灾主要发生在采空区、冒顶处和压酥的煤柱中。采空区中，尤其采用回采率低的采煤方法时，采空区中遗留的煤炭多，最容易引起煤的自燃。采空区中的自然发火占全矿井自然火灾总数的80%左右，所以对于有自然发火危险的矿井，应及时封闭采空区，防止漏风，并采取黄泥灌浆或洒阻化剂等方法来防止采空区中煤的自燃。

4.3.1.2 矿井火灾的特点

矿井火灾与地面火灾不同，井下空间小，工作场所狭窄，电气设备多，坑木多，其他易燃物多，煤本身就可以被引燃。再加上防火设施不健全，灭火器材不齐全，井下又有新鲜风流，一旦发生火灾，不像地面火灾那样容易扑灭。而且各种火灾（如电气失火、油料起火、瓦斯燃烧与爆炸形成的火灾以及煤炭自燃等）都会发生，扑救方法也各不相同。如果灭火不及时或处理不当，就会蔓延发展，往往酿成大火，这就使得灭火工作更加困难。同时，井下工作人员集中，遇有火灾，不知道发生在何处，难以躲避和疏散，这都会加重火灾造成的损失。

自然火灾多发生在煤柱或采空区中，没有明显火焰，燃烧过程缓慢，不易被人们发现，也不易找到火源的准确位置，一经觉察，已成火灾，只得进行封闭。所以这种火灾延续时间长，可达几个月、几年甚至几十年。自然火灾还生成大量的一氧化碳，以致造成人员中毒伤亡。

井下自然火灾一般发生在通风不良的乱采乱掘或冒顶处，封闭不及时或不严密的采空区，被压酥产生裂隙的煤柱，厚煤层分层开采和急倾斜煤层开采回采率低、丢煤多的采空区。

4.3.1.3 矿井火灾的危害

火灾是无情的，它给人们带来灾难。矿井火灾也不例外，它能造成大量的矿物资源和物质财富的损失，并能引起瓦斯、煤尘爆炸，还可以产生"火风压"使风流逆转，造成通风系统紊乱。而且，矿井发生火灾以后，能产生大量剧毒的一氧化碳气体，使井下人员中毒伤亡。

另外，矿井火灾的防火、灭火的直接费用，火区熄灭重开后巷道的修复费用，由于发生火灾使采掘工作停顿而造成矿井的减产，以及火灾引起工人心理上的恐惧作用而造成生产效率的降低等，这些损失是无法计算的。

4.3.2 预防矿井火灾的一般性技术措施

4.3.2.1 预防矿井火灾的一般性技术措施

(1) 采用不燃性支护材料 井口房、井架和井口建筑物、进风井筒、回风井筒、平硐、主要生产水平的井底车场、主要巷道的连接处、井下主要硐室和采区变电所等，都应在岩层中开凿或采用不燃性材料进行支护和填实。

(2) 设置防火门 在进风井口和进风的平硐口都应安设防火门，以防止井口火灾和附近的地面火灾波及到井下，进风井与各生产水平的井底车场的连接处都应设置防火门。要定期检查防火门的质量和灵活可靠性。

(3) 设置消防材料库 为了迅速、有效地扑灭矿井火灾，每个矿井必须在井口附近100m以内设置消防材料库，井下每个生产水平的主要运输大巷中也应设置消防材料库，储备消防器材，并备有消防列车。灭火材料、工具的品种和数量必须满足矿井灭火时的需要。但电气火灾和油料火灾不能用水扑灭，而应采用岩粉或沙子扑灭。发生电气火灾时，应首先拉闸断电。

(4) 设置消防水池 每个矿井都要建筑消防水池，井下可用上一水平的水仓作消防水池。井下各主要巷道中应铺设消防水管，每隔一定的距离要设消防水龙头。

4.3.2.2 预防外因火灾的措施

(1) 预防明火 井口房和扇风机房附近20m内禁止烟火，也禁止用火炉取暖。严禁携带烟草、引火物下井，井下严禁吸烟。井口房和井下禁止电焊、气焊或用喷灯焊接，如果一定要在井下焊接时，必须制定安全措施，报矿长或矿总工程师批准后才准进行，而且要求事先移除和清除附近的易燃物品，备足消防用水、沙子、灭火器等，并随时检查瓦斯和煤尘浓度。井下硐室内禁止存放汽油、煤油或变压器油。井下使用的润滑油、棉纱和布头等必须集中存放，定期送到地面处理。

(2) 预防放炮引火 井下禁止使用黑色火药，因为黑色火药爆炸后火焰存在时间长，有使瓦斯引燃或引爆的危险。井下只准使用硝铵类的矿用安全炸药。严格执行放炮规定，煤矿井下禁止放糊炮，严禁用煤块、煤粉、炮药纸等易燃物代替炮泥，同时要严格执行一炮三检查制度。

(3) 预防电气引火 要正确选用易熔断丝（片）和漏电继电器，以便电流短路过负荷或接地时能及时切断电流。矿井中电气设备应选用防爆型的电气设备，电缆接头不准有"鸡爪子"或"羊尾巴"。

(4) 预防摩擦生火 应做好井下机械运转部分的保养维护工作，及时加注润滑油，保持其良好的工作状态，防止因摩擦生热而引起火灾。

4.3.2.3 预防内因火灾的措施

(1) 煤炭自燃 煤炭自燃的三个必须具备的条件是：煤层本身具有自燃倾向性，连续适量地供给空气，散热条件差。三者缺一则不能形成自燃。

煤层本身具有自燃倾向性，这是自燃的内在因素，取决于煤层本身的物理化学性质和煤的成分。牌号不同的煤，它们的化学成分不同，自燃性也不一样，褐煤比烟煤容易自燃，在烟煤中，长焰煤和气煤的自燃性最强，贫煤和无烟煤的自燃性较差；在同一牌号的煤中，含硫越多，越容易自燃。水分含量多的煤不易自燃，但有自燃性的煤失去水分后，自燃的危险性增强，所以地面煤堆经雨雪渗漏、蒸发后易发生自燃，井下用水淹没自燃火区，恢复生产后，更加容易自燃，因为煤经过水洗后，煤表面更易氧化。

煤层的地质条件对煤炭自燃的影响很大。煤层越厚，倾角越大，则煤的自然发火危险性就越大。同时在断层、褶曲和破碎地带，煤容易自燃。对煤层自燃倾向比较严重的矿井，应将主要巷道布置在岩石中，以减少煤柱，避免煤层切割过多而暴露在空气中，同时应选用合适的采煤方法，提高回采率，减少丢煤，及时封闭采空区，减少或避免向采空区中漏风。

（2）煤自燃的初期识别 煤炭自燃发现得越早，越容易扑灭。因此，了解和掌握煤炭自燃的初期征兆并及时识别和判断，对防灭火具有重要的意义。

煤自燃的初期征兆有如下几种。

① 煤在低温氧化过程中产生热量，由于热量的集聚，提高了煤体的温度，使水分蒸发，因而巷道中的湿度增加，水汽凝集在空气中呈现雾状，在支架和巷道壁表面形成水珠，工人把这种现象称为巷道"煤壁出汗"。但应注意，有这种现象的地方不一定都是煤层自燃的初期征兆，因为在冷热两股气流汇合的地方，也会在巷道中出现雾气和"出汗"现象。

② 如果在巷道中闻到煤油、汽油或松节油气味，尤其当闻到煤焦油的恶臭时，表明煤自燃已发展到严重程度。

③ 井下火区附近的空气温度以及从火区流出的水的温度高于正常情况下的温度。

④ 煤自燃过程中产生有毒的一氧化碳气体和窒息性的二氧化碳气体，使人感到闷热、憋气、头痛、四肢无力、疲劳等。

⑤ 开采较浅的煤层时，可看到从地表塌陷裂隙中逸出水汽和闻到煤焦油味；冬季可以见到地表塌陷区的积雪先融化。

（3）预防煤炭自燃的采矿技术措施

① 选择合理的开拓方式和采煤方法。开采有自燃倾向的煤层，应采用石门、岩石大巷的开拓方式，这样可以少切割煤层，少留煤柱，又便于封闭、隔离采空区。

② 对具有自燃性的煤层，应采用由上而下的开采顺序，后退式回采，禁止前进式回采。

③ 合理布置采区。在有自燃倾向性煤层中布置采区时，应根据煤层自然发火期的长短和回采速度来确定采区的尺寸。必须保证在煤层自然发火之前回采完并进行封闭。

④ 提高回采率，坚持正规循环。回采率越低，丢煤越多，回采越不正常，越容易自然发火。所以应坚持正规循环，加快回采速度，清扫工作面浮煤，提高回采率，保证在自然发火期内采完，并及时放顶或充填。

⑤ 预防巷道中自然发火。首先要保证巷道的工程质量，防止发生冒顶事故。遇有巷道冒顶或有煤与瓦斯突出形成的空洞，要清除浮煤，打好支架或采用充填办法，使其与外界空气隔绝，防止煤的氧化。

（4）预防煤炭自燃的通风措施

① 正确选择通风系统，加强通风管理。要根据矿井的开拓系统和开采方法，合理选用通风系统。

② 实行分区通风，避免串联通风。分区通风可以降低矿井总风阻，提高矿井的通风能力，有利于调节和控制风量，在矿井火灾时期，便于控制风流和隔绝火区，而串联通风则相反。

③ 正确选择并及时建筑通风构筑物。风门、调节风窗、密闭墙等井下通风构筑物要及时安设，并保证质量。安设的位置选得正确，则可减少漏风，抑制煤的自燃。如安设位置不当，可促进煤的自燃。

④ 矿井主扇设置反风装置。矿井进风侧发生火灾时，为保证井下人员的安全，应及时反风。

⑤ 瓦斯矿井中的火灾往往造成瓦斯爆炸，所以主扇还应设置防爆门。井下发生爆炸事故时，冲击波可以冲开防爆门，释放爆炸波，保护矿井主扇不被冲毁。

（5）预防性灌浆防止煤炭自燃 预防性灌浆，就是用黄泥、沙子和水按适当比例调制泥浆，通过管路灌进采空区。泥浆包住碎煤，使之与空气隔绝，防止氧化，泥浆堵塞采空区中的空隙，减少了漏风，泥浆水使密闭区内冷却降温。

（6）"均压法"预防煤的自燃 井下空气流动，以及向采空区漏风，是由于扇风机的风压和自然风压的作用，使空气由压力高的地点流向压力低的地点。井下任何采空区，即使密闭了，由于采空区进风侧的压力必然比回风侧高，进风与回风之间有一个压力差，所以就不可避免地要向采空区漏风。如果能降低进风侧的压力，使采空区进、回风两侧间压力趋于均衡（均压的概念即由此而来），则可断绝向采空区的漏风，从而预防了采空区中的煤炭自燃。

4.3.3 矿井灭火技术

(1) 用水灭火 用水扑灭井下火灾，简单、经济、效果好。所以水是灭火的最好材料。

从水枪射出的强力水流，可以扑灭燃烧的火焰，并使燃烧物潮湿，阻止其继续燃烧，水蒸发时要吸收很多热量，所以它有很好的冷却、降温作用，大量的水蒸气降低了燃烧物附近的含氧量，从而使火熄灭。但不能用水扑灭油类火灾，因为油比水轻，而且不易与水混合，它总是浮在水上面，可以随水流动而扩大火灾面积。由于水能导电，也不能用水扑灭电气火灾。电气火灾只有首先停电，才可用水灭火。

灭火时，水不能直接射向火源，以防产生大量的水蒸气灼人，也避免高温火源使水分解为氢气和氧气，灭火的水只能由外围逐渐向火源靠近。在井下灭火时，灭火人员一定要在火源的上风侧进行工作，尤其用水灭火，必须保证回风路线畅通，以便防止高温烟流和水蒸气产生"热风压"造成风流逆转。

(2) 用化学灭火器灭火 我国目前常用的化学灭火器所用灭火材料有液体、气体和干粉三种状态。

目前应用比较广泛的是手提式喷粉灭火器。灭火器中的干粉成分是碳酸氢钠，还有二氧化硅、硅藻土等，用以防潮，避免胶结。用液体二氧化碳作喷粉的动力。由于干粉不导电，所以这种灭火器适于扑灭电气火灾。碳酸氢钠粉末在高温下分解，产生二氧化碳，使燃烧物与空气隔绝而迫使火熄灭。

还有一种磷酸铵粉末，在高温下发生一系列分解作用，吸收热量使燃烧物降温，产生氨气，加之水蒸气能使空气中含氧量下降，起到阻止燃烧的作用。这种干粉在高温下产生一种浆糊状物质，能渗透到燃烧着的木材和煤炭内部，使之与空气隔绝迫使火熄灭。

(3) 新型化学灭火器 近几年来，出现了一些新型的化学灭火器材，如灭火手雷、灭火炮弹、高倍数空气泡沫灭火器等。

① 灭火手雷 将磷酸铵盐药粉装进一个电木粉压制的手雷壳内，用军用手榴弹拉火雷管及炸药引爆，药粉溅到燃烧物体表面而起到灭火作用。每个手雷装 1kg 药粉，爆炸后灭火有效直径为 3m，可投掷 10m 以上。用灭火手雷扑灭井下初起的明火火灾，效果较好。

② 灭火炮弹 将灭火药粉装在压制的电木炮弹壳中，放入炮筒，将高压气瓶中的气体放入气包作动力，压力达到 15～20atm❶ 时，高压气冲破钢纸片，将灭火炮弹发送至火源，炮弹爆炸后散布药粉使火熄灭。一个灭火炮弹重 2kg，装药粉 1.2kg，爆炸有效直径为 6m。

③ 高倍数空气泡沫灭火器 将高倍数起泡剂与压力水混合后，在风扇的吹动下，经过两层锥形发泡线网，形成大量的泡沫涌向火源，扑灭火灾。

(4) 隔绝灭火法 矿井火灾发展到不能直接扑灭时，应迅速采取隔绝法灭火，即迅速在通向火区的巷道中建筑密闭墙，切断向火区的供风。

密闭墙一般有三种。

① 临时密闭墙 为了迅速控制火势，阻止火灾的蔓延，应尽快在火源的上风侧建筑临时密闭墙，暂时阻断风流。这种密闭方法的优点是快速、轻便、气密性好。但由于造价高、药剂定量泵不易控制，因而至今没有得到广泛应用。

---

❶ 1atm＝101325Pa。

② **防爆密闭墙**　密闭瓦斯矿井中的火区时，有发生瓦斯爆炸的危险。为保证救灾人员和建筑永久密闭人员的安全，应尽快地建筑一道防爆密闭墙。一般用沙子、黄土、岩粉、炉灰等装入麻袋，然后砌成 5~6m 厚的砂包墙。

③ **永久密闭墙**　要求坚固、严密不漏风，可用料石或砖建筑。它适用于顶板压力不大的巷道中。为提高耐压性，可在砖、石墙中间砌入 1~2 层木砖。还可以用两层木板，中间注入黄土或混凝土构成永久密闭墙。永久密闭墙的位置应选择在压力小、无裂缝、无空顶和空帮并尽可能靠近火源的地方建筑。

(5) **"均压法"灭火**　井下火区虽已密闭，但因其两侧存在着压力差，所以还会向火区漏风，使火久久不熄灭。如能使火区进、回风两侧的压力均衡相等，就可杜绝向火区漏风，达到灭火的目的。这就是"均压法"灭火的实质。

(6) **火区的管理**　建立健全火区的管理卡片制度。将每个火区的确切位置标注在矿井通风系统图上，注明火灾发生的时间、地点及其性质，并记录火区的地质条件、采矿情况，火区的范围，以及处理时所采取的措施。

火区密闭墙附近应设置栅栏和警标，并设立记录牌，记录密闭墙内外的温度、瓦斯浓度、空气压力差及气体成分。

每天最少检查一次火区密闭情况。火区内的空气成分要定期从观察孔中采样并送化验室分析。要选择接近火区的密闭墙来采火区的气样。

(7) **重开火区**　经过取样分析，证明火已经熄灭，应制定安全措施，重开火区。重开火区的方法有两种：一次打开火区和分段打开火区。

重开火区之前，先将火区的回风引入矿井回风巷道。火区回风经过的巷道内禁止人员停留或工作。重开火区的工作，应预先制定专门措施，经矿总工程师审批后，由矿山救护队进行启封。在回风流中，测定并控制瓦斯不超过 1%，并且无一氧化碳出现。如发现一氧化碳，表明火没有完全熄灭，或又复燃了，因此，必须立即停止送风，重新封闭。

4.4　矿井瓦斯及防治

矿井瓦斯，是煤矿生产过程中从煤岩体内涌出的各种有害气体的总称，其主要成分是甲烷，故瓦斯一般就是指井下甲烷。瓦斯是一种无色、无味、无嗅的气体，较空气轻，但扩散性很强，微溶于水。瓦斯化学性质比较稳定，但爆炸性极强，瓦斯对井下安全生产的主要危害在于燃烧或爆炸、煤与瓦斯突出（或喷出）和因瓦斯超限使氧浓度降低而导致窒息事故。

4.4.1　影响煤层瓦斯含量的主要因素

(1) **煤的吸附性能**　煤的吸附性能主要取决于煤化程度，一般情况下，煤化程度越高，储存瓦斯的能力越强。从另一方面讲，煤化程度越高，成煤过程中瓦斯生成量也越大，故一般来说，在其他条件相似的情况下，开采高变质程度煤的矿井，瓦斯涌出量较大；而开采褐煤的矿井，一般都是低瓦斯矿井。

(2) **煤层露头**　煤层有露头，或者在冲击层下有露头，瓦斯易顺着煤层流动而逸散到大气中，煤层中瓦斯含量低。

(3) **煤层埋藏深度**　煤层埋藏越深，瓦斯散失则越困难，且随深度的增加，煤层透气性降低，瓦斯含量高。所以许多矿井出现煤层瓦斯含量随埋藏深度线性增加的现象。

(4) **围岩透气性**　煤系岩性组合和煤层围岩性质对煤层瓦斯含量影响很大，如果煤层顶底板为致密完整的低透气性岩层，煤层中的瓦斯就易保存下来，煤层瓦斯含量就较高，否则，如果围岩由厚层中砂岩、砾岩或裂隙溶洞发育的石灰岩组成，则煤层瓦斯含量低。

(5) 煤层倾角 埋藏深度相同时，煤层倾角越小，瓦斯含量就越高，反之，瓦斯含量就越低。

(6) 地质构造 地质构造是影响煤层瓦斯含量最重要的因素之一。在围岩属低透气性的条件下，封闭型地质构造有利于瓦斯的储存，而开放型地质构造有利于瓦斯的排放。闭合而完整的背斜或穹窿，通常是储瓦斯构造，但若背斜轴部裂隙发育，又有连通地表或其他储气构造的裂隙时，背斜轴部瓦斯含量则较低。向斜构造易出现两种截然不同的情况，当因地应力作用，轴部岩层透气性差时，易出现高瓦斯区，反之，轴部瓦斯含量较低。受地质构造作用，在煤层局部形成的大煤包通常是储瓦斯构造。

(7) 水文地质条件 地下水活跃的区域，煤岩层透气性较好，瓦斯含量通常较低。

4.4.2 瓦斯涌出量及其主要影响因素

瓦斯涌出量是指矿井生产建设过程中，从煤与岩层内涌出的瓦斯量，其表达方法有绝对瓦斯涌出量和相对瓦斯涌出量两种。单位时间内涌出的瓦斯体积数称为绝对瓦斯涌出量，平均日产 1t 煤同期涌出的瓦斯体积数称为相对瓦斯涌出量。影响矿井瓦斯涌出量的主要因素有以下几种。

(1) 煤岩瓦斯含量 它是决定瓦斯涌出量最重要的因素。开采单一的薄及中厚煤层时，瓦斯主要来自煤层暴露面和采落的煤炭，煤层瓦斯含量越高，瓦斯涌出量就越大。

(2) 地面大气压变化 地面大气压变化引起井下气压的相应变化，它对采空区或塌冒处瓦斯涌出的影响比较显著。地面大气压突然下降时，瓦斯积存区的气体压力将高于风流的压力，涌向采掘空间的瓦斯量也会突然增加。

(3) 开采规模 在甲烷带内，随着开采深度的增加，相对瓦斯涌出量增加，这一方面是由于煤岩瓦斯含量一般随煤层埋藏深度的增加而增大，另一方面是由于随开采深度的增加，影响范围扩大，来自开采煤层本身以外的瓦斯源的瓦斯量增加。

(4) 开采顺序与回采方法 首采层或首采的分层瓦斯涌出量大，主要是由于本煤层初次揭露，瓦斯含量高，与其邻层的煤层或分层，以及受采动影响的岩层中，也有大量的瓦斯涌向开采作业空间。

采空区丢失煤炭多、回采率低的采煤方法，采空区瓦斯涌出量大。顶板管理采用陷落法较充填法能造成顶板更大范围的破坏和卸压，邻近层涌出的瓦斯量多。

(5) 生产工艺 在落煤工序、移架放顶工序，瓦斯涌出量较平时增加。

(6) 通风状况 采区通风系统对工作面瓦斯涌出的影响较大，凡是有利于将采空区瓦斯带入工作面的通风系统，均可能使采煤工作面瓦斯涌出量增加。

4.4.3 煤与瓦斯突出

4.4.3.1 煤与瓦斯突出的机理和规律

煤矿生产过程中，在极短时间内，从煤（岩）体内以极快的速度向采掘空间喷出煤岩和瓦斯的现象称为煤与瓦斯突出。它是一种特殊的瓦斯涌出现象，危害性极大。

煤与瓦斯突出是地应力、瓦斯压力和煤体结构性能综合作用的结果，即在较高的地应力和瓦斯压力作用下，松软的煤体突然失去平衡，瓦斯和煤岩突然喷向作业空间。按动力现象的成因，突出可分为煤的突然倾出、煤的突然压出、煤与瓦斯突出、岩石和瓦斯（二氧化碳）突出、瓦斯喷出五类。前四类总称为煤（岩）与瓦斯（二氧化碳）突出。

(1) 突出机理 煤与瓦斯突出机理，是解释突出发生的原因和过程的理论。

突出是一种十分复杂的动力现象，能量综合学说认为，突出是由煤的变形潜能和瓦斯内能引起的，当煤层应力状态发生突然变化时，潜能释放引起煤层高速破碎，在潜能和煤层瓦斯压力作用下煤体发生移动，瓦斯由已破碎的煤中突然解吸并涌出，形成瓦斯流，把已粉碎的煤抛向井巷空间。

突出过程分为三个阶段：在静载荷和动载荷作用下煤体破碎；在变形潜能和瓦斯压力作用下煤体产生移动；瓦斯由已破碎的煤中解吸、膨胀并带出悬浮于瓦斯流的煤。上述三个阶段在某种条件下形成循环，使突出范围和强度进一步扩大。

（2）突出的一般规律

① 突出危险性随采掘深度的增加而增大。

每个矿井、煤层都有一个发生突出的最小深度，该深度称为始突深度，在始突深度上部进行采掘活动时不会发生突出，而在其下部进行采掘活动，有可能产生突出。

② 突出危险性随煤层厚度特别是软分层厚度的增加而增大，突出最严重的煤层通常为矿井的主采煤层。

③ 突出与巷道类型密切相关。

煤层平巷掘进突出的绝对数目多，主要是因为矿井中平巷掘进比例大。倾斜巷道掘进时，由下往上掘时倾出占的比例较大，由上往下掘时不会出现倾出，以压出为主。

④ 突出与作业方式和工序有关。

⑤ 突出大多发生在地质构造带。

易发生突出的地质构造带主要在向斜轴部、帚状构造收敛端、煤层扭转区、煤层产状变化区、煤包及煤层厚度变化带、煤层分岔区、压性和压扭性断层地带、岩浆岩侵入地带 8 种类型的地质构造破坏区。

⑥ 受煤体自重影响，自上前方向巷道的突出占大多数，从下方向巷道的突出为数极少，突出的次数有随倾角增大而增多的趋势。

⑦ 突出的气体主要成分为甲烷，个别矿井存在二氧化碳突出，突出煤层的瓦斯含量和开采时的相对瓦斯涌量都在 $10m^3/t$ 以上。在同一煤层，瓦斯压力越高，突出危险性越大。

⑧ 突出煤层的特点是煤的机械强度低，而且变化大，透气性差 [透气性系数小于 $10m^2/(MPa^2 \cdot d)$]，瓦斯放散初速度高，湿度小，层理紊乱，遭受过地质构造力严重破坏，即煤体所谓的"构造煤"。

⑨ 突出危险性随着厚而坚硬的围岩的存在而增高。这一方面是由于围岩透气性差，另一方面是由于在厚而坚硬的煤层中作业时，易出现地应力过分集中的现象。

⑩ 绝大多数突出都有预兆。预兆主要体现在三个方面：一是地压显现（煤炮声、支架声响、掉渣、岩煤开裂、底鼓、岩煤自行剥落、煤壁外鼓、煤壁颤动、钻孔变形、垮孔顶钻、夹钻杆、钻粉量增大、钻机过负荷等）；二是瓦斯涌出异常（瓦斯浓度忽大忽小、煤尘增大、气温与气味异常、打钻喷瓦斯、喷煤、出现哨声或蜂鸣声等）；三是煤的力学性能和结构方面出现异常（层理紊乱、煤体变松软或软硬不均、煤暗淡无光泽、煤层厚度变化大、倾角变大、波状隆起、褶曲、顶底板阶状凸起、断层、煤体变干燥等）。

4.4.3.2　煤与瓦斯突出的综合防治

在开采有突出危险的煤层时，必须采取包括突出危险性预测、防治突出措施、防治突出措施的效果检验和安全防护措施在内的"四位一体"的综合防突措施。突出危险性预测既能指导防突措施科学地运用，减少防突措施工程量，又能通过对工作面突出危险性不间断地检查，保证作业人员的人身安全，并防止事故的发生。我国将突出危险性预测分为区域性预测和工作面预测两大类。

（1）区域性预测　其任务是确定井田、煤层和煤层区域的危险性，预测的依据是突出区域性特征（地应力、瓦斯和煤的物理、力学性质）与突出危险性之间的联系。

（2）工作面预测 工作面预测的任务是确立工作面附近煤体的突出危险性，其依据是地应力、瓦斯和煤的力学性能在工作面前方的分布状况及其随工作面推进的变化。

防突措施方法很多，但总的目的是设法缓解地应力的集中、降低煤层瓦斯含量和瓦斯压力、改善煤体结构性能，使煤和瓦斯突出危险性降低或丧失。

防突措施的效果检验的依据和方法与工作面突出危险性预测基本相同，突出危险性预测是在防突措施实施前预测采掘工作面有无突出危险性，而防突措施的效果检验则是在实施防突措施后，通过测定各参数指标，判别防突措施是否有效，直至工作面无突出危险后方可采取安全防护措施进行采掘作业。

4.4.4 瓦斯爆炸的防治

4.4.4.1 瓦斯爆炸的条件及影响因素

（1）瓦斯爆炸的条件 矿井瓦斯爆炸是一定浓度的瓦斯和氧气充分混合后，在一定温度下发生的剧烈的氧化反应，爆炸的结果是产生高温、高压，并生成 CO_2、CO、H_2O 等有害物质。

瓦斯爆炸必须同时具备三个条件：瓦斯浓度处于爆炸范围、氧浓度超过失爆氧浓度、存在具备一定条件的引爆火源（火源能量大于最小点燃能量、温度高于最低点燃温度、火源存在的时间长于瓦斯爆炸的感应期）。

（2）影响瓦斯爆炸的主要因素

① 瓦斯浓度 瓦斯爆炸的界限受多种条件的影响，在正常条件下的弱火源点燃时，瓦斯爆炸的范围为 5%～15%，最佳爆炸浓度为 4.5%左右，在强火源引爆时，瓦斯爆炸的范围显著扩大，最佳爆炸浓度为 8.5%～10%。当混合气体混入其他爆炸性气体时，瓦斯爆炸的下限会降低；当混入惰性气体后，瓦斯爆炸范围会缩小。

② 火源 根据能量在矿井空气中散布的形式可将火源分为弱火源和强火源，火源作用的强度标志实际上是其温度和作用时间，危险温度至少应是最低着火温度的两倍。弱火源不能形成冲击波，也不能使沉积煤尘转变为浮游状态，相反，强火源会产生冲击波，并把沉积煤尘转变为浮游状态。

③ 氧浓度 地面空气中，氧浓度与氮浓度的比例基本固定，进入井下后，由于有瓦斯涌出，空气中的氧浓度、氮浓度肯定会降低。在井下一般的气压条件下，瓦斯混合气体的爆炸范围可用爆炸三角形 BCE 来确定，如图 4-1 所示。若以横坐标表示井下空气中的 CH_4 含量，纵坐标表示井下空气中的 O_2 含量，如果对某空间的空气不做特殊处理（即 N_2 与 O_2 的含量比例不变，又不向空气中人为地加入 CO_2 等其他气体），当井下有瓦斯涌出时，随着 CH_4 浓度的增加，O_2 浓度按一定比例下降，变化趋势是沿图中的直线 AD，与纵坐标交点 A 表示地面空气进入井下前的情况；此时 O_2 浓度为 20.93%，而 CH_4 浓度为 0。AD 线与横坐标的交点表示空气进入井下某空间后，随着 CH_4 的涌出，O_2 浓度降至 0 而 CH_4 浓度为 100%（实际上是不可能达到的）。曲线上 B、C 点对应的 CH_4 浓度分别为瓦斯的爆炸下限和上限。所以对于井下一般的空间而言，在由 $A \rightarrow B$ 过

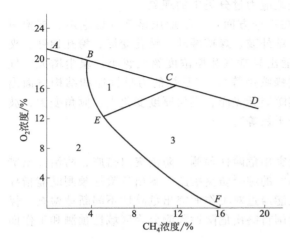

图 4-1 瓦斯空气混合气体爆炸界限与
其中氧浓度和瓦斯浓度的关系

程中，是 CH_4 浓度增高阶段，混合气体尚不具备爆炸性，在 BC 段，瓦斯浓度在 $5\%\sim15\%$，正处于爆炸范围之内，过了 C 点后，由于 CH_4 浓度超过其爆炸上限（即 CH_4 浓度在 15% 以上），混合气体也不具备爆炸性。若井下某空间混入其他气体（如涌出 CO_2，或人为地加入 N_2 或 CO_2 等惰性气体，或由于煤炭等物质燃烧而产生其他气体），空气中的 O_2 与 N_2 的浓度比将偏离 AD 线，瓦斯爆炸范围随氧浓度的降低而缩小，表现为瓦斯爆炸下限增高（变为 BE 线），而爆炸上限迅速下降（变为 CE 线），E 点为爆炸临界点，即在氧浓度低于 12% 时，混合气体失去爆炸性。在图中，通常称三角形 BCE 为爆炸三角形，意思是说，当混合气体中 CH_4、O_2 浓度形成的坐标处于三角形 BCE 中时，混合气体就具有爆炸性。图中 BEF 线左边的 2 区为不爆炸区，CEF 线右边的 3 区为补充氧气后可能爆炸区。

4.4.4.2　防止瓦斯爆炸的措施

只要防止瓦斯爆炸的三个必要条件同时存在，就能达到防止瓦斯爆炸的目的。但由于井下环境中，一般情况下 O_2 浓度都在失爆氧浓度之上，所以，防爆措施应重点放在防止瓦斯超限和积聚、杜绝引爆火源这两方面。

（1）防止瓦斯超限和积聚　采掘巷道瓦斯超限的主要原因在于通风不良（如风量不足）、局部瓦斯涌出量过大（如突然涌出、瓦斯突出等）。

掘进井巷最常见的瓦斯积聚形式有巷道顶板和支架附近的空洞中积聚、报废的风巷和采空区连接处积聚、钻孔中和打钻时的孔口附近积聚、掘进机组附近积聚、链板运输下部积聚等。防止和消除巷道顶板附近瓦斯层状积聚的主要方法是全面或局部地增加风速（如用风障、导风板、引射器或局部通风机等）。

瓦斯涌出量大是造成采掘井巷瓦斯超限和积聚的根本原因，通风是解决井巷瓦斯超限和积聚最有效的方法，但通风能力受井巷断面和最高允许风速等因素的限制，当瓦斯涌出量过大，采用通风方法不合理时，必须因地制宜地采取瓦斯抽放，并设法提高瓦斯抽放率。

（2）杜绝引爆火源　为防止引爆火源的产生，井下禁止使用明火，井下电气设备必须具备良好的防爆性能，井下必须使用安全炸药，打眼、装药、放炮都必须符合《煤矿安全规程》要求。采取有效措施，防止机械摩擦火花和摩擦发热。因地制宜地采取综合防灭火措施，防止煤炭自燃。

（3）正确处理井下火区的封闭与启封等工作，防止火区爆炸　当火区气体中 O_2 浓度低于瓦斯失爆氧浓度（$O_2<12\%$）和失燃浓度（$O_2<8\%$）时，封闭火区应采用断风封闭法。当火区气体中 O_2 浓度高于 12%，封闭区内存在 CH_4 爆炸危险时，或因火区内 CH_4 浓度的逐渐增长，减少风量会使 CH_4 浓度升高时，应采用通风封闭法，即在保持火区通风的条件下进行火区封闭。当火区 CH_4 接近爆炸下限，或火区中 CH_4 稍高于爆炸上限但存在漏风供氧条件，封闭过程中爆炸危险性较大时，应在封闭火区的同时，注入大量的 N_2 或 CO_2 等惰性气体，使火区中 O_2 浓度迅速下降，防止爆炸。

在启封火区时，应尽量在确保火已完全熄灭的前提下，再启封。启封前应做一切应急准备，做好思想和物质准备，以便迅速果断地重新封闭火区。

4.4.5　矿井瓦斯管理

根据矿井相对瓦斯涌出量、绝对瓦斯涌出量和瓦斯涌出形式将矿井分为低瓦斯矿井、高瓦斯矿井和煤（岩）与瓦斯（二氧化碳）突出矿井。低瓦斯矿井是指矿井相对瓦斯涌出量小于或等于 $10\mathrm{m}^3/\mathrm{t}$ 且绝对瓦斯涌出量小于或等于 $40\mathrm{m}^3/\mathrm{min}$ 的矿井；高瓦斯矿井是指矿井相对瓦斯涌出量大于 $10\mathrm{m}^3/\mathrm{t}$ 或绝对瓦斯涌出量大于 $40\mathrm{m}^3/\mathrm{min}$ 的矿井；矿井在采掘过程中只要发生过一次煤（岩）与瓦斯（二氧化碳）突出，该矿井即为突出矿井，发生突出的煤层即为突出煤层。低瓦斯矿井中，相对瓦斯涌出量大于 $10\mathrm{m}^3/\mathrm{t}$ 或有瓦斯喷出的个别区域为高瓦斯区，该区应按高瓦斯矿井管理。

　　矿井总回风巷或一翼回风巷中瓦斯或二氧化碳浓度超过 0.75％时，必须立即查明原因，进行处理。采区回风巷、采掘工作面回风巷风流中 CH_4 浓度超过 1.0％或 CO_2 浓度超过 1.5％时必须停止工作，撤出人员，采取措施，进行处理。在不易自燃的煤层中采煤工作面瓦斯涌出量大于或等于 $20m^3/min$，进回风巷净断面在 $8m^2$ 以上，经抽放瓦斯和增大风量已达到最高允许风速后其回风巷风流中瓦斯浓度仍不符合《煤矿安全规程》要求时，可采用专用排瓦斯巷，但该巷回风流中的浓度不得超过 2.5％，巷道内风速不得低于 $0.5m/s$，必须用不燃性材料支护，并有防静电、摩擦和撞击火花的安全措施。工作面风流控制必须可靠，专用排瓦斯巷内不得进行生产作业和设置电气设备，进行巷道维修工作时，瓦斯浓度必须低于 1.5％。专用排瓦斯巷必须贯穿整个工作面推进长度，但不得留有盲巷，在其距回风巷口 15m 处悬挂甲烷传感器，当瓦斯达到 2.5％时能发出报警信号并切断工作面电源。

　　采掘工作面及其他作业地点风流中瓦斯浓度达到 1.0％时，必须停止用电钻打眼。爆破地点附近 20m 以内风流中瓦斯浓度达到 1.0％时，严禁爆破。采掘工作面及其他作业地点风流中、电动机或其开关安设地点附近 20m 以内风流中的瓦斯浓度达到 1.5％时，必须停止工作，切断电源，撤出人员进行处理。采掘工作面及其他巷道内，体积大于 $0.5m^3$ 的空间内积聚的瓦斯浓度达到 2.0％时，附近 20m 必须停止工作，切断电源，撤出人员。对瓦斯浓度超限而被切断电源的电气设备，必须在瓦斯浓度降到 1.0％以下时方可通电开动。

　　矿井必须从采掘生产管理上采取措施，防止瓦斯积聚，当发生瓦斯积聚时，必须及时处理。矿井必须有因停电和检修使主要通风机停止运转或通风系统遭到破坏以后恢复通风、排除瓦斯和送电的安全措施。恢复正常后，所有受到停风影响的地点，都必须经过通风、瓦检人员证实无危险后方可恢复工作，所有安装电动机及其开关的地点附近 20m 的巷道内都必须检查瓦斯浓度，只有符合规程要求后方可开启。临时停工的地点不得停风，否则必须切断电源，设置栅栏和警标，禁止人员进入，当停工区内瓦斯浓度达到 3.0％或其他有害气体超限又不能立即处理时，必须在 24h 内封闭完毕，恢复已封闭的停工区或采掘工作接近这些地点时，必须事先排除其中积聚的瓦斯。

　　瓦斯灾害严重的矿井，必须根据规程要求，建立地面永久性抽放瓦斯系统或井下临时抽放瓦斯系统，贯彻"多钻孔、严封闭、综合抽"的方针，努力提高抽放效果。

　　高突矿井必须装备矿井安全监控系统。没有装备矿井安全监控系统的矿井，煤巷和有瓦斯涌出的岩巷掘进工作面，必须装备瓦斯风电闭锁装置或瓦斯断电仪和风电闭锁装置，采煤工作面必须装备瓦斯断电仪，无瓦斯涌出的岩巷掘进工作面必须装备风电闭锁装置。

4.5　矿井水灾及防治

　　我国煤矿床水文地质条件复杂，造成矿井水害的水源有大气降水、地表水、地下水和老空水。目前，在统配煤矿中，约有 18％待开采的煤炭储量受到较为严重的水害威胁。1950 年以后，我国煤矿曾发生过数百次突水事故。例如：2010 年 3 月 28 日 14 时 30 分左右，中煤集团一建公司 63 处碟子沟项目部施工的华晋公司王家岭矿（在山西省临汾市乡宁县境内，为中煤集团与山西焦煤集团合作组建的华晋煤业公司所属）北翼盘区 101 回风顺槽发生透水事故，初步判断为小窑老空水，事故造成 153 人被困，经全力抢险，115 人获救，另有 38 名矿工遇难；2012 年 5 月 2 日 7 时左右，黑龙江省鹤岗市峻源二矿井下采煤工作面发生透水事故，当班入井 28 人，事故发生后安全升井 10 人，经过搜救，最后 3 名被困人员全部找到均遇难，此事故共有 15 人获救生还，造成 13 人死亡；2013 年 2 月 3 日零时 35 分，淮北矿业集团桃园煤矿南三采区 1035 切眼掘进工作面发生透水事故，据推算，矿井透水量约为 $10000m^3/h$，当班井下作业人数 444 人，安全升井 443 人，1 人下落不明；2013 年 3 月 11 日下午两点左右，黑龙江鹤岗振兴煤矿一采煤工作面在停产支护过程中发生透水，随着透水事故的延续，随后又发生了泥石流，当时采面采煤工人 18 人，附近掘进工 7 人，经抢救 7 人升井，另有 18 人遇难。

由此可见，煤矿水害已成为影响煤矿安全生产的重大关键问题之一，对其进行防治工作研究具有十分重要的现实意义和长远的战略意义。

4.5.1　矿井水灾及危害

(1) 矿井水灾定义　矿井建设和生产过程中，一般都会遇到渗水或涌水现象，当设计的排水能力能够满足矿井的涌水时，属正常排水；如果渗入或涌入露天矿坑或矿井巷道的水量超过了矿井正常排水能力，则采矿场或巷道可能被水淹没，酿成矿井水灾。

(2) 矿井常见的水灾　开采江、河、湖、水库等地表水影响范围内的煤层时，雨季因洪水暴发造成水位高出拦洪堤坝或冲毁井口围堤时，水直接由井口灌入矿井。

井筒在冲积层或强含水层中开凿时，如果事先不进行处理，就会涌水，特别是沙砾层，水砂会一齐涌出，严重的会造成井壁坍塌、沉陷、井架偏斜，使凿井无法继续进行。

在顶板破碎的煤层中掘进巷道，因放炮或支护不良发生冒顶，或回采工作面上防水岩柱尺寸不够，当冒落高度和导水裂缝与河湖等地表水或强含水层沟通时，会造成透水。

巷道掘进时与断层另一盘强含水层打通，就会造成突水。断层带岩石破碎，各种破裂面或石灰岩裂隙溶洞较发育，突水威胁较大。

由于隔水岩柱的抗压强度抵抗不住静水压力和矿山压力的共同作用，巷道掘进后经过一段时间的变形，引起底板承压水突然涌出。

石灰岩溶洞塌落形成的陷落柱内部，岩石破坏，胶结不良，往往构成岩溶水的垂直通道，当巷道与它掘通时，会引起几个含水层水同时大量涌入，造成淹井。

地质勘探时打的钻孔封孔质量不好，就成为各水体之间的垂直联系通道，当巷道或采面与这些钻孔相遇时，地表水或地下水就会经钻孔进入矿井，造成强烈涌水。

回采工作面或巷道遇到老空或旧巷道的积水区时，会在很短时间里涌出大量的水，也是煤矿常见且破坏性很大的一种水灾。

(3) 发生矿井水灾的原因　发生矿井水灾的根源，在于水文情况不明、设计不当、措施不力或管理不善，人的思想麻痹也是一个原因。具体来说有以下几个方面。

① 地面防洪、防水措施不周详，或有了措施但没有认真执行，暴雨山洪冲破了防洪工程，致使地面水灌入井下。

② 水文地质情况不清，井巷接近老空、充水断层、陷落柱、强含水层，未事先探放水，盲目施工，造成突水淹井或人身事故。

③ 井巷位置设计不合理，接近强含水层等水源，施工后在矿山压力和水压共同作用下，发生顶底板透水。

④ 乱采乱掘，破坏了防水煤、岩柱，或者施工质量低劣，平巷掘进腰线忽高忽低，致使顶板塌落，接通了强含水层，造成透水。

⑤ 积水巷道位置测量错误或资料遗漏、不准，新掘巷道与它打通，或是巷道掘进的方向与探水钻孔的方向偏离，超出了钻孔控制范围，就可能与积水区掘透。

⑥ 井下未构筑防水闸门，或虽有防水闸门但未及时关闭，在矿井发生突水的情况下，不能起堵截水的作用。

⑦ 井下水泵房的水仓不按时清理，致使容量减少，或者水泵的排水能力不足，在矿井发生突水时，涌水量大于排水能力，而且持续的时间很长，采取临时措施也无法补救时，矿井就可能被淹没。

只要确定水灾发生的原因，有针对性地采取措施，加强管理，矿井水灾是完全可以避免的。

(4) 井下出水的征兆 煤层或岩层出水之前，一般都有一些征兆，如工作面变得潮湿、顶板滴水或淋水、岩石膨胀、底板鼓起、工作面压力增大、片帮冒顶、巷道断面缩小、支架变形等。此外，比较明显的征兆还有以下几个。

① 煤层里有"吱吱"的水叫声，甚至有向外滋水的现象，这是因为附近有压力大的含水层或积水区，水从煤层的裂缝向外挤出造成的。

② 煤层"挂汗"，就是煤层上结成小水珠，说明前面有地下水。

③ 工作面发潮，甚至有淡淡的雾气，由于水分蒸发吸热而使空气变冷，一进去就有阴凉的感觉，前面不远可能有地下水。

④ 如果闻到工作面有臭鸡蛋气味，用舌头品尝渗出来的水感到发涩，把水珠放在手指间摩擦有发滑的感觉，就可以肯定前面有老空水，另外，老空水发红，很像铁锈水，如果发现煤壁上"挂红"，也是出水信号。

以上这些征兆，并不是每个工作面透水之前都一定要全部出现，有时可能发现一个或两个，极个别情况甚至不出现，这就要求我们仔细观察，认真辨别。如果事先发现了这些征兆，就应该把它们的位置在采掘工程图上标示出来，并圈出可能的突水范围，同时，与地质测量部门取得联系，并进一步探查清楚。

如果在掘进或采煤过程中突然出现了出水征兆，有透水危险，要果断采取措施，撤离人员，躲避到安全地点，并及时向矿井调度室汇报。

(5) 矿井水灾的危害 矿井涌水给凿井、掘进、采煤以及机电设备的管理等都带来一定的困难。为了排除井下涌水，就要修建水仓，安设水泵，安设水闸，挖水沟，形成一个完整排水系统。

如果井下发生了突水或透水事故，有可能淹没采区或矿井，生产中断，设备淹没，造成人员伤亡和财产损失。

矿井水灾是煤矿常见的一种灾害，在地方煤矿，这种事故较多，危害也较大。因此，每一名井下工人都应了解透水前的预兆，以及发生透水时的避灾路线，共同做好矿井防治水工作，杜绝水灾事故发生。

4.5.2　矿井水灾的防治

4.5.2.1　地面防治水

为了防止或减少大气降雨汇集的水和地表水涌入工业场地，或通过渗漏区进入井下，首先要进行地面防治水。地面防治水首先要掌握地表水的变化规律，有针对性地在地面修筑一些防排水工程，包括填塞通道、排除积水、河流改道、修建水库及排洪道等，可以概括为"疏、防、排、蓄"几个方面。

(1) 疏 如果矿井四面是山，降水和地表水流不出去，可以开凿泄洪隧洞，把矿区内的汇集水疏通到矿区以外。

(2) 防 在矿井设计时，井口和工业场地应该选择在不受洪水威胁的地点，井口和工业场地内的主要建筑物的标高，必须高出当地历年的最高洪水位，矸石、土方、炉灰等堆积物必须避开山洪、河流的冲刷方向，以免冲刷到工业场地建筑物附近或淤塞沟渠和河道。矿区受山洪威胁时，在山坡上应修挖防洪沟堵截山洪。矿区地表的塌陷区（包括塌陷裂缝、塌陷洞等）要堵塞、填平、压实。对漏水的沟渠和河流，应该整铺河底或改道。报废的地面钻孔要及时封好，防止地表水流入井下。

(3) 排 对于洪水季节河水有倒流现象的矿区，应在泄洪总沟的出口处建立水闸，设置排洪站，以备河水倒灌时用水泵向外排水。

（4）**蓄** 在井口和工业场地上游的有利地形建筑水库，雨季前把水放到最低水位，以争取最大蓄洪量，减少对矿井的威胁。

4.5.2.2 矿井地下水综合治理

（1）**留设隔离煤柱** 井下留隔离煤柱，可以防止地下水涌入矿井，同时还可以预防火灾与瓦斯事故的蔓延。防水煤柱大致可以分为以下几种。

① 井田边界隔离煤柱 相邻两个矿井或井田之间不能沟通，应该留隔离煤柱。这样，一旦有一个矿井发生突水淹井事故，邻近矿井不致受到影响。井田之间的煤柱大都是人为留设的，有些是以断层为界的隔离煤柱。当矿井人为划分边界时，煤柱中心线就是矿井的边界，当以断层为两井田边界时，断层两侧各留一定的煤柱作为各自的开采边界。

② 与被淹井巷的隔离煤柱 井下有时有局部积水或被淹井巷，当积水很多不易排干时，也要留设煤柱，使生产区与被淹区隔开。

③ 冲积层煤柱 井下采掘工作面有时离冲积层或地表很近，而冲积层内又往往有水及流沙。在这种情况下，采掘工作面必须与冲积层保持一定的距离，因此也要留设一定的煤柱。

④ 断层防水煤柱 断层的落差（两侧煤层的标高差）有大有小。当落差达到一定数值时，一盘的煤层就可能与另一盘含水层接触，同时断层本身也可能含水，所以断层两侧有时也要留一定尺寸的煤柱。

⑤ 其他防水煤柱 在采掘过程中，如接近水量较大的钻孔、含水的陷落柱等也要留煤柱。

防水煤柱是起防水作用的，无论何时，未经批准不许胡采乱掘，如采煤反向开帮，在煤柱内挖水窝、躲避硐等，都是十分危险的。

（2）**疏干降压** 随着矿井向深部开采，承压含水层的水头压力越来越大，为了预防承压水突然涌出，就要对含水层采取疏干和降压的措施。

疏干，就是把含水层中的水位降到生产工作面标高以下，这样，工作面生产就不再受承压水的威胁了。但是，疏干采煤只有在含水层水量较小的情况下才能实现，有些含水层水量很大，对这样的含水层强行疏干，会加大排水量，甚至根本无法疏干。对水量大的含水层可以采用少量放水而适当降低水位的办法，使水位保持在工作面以上一定的高度，既使工作面能正常回采，又不致使水突破煤层底板。这样的采煤方法就称为降压采煤法。降压采煤是一项困难而复杂的工作，它要研究隔水层厚度及强度、节理裂隙情况、矿山压力对隔水层的破坏情况，还要研究含水层降压的可能性。只有这些条件都能满足采煤要求时，降压采煤才能实现。

打钻放水是降压采煤常用的方法，可以在一个地点集中打钻放水，也可以分散在多水平、多巷道大范围打钻放水。除放水孔以外，还要有一定数量的观测孔，以便了解和控制水压。

降压采煤有时也可能发生突水，所以除了保证有足够的排水能力外，采用降压方法采煤的工作面，采煤时也要注意及时放顶，减少控顶距，防止底板出水。放水孔打开之后就不要随意关闭。工作面上下出口一定要保持通畅。当工作面发现出水征兆时，应停止推进，及时汇报，采取措施加以处理。

（3）**设置防水闸门** 有突水淹井危险的矿井，或有突水危险的地区，都要设置防水闸门。闸门平时是打开的，一旦井下发生水灾，闸门关闭。在井底车场两端设置防水闸门，以便于恢复矿井生产，保护井筒、井底车场和排水设施，在有突水危险的地区设置防水闸门，是为了在采区或巷道突水时，阻挡水流，进行分区隔离，防止灾情扩大，保证其他地区正常生产。

防水闸门前后一段巷道必须砌碹。防水闸门来水方向一侧 25m 设有挡物的箅子门。附近的铁轨和架空线要做成活节的，可以随时拆卸。通过防水闸门的风管、水管、电缆孔禁止漏水。放水管应设置在水沟一侧的下方，放水管的外端应安有防水闸门。

防水闸门的铁门四周要镶有软垫，当铁门关闭时门与门框可以完全接触，不产生缝隙。软垫一般用橡胶、紫铜或特制合金做成。

为顺利关闭防水闸门，在防水闸门的外侧可安设小绞车、钢丝绳和滑轮。在正常生产期间，要定期对防水闸门进行检查和维修，附近不得有石块、木料、矿车等堵塞物，要保证铁门能随时关闭。

矿井突水后，关闭防水闸门是一项关键性措施，不经领导决定，任何人不得随意关闭铁门。在关门之前，防水闸门内的所有人员必须全部撤出，人数必须清点无误，电源应全部切断。经处理或突水量变小需要打开防水闸门的时候，必须有专门措施，有领导、有指挥地进行。

(4) 井下排水 矿井涌水，使井下环境恶化，为了保证生产的正常进行，就需要把矿井水排到地面。排水的主要设备有水泵、水管和配电设备，井下还要修筑水仓、泵房。在发生水灾时，这些设施还起应急的作用。

① 水泵 必须有工作、备用和检修的水泵。要求水泵从两个方面保证安全：第一，工作水泵应能在20h内排出矿井24h的正常涌水量，即工作水泵的能力相当于正常涌水量的1.2倍；第二，工作和备用水泵应能在20h内排出矿井24h的最大涌水量。水文地质条件复杂的矿井，可根据情况另外增设水泵。

② 水管 水管必须与水泵的排水能力相适应，有工作和备用的水管。即使在涌水量很小的矿井，也必须敷设两路水管。

③ 配电设备 应同工作、备用和检修的水泵相适应，并能够同时开动工作和备用的水泵。有的矿井涌水量小，不重视配电设备和水泵的配套，一旦矿井涌水量增大，备用水泵无法开动，会造成水害。

④ 水仓 主要水仓必须有两个，当一个水仓清理时，另一个水仓能正常使用。水仓的进口处要设置箅子阻挡杂物，水仓中的淤泥每年至少清理两次，其中在雨季前必须清理一次，以保证水仓的有效容量。

水泵、水管、配电设备等主要排水设备，都要经常检查和维护，特别是在每年雨季前，必须全面检修一次，以保证安全运行。

4.5.3 矿井水灾防治的预防性措施

4.5.3.1 探水

在有水害威胁的矿井，坚持有疑必探、先探后掘的探放水原则，是防止井下水害事故的有效措施。在有水害威胁的地区进行采掘工作，都要坚持超前钻探，千万不可粗心大意。

井下生产过程中，遇到下面任何一种情况时，都必须探水前进：接近被淹井巷或小窑、老空区；接近溶洞、含水断层、含水层（流沙层、冲积层、各种承压含水层）或接近积水区；上层有积水，在下层进行采掘活动，两层之间的距离小，不能保证安全厚度的要求；探水地区内掘进，一次掘进长度达到了允许掘进的长度，或探水孔的超前距已经达到规定的限度；采掘工作面发现出水征兆；突然发现断层，对另一盘的水文地质情况又不清楚；打开隔离煤柱放水；接近有出水可能的钻孔；采掘工作面接近各类防水煤柱线，为确保煤柱尺寸，要提前探明情况；在强含水层之上，工作面进行带压开采，对强含水层水压、水量、裂隙等情况不清楚，对隔水层厚度变化情况不明确，这时也需提早对含水层进行打钻，系统地了解含水层和隔水层情况。

4.5.3.2 探水设计

探水工作应该有探水设计，探水设计应包括探水地区的水文地质情况、探水巷道布置及施工先后次序、探水孔的布置、对探水孔的要求以及安排必要的排水设施等。

探老空水地区的巷道设计及施工顺序应有利于防探水工作。一般来说，沿煤层设计的上山巷道应布置成双巷，两条上山交替探水前进，中间由联络巷相通。探到老空之后，沿老空边界掘上风道。在大范围老空基本控制之后，再施工采区内的其他巷道，如上下山、顺槽和切眼等。这样做可以保证安全，又可以节省探水工作量。

探老空水时，探水孔在平面上应布置成扇形，上山掘进探水孔不应少于 5 组，每组之间的夹角以 $10°\sim15°$ 为宜。倾斜煤层平巷掘进探水孔应向上帮方向布置成半扇形。在厚煤层内，探水孔每组不应少于 3 个孔，当巷道沿顶板掘进时，应有一个孔平行顶板，其余的孔依次下斜，并要求最少有一个孔见底板。巷道沿底板掘进，钻孔应依次往上斜，并最少有一个孔见顶板。

钻机探水，钻孔应超前掘进头一定距离，终孔位置与掘进头停止位置之间的距离称为超前距。探水设计中应严格规定各种情况下的超前距。孔深不应小于超前距。探水孔孔深越大，每组孔之间的距离越大，每组孔间夹角以 $10°$ 计，当孔深达到 $18m$ 时，每组孔间的水平距离将超过 $3m$，为防止漏探，现场掘进人员可用煤电钻在孔间加以补探。探水孔的孔径一般不大于 $75mm$，探压力大的水体或含水层时应做孔口套管。

4.5.3.3　探水作业安全注意事项

井下探水是用钻机进行的。探水作业的好坏，不仅直接关系到探水人员的安全，而且影响到探放水周围地区甚至整个矿井的安全。所以，应该按照《煤矿安全规程》的要求，施工中特别注意以下事项。

(1) 探水工作面要加强支护，防止高压水冲垮煤壁及支架。

(2) 事先检查并维护好排水设备，清挖水沟和水仓，以便在出水时使水仓有相当容积的缓冲余地。

(3) 在探水工作面或工作面附近安设专用电话，遇有水情及时向矿井调度室汇报。

(4) 探水工作面要经常检查瓦斯，发现瓦斯超过 1% 时要立即停止打钻，切断电源，撤出人员，然后加强通风吹散有害气体。

(5) 在水压较大的地点探水时，应预先开掘安全躲避洞，规定好联络信号及人员的避灾路线。

(6) 打钻时钻孔中水压、水量突然增大，以及出现顶钻等异常情况时，不要移动或拔出钻杆，应马上将钻杆固定。还应派人监视水情和报告矿井调度室，不得擅自放水。如果情况危急时，要立即撤出受水威胁地区的所有人员，然后采取措施，进行处理。

(7) 探水钻机后面和前面给进手把活动范围内不得站人，以防止高压水将钻杆顶出伤人，或者手把翻转打人。

(8) 钻孔内水压过大时，应该采用反压、防压和防喷装置的方法钻进，控制钻杆不被高压水猛然冲出，确保钻探安全。

4.5.3.4　带压开采

带压开采是防治水的一种方法。实质上就是利用隔水层的隔水性能，带着水压进行开采的一种方法。它的优点是不修建防治水工程，就可以预测出安全区，以便将煤炭开采出来。我国的许多煤矿的煤层底板下有丰富的地下水，因此，带压开采具有实用价值。

带压开采能否成功，决定于三个因素。

(1) 承压含水层水压力的大小及水量的多少。

(2) 隔水层厚度，被开采煤层与含水层间的距离越大，出水性越小。

(3) 开采地区地质构造及采煤活动对隔水层的破坏情况，隔水层如果是完整的，断层、裂隙不发育，那么高压水突出的可能性就小。

在带压采煤工作面工作时，应该注意：放顶工作要快，控顶距越小越好，以便减小地压；工作面内禁止丢煤柱，也不要残留木垛、点柱等支撑物；注意底板变化，如有异常应停止采煤和放顶；保持排水设备完好；现场所有人员必须熟悉避灾路线。

4.5.3.5　水体下采煤

煤层处在地表水和地下含水层的下面，开采这些煤炭有很多困难。为了充分利用地下资源，增加煤炭产量，就必须解决水体下及含水层下安全开采的问题。

煤层采空以后，上面的岩层就要冒落。如果冒落形成的裂隙影响到顶板以上的含水层甚至地表，就成为含水层水或地表水进入井下的通道。根据观测，顶板岩层的破坏可分为"三带"。

(1) 冒落带　采煤后顶板开始冒落，一直到上部岩层能够支撑在冒落后堆积起来的岩块之上为止。如果冒落带的高度达到采空区上方的含水层水或地表水时，就要发生突水事故。

(2) 导水裂缝带　冒落带上方的岩层产生大量的裂缝，而且下部裂缝大，越往上裂缝越小，这一带内，水仍然可以在裂缝中流动。这一带的高度影响到含水层水和地表水时，矿井涌水量就会急剧增加。

(3) 弯曲下沉带　从导水裂缝带往上，岩层发生平缓弯曲，只有一些小的裂隙，但这些裂隙不与井下相通。如果在弯曲下沉带内或弯曲下沉带以上的地面有水体，采煤时就不会流入井下工作面。

从事水体下采煤，关键是确定和控制导水裂缝带的高度，使其不与水体相通。采煤时应严格掌握采高，工作面的支架严格按规定的高度支撑。现场工作人员应随时注意顶板变化，如有淋水变大、水变浑、有流沙等现象时应及时汇报，出现危险征兆时要及时撤人。用充填法采煤的工作面，一定要保证充填质量。

4.5.3.6　注浆堵水

注浆堵水是防止矿井涌水而行之有效的措施，方法简便，效果较好，得到广泛的应用。

注浆堵水，就是把配制成的浆液（水泥浆液、水泥-水玻璃浆液或化学浆液），用注浆泵压入地层空隙中，使浆液扩张、凝固、硬化，起到堵截补给水源的作用。目前，注浆应用在以下几个方面。

(1) 井筒注浆　井筒常要通过一个或几个含水层，含水层的水就会进入井筒，给建井带来困难和危害。为此，在井筒开凿之前先从地面打钻孔，对含水层进行预先注浆，或者在井筒掘进工作面距含水层一定距离的地方停止掘进，从工作面预先进行注浆。这样，就在井筒四周造成一道隔水屏障，使井筒能安全、顺利地通过含水层。如果井筒已凿砌完毕而井壁漏水，也可以对井壁进行注浆堵水，这样做对井筒设备的维护与井下安全生产都是有利的。

(2) 恢复被淹矿井注浆　矿井下大量突水出现了淹井事故，也可采用注浆法进行处理。在突水地点首先注入砂、石子等骨料，再行注浆，封堵突水点，然后排水恢复被淹矿井。

利用注浆堵水，首先要制定好方案，制作浆液的材料要严格选择，掌握好注浆工艺，最后要检查注浆质量，才能保证堵水的效果。

4.5.3.7　突水时如何避灾

井下一旦发生突水事故，在场的工作人员应立即将灾情向矿井调度室汇报。人员必须听从班组长指挥，迅速撤退。

井下突然突水，破坏了巷道中的照明和安全道路上的指示牌，人员一旦迷失方向，必须朝着有风流通过的上山巷道方向撤退。这些上山巷道必须与地面相通。

井下发生水灾之后，应该立即通知矿山救护队组织抢救。在救护队员没有到达之前，应全部启动排水设备，关闭有关地区的防水闸门。

有瓦斯喷出的地区，探水人员或其他工作人员遇有瓦斯喷出时，要戴上自救器，防止中毒。工作地点还应设法加强通风，风机禁止关闭。

通往地面的安全出口如果是竖井，人员撤退时需从梯子间爬梯升井，这时应按次序上，避免抢上或慌乱，爬梯子时，应注意手抓牢、脚蹬稳，保证自己安全，也要照顾别人安全。

人员撤到地面之后，应该立刻清点人数，向领导汇报。

4.6　矿山尾矿库安全技术

矿山尾矿库具有较大的危险性，往往是重大危险源。尾矿库溃坝将造成重大的人员伤亡和财产损失。例如，2008 年 9 月 8 日山西襄汾尾矿库发生的尾矿库溃坝事故，泄容量为 26.8 万立方米，过泥面积为 30.2hm^2，波及下游 500m 左右的矿区办公楼、集贸市场和部分民宅，造成建筑毁坏，人员伤亡。

4.6.1　矿山尾矿库概述及分类

冶炼废渣形成的赤泥库和发电废渣形成的废渣库也应按尾矿库进行管理。

尾矿是指矿山开采出来的矿石，经选矿回收有用矿物后，剩下的呈矿浆状态排出的固体废弃物。

尾矿设施是指进行尾矿处理的设施或场所，一般是对尾矿的输送系统、堆存系统、排水系统及回水系统的总称。其功能在于将选矿后剩下的矿渣妥善地储存起来，防止流失和污染。

4.6.1.1　尾矿库的分类

尾矿库是指筑坝拦截谷口或围地构成的用以储存金属或非金属矿山进行矿石选别后排出尾矿或其他工业废渣的场所。尾矿库通常有下列几种类型。

(1) 山谷型尾矿库　山谷型尾矿库是在山谷谷口处筑坝形成的尾矿库，如图 4-2 所示。它的特点是：初期坝相对较短，坝体工程量较小；后期尾矿堆坝相对较易管理维护，当堆坝较高时，可获得较大的库容；库区纵深较大时，排洪设施工程量较大，澄清距离及干滩长度易于满足设计要求；但汇水面积相对较大。我国现有的大、中型尾矿库大多属于这种类型。

(2) 傍山型尾矿库　傍山型尾矿库是在山坡脚下依山筑坝所围成的尾矿库，如图 4-3 所示。它的特点是：初期坝相对较长，初期坝和后期尾矿堆坝工程量较大；由于库区纵深较短，澄清距离及干滩长度受到限制，后期堆坝的高度一般不太高，故库容较小；汇水面积虽小，但调洪能力较小，排洪设施的进水构筑物较大；由于尾矿水的澄清条件和防洪控制条件较差，维护管理相对比较复杂。国内低山丘陵地区的尾矿库多属于这种类型。

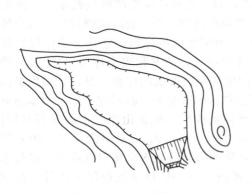

图 4-2　山谷型尾矿库

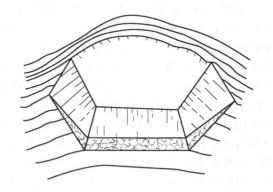

图 4-3　傍山型尾矿库

(3) 平地型尾矿库　平地型尾矿库是在平地四面筑坝围成的尾矿库，如图 4-4 所示。其特点是：初期坝和后期尾矿堆坝工程量最大，维护管理比较麻烦；由于周边堆坝，库区面积越来越小，尾矿沉积滩坡度越来越缓，因而澄清距离、干滩长度随之减小，调洪能力随之降低，堆坝高度受到限制，一般不高；但汇水面积小，排水构筑物相对较小；国内平原或沙漠地区多采用这类尾矿库。例如金川、包钢和山东省一些金矿的尾矿库。

(4) 截河型尾矿库　截河型尾矿库是截取一段河床，在其上、下游两端分别筑坝形成的尾矿库，如图 4-5 所示。有的在宽浅式河床上留出一定的流水宽度，三面筑坝围成尾矿库，也属此类。它的特点是：不占农田；库区汇水面积不太大，但库外上游的汇水面积通常很大，库内和库上游都要设置排水系统，配置较复杂，规模庞大。这种类型的尾矿库维护管理比较复杂，国内采用不多。

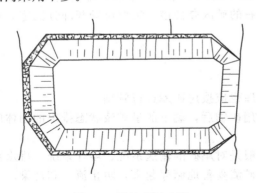
图 4-4　平地型尾矿库

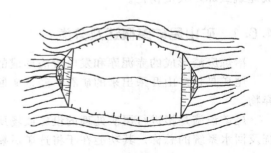
图 4-5　截河型尾矿库

4.6.1.2　尾矿库库容

尾矿库库容有全库容、总库容和有效库容之分。图 4-6 为尾矿库库容组成。

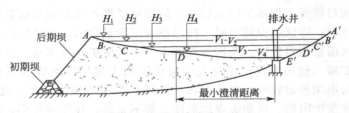
图 4-6　尾矿库库容组成

图 4-6 中 H_1 表示某一坝顶标高，对应的水平面为 AA'；H_2 表示洪水水位，对应的水平面为 BB'；H_3 表示蓄水水位，对应的水平面为 CC'；H_4 表示正常生产的最低水位，亦可称为死水位，对应的水平面为 DD'，该水位由最小澄清距离确定；DE 表示细颗粒尾矿沉积滩面及矿泥悬浮层面；V_1 表示空余库容，指水平面 AA' 与 BB' 之间的库容，它是为确保设计洪水位时坝体安全超高和安全滩长的空间容积，是不允许占用的，故又称安全库容；V_2 表示调洪库容，指水平面 BB' 和 CC' 之间的库容，它是在暴雨期间用以调洪的库容，是设计确保最高洪水位不致超过 BB' 水平面所需的库容，因此，这部分库容在非雨季一般不宜占用，雨季绝对不许占用；V_3 表示蓄水库容，指水平面 CC' 和 DD' 之间的库容，供矿山生产水源紧张时使用，一般的尾矿库不具备蓄水条件时，此值为零，CC' 和 DD' 重合；V_4 表示澄清库容，指水平面 DD' 和滩面 DE 之间的库容，它是保证正常生产时水量平衡和溢流水水质得以澄清的最低水位所占用的库容，俗称死库容；V_5 表示有效库容，指滩面 $ABCDE$ 以下沉积尾矿以及悬浮状矿泥所占用的容积，它是尾矿库实际可容纳尾矿的库容。可根据选矿厂在全部生产期限内产出的尾矿总量 $W(t)$ 和尾矿平均堆积干密度 $d(t/m^3)$ 按式(4-42)计算得到：

$$V_5 = \frac{W}{d} \tag{4-42}$$

如果 W 是选矿厂在全部生产期限内产出的尾矿总量，相应算出的 V_5 就是该尾矿库的总有效库容。

尾矿库的全库容 V 是指某坝顶标高时的各种库容之和，用式(4-43)表示：

$$V = V_1 + V_2 + V_3 + V_4 + V_5 \tag{4-43}$$

尾矿库的总库容是指尾矿堆至最终设计坝顶标高（即设计时考虑到尾矿库能容纳下选矿厂在全部生产期限内排出的尾矿总量时的坝顶标高）时的全库容。

尾矿库的库面面积、全库容、有效库容和汇水面积都将随坝体堆积高度的变化而变化。为了清楚地表示出不同堆坝高度时的具体数值，可绘制出尾矿库的性能曲线。

4.6.2　尾矿库的安全运行

4.6.2.1　尾矿筑坝的基本要求

（1）尾矿筑坝一般先堆筑子坝，再通过排放尾矿，靠尾矿自然沉积形成尾矿坝的主体，子坝最后成为尾矿坝的下游坡面的一层坝壳。

（2）每期堆坝作业之前必须严格按照设计的坝面坡度，结合本期坝高度放出子坝坝基的轮廓线。

（3）对岸坡进行清基处理。将草皮、树根、废石、废管件及有关危及坝体安全的杂物等全部清除。

（4）尾矿堆坝的稳定性取决于沉积尾砂的粒径粗细和密实程度。因此，必须从坝前排放尾矿，使粗粒尾矿沉积于坝前。

（5）浸润线的高低也是影响尾矿堆坝稳定性的重要因素。

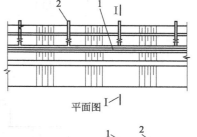

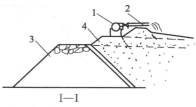

图 4-7　冲积法筑坝
1—放矿主管；2—放矿支管；
3—初期坝；4—子坝

4.6.2.2　尾矿子坝的堆筑与维护

子坝的堆筑方法主要有冲积法、池填法、渠槽法和旋流器法等。

（1）**冲积法**　此法筑坝是采用机械或人工从库内沉积滩上取砂，分层压实，堆筑子坝。子坝不宜太高，一般以 1～3m 为宜。冲积法筑坝如图 4-7 所示。

（2）**池填法**　此法筑坝是沿坝长先用人工堆筑子坝，形成连续封闭的若干个矩形池子（也称围埝），池子宽度根据子坝高度确定，长度可取 20～40m，太长沉积的尾矿粗细不均。池填法筑坝如图 4-8 所示。

（3）**渠槽法**　此法是沿坝长方向先用人工筑成两道平行的子堤，形成一条渠槽，从槽的一端排放尾矿，尾矿在流动中沉积于渠内，细粒尾矿和水从槽的另一端流入库内，沉满以后，加高子堤继续排矿，逐层冲积最终形成子坝。渠槽法筑坝如图 4-9 所示。

（4）**旋流器法**　此法是利用水力旋流器将矿浆进行分级，由沉砂嘴排出的高浓度粗粒尾砂用于筑坝，由溢流口排出的低浓度细粒尾砂浆用橡胶软管引入库内。旋流器法筑坝如图 4-10 所示。

4.6.2.3　尾矿排放的操作管理

（1）放矿时应有专人管理，做到勤巡视、勤检查、勤记录和勤汇报，不得离岗。

（2）在排放尾矿作业时，应根据排放的尾矿量，开启足够的放矿支管根数，使尾矿均匀沉积。

（3）经常调整放矿地点，使滩面沿着平行坝轴线方向均匀整齐，应避免出现侧坡、扇形坡等起伏不平的现象，以确保库区内所有堆坝区的滩面均匀上升。

（4）严禁独头放矿，独头放矿会造成坝前尾矿沉积粗细不均，细粒尾矿在坝前大量集中，对坝体稳定不利，严禁出现矿浆冲刷子坝内坡的现象。

（5）除一次建坝的尾矿库外，严禁在非堆坝区内放矿，因为它既对坝体稳定不利，又减少了必要的调洪库容。

（6）对于有副坝且需要在副坝上进行尾矿堆坝的尾矿库，应于适当时机提前在副坝上放矿，为后期堆坝创造有利的坝基条件。

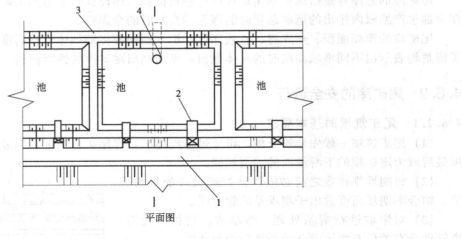

平面图

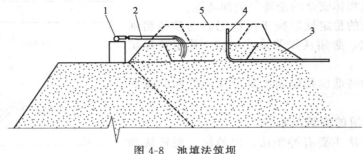

图 4-8　池填法筑坝

1—放矿主管；2—放矿支软管；3—围墙；4—溢流管；5—子坝轮廓线

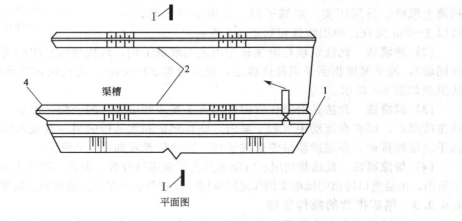

平面图

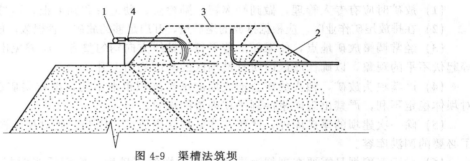

图 4-9　渠槽法筑坝

1—放矿主管；2—水尾砂堤；3—子坝轮廓线；4—放矿阀门

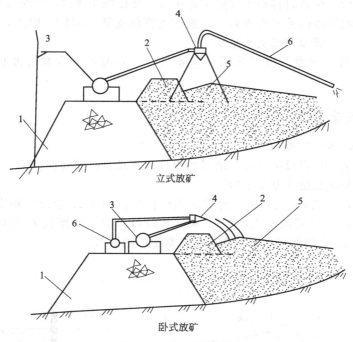

图 4-10　旋流器法筑坝

1—初期坝；2—子坝；3—放矿主管；4—水力旋流器；5—沉砂；6—溢流总管

（7） 一旦出现漏矿，极易冲毁坝体，放矿主管发现此情况，应立即汇报车间调度，停止运行，及时处理。特别是在沉积滩顶接近坝顶又未堆筑子坝时，是矿浆漫顶事故的多发期。在此期间，放矿尤其要勤检查、勤换放矿点，谨防矿浆漫顶。

（8） 对处于备用的管道，应将其矿浆放尽，以免在冬季剩余矿浆冻裂管道。

（9） 增加调节阀的开启数量，可减小矿浆在支管内的过流速度，从而减少其磨损；阀门的开启和关闭应快速制动，且应开启到位或完全关闭，严禁半开半闭，也可减少其磨损。

（10） 我国北方地区的阀门在严寒环境下极易冻裂，因此，在冬季应采取措施予以保护。

（11） 尾矿排放是露天作业，受自然因素影响很大。在强风天气放矿时，应尽量使矿浆至溢水塔的流径最长，且在顺风的排放点排放。若流径短，矿浆在沉积区域的澄清时间缩短，回水水质降低。如果逆风放矿，矿浆被强风卷起冲刷子坝内坡，同时使输送尾矿管道悬空，可能发生意外事故。

（12） 放矿支管的支架变形或折断，会造成放矿支管、调节阀门、三通和放矿主管之间漏矿，从而冲刷坝体。因此，如果支架松动、悬空或折断，应及时处理修复。

（13） 在冰冻期一般采用库内冰下集中放矿，以免在尾矿沉积滩内（特别是边棱体）有冰夹层或尾矿冰冻层存在而影响坝体强度。

4.6.3　尾矿坝的维护

（1） 子坝若是分层筑成的，外坡的台阶应修整拍平。

（2） 在坝顶和坝坡应覆盖护坡土（厚度为坝顶 500mm，坝坡 300mm），种植草皮，防止坝面尾砂被大风吹走，扬尘而造成环境污染。

（3） 坝肩和坝坡面需要建纵、横排水沟，并应经常疏浚，保证水流畅通，以防止雨水冲刷坝坡。对降雨或漏矿造成的坝坡面冲沟，应及时回填并夯实。

（4）子坝筑好后，应及时移动安装尾矿输送管，架设照明线路，尽早放矿，保护坝趾。

（5）新筑的子坝坝体的密实度较差，且放矿支管的支架不牢固。因此，须勤调放矿地点，杜绝回流掏刷坝趾，造成拉坝或支架悬空。

（6）由于放矿管、三通、阀门均属易磨损件，一旦漏矿，应及时处理。否则，会冲坏子坝。

4.6.4 尾矿库安全管理

4.6.4.1 尾矿库防洪基本要求

（1）库内应在适当地点设置可靠、醒目的水位观测尺，并妥善保护。

（2）水边线应与坝顶轴线基本平行。

（3）平时库水位应按图 4-11 所示的要求进行控制。图 4-11 中设计规定的最小安全滩长 l_a、最小安全超高 h_a、所需调洪水深 h_t、调洪水深对应的调洪滩长 l_t 是确保坝体安全的要求；最小澄清距离 h_c 是确保回水水质能满足正常生产的要求。

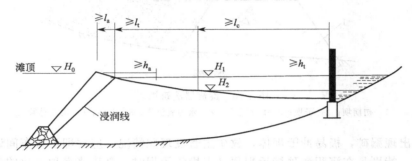

图 4-11 以水力旋流器法筑坝

H_1—设计洪水水位；H_2—正常生产库水位；h_a—设计规定的最小安全超高；h_t—调洪水深；

l_a—设计规定的最小安全滩长；l_t—调洪水深对应的调洪滩长；l_c—最小澄清距离

（4）在全面设计规定的最小安全滩长、最小安全超高、所需调洪水深对应的调洪滩长和最小澄清距离要求的情况下，有条件的尾矿库，干滩长度越长越好。

（5）对于某些不能全面满足上述要求的尾矿库，在非雨季经设计论证许可，可适当抬高水位满足澄清距离的要求。但在防汛期间必须降低水位以满足确保坝体安全的要求。紧急情况下即使排泥，也必须保证坝体安全。

（6）严禁在非尾矿堆坝区排放尾矿，以防止占用必要的调洪库容。

（7）未经技术论证和上级主管技术部门的批准，严禁用子坝抗挡洪水。更不得在尾矿堆坝上设置溢洪口。

4.6.4.2 尾矿库防洪安全检查

（1）当设计的防洪标准高于或等于规程规定时，可按原设计的洪水参数进行检查；当设计的防洪标准低于规程规定时，应重新进行洪水计算及调洪演算。

（2）尾矿库水位检测，其测量误差应小于 20mm。

（3）尾矿库滩顶高程的检测，应沿坝（滩）顶方向布置测点进行实测，其测量误差应小于 20mm。

（4）尾矿库干滩长度的测定，视坝长及水边线弯曲情况，选干滩长度较短处布置 1~3 个断面。

（5）检查尾矿库沉积滩干滩的平均坡度时，应视沉积干滩的平整情况，每 100m 坝长布置不少于 1~3 个断面。

（6）根据尾矿库实际的地形、水位和尾矿沉积滩面，对尾矿库防洪能力进行复核，确定尾矿库安全超高和最小干滩长度是否满足设计要求。

4.6.4.3 尾矿坝安全检查

（1）**尾矿坝安全检查内容。**包括坝的轮廓尺寸，变形，裂缝、滑坡和渗漏，坝面保护等。尾矿坝的位移监测可采用视准线法和前方交汇法；尾矿坝的位移监测每年不少于 4 次，位移异常变化时应增加监测次数；尾矿坝的水位监测包括洪水位监测和地下水浸润线监测；水位监测每季度不少于 1 次，暴雨期间和水位异常波动时应增加监测次数。

（2）**检测坝的外坡坡比。**每 100m 坝长不少于 2 处，应选在最大坝高断面和坝坡较陡断面。水平距离和标高的测量误差不大于 10mm。尾矿坝实际坡比陡于设计坡比时，应进行稳定性复核，若稳定性不足，则应采取措施。

（3）**检查坝体位移。**要求坝的位移量变化应均衡，无突变现象，且应逐年减小。当位移量变化出现突变或有增大趋势时，应查明原因，妥善处理。

（4）**检查坝体有无纵、横向裂缝。**坝体出现裂缝时，应查明裂缝的长度、宽度、深度、走向、形态和成因，判定危害程度。

（5）**检查坝体滑坡。**坝体出现滑坡时，应查明滑坡位置、范围和形态以及滑坡的动态趋势。

（6）**检查坝体浸润线的位置。**应查明坝面浸润线出逸点位置、范围和形态。

（7）**检查坝体排渗设施。**应查明排渗设施是否完好、排渗效果及排水水质。

（8）**检查坝体渗漏。**应查明有无渗漏出逸点，出逸点的位置、形态、流量及含沙量等。

（9）**检查坝面保护设施。**检查坝肩截水沟和坝坡排水沟断面尺寸，沿线山坡稳定性，护砌变形、破损、断裂和磨蚀，沟内淤堵等；检查坝坡土石覆盖保护层实施情况。

4.6.4.4 尾矿库库区安全检查

尾矿库库区安全检查主要内容包括周边山体稳定性，违章建筑、违章施工和违章采选作业等情况；检查周边山体滑坡、塌方和泥石流等情况时，应详细观察周边山体有无异常和急变，并根据工程地质勘察报告，分析周边山体发生滑坡可能性；检查库区范围内危及尾矿库安全的主要内容包括违章爆破、采石和建筑，违章进行尾矿回采、取水，外来尾矿、废石、废水和废弃物排入，放牧和开垦等。

4.7 露天矿边坡稳定技术

4.7.1 边坡稳定性的基本概念

4.7.1.1 边坡的概念及分类

（1）**边坡的概念** 边坡是指由于工程原因而开挖或填筑的人工斜坡；滑坡是指由于自然原因而正在蠕动与滑动的自然斜坡。边坡的组成如图 4-12 所示。

边坡在工程开挖与填筑前，坡体内不存在滑面，但可以存在未曾滑动的构造面，开挖前坡体无蠕动或滑动迹象；滑坡在坡体中存在天然的滑面，坡体已有蠕动或滑动迹象。

当人工斜坡内存在天然的滑面或引发古老滑坡滑面复活时，称为工程滑坡。

（2）**边坡的分类** 根据不同的分类原则和分类标准，可将边坡分为以下几类。

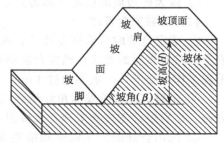

图 4-12 边坡的组成

① 按岩性不同分类　按边坡岩质可分为侵入岩类边坡、喷出岩类边坡、碎屑沉积岩边坡、碳酸盐岩类边坡、夹有软弱夹层的沉积岩边坡、软弱岩层边坡、特殊岩类边坡、变质岩类边坡。

按边坡土质可分为黄土边坡、砂性土边坡、黏性土边坡、软土边坡。

② 按地质环境与人工改造的程度分类

a. 自然边坡　未经人工破坏改造的边坡，是由地质构造作用形成的。从地形地貌看，凡是与大气接触的山坡称为自然边坡，如天然沟谷岸坡、山体斜坡等。

b. 人工边坡　由于人们从事岩体工程活动，经人工改造所形成的边坡，如水利水电工程中的基坑边坡、渠道边坡、铁路隧道、公路交通开山劈岭修建道路所形成的边坡以及露天开采所形成的边坡等。

③ 按边坡高度不同分类　按边坡高度可分为超高边坡、高边坡、中边坡和低边坡四类，见表4-1。

表 4-1　按边坡高度分类的边坡类型

边坡类型	高度/m	边坡类型	高度/m
超高边坡	＞100	中边坡	20～50
高边坡	50～100	低边坡	＜20

④ 按边坡坡度不同分类　按边坡坡度可分为微斜边坡、平缓边坡、陡坡、急坡、悬坡、倒坡六种类型，见表4-2。

表 4-2　按边坡坡度分类的边坡类型

边坡类型	坡度/(°)	边坡类型	坡度/(°)
微斜边坡	＜5	急坡	35～55
平缓边坡	5～15	悬坡	55～90
陡坡	15～35	倒坡	＞90

4.7.1.2　边坡的特点及安全管理

（1）边坡的特点

① 露天矿边坡一般比较高，从数十米到数百米，走向长从数百米到数千米，因而边坡暴露的岩层多，边坡各部分地质条件差异大，变化复杂。

② 露天矿最终边坡是由上而下逐步形成的，上部边坡服务年限可达几十年，下部边坡服务年限则较短，底部边坡在采矿时即可废止，因此，上、下部边坡的稳定性要求也不相同。

③ 露天矿每天频繁的穿孔、爆破作业和车辆行进，使边坡岩体经常受到振动影响。

④ 露天矿边坡是用爆破、机械开挖等手段形成的，坡度是人为强制控制的，暴露岩体一般不加维护，因此，边坡岩体较破碎，并易受风化影响产生次生裂隙，破坏岩体的完整性，降低岩体强度。

⑤ 露天矿边坡的稳定性随着开采作业的进行不断发生变化。

（2）边坡安全管理

① 确定合理的台阶高度和平台宽度　合理的台阶高度对露天开采的技术经济指标和作业安全都具有重要的意义。确定台阶高度要考虑矿岩的埋藏条件和力学性质、穿爆作业的要求、采掘工作的要求，一般不超过15m。

② 正确选择台阶坡面角和最终边坡角　台阶坡面角的大小与矿岩性质、穿爆方式、推进方向、矿岩层理方向和节理发育情况等因素有关。

③ 选用合理的开采顺序和推进方向　在生产过程中要坚持从上到下的开采顺序，坚持打下向孔或倾斜炮孔，杜绝在作业台阶底部进行掏底开采，避免边坡形成伞檐状和空洞。一般情

况下应选用从上盘向下盘的采剥推进方向，做到有计划、有条理地开采。

④ 合理进行爆破作业，减少爆破振动对边坡的影响　由于爆破作业产生的地震可以使岩体的节理张开，因此，在接近边坡地段尽量不采用大规模的齐发爆破，可以采用微差爆破、预裂爆破、减振爆破等控制爆破技术，并严格控制同时爆破的炸药量。

⑤ 建立健全管理检查制度　矿山必须建立健全边坡管理和检查制度，当发现边坡上有裂陷可能滑落或有大块浮石及伞檐悬在上部时，必须迅速进行处理。

⑥ 明确各项职责负责人　矿山应选派技术人员或有经验的工人专门负责边坡的管理工作，及时清除隐患，发现边坡有塌滑征兆时，有权制止采剥作业，并向矿山负责人报告。

⑦ 做好预防工作　对于有边坡滑动倾向的矿山，必须采取有效的安全措施。露天矿有变形和滑动迹象的矿山，必须设立专门观测点，定期观测记录变化情况。

4.7.2　影响边坡稳定性的因素

4.7.2.1　地层与岩性

（1）地层　从边坡变形破坏的特征来看，不同地层不同岩性各有其常见的变形破坏形式。例如，有些地层中滑坡特别发育，这是与该地层中含有特殊的矿物成分和风化物质而在地层内容易形成滑动带有关。

（2）岩性　岩性对边坡的变形破坏也有直接影响。所谓岩性是指组成岩石的物理、化学、水理和力学性质，这些性质的变化或改变，在一定程度上影响着边坡的稳定。

4.7.2.2　地质构造和地应力

（1）地质构造　地质构造主要指在漫长的地质历史发展过程中，地壳在内、外力的作用下，不断运动演变，所造成的地层形态。它对边坡岩体的稳定，特别是对岩质边坡稳定性的影响十分显著。在区域构造比较复杂的地区，边坡的稳定性较差。

（2）地应力　地应力是控制边坡岩体节理发育裂隙扩展以及边坡变形特征的重要因素。此外，地应力还可直接引起边坡岩体的变形甚至破坏。

4.7.2.3　岩体结构

从边坡稳定性考虑，特别要研究岩体结构面的下列特征：结构面的成因类型、结构面的组数和数量、结构面的连续性和间距、结构面的起伏度和粗糙度、结构面的表面结合状态和充填物、结构面的状况及其与边坡临空面的关系。

4.7.2.4　水对边坡稳定的影响

边坡一般是倾斜坡面的土体或岩体边坡，由于坡面倾斜，在坡体本身重力及其他外力作用下，整个坡体有从高处向低处滑动的趋势，同时，由于坡体土（岩）自身具有一定的强度和人为的工程措施，它会产生阻止坡体下滑的抵抗力。

边坡的稳定是一个比较复杂的问题。影响边坡稳定性的因素较多，简单归纳起来有以下几个方面：边坡体自身材料的物理力学性质，边坡的形状和尺寸，边坡的工作条件，边坡的加固措施等，其中水是边坡失稳的重要因素之一。

4.7.2.5　边坡几何形状及表面形态

（1）边坡的外形　边坡的外形影响边坡的稳定性，其走向的表面形状不同，可影响边坡岩体内的应力性质，如图 4-13 所示。对于凸形边坡，由于岩体鼓出，两侧水平易受拉应力，所以稳定性较差。对于凹形边坡，由于边坡岩体表面处于二向受压状态，所

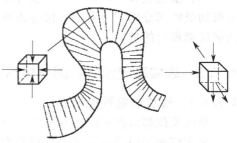

图 4-13　边坡平面形状对边坡稳定性的影响

以稳定性较好。同时，凹形边坡的坡度等高线曲率半径越小，越有利于边坡稳定。

（2）边坡的坡度与高度 对于均质岩土边坡，坡度越陡，坡高越大，其稳定性越不好。当边坡的稳定性受同向倾斜滑动面控制时，边坡的稳定性与边坡坡度的大小关系不大，而主要取决于边坡的高度。另外，边坡的坡度越陡（即边坡角越大），使坡顶与坡面拉应力带的范围也越大，坡脚应力集中带的最大剪应力增加，不利于边坡稳定。

（3）边坡的断面形状 边坡从垂直断面上看，可分为凸形边坡、平面边坡和凹形边坡三类，如图 4-14 所示。

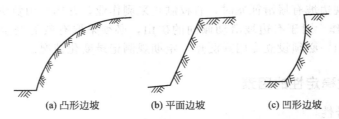

(a) 凸形边坡　　　　　(b) 平面边坡　　　　　(c) 凹形边坡

图 4-14　边坡垂直断面形状对边坡稳定性的影响

① 凸形边坡　具有上缓下陡的外形，如图 4-14（a）所示。这种边坡符合露天矿边坡形成的时间特点，因此，它适用于深露天矿边坡的断面形状。

② 平面边坡（也称直线边坡）　在设计中经常采用，这种边坡形式的绘制和计算最简单，但平面边坡是按组成边坡岩体的平均性质考虑的。如果组成边坡岩体的强度有强有弱，且彼此悬殊较大时，即使采用了较大的安全系数，也难免在弱岩层中发生破坏。直线边坡的倾角上下一致，如图 4-14（b）所示。对于露天矿山没有考虑其边坡是逐渐形成的特点，在边坡存在的年代里，往往是上部边坡显得过陡，而下部边坡显得过缓。

③ 凹形边坡　这是根据松散介质力学理论计算出来的边坡，上陡下缓，如图 4-14（c）所示。这种边坡与露天矿边坡逐渐形成的历史过程相违背，尽管它有较充分的理论根据，却与实际不相符合。在相同的条件下，这种边坡比直线边坡要多挖岩石。

4.7.2.6　其他因素

除上述因素外，风化作用、人类活动、植被生长、气候条件等都可能影响边坡的稳定状况。

（1）风化作用 风化作用使边坡岩体随时间的推移而不断产生破坏，最终也可能严重地威胁边坡稳定。边坡岩体的风化速度和风化程度是比较复杂的问题，一般来说，风化速度与岩石本身的成分、结构和构造有关，同时也与温度、湿度、降雨、地下水等气候条件有关。

（2）人类活动 由于对影响边坡稳定性的因素认识不足，在工程建设或生产建设中，人为地促使边坡破坏，如破坏坡脚、挖空坡脚、坡顶欠挖以及在坡眉附近设有各种建筑物和排土场。有时为了减少基建投资和缩短基建时间，而将排土场设在境界附近，从而加大了边坡上的承载重量，增加了边坡岩体的下滑力，以致发生滑坡。

（3）植被生长 植被的生长也直接影响边坡的稳定，植物根系可保持土质边坡的稳定，通过植物吸收部分地下水有助于保持边坡的干燥。在岩质边坡上，生长在裂隙中的树根有时也是边坡局部崩滑的起因。

4.7.3　边坡稳定性的监测与检测

4.7.3.1　边坡稳定性监测

变形及位移监测有简易观测法、设站观测法、仪表观测法、远程监测法。

水文监测是检验稳定性计算和分析时所预测的状态，如果实际地下水状态与预测结果有较大差异，则要重新评价边坡稳定性；使用采场早期地下水压、水量的观测资料，预测采场向下延伸过程中的地下状态；检验疏干效果。

边坡滑坡预报有滑坡地点的预报、滑体形态和规模的预报及滑体发生时间的预报。滑体滑落分为三个阶段，如图 4-15 所示。

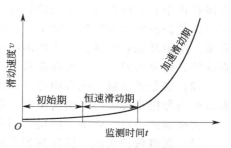

图 4-15　滑体滑落的三个阶段

4.7.3.2　边坡检测

（1）检测工作程序及准备工作　根据检测规定要求的边坡检测工作程序主要是：矿山提供基础资料→基础资料整理→现场检测工作→检测资料整理→检测结论和意见→提交检测报告书。

边坡检测的各项准备工作包括联系工作、基础资料收集、检测人员和设备的配备三部分。

（2）现场检测工作　边坡参数的测定和要求是：检测规定要求测量的一组参数反映的是边坡上一个剖面的状况，而一个剖面的状况又不能代表整个边坡的状况，因此，检测规定要求检测的数据不得少于 3 组，即 3 个剖面。

要求对边坡长度、高度、台阶高度、台阶宽度、台阶坡面角、最终边坡角、生产边坡角、表土剥离宽度进行检测、记录及计算。边坡参数测定后，除了填写检测记录表，还要绘制示意图。

（3）检测资料的分析与计算

① 极限平衡分析　这是一种根据平衡理论的数学模型计算分析方法，主要是根据边坡破坏面上抵抗破坏的阻力和破坏力的比值 n 进行判定的。

当 $n<1$ 时，边坡为不稳定状态；当 $n=1$ 时，边坡处于极限平衡状态；当 $n>1$ 时，边坡才处于稳定状态，n 值越大，边坡越稳定。n 值称为"边坡稳定系数"。这种计算方法是结合岩体结构特征进行的。

② 边坡参数类比分析　通过现场检测，对生产矿山的边坡参数进行有代表性的检测后，根据检测规定要求，对得到的边坡参数要按照国家有关规定进行分析。

（4）边坡稳定性评定

① 稳定型边坡的确定　边坡的各项参数基本符合国家规定；岩体特征和主要结构面对边坡稳定基本无影响；采剥工作面、各类边坡上均没有出现违章开采造成的不稳定状态。

② 不稳定型边坡的确定　边坡的各项参数大部分不符合国家规定要求的；在某个检测剖面的边坡参数中由于边坡角超过规定要求，可能引起该段边坡岩体发生坍塌破坏的；采场上部表土层未按规定要求提前剥离，致使边坡上部坡角超过规定要求可能引起表土层倒塌现象的；经检测分析，采场边坡岩体中存在优势结构面可能造成边坡岩体局部破坏的；采剥工作面形成的伞檐、阴山、根底、空洞的部位；各类边坡坡面上存在着浮石、险石，影响下部作业人员安全的；存在其他影响因素，可能导致边坡岩体局部破坏等后果的。

4.8　矿山应急救援

4.8.1　矿山应急救援体系

我国矿山应急救援三大体系是矿山救护及应急救援管理体系、矿山救护及应急救援组织体系、矿山救护及应急救援支持体系。

4.8.1.1　矿山救护及应急救援管理体系

矿山救护及应急救援是一项庞大、复杂的系统工程，需要建立强有力的全国性的管理系统。其主要职责是组织、指导和协调矿山救护工作，履行矿山救护及其应急救援行业管理的职能。

4.8.1.2　矿山救护及应急救援组织体系

（1）国家安全生产监督管理总局矿山救援指挥中心　国家安全生产监督管理总局成立矿山

救援指挥中心，作为国家矿山救护及其应急救援委员会的办事机构，负责组织、指导和协调全国矿山救护及应急救援的日常工作；组织研究制定有关矿山救护的工作条例、技术规程、方针政策；组织开展矿山救护技术的国际交流等；组织指导矿山救护的技术培训和救护队的质量审查认证，以及对安全产品的性能检测和生产厂家的质量保证体系的检查。

（2）省级矿山救援指挥中心　在省级煤矿安全监察机构或省负责煤矿安全监察的部门设立省级矿山救援指挥中心，负责组织、指导和协调所辖区域的矿山救护及其应急救援工作。省级矿山救援指挥中心，业务上将接受国家总局矿山救援指挥中心的领导。

（3）区域救护大队　区域救护大队是区域内矿山抢险救灾技术支持中心，具有救护专家、救护设备和演习训练中心。为保证有较强的战斗力，区域救护大队必须拥有3个以上的救护中队，每个救护中队应不少于4个救护小队，每个救护小队至少由9名队员组成。区域救护大队的现有隶属关系不变、资金渠道不变，但要由国家安全生产监督管理总局利用技术改造资金对其进行重点装备，提高技术水平和作战能力。在矿山重大（复杂）事故应急救援时，应接受国家总局矿山救援指挥中心的协调和指挥。

（4）矿山救护队　各矿山救护队的设置，将充分利用现有的救护资源，暂时维持目前现有的管理体制和资金渠道，但要根据周边各矿的分布特点，扩大服务范围。

4.8.1.3　矿山救护及应急救援支持体系

（1）技术支持体系　矿山应急救援工作具有技术强、难度大和情况复杂多变、处理困难等特点，一旦发生爆炸或火灾等灾变事故，往往需要动用数支矿山救护队。为了保证矿山应急救援的有效、顺利进行，必须建立应急救援技术支持体系。

区域救护大队是区域内矿山应急救援技术支持中心，可利用国家的重点资金支持，来提高其技术水平、装备水平和作战能力，能够对本区域的应急救援提供支持和保障。必要时，在国家总局矿山救援指挥中心的协调和指导下，可提供跨区域的应急救援技术支持和帮助。

（2）矿山应急救援信息网络体系　建设矿山应急救援信息网络和通信体系，首先在国家总局矿山救援指挥中心、各省矿山救援指挥中心与区域救护大队、矿山救护队之间联成网络；然后再与各煤炭企业联成网络，逐步扩大覆盖面，提高快速反应能力。

（3）矿山救护及其应急救援装备保障体系　为保证矿山应急救援的及时、有效，具备对重大、复杂灾变事故的应急处理能力，必须建立矿山救护及其应急救援装备保障体系，以形成全方位应急救援装备的支持和保障。

国家总局矿山救援指挥中心将配备先进、具备较高技术含量的救灾技术装备，为重大、复杂事故的抢险救灾提供装备支持。

（4）矿山救护及其应急救援资金保障体系　矿山救护及其应急救援工作是重要的社会公益性事业，矿山救护及其应急救援资金保障应实行国家、地方和矿山企业共同保障的体制。

对于国家总局矿山救援指挥中心和区域救护大队的救灾技术装备、救灾通信和信息体系，国家总局将加大投入，以保证必要的应急救援能力。另外，对应急救援技术及装备的研制开发也将给予足够的资金支持，以促进矿山应急救援的技术水平，适应矿山生产和社会发展的需要。地方政府对矿山应急救援体系的建设和发展，也将提供必要的资金支持，以保证所辖区域矿山应急救援工作的有效进行。矿山企业则应保证所属矿山救护队的资金投入，继续实行矿山应急救援的有偿服务，并逐步完善矿山工伤保险体系。

4.8.2　矿山事故灾害应急预案

为进一步增强应对和防范各类矿山事故风险和事故灾难的能力，迅速、有效地实施事故应急救援，最大限度地减少事故灾难造成的人员伤亡和财产损失，一般要求特别制定矿山事故灾害应急预案。

4.8.3 矿山救护

在矿山建设和生产过程中，由于自然条件复杂、作业环境较差，加之人们对矿山灾害客观规律的认识还不够全面、深入，有时麻痹大意和违章作业、违章指挥，这就造成发生某些灾害的可能。为了迅速、有效地处理矿井突发事故，保护职工生命安全，减少国家资源和财产损失，必须根据《煤矿安全规程》及《煤矿救护规程》的要求，做好救护工作。

(1) 矿山救护队 矿山救护队是处理矿井火灾、瓦斯、煤尘、水灾、顶板等灾害的专业性队伍，是职业性、技术性组织，严格实行军事化管理。实践证明，矿山救护队在预防和处理矿山灾害事故中发挥了重要作用。

(2) 矿工自救 多数灾害事故发生初期，波及范围和危害程度都比较小，这是消灭事故、减少损失的最有利时机。而且灾害刚发生，救护队很难马上到达，因此在场人员要尽可能利用现有的设备和工具材料将其消灭在萌芽阶段。如不能消灭灾害事故时，正确地进行自救和互救是极为重要的。

(3) 现场急救 矿井发生水灾、火灾、爆炸、冒顶等事故后，可能会出现中毒、窒息、外伤等伤员。在场人员对这些伤员应根据伤情进行合适的处理与急救。救护指战员在灾区工作时，只要发现遇险受伤人员，都要把救治受伤人员放在第一位。

4.8.4 煤矿井下安全避险六大系统

(1) 矿井监测监控系统 煤矿安全监控系统主要用来监控和预警瓦斯、火灾、冲击地压等重特大事故。

煤矿安全监控系统监测甲烷浓度、风速、风压、馈电状态、风门状态、风筒状态、局部通风机开停、主通风机开停等，当瓦斯超限或局部通风机停止运行或掘进巷道停风时，自动切断相关区域的电源并闭锁，同时报警。系统还具有煤与瓦斯突出预警、火灾监控与预警、矿山压力监测与预警等功能。

煤矿安全监控系统在应急救援和事故调查中也发挥着重要作用。当煤矿井下发生瓦斯（煤尘）爆炸等事故后，系统的监测记录是确定事故时间、爆源、火源等重要依据之一。根据监测数据突变等信息分析爆炸时间；根据监测的瓦斯浓度和时间顺序等分析爆源；根据监测的设备状态分析火源；根据监测的局部通风机、风门、主通风机、风速、风压、瓦斯浓度等分析瓦斯积聚原因；根据监测的瓦斯浓度变化分析波及范围等。

(2) 人员定位系统 煤矿井下人员位置监测系统又称煤矿井下人员定位系统和煤矿井下作业人员管理系统。煤矿井下人员位置监测系统一般由识别卡、位置监测分站、电源箱（可与分站一体化）、传输接口、主机（含显示器）、系统软件、服务器、打印机、大屏幕、UPS 电源、远程终端、网络接口和电缆等组成。

由于煤矿井下无线传输衰减大，GPS 信号不能覆盖煤矿井下巷道。目前煤矿井下人员位置监测系统主要采用 RFID 技术。部分系统采用漏泄电缆，还可采用 WIFI、ZigBee 等技术。部分系统除具有人员位置监测功能外，还具有单向或双向紧急呼叫等功能。各个人员出入井口、采掘工作面等重点区域出入口、盲巷等限制区域等地点应设置分站。基于 RFID 的煤矿井下人员位置监测系统宜设置 2 台以上分站或天线，以便判别携卡人员的运动方向。巷道分支处应设置分站，巷道分支的各个巷道应设置分站或天线以便判别携卡人员的运动方向。煤矿井下人员位置监测系统在遏制超定员生产、防止人员进入危险区域、事故应急救援、及时发现未按时升井人员、领导下井带班管理、特种作业人员管理、井下作业人员考勤、持证上岗管理等方面发挥着重要作用。

(3) 紧急避险系统 煤矿必须为入井人员配备额定防护时间不低于 30min 的自救器。煤与瓦斯突出矿井的入井人员必须携带隔离式自救器，高瓦斯矿井的入井人员宜携带隔离式自救器。隔离式自救器宜选用压缩氧隔离式自救器。

煤与瓦斯突出矿井应建设采区避难硐室，又称避险硐室。突出煤层的掘进巷道长度及采煤工作面走向长度超过500m时，必须在距离工作面500m范围内建设避难硐室或设置救生舱。高瓦斯和低瓦斯矿井凡在自救器所能提供的额定防护时间内，从采掘工作面步行不能安全撤到地面的，必须在距离采掘工作面1000m范围内建设避难硐室或救生舱。

采区和水平最高点应设置避难硐室。避难硐室要为避险人员提供氧气或新鲜空气、水、食品等生存条件、通信设施、医疗急救用品、排泄物处理设施、照明设施和防灭火设施等。水平长度较深的避难硐室要设置甲烷传感器。避难硐室宜设置甲烷、氧气、一氧化碳、二氧化碳、温度、湿度等传感器以及空气净化、温度和湿度调节等设施。避难硐室可通过压缩氧和化学氧等为避险人员提供氧气，但宜采用压缩氧供氧。设置在离地表较浅、适宜地面钻孔的避难硐室应有直通地面的钻孔和直通地面的压风、供水供氧、通信等系统，提高抗灾变能力。避难硐室大小应能满足采掘工作面等相关区域全部人员安全避险的要求。同救生舱相比，避难硐室具有性能价格比较高等优点。救生舱与地面的通信联络完全依靠煤矿井下现有通信技术，瓦斯爆炸事故常常会造成通信电缆和光缆损坏，因此，瓦斯爆炸等事故有可能会造成救生舱与地面的通信联络中断。瓦斯爆炸事故常常会使移动变电站等大型机电设备倾倒。同时，瓦斯爆炸等事故也可能使救生舱倾倒，使需要避险的人员无法进入。设置在巷道中的移动式救生舱会增加通风阻力。煤矿井下采掘工作面作业人数一般为数十人，而一个救生舱一般可容纳几人到十余人，要容纳数十人的救生舱体积大、成本高，性能价格比较低。

(4) 压风自救系统 煤矿企业必须按照《煤矿安全规程》要求建立压风系统，并在此基础上按照所有采掘作业地点在灾变期间能够提供压风供气的要求进一步完善压风自救系统。

压风自救系统的空气压缩机应设置在地面。深部多水平开采的矿井空气压缩机安装在地面难以保证对井下作业点有效供风时，空气压缩机可安装在其供风水平以上、两个水平的进风井井底车场安全可靠的位置。井下压风管路要采取保护措施防止灾变破坏。煤与瓦斯突出矿井的采掘工作面要按照《防治煤与瓦斯突出规定》（国家安全生产监督管理总局令第19号）要求设置压风自救装置。高瓦斯和低瓦斯矿井掘进工作面要安设压风管路，并设置供气阀门。

(5) 供水施救系统 煤矿必须按照《煤矿安全规程》的要求建设完善的防尘供水系统。除按照《煤矿安全规程》要求设置三通及阀门外，还要在所有采掘工作面和其他人员较集中的地点设置供水阀门，保证在灾变期间能够为各采掘作业地点提供应急供水。要加强供水管路维护，保证阀门开关灵活，严禁跑、冒、滴、漏。

(6) 通信联络系统 矿井通信系统又称矿井通信联络系统，是煤矿安全生产调度、安全避险和应急救援的重要工具。

矿井通信系统包括矿用调度通信系统、矿井广播通信系统、矿井移动通信系统、矿井救灾通信系统。煤矿应装备矿用调度通信系统，积极推广应用矿井广播通信系统和矿井移动通信系统。救护队应装备矿井救灾通信系统。

矿用调度通信系统一般由矿用本质安全型防爆调度电话、矿用程控调度交换机（含安全栅）、调度台、电源和电缆等组成。矿用程控调度交换机（含安全栅）、调度台和电源设置在地面，矿用本质安全型防爆调度电话设置在煤矿井下。矿用调度通信系统除用于日常生产调度通信联络外，煤矿井下作业人员可通过通信系统汇报安全生产隐患、事故情况、人员情况，并请求救援等。调度室值班人员及领导通过通信系统通知井下作业人员撤离，并提供逃生路线等。矿用调度通信系统不需要煤矿井下供电，因此系统抗灾变能力强。当井下发生瓦斯超限停电或故障停电等，不会影响系统正常工作。当发生顶板冒落、水灾、瓦斯爆炸等事故时，只要电话和电缆不被破坏就可与地面通信联络。矿用调度通信系统抗灾变能力优于其他矿井通信系统。特别需要指出的是，矿用IP电话通信系统和矿井移动通信系统等均不得替代矿用调度通信系统。

第5章
交通运输安全技术

　　交通运输是国民经济的基础设施和支柱产业，但随着现代科学技术和交通运输的迅猛发展，安全问题也越来越成为困扰人们的难题。目前，交通运输系统的公共安全问题已被世界各国纳入国家安全战略研究的范畴。

　　交通运输系统是由陆路、水路和航空多种运输方式组成的一个综合系统，交通运输安全系统工程以交通运输系统的安全问题作为其研究对象。本章从研究对象出发，根据各种交通运输方式的特点，着重探讨各种交通方式的安全技术。

5.1 交通安全基本理论

5.1.1 交通运输安全保障系统

　　交通运输安全保障系统是指配置在运输系统上起保障运输安全作用的所有方法和手段的综合。一方面要保证运输系统内人员和设备的安全，另一方面要保证运输系统不会受到其外部环境的威胁。

　　交通运输安全保障系统是一个以管理作为施控主体，以运输安全直接影响因素（人、机、环境）作为受控客体的控制系统，其目的是实现某一时期的系统安全目标。

　　交通运输安全保障系统是对反馈控制和前馈控制的综合，即一种前馈-反馈耦合控制系统。作为反馈控制将系统输出端的信息通过反馈回路传输到系统输入端，与系统的目标进行比较，找出偏差，采取适当措施实施控制纠正偏差，使系统达到预期目标。由图 5-1 可以看出，管理者为了实现对运输安全直接影响因素的有效控制，一方面必须时刻掌握以往控制效果的信息，进行系统安全评价，另一方面又需要对运输安全直接影响因素及其相互关系的变化、环境的干扰进行预测，评价和预测的结果作为进一步实施控制的依据。在交通运输安全保障系统中，安全评价起着反馈回路的作用，安全预测起着前馈回路的作用，它们是管理者获取正确控制信息的基础，缺乏该环节，或者评价和预测缺乏科学性，都将使控制变成盲目的行为，难以达到预期效果。所以，科学、合理的安全评价与预测在交通运输安全保障系统中起着举足轻重的作用。

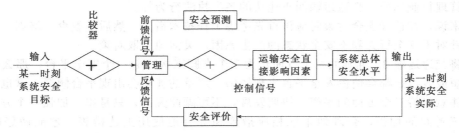

图 5-1　交通运输保障系统输入输出关系

交通运输安全保障系统作为一种管理系统，以直接影响运输安全的因素、能源、设备、环境作为管理的对象。从管理的对象和要素出发，可将交通运输安全保障系统划分为不同层次的两个子系统：安全总体管理子系统和安全对象管理子系统。安全总体管理的内容是对人-机-环境系统总体的安全管理，是凌驾于人、机、环境之上，又渗透于其中的安全管理。从功能上看，安全总体管理起着系统软件的作用，它既是安全管理这一大系统中的一个子系统，又对这个系统安全状况起着控制、监督的作用。安全总体管理子系统包括安全组织、安全法制、安全信息、安全技术、安全资金等部分。单独针对人员、设备、环境的安全管理称为安全对象管理。安全对象管理子系统又可进一步细分为人员安全保障子系统、设备安全保障子系统和环境安全保障子系统。

5.1.2　交通安全主动控制系统原理

5.1.2.1　信息传递和控制系统

安全信息是安全活动所依赖的资源。各种安全标志、安全信号、各种伤亡事故的统计分析就是安全信息。安全科学的发展，离不开信息科学技术的应用。安全管理就是借助于大量的安全信息进行管理，其现代化水平决定于信息科学技术在安全管理中的应用程度。安全信息就是研究安全信息定义、类型，以及安全信息的获取、处理、存储、传输等技术，涉及系统管理网络、检验工程技术，监督、检查、规范化的科学管理等。安全信息是企业编制安全管理方案的依据。

在安全管理领域，安全控制原理要研究组织合理的安全管理人员和领导者；明确事故防范的控制对象，对人员、安全投资、安全设备和设施、安全生产计划、安全信息和事故数据存在要素有合理的组织和运行；建立合理的管理机制，设置有效的安全管理机构，制定适用的安全生产规章制度，开发基于计算机管理的安全信息管理系统；进行安全评价、审核、检查的成果总结机制等。运用安全控制原理对安全生产进行科学管理，其过程包括三个基本步骤：一是建立安全生产的判断准则和标准；二是衡量安全生产实际管理活动与预定目标的偏差；三是采取相应安全管理、安全教育以及安全工程技术等纠正不良偏差或隐患的措施。

5.1.2.2　交通事故预防的 3E 准则

交通运输的 3E 准则具体如下。

交通运输安全工程技术一般分为三个方面：交通运输工具主动安全装置与被动安全装置的设计；交通线路在平面、纵断面、横断面三种维度及其延伸中合理线路布局以及各种技术指标要求；交通运输网络中的站场枢纽的设施设置及线路配置形式设计等。

交通运输安全教育根据交通运输的种类分为公路安全教育、铁路安全教育、水上交通安全教育等；按照教育的对象可以分为交通运输工具驾驶与操作人员的安全教育、交通运输服务行业人员的安全教育、社会人员的交通运输安全教育等；按照教育的内容可以分为安全意识教育、安全责任教育、安全操作规程教育、事故应急及疏散教育等。

交通运输的强制包括：交通运输安全管理方针，交通运输安全法规的制定与完善、交通运输检验、管理行业标准，交通运输纠正违法的各类执法行为等。

一般来说，在选择安全对策时应该首先考虑工程技术措施，然后是教育、培训。实际工作中，应该针对不安全行为和不安全状态的产生原因，灵活地采取对策。

如果将交通运输 3E 准则的三个方面作为三个支脚来构建起一个安全平台，那么任何一个支脚的过短或者过长都会使得安全平台出现倾斜，严重的甚至会出现平台倾覆。这也提醒我们应该始终注意保持三个方面的平衡、协调发展，不可顾此失彼，只是单一加强一个方面。只有始终保持三者间的均衡、合理地采取相应措施和综合地使用上述措施，才能做好事故预防工作。

5.1.2.3　交通事故预防工作五阶段模型

在实际工作中，人们通过一系列努力来防止交通运输事故的发生，如图 5-2 所示。掌握事故发生及预防的基本原理，具有从事事故预防工作的知识和能力，是开展事故预防工作的基础。

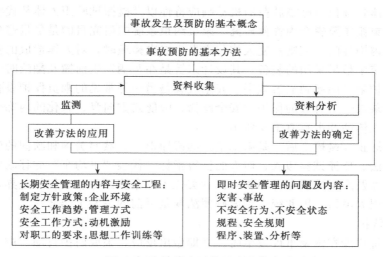

图 5-2　事故预防工作五阶段模型

在此基础上，事故预防工作包括五个阶段。

(1) 建立健全交通运输事故预防工作组织，形成由企业领导牵头的，包括安全管理人员和安全技术人员在内的事故预防工作体系，并发挥其效能。

(2) 通过实地调查、检查、观察以及对有关人员的询问，认真地加以判断、研究，并对事故原始记录反复研究，收集第一手资料，找出事故预防工作中存在的问题。

(3) 分析事故及不安全问题产生的原因，包括确定事故发生频率、严重程度、场所、工种、生产工序、事故类型及有关的工具、设备等，找出其直接原因和间接原因、主要原因和次要原因。

(4) 针对分析事故和不安全的原因，选择恰当的改进措施。改进措施包括工程技术方面的改进、对人员说服教育、人员调整、制定及执行规章制度等。

(5) 实施改进措施。通过工程技术措施实现机械设备、生产作业条件的安全，消除物的不安全状态；通过人员调整、教育、训练，消除人的不安全行为。在实施过程中进行监督。

5.1.3　交通安全被动防护系统原理

5.1.3.1　交通事故幸存性

在与其他车辆或轨道上的大型障碍物相撞或其他事故中，车中乘客的伤亡主要是在碰撞时由于旅客和乘务人员所占用的空间受到严重挤压、乘坐空间的贯穿，或在车辆突然加速或减速期间乘客与内部设施表面之间的冲击而造成的。为了最大限度地减少伤亡，车辆总体结构设计应能使发生事故时乘客空间挤压和贯穿危险降到最低。车辆结构的力-挠度特性影响着事故发生时的加速度脉冲幅度和持续时间。车辆之间或车辆分段之间的连接特性要对事故发生时的拱起、翻转等起作用，这类连接有助于车辆在碰撞时保持直立、相互连接和不出线的状态。

5.1.3.2　运载工具的被动防护原理

被动安全性是指汽车发生不可避免的交通事故后，能够对车内乘员进行保护。对交通事故原因的统计分析表明，预防事故发生的主动安全性防护只能避免 5% 的事故，因此提高运载工具被动安全性日趋重要。目前对于运载工具的被动防护原理的研究主要集中在三个方面。

（1）车身结构的耐撞性原理研究　主要研究载具车身对碰撞能量的吸收特性，寻求改善车身结构抗撞性的方法。

（2）碰撞生物力学原理研究　主要研究人体在不同形式的碰撞中的伤害机理、人体各部位的伤害极限、人体各部位对碰撞载荷的机械响应特性以及碰撞试验用人体替代物。

（3）乘员约束系统及安全内饰件研究　乘员约束系统的研究目的是尽量避免人体与内饰件发生二次碰撞，内饰件的研究则是使人体与之发生二次碰撞时，对人体造成的伤害最小。安全带是乘员保护系统中最早采用的装备，其设计宗旨是在车辆发生前撞及翻滚时约束人体相对车辆的运动，对保护乘员能起到显著效果。安全气囊是另一种常见的乘员保护设备，它与安全带的合理匹配可对乘员进行有效的保护。安全座椅、吸能式方向盘、软化的内饰件等对于缓冲一次碰撞以减少对人体的冲击具有重要作用。

侧面碰撞位居正面碰撞之后，是第二常见的碰撞形式。然而美国和欧洲的侧面碰撞法规中关于碰撞试验方法、碰撞试验假人、假人的伤害指标、代表"平均车"的移动壁障的质量、吸能块的外形、尺寸及刚度的规定都不相同。欧美关于汽车侧面碰撞法规的差异，给汽车厂商的产品开发造成了很大障碍，因此统一侧面碰撞法规是目前的主要工作之一。

5.1.3.3　应急防护

应急防护系统应能在突发事件发生时，立即做出反应，采取防护行动。应急防护的方法包括空间防护、时间防护、环境防护、医疗防护、个体装备防护等。

要实现真正意义上的有效防护，最大限度地将危害降至最低，涉及识别防护需求、采取防护措施和防护结果检验三个主要过程，如图 5-3 所示。

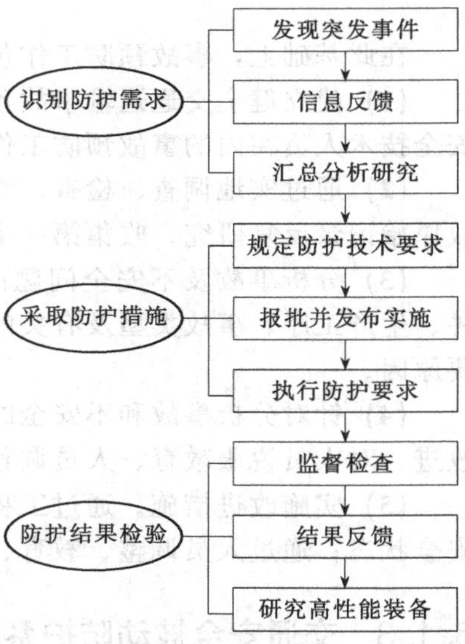

总而言之，突发事件发生后，识别防护需求、采取防护措施、检查和验证防护效果，这一系列工作需要在短时间内进行，并需要技术和资源方面的积累和准备，需要有组织地进行协调、整合资源、科学管理，需要建立一个快速反应系统，需要设计应急防护系统结构，以提高国家、城市、组织的抗灾害能力。

5.1.3.4　防护系统可靠性

防护系统可靠性是指防护系统在规定条件下和规定时间内完成规定功能的能力。防护系统本身不出故障的概率称为"结构可靠性"，满足精度要求的概率称为"性能可靠性"。狭义上可靠性通常包括以上两者。

图 5-3　应急防护流程

防护系统可靠性理论的基本原理是运用概率统计与运筹学理论和方法对交通运输防护系统进行定量研究。可靠性理论起源于 20 世纪 30 年代，最早研究的领域包括机器维修、设备更换和材料疲劳寿命的问题。现在它的应用已从军事部门扩展到国民经济的许多领域。

5.2　道路交通安全技术

近年来，我国道路交通发展迅速，但交通拥堵、人车混行等问题依然存在，导致道路交通事故频发。道路交通安全技术是从人、环境、法规等诸多方面着手，结合道路交通实际情况，对道路交通事故的原因进行分析整理，提出控制道路交通安全事故的技术措施，对于预防和遏制道路交通事故具有现实意义。

5.2.1 道路交通事故

《中华人民共和国道路交通安全法》中规定，道路交通事故是指车辆在道路上因过错或者意外造成人身伤亡或者财产损失的事件。

首先，道路交通事故的主体，一方必须是车辆；其次，道路交通事故的地域范围是道路；再次，道路交通事故的另一个主观因素是过错或者意外。最后，如果发生了碰撞，但对双方当事人没有造成任何的伤害或者损失，也谈不上是交通事故。

5.2.1.1 道路交通事故的成因

道路交通系统由人、车、路、环境、管理等要素构成，其中"人"包括驾驶人、行人以及其他交通参与者。系统中，驾驶员从道路以及环境两个要素中获取信息，这种信息综合到驾驶员大脑中，在管理行为的约束下，这些信息经判断形成动作指令，指令通过驾驶操作行为使汽车在道路上产生相应的运动，运动后汽车运行的状态和道路、环境的变化又作为新的信息反馈给驾驶员，完成行驶过程。管理协调着系统中人、车、路、环境等要素之间的相互关系，并且随着时间不断变化。因此可以认定，道路交通系统是由人、车、路、环境、管理等要素构成的动态复合系统。道路交通安全系统构成如图 5-4 所示。

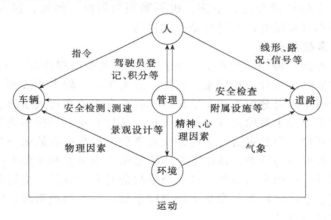

图 5-4 道路交通安全系统构成

汽车的安全行驶实际上是道路交通系统各要素和谐统一的结果，而交通事故则是这个系统中的一个或一个以上的因素超过正常情况并达到系统不能容纳的状态导致的产物，是交通活动过程中的附属物。在道路交通系统中，驾驶员虽是影响道路交通安全的最活跃的因素，但就驾驶过程而言，驾驶员的任何主动行为都时刻受到车辆、道路因素的作用与约束。汽车行驶的实际过程表明，当车辆因素一定时，不良的道路条件很容易诱发道路交通事故。对绝大多数道路交通事故而言，一起交通事故的形成与发生，是由人（主要为驾驶员）、车、路三要素中两个或两个以上要素失控共同作用的结果。因此，道路交通的安全与否，取决于人、车、路、环境和交通管理等道路交通综合系统的各个环节连续的协调工作。

交通事故是各种交通因素失调的综合体现，因而可有层次地分析交通事故的成因，将产生交通事故的原因分为间接原因、中间原因和直接原因。直接原因是错误动作或车辆机械磨损、腐蚀和材料的疲劳等现象造成的突然断裂；中间原因是指易产生错误动作的环境，包括道路环境、车辆运行状态以及驾驶员自身的状态；间接原因则是交通系统的基本条件，即驾驶员自身条件、道路条件和车辆条件。

5.2.1.2 道路交通事故的特点

(1) 随机性 根据系统论观点，交通运输系统本身是一个与周围环境相互作用构成的复杂动态大系统。每一环节的失误都可能引发危及整个系统的大事故，而这些失误绝大多数是随机的，由此发生的事故也是随机的。

（2）突发性 道路交通事故的发生通常并没有任何先兆，即具有突发性。驾驶员从感知到危险至交通事故发生这段时间极为短暂，往往短于驾驶员的反应时间与采取相应措施所需的时间之和，或者即使事故发生前驾驶员有足够的反应时间，但由于驾驶员反应不正确、不准确而操作错误或不适宜，从而导致交通事故。

（3）频发性 由于汽车工业的高速发展，车辆急剧增加，交通量增大，造成车辆与道路比例的严重失调，加之交通管理不善等原因，造成道路交通事故频繁，伤亡人数增多，道路交通事故已成为世界性的一大公害。许多国家因道路交通事故造成的经济损失约为其国民生产总值的 1%。

（4）社会性 道路交通事故是伴随着道路交通的发展而产生的一种现象。无论何时，只要人参与交通，就存在涉及交通事故的危险性。道路交通随着社会的发展不断进行演变，从步行到马车再到汽车，以致形成今天的规模。这个过程不仅表明人们对道路交通的追求意识和发展意识，也证明了道路交通事故是随着社会和经济发展而发展的客观存在的社会现象，即道路交通事故具有社会性。

（5）不可逆性 从行为科学的观点看，社会上没有哪种行为与事故发生时的行为相类似，无论如何研究事故发生的机理和防治措施，也不能预测何时、何地、何人发生何种事故，因此，道路交通事故是不可重现的，其过程是不可逆的。

5.2.1.3 道路交通事故的分类

根据损害后果的程度，按照《生产安全事故报告和调查处理条例》（国务院令第 493 号）第三条规定，道路交通事故可分为特别重大事故、重大事故、较大事故和一般事故。根据交通事故的责任，道路交通事故可分为机动车事故、非机动车事故和行人事故。按发生交通事故的原因，道路交通事故可分为主观原因（如违反规定、疏忽大意、操作不当等）引起的交通事故和客观原因（如气候环境、自然灾害）引起的交通事故。按交通事故第一当事者或主要责任者的内在原因，交通事故可分为三类，即由于交通事故第一当事者和主要责任人的观察错误、判断错误以及操作错误所引起的交通事故。按交通事故的对象来分类，交通事故又包括车辆间事故、车辆对行人的交通事故、汽车与摩托车的碰撞事故、汽车单独事故、汽车与固定物碰撞事故及其铁路公路平交道口事故。

5.2.2 道路交通安全保障主要技术手段

根据道路交通事故的成因，保障道路交通安全的技术手段，主要从道路交通设计、车辆安全技术装备以及车辆运行监测与监控技术三个方面来进行介绍。

5.2.2.1 道路交通设计

（1）道路线形设计 道路线形立体描述道路中心线的形状、道路线形的好坏，对交通安全畅通有极其重要的作用。

（2）道路路面 道路路面按力学特性可分为柔性路面和刚性路面。

道路路面表面的平整程度是路面质量的重要指标之一，它直接影响到行车平稳性、乘客舒适性、路面寿命、轮胎磨损和运输成本。路面粗糙度是考量路面质量的第二个指标，可用车辆纵向紧急制动距离、纵向摩擦系数和横向摩擦系数来表示。路面构造深度是用于评定路面表面的宏观粗糙度、路面表面的排水性能及抗滑性能的指标，路面构造深度越小表明路面越光滑，且在一般情况下，摩擦系数变小，失去渗水、排水的功能，容易产生汽车滑水现象，造成严重的交通事故。

（3）交通安全设施 交通安全设施主要有以下几个。

① 护栏 在选择护栏时，应充分注意其功能、经济性、驾驶安定感、压迫感、诱导视线、

视野与周围道路环境的协调、施工条件、维修、除雪方便等。

② 道路照明　道路照明主要为确保夜间交通的安全与畅通,在必要的场合设置的照明设施。根据设置场所不同,大致分为连续照明、局部照明及隧道照明。照明的人工光源有汽车前照灯与路灯。

③ 视线诱导标　视线诱导标是在有必要明示道路线形、诱导驾驶员视线的路段,在车道旁侧设置的道路设施,主要在有必要夜间进行视线诱导的路段设置反光式视线诱导标,在积雪多的地方设置积雪标志。

④ 中央带　中央带设置在双向四车道以上的道路上,目的是分离对向车道并保证安全行驶。中央带由中央分隔带和路缘带构成。中央分隔带建造得比路面高,使对向车道完全分离,其结构形式多种多样。中央带可以起到诱导视野的作用。

⑤ 道路标志　道路标志包括指示标、警告标、禁令标、指路标、旅游区标志、道路施工安全标志、辅助标志七种。这些标志给道路通行人员提供确切的信号,以保证交通安全畅通。

(4) 公路通行权　为了保障道路交通安全畅通,我国《道路交通安全法》对道路优先通行权做了全面的规定。所谓道路通行权,就是在没有交通信号或者交通信号不完善的道路环境下,对可能造成冲突的各类路权采取以空间动态优化配置和时间错开配置为主要手段,授予某些路权主体以优先通行的权利,而限制他方同时使用道路或要求他方承担避让的义务,从而为各种路权的和谐行驶,为实现交通安全有序创造前提和基础。

道路通行权按照主体的不同来分类,包括行人优先通行权、驾驶小机动车优先通行权和驾驶机动车优先通行权;按照优先的程序来分类,包括绝对优先权和相对优先权。

5.2.2.2　车辆安全技术装备

在交通事故原因的统计中,直接因车辆问题引起的事故不超过 10%,由机械故障所引起的事故占主要部分。实际上,车辆的结构和性能如果能进一步完善和提高,能按照规定进行安全检验,使车辆具有完好的技术状况,在某些状况下是可以防止驾驶员事故的。即使发生事故,也有可能减轻事故的损失。从这个意义上讲,车辆的因素对交通安全有着非常重要的影响。

除车辆本身的性能指标外,车辆的安全技术装备涉及车辆的结构与车辆的技术状况。车辆的结构主要是指车辆设计上能够预防和减轻事故损失的结构。其中,预防事故的结构主要包括车辆前照灯、尾灯与制动灯、挡风玻璃及后视镜、报警装置、仪表等。减轻事故损失的结构措施主要有以下几个。

(1) 对行人的安全措施,例如,使保险杠及发动机罩具有弹性,材料选用氨基甲酸乙酯。

(2) 在发动机罩上部及前挡风玻璃周围布置弹性材料;在车前部设置防止行人跌下路面的救护网等装置。

(3) 保护乘员生存空间和防止火灾的措施。

(4) 车内成员的保护装置主要有安全带、安全气囊、安全转向柱管等。

首先,车辆技术状况的好坏对行驶安全的影响主要体现在转向装置和制动装置上;其次,轮胎、车灯、喇叭、刮雨器以及行驶装置等都对行驶安全有着直接的影响。

5.2.2.3　车辆运行检测与监控技术

轮胎气压监控系统、行车记录仪等是当前应用比较普遍的车辆运行检测与监控技术。

(1) 轮胎气压监控系统(TPMS)　美国交通安全管理局明文规定,在 2006 年 10 月以后所有出厂的新车必须配备轮胎气压监控系统(TPMS),其功能是:实时监控轮胎的气压、温度,在温度过高、气压过高或过低、快速漏气等情况下向驾驶员报警,由驾驶员处理,避免漏气和爆胎引起的其他后果。

(2) 行车记录仪 汽车违章超速行驶造成的责任事故越来越多，汽车运输企业为行车安全花费的资源不少，但效果不大。汽车行驶记录仪，俗称汽车黑匣子，采用 GPS 定位、惯性测量、数据压缩、地理信息系统与计算机软硬件等技术，对车辆的行驶情况进行动态、科学的监控。

5.3　高速铁路安全技术

铁路在我国交通中的地位举足轻重，每年都承载巨量的货物及人员的运输任务。铁路安全程度高、运输速度快、运输距离长、运输能力大、运输成本低，且具有污染小、潜能大、受天气条件影响小的优势，是一种最有效的已知路上交通方式。随着经济和社会的快速发展，国内的高速铁路建设已经步入快速发展阶段。

高速铁路是指通过改造原有线路（直线化、轨距标准化），使营运速度达到 200km/h，或者专门修建新的"高速新线"，使营运速度达到 250km/h 的铁路系统，简称"高铁"。截至 2016 年底，我国铁路营业里程达 12.4 万公里，其中高速铁路在 2.2 万公里以上，占全球高铁运营里程的 65% 以上。

高速列车行车速度快，列车的运行规律、性能及其与环境的相互作用等与普通列车存在本质上的区别，其动能巨大，且铁路线采用全立交化和全封闭化，一旦发生故障，后果十分严重。例如：1998 年，德国 ICE 高速列车脱轨，造成 101 人死亡，84 人重伤；2002 年，美国快速列车脱轨，造成 6 人死亡；2011 年，中国甬温铁路发生动车组列车追尾事故，造成 40 人死亡，172 人受伤，直接经济损失 1.9 亿元。由此可见，保证高速铁路安全运行是非常重要的。目前，国内外的高速铁路均采用"以计算机自动控制系统为主、以人员操控和调度为辅"的安全控制系统来保障高速铁路的运行安全。

5.3.1　高速铁路运行特点及安全影响因素

5.3.1.1　高速铁路运行特点

高速铁路体现了桥路轨道、机车车辆、牵引供电、远程调度、通信信号、运输指挥、运营管理、人员培训等专业技术的最高水平，其运行过程有如下特点。

(1) 列车控制信号以车内信号为主，速度控制采用计算机自动控制系统。

(2) 列车与地面的信息自动交换、实时传输。

(3) 列车动能大，行车密度高。

(4) 高速轮轨系统各种因素交错，难以建立准确的数学模型，且轮轨破坏、轮轨噪声和黏着系数变化等问题的机理至今尚不清楚，其分析相当复杂，技术处理难度大。

(5) 高速列车运行过程中的空气动力学问题是一个非恒定、非等熵、可压缩和有限域的流固耦合问题，情况复杂多变，防灾困难。

(6) 高速铁路的牵引供电系统具有带电运行时间长、需求功率大、行车密度高、运营时间内负荷集中等特点，这就要求提高牵引供变电系统的自身设备可靠性和防灾抗变能力。

(7) 外界环境中障碍物、侵入物对高速列车造成严重的危害。

5.3.1.2　高速铁路安全影响因素

通过对我国高铁事故原因的分析和总结，归纳出高速铁路安全的影响因素都可以归结为人员、设备、突发环境三大因素，这三个因素相互联系、相互依存，构成了一个复杂的系统。

(1) 人员操作失误 甬温铁路动车追尾事故造成 40 人死亡，172 人受伤，事故主要原因就是列车工作人员调度方面出现了失误，信息沟通不畅，致使动车发生了追尾事件。洛阳铁路分局曾做过相关的统计，发现 1980～1994 年间，共发生 71 起铁路事故，其中由于机车操作人员的失误而导致的事故有 67 起，占事故总数的 93.1%。这说明机务人员是高速铁路安全保障的关键因素。对机务人员的工作进行严格的监督管理是保障高速铁路安全运行的必要环节。

(2) 设备故障　高质量、高性能的机车和线路工程、通信信号、环境监测系统等相关配套设施是高速铁路安全运行的基础和保障。铁道部改革前，我国一直处于政企不分的铁路体制之下，铁路的承包、建设及验收全部具有垄断色彩，监督机制极度缺乏，监督力度也亟待提高，工程建设、列车制造及相关基础设施的质量往往并不达标，再加上设施设备的日常维修护理不到位，极容易导致设备在列车运行中出现故障，进而导致高铁事故的发生。

(3) 突发环境的影响　环境因素是三大因素中最不具有稳定性的因素，是一个绝对的变量。环境不仅包括雷电、雨雪、地震、泥石流等自然灾害以及列车运行的周边设施环境，还包括社会环境，即由社会政治、经济和文化共同组成的高速铁路运行环境。自然灾害显然不是人力可以控制的，但是我们可以通过营造良好的社会环境、高可靠性能的环境监测设备和准确的人员操作来避免或是化解自然灾害对高速铁路运行安全的威胁。

5.3.2　高速铁路信号与控制系统

高速铁路的信号与控制系统，是高速列车安全、高密度运行的基本保证。因此，世界各国发展高速铁路，都十分重视行车安全及其相关支持系统的研究和开发。高速铁路的信号与控制系统是集计算机控制与数据传输于一体的综合控制与管理系统，是当代铁路适应高速运营、控制与管理而采用的最新综合性高技术，一般通称为先进列车控制系统（advanced train control systems），如美国先进列车控制系统（ATCS）和先进铁路电子系统（ARES）、欧洲列车控制系统（ETCS）、法国实时追踪自动化系统（ASTREE）、日本计算机和无线列车控制系统（CARAT）等。

美国 49CFR 分册 236.0 要求运行时速 128km 或更高的列车装有自动机车信号系统、列车自动停车或列车自动控制系统。国际铁路联盟（UIC）法规 734R 提出了对高速线路信号系统的建议：传统的地面信号在 140～160km/h 的速度下是可以使用的；速度在 160～200km/h 时，传统的信号应利用机车信号和列车自动控制方式予以加强，而为了适应高速状态下更长的制动距离，必须添加一个信号显示或一个限制信号显示的预警系统。

高速列车信号和控制系统有确保道路完整性、速度传达及超速防护三大功能。

5.3.2.1　道路完整性

在允许列车开始运营之前要保证道路完整性，即要确保轨道或轨道已清除了其他车辆或障碍物，道岔位置正确，并且没有与之冲突的运营调度命令。道路完整性包括以下两个方面。

(1) 车辆检测　车辆位置的精确实时检测，对于系统确定安全范围内的道路和速度是极为重要的。它也同时与导轨活动环节如道岔进行联锁，并与辅助系统如平交道口系统接通。目前的车辆检测方法包括使用各种各样的轨道电路、轨道转发器和无线电波传输。由于检测系统的任何失效都会使发生事故的可能性大大提高，这就要求系统必须高度可靠。

同时，高速运行的列车的状态直接关系到行车安全，为保证列车高速、安全、稳定运行，对列车转向架、受电弓和轨道等提出了更高的要求。高速列车的诊断检测能够及时探测高速运行时转向架的疲劳破坏状况、接触部件运动破坏状况、车体结构振动噪声、轴温状态、磨损、受电弓的结构状态、轨道变形和空气噪声等状态值。同时，列车分离状况、车内温度、烟雾探测等综合采用微波、红外线、微电子、激光等技术，利用无线通信、雷达、卫星等通信方式，通报司机采取必要的防范措施，并通知前方维修部门做好检修、更换的准备。

(2) 联锁装置的完整性　联锁是一种信号设备的布局，其连接组合方式必须保证其能按预定的顺序相继完成各功能，从而使列车在无碰撞和脱轨的条件下按选定的进路安全运行。通常利用车站信号联锁系统控制车站内的道岔、进路和信号机，并实现它们之间联锁，确保列车安全通过潜在的碰撞事故多发地区（如平交道口、电动道岔区或吊桥等可能发生列车对撞的地区）。信号联锁系统可以保证高速列车行车安全，提高铁路运输效率，改善行车人员劳动条件。

联锁可分为自动联锁、远程控制联锁和就地控制联锁三类。

5.3.2.2 速度传达

联锁要确保发布的运转许可都是安全的。下一步则是要确保这些许可正确地传达给操作人员（车上或固定控制中心的操作人员）或传达给自动列车运行系统（ATO）。在大多数的传统铁路上，这一功能是由列车操作人员观察地面信号来完成的。而在高速铁路系统上，地面信号只起辅助作用，操作人员的作用被 ATO 系统所取代。

使用地面信号向驾驶员传输最大允许的速度是速度传达中使用得最为普遍的方法。因为地面信号被疏忽、错误理解、受到破坏或被雾与雪模糊，已经导致过许多碰撞事故。因此，地面信号常用机车信号作为补充，以便为驾驶员提供更为直接的指示。

较新的系统采用感应耦合或无线通信向列车和驾驶员传达信息。保证速度和制动的一致，预防因驾驶员没有及时采取措施而造成碰撞。法规和章程须对每种速度传输方法做补充，不仅要保证相适应，而且当某一速度传输系统不正常工作时要提供备选速度传达方法。

5.3.2.3 车辆误动作安全保障系统

不论车辆是依赖手动还是自动控制，其超速防护系统必须确保不超越运转许可和速度限制。这一功能一般是由自动列车保护（ATP）系统来执行的。ATP 系统具有部分保护和全面保护的能力。具有部分保护功能的 ATP 系统也称自动列车控制（ATC）系统。

(1) 地面保障设备和技术 当地面安全装置检测到车辆误动作时，地面安全系统监控列车运行条件，并将警告信号传送到当地或中央控制设备。尽管这些地面安全系统已经很好地使用，但仍应使用车载监控器予以补充。

(2) 车载保障设备和技术 由于微机和通信技术的进步，信息的利用率大大提高。其中，车载检测器和诊断例行程序可以用来警告操作者，自动降低速度或进行性能处理或者向监控中心发出维修或其他特殊操作程序的信息。

5.3.3 高速铁路安全检测、监测及监控技术

高速铁路安全检查采用动态检查为主，动、静态检查相结合的全方位检查。

5.3.3.1 高速铁路基础设施状态监测及检测技术

(1) 高速综合检测列车 高速综合检测列车由轨道、接触网、通信、信号检测和数据综合处理等系统组成，主要检测内容包括以下几个方面。

① 轨距、轨向、高低、水平、三角坑等轨道几何参数。

② 车体加速度、轮轨力。

③ 接触网几何参数、弓网动态作用、接触线磨耗和受流参数。

④ GSM-R 和 450MHz 场强覆盖。

⑤ 轨道电路、应答器信息、车载 ATP 工作状态等。

(2) 基础设施专业检测系统

① 轨道检查车 检测轨道几何参数和轮轨动力性能。

② 接触网检查车 检测接触网几何参数、弓网性能参数和弓网受流状态。

③ 电务检查车 检测钢轨回流、轨道电路、轨道电路绝缘破损、补偿电容及容量、点式信息等。

④ 钢轨探伤车 以大型钢轨探伤车为主、小型钢轨探伤仪为辅的方式进行。

⑤ 地质雷达检测车 检测道床路基病害、道床厚度、道床污染状况、基床和道床含水状况、基床平整度及承载能力等，并进行分析和评估。

⑥ 车载式检测设备 利用动车组车载式线路检查仪、便携式线路检查仪检查线路的垂向加速度、水平加速度。

5.3.3.2 高速列车行车状态监测技术

(1) 高速列车行车状态自诊断及监控　利用高速列车组网络控制系统的安全设计，对动车组各系统运行状态进行监测和控制，以保护系统设备的安全运行。

① 高压系统监控　对网压、网侧谐波过滤器、主变压器油流、油位、油压及油温、高压电路过流等进行监测。

② 牵引系统监控　监测功率平衡、直流环节电压等，监测变流器和牵引电机温度等。

③ 安全监控功能　司机警惕（DSD）监控、火灾报警及转向架轴温监测等。

④ 车门系统监控　利用列车的网络控制系统，接收释放"开门/关门"指令。

(2) 高速列车运行安全状态实时监测和报警　通过车载计算机及车-地通信系统，分析处理高速列车运行数据，动车组车载计算机数据，高速列车运行状态、司机操纵状态等数据，实现高速列车运行状态实时监测和报警。

5.3.4 高速列车安全制动

制动方式的选择对保证高速列车运行的安全极为重要，世界各国均采用复合制动方式。针对当前动力分散型与动力集中型两种牵引模式，有不同的制动方式。动力分散型的高速动车组由于动车多，动轴也多，正常情况下采用动力制动，在电网因事故断电时，动力制动失效，采用盘形制动效果较为明显，当电控制动机发生故障时，需采用备用直通制动机；动力集中型的动车组动车数量较少，动力制动作用有限，由于拖车多，采用盘形制动、涡流制动或磁轨制动，当电网因事故断电时，增加拖车制动盘数量以增强盘形制动的效果，电控制动机发生故障时，采用列车管空气压力控制方式。由于高速铁路对列车制动的要求高，检测制动系统的磨损、温度、加速度等状态并通过控制中心，由控制中心选择不同的制动方式对列车进行制动是进行紧急处理的重中之重。

5.3.5 高速铁路行车事故救援体系

虽然高速铁路上采用了较为完备的安全检测控制系统，能够避免大多数事故的发生，但仍存在脱轨、撞车等事故发生的可能性，因此需要在高速铁路沿线隔段设置备用轨道，当高速列车在运行过程中出现故障，立即转向紧急备用车道，保证其他列车的正常运行。另外，当铁路沿线发生安全隐患或事故时，一方面进行紧急救援，另一方面对列车进行限速、慢行，当危险解除后，解除限速，恢复原有行车速度。

5.4　航空运输安全

航空是指载人或不载人的飞行器在地球大气层的航行活动。航空分为民用航空和军用航空。民用航空泛指各类航空器为国民经济服务的非军事性飞行活动，包括商业航空和通用航空。军用航空是指用于军事目的的一切航空活动，如作战、侦查、运输、警戒、训练、联络救生等。本部分的内容主要是关于民用航空的。

5.4.1 航空灾害概述

航空灾害是指一切危及航空安全的事件所造成的灾难性后果，包括航空事故灾害、航空环境灾害、自然灾害、其他灾害（如威胁民航运营安全中的非法行为的灾害）等。分析航空灾害的成因、特点及航空灾害的形成机制，才能更加有效地保障航空安全。

5.4.1.1 典型的航空灾害

(1) 飞机设计、制造因素导致的航空灾害　飞机的可靠性及安全性是航空安全的基础，如果在飞机设计及制造环节中可靠性和安全性无法满足要求，或者适航当局没有及时发布适航通告，都有可能导致飞机的可靠性和安全性达不到要求，形成安全隐患，导致或引发航空灾害。1992 年法国航空公司一架 A320 飞机在从里昂飞往斯特拉斯堡途中撞山坠毁，调查发现空中客车公司修改了设计，以扩大垂直速度模式输出的数字位数显示，而轨迹角显示仍然是两位数；2001 年美国航空公司 AA587 航班事故的发生原因为发动机故障及其复合材料的问题引发事故。

（2）维修导致的航空灾害　维修是维持飞机可靠性与安全性的重要手段，没有有效的维修，飞机将无法维持运行阶段的可靠性和安全性。维修导致的航空灾害分为维修不当、维修不充分及维修差错等。1994 年 6 月 6 日，中国西北航空公司一架图-154M 型 B-2610 飞机在空中解体，主要原因是地面维修人员在更换安装架时，将插头插错，导致飞机操纵异常，失去控制；2002 年 5 月 25 日，中国台湾中华航空公司一架波音 747-209B 飞机坠海，即为维修不当导致的航空灾害，飞机在遭遇尾撞事故后没有按照要求完成尾撞的永久性维修，不能满足结构强度要求；2009 年也门航空公司一架 A310-300 飞机坠毁，飞机老化和维修不充分是造成空难的主要原因。

（3）人为因素导致的航空灾害　随着飞机可靠性的不断提高，由人为因素引发的航空灾害几乎达到了全部航空灾害比例的 70%～80%，人为因素导致的航空灾害涉及飞行员、机组人员、空管人员、维修人员和机场人员等。1991 年中国南方航空公司波音 737 飞机着陆事故、1992 年泰国航空公司 A310-300 飞机坠毁事故、1998 年阿维安卡航空公司波音 727-21 飞机起飞撞山事故等均是人为因素导致航空灾害的典型案例。

（4）环境因素导致的航空灾害　环境因素包括影响航空安全的各种环境条件，涉及自然环境因素和人工环境因素。环境因素导致的航空灾害事故典型案例主要有：2006 年亚美尼亚航空公司 A320 飞机由于天气状况恶化而坠海；2006 年西伯利亚航空公司 A310 飞机降落时遇大雨，跑道湿滑而发生故障；2009 年全美航空公司一架 A320-214 飞机两引擎因鸟击发生故障。

5.4.1.2　航空灾害的影响因素、特点及形成机制

（1）航空灾害的影响因素　飞行安全受飞机设计、驾驶员操作、地面维修、空中交通管制（ATC）和气象等各种复杂因素的影响，许多事故往往由多种因素相互交织造成；同时，由于各种飞机的使用环境条件、飞行剖面、飞行持续时间等的不同，造成事故的主导因素也可能不同。

主要影响因素有以下几种。

① 以航空器本身为主要因素的机械系统因素。

② 以飞行机组为主要因素的人为因素。

③ 以天气为主的环境因素。

（2）航空灾害的特点

① 发生的突发性　航空灾害往往是当事人无法预见的突发性的灾害。空难的发生概率虽然非常小，但是灾难一旦发生则死亡率极高，其突发性和无可逃避性对人们的心理造成巨大的影响。

② 事故的因果性　事故是许多因素互为因果连锁的结果，一个因素是前一个因素的结果，同时又是后一个因素的原因。也就是说，事故的因果关系有继承性，是多层次的。

③ 成因的综合性　民用航空是一个地面-空中立体生产服务体系，主要由航空公司、空中交通服务和机场服务三大系统组成，还受到航空器自身安全性的影响和制约。航空灾害的发生通常是民航运输过程中外部环境的突变、人为失误和飞机故障等因素相互作用的结果，其成因具有综合性。

④ 后果的双重性　航空灾害的后果，一是灾害本身对人和社会造成的破坏，二是灾害发生后的社会心理影响。有研究表明，灾难性事件的社会心理影响程度与同时伤亡人数的平方成正比。

⑤ 一定的可预防性　航空灾害在一定程度是可预防的，至少能使灾害的发生及损失降低到现有的技术和管理水平所能控制的最低程度。

（3）航空灾害的形成机制　航空灾害的形成机制错综复杂，应该从多角度予以探索。

① 突发形成　由于致因的复杂性和不确定性，突发形成的航空灾害是航空安全中最难控制的。突发性致因决定了航空安全的相对性。

② 积累形成　航空灾害的突发性也是相对的，绝大多数航空灾害并不是突发而是逐渐形成和发生的，它们在最终形成和发生之前经历了渐进的积累过程。

③ 波及形成　在航空灾害多致因积累的情形中，一个更值得重视的情形是波及致因积累。

5.4.2　飞机安全性设计

安全性是设计出来的，并在运行过程中通过相关手段加以保证。飞机的安全性是飞机一切设计的约束条件，要符合相关标准与规定。随着飞机设计理念的进步，飞机安全性设计也随之发展和进步，更好地保证飞机的安全性。

5.4.2.1　飞机安全性设计与分析指南

(1) 安全性设计方法　为满足规定的安全性要求，可以采取各种不同的安全性设计方法，根据采取安全性措施的优先顺序，安全性设计思路和方法大致包括以下 14 种。

① 控制能量。

② 消除和控制危险。

③ 隔离。

④ 闭锁、锁定和联锁。

⑤ 概率设计和损伤容限。

⑥ 降额。

⑦ 工作冗余。

⑧ 状态监控。

⑨ 故障-安全。

⑩ 告警。

⑪ 标志。

⑫ 损伤抑制。

⑬ 逃逸、救生和营救。

⑭ 薄弱环节。

(2) 安全性规范和规章　在安全性方面，欧美国家注重相关规范和规章的系统化与完善。由美国运输部联邦航空管理局颁布的 AC25.1309 及 SAE ARP4754A、SAE ARP4761《民用航空标准》，由美国航空无线电委员会（RTCA）颁布的 RTCA/DO-178B《机载软件适航标准》、RTCA/DO-254《机载电子设备设计标准》，一起构成了现代机载系统的一组安全性分析指南。

1982 年颁布的 AC 25.1309 就是安全性规章在不断追求完善的一例，1988 年颁布了 AC 25.1309-1A，以及之后 AC 25.1309-1B 主要特点如下。

① 综合了新的故障条件分类和概率要求。

② 阐明了符合性方法，并提出了更多的细节要求。

③ 强调了特定的风险。

④ 强调了飞机潜在灾难性故障模式总的概率水平。

⑤ 认可了 SAE ARP4754 和 SAE ARP4761。

⑥ 认可了 RTCA/DO-178B 和 RTCA/DO-254。

(3) 安全性指标评估　虽然世界各国目前尚未制定统一的适航条例，也无统一的安全性指标要求，但是美国的 FAR25 和欧盟的 JAR25、CS25，以及相应的资讯通报 AC 25.1309、ACJ No.1 to JAR25.1309、CS25.1309 对安全性指标提出了一般性要求，并规定了数值范围。对于安全性指标的评估，一直是可靠性工程与适航部门的工作难点和重点。欧美等国家一般从如下两个方面来进行评估。

① 在设计方案冻结之前，制造商和适航当局一起按 AC 25.1309 或相关标准的要求进行定

性与定量评估。

② 为便于飞机的维修及使用,对安全性分析所得到的灾难性故障模式,在设计阶段就必须尽量自动实现故障的检测与隔离,并作为审定维修要求的一部分。

安全性分析与评估的结果,一是体现在对现有设计方案的更改之中,二是体现在现有飞机的修改大纲、主设备清单和飞行员手册等持续适航文件之中。

5.4.2.2 适航规章的要求

关于适航的规章要求出自 CCAR 适航标准的 1309 条,其中安全性评估的 CCAR-25 (R3) 1309 内容如下。

(1) 飞机系统与有关部件的设计,在单独考虑及与其他系统一同考虑情况下,必须符合下列规定。

① 发生任何妨碍飞机继续安全飞行与着陆的失效条件的概率极小。

② 发生任何降低飞机能力或机组处理不利运行条件能力的其他失效条件的概率微小。

(2) 必须提供警告信息,向机组指出系统的不安全工作情况,并能使机组采取适当的纠正动作。系统、控制器件和有关的监控与警告装置的设计必须尽量减少可能增加危险的机组失误。

(3) 必须通过分析,必要时通过适当的地面、飞行或模拟试验,表明(1)的规定还必须考虑下列情况。

① 可能的失效模式,包括外界原因造成的故障和损坏。

② 多重失效和潜在失效的概率。

③ 在各个飞行阶段和各种飞行条件下,对飞机及其乘员造成的后果。

④ 对机组的警告信号,所需的纠正动作,以及对故障的检测能力。

5.4.3 飞机安全监控与可靠性评估

飞机安全监控是指在飞机运行过程中及时跟踪和发现飞机存在的问题、薄弱环节和隐患,主要包括飞机运行状态监控、飞行品质监控、飞机故障诊断、飞机可靠性监控和飞机运行可靠性评估等内容。

5.4.3.1 飞机运行状态监控

(1) 运行状态监控 运行状态监控系统实际上是一个闭环系统,系统的总体由飞机性能数据收集系统和数据分析与决策系统构成。监控数据主要来自于航线、地面维修站、机载设备及机组报告。数据经过转换和处理后,供飞机监控工程师进行分析和决策,主要包括趋势预测、故障诊断和维修决策等内容,这些结果能及时甚至在一定程度上可以实时地反馈给机组人员。

运行状态监控的目标是在保证飞机安全飞行的基础上,降低飞机运营成本,实现飞机的经济性,它的主要作用可以概括如下。

① 通过对运行状态的监控,及时发现故障征兆,做到尽可能在发生重大事故前采取相应措施,避免事故及其由此造成的相关损失。

② 通过对飞行状态的监控,可将实际的飞行状态与标准飞行状态进行比较,进而发现潜在的故障和危害事件,采取相应的措施进行改正。

③ 通过对特定高燃油航线消耗率的调整,可以大幅节约成本。

④ 减少不必要的维修和修理。

⑤ 通过对飞行状态进行监控,可以发现飞行员的误操作,保障飞行安全,进而在一定程度上节约飞行员的培训成本。

⑥ 通过对飞行状态进行监控,可以改善飞行状态和减少不必要的维修,可以提高飞机派遣率。

运行状态监控系统对于保证飞机安全飞行具有重要意义,它在功能方面,与可靠性监控系统存在一定的重叠，两者之间的主要区别如下。

① 运行状态监控系统侧重于对飞机个体的分析，而可靠性监控系统主要侧重于对飞机机群的分析。

② 运行状态监控系统侧重于实时或及时处理问题，而可靠性监控系统侧重于事后的纠正措施。

③ 运行状态监控系统主要通过机载设备、航线等获得第一手数据，而可靠性监控系统则对从运行监控系统获得的数据做归纳整理。

（2）发动机状态监控　发动机是飞机的心脏，它的好坏不仅直接影响飞行安全，而且关系到飞机的直接运营成本。做好发动机性能监控工作，一方面可以保证飞行安全；另一方面可以通过有效的发动机监控，及时发现发动机异常现象，采取积极措施防止、排除发动机的故障和潜在故障。

① 常规监控项目　是指在某一段时间内需要经常做的监控项目的集合，相当于航空公司在某段时间的常规工作。这个监控项目主要需要完成三部分工作：常规监控项目信息的确定；监控项目适用性的选择；执行监控项目，下发工作单，并记录相应的执行信息和完成情况。这个栏目中的监控项目每次都是以工作单的形式下发到生产部门，由生产部门按照工作单要求实施相应的维护工作，所有的执行结果都必须反馈到发动机控制中心，以确保飞机的飞行安全。

② 特殊监控项目　也是根据航空公司的实际情况制定的一个监控项目，主要针对那些在某个时期内有突发故障的监控。以工作单的形式进行监控，主要包括两部分工作：特殊监控项目的信息；特殊监控项目完成信息单编号、监控项目的完成情况确定。

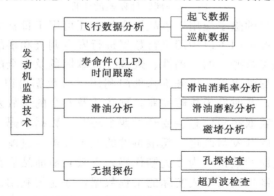

图 5-5　民航发动机监控技术

对于发动机状态监控信息的获取与分析，当前主要采用的监控技术包括飞行数据分析，滑油分析、无损探伤和寿命件（LLP）时间跟踪。根据这些监控技术可以对发动机状态进行信息获取和分析。其监控技术如图 5-5 所示。

（3）部附件状态监控　部附件监控的主要目的在于确保飞机安全飞行，其监控的流程如图 5-6 所示，部附件监控的核心是基于相应的状态信息对部附件（包括时控件）进行维修决策。部附件监控与可靠性监控关系密切，需要双方建立通畅的信息流通渠道。

部附件的监控方式根据监控对象不同而有所差异，主要分为以下两种。

① 针对时控件采用时限监控的方式。

② 针对非时控件采用状态监控的方式。

也就是说，部附件监控在考虑时控件的使用时限的同时，还要考虑非时控件的工作环境、劣化程度、维修水平等。

5.4.3.2　飞行品质监控

据资料统计，大约 70% 的飞行事故是由飞行操纵方面的因素引起的，因此，为了进一步降低事故率，需要开展飞行品质监控。

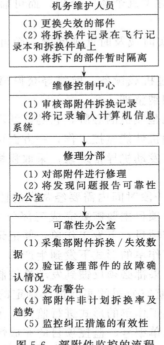

图 5-6　部附件监控的流程

　　进行飞行品质监控的目的除了应用于事故调查外，还可用于日常的事故预防工作。对于航空公司而言，其安全和质控部门可以利用飞行数据进行安全调查和事故分析。飞行部门利用飞行数据检查、考核、评估飞行操纵的正确性、规范性，掌握危及安全的不良技术动作，及时纠正，同时配合训练，提高驾驶水平。机务维修部门利用飞行数据可以了解飞机空中工作情况，核实机组人员反映的问题，及时发现故障前兆，预防危及安全的事故发生。

　　进行飞行品质监控，获取超限信息主要经过四个环节：数据译码、监控标准体系的建立与完善、飞行事件分析程序的开发与改进、超限事件的人工分析与过滤。

　　（1）数据译码　机载原始数据均为二进制代码，下载到地面站后首先需要译码，也就是通过一定的转换将这些二进制代码恢复成实际的工程数据，才能被利用。正确的译码是最基础的工作，具体而言，就是在地面软件平台中正确建立系统译码数据库，译码基本依靠国外的译码软件平台直接进行。

　　（2）监控标准体系的建立与完善　监控重点、监控项目及各机型的监控标准构成了监控标准体系。监控项目是指飞行品质监控中选取的对飞行安全有较大影响的操纵动作或程序；监控标准是指对选取的监控项目的限制要求。

　　每个监控项目一般分为 3 个超限等级：其中一级超限事件对安全不构成危险，仅作为对这一项目标准可行性的统计分析；二级超限事件与正常值的偏差需要引起一定的关注；而三级超限事件则将对飞行安全构成危险。

　　品质监控重点包括的参数有：到站和离站、机场和跑道记录信息；结构记录信息；飞行路径信息；各系统的操纵信息；燃油消耗信息。

　　（3）飞行事件分析程序的开发与改进　飞行超限事件监控是指根据需要设立不同的监控项目，并根据监控项目设计相应的监控算法，通过编写飞行事件分析程序，过滤出需要监控的超限事件。监控程序通常是在厂家提供的软件平台上编制的，这样可以减少建立监控系统软件的工作量，并起到规范监控系统的作用。

飞行事件分析程序主要包括飞行模式的转换定义与将译码转换成工程值控算法的设计。飞行事件分析中将整个飞行过程定义为 12 个飞行模式，形成了飞行模式数据库文件。不同的飞行模式在一定的触发条件下进行转换；同时，飞行模式的转换又定义了 4 种不同的飞行状态，形成飞行模式转换数据库文件。可以说该文件控制了事件分析的进程，即进入不同的飞行模式中，程序会分析定义在该模式中的事件，而其中飞行状态的取值则决定着一个航班的开始与结束。监控算法的设计可归纳为导出参数的设计与计算及各种监控与触发条件的设计与实施，技术性较强，涉及专业内容较多。监控程序设计得越好，即系统的自动化、程序化越高，在人工分析上所花费的精力就越少，反之，则会导致监控结果不准确或假事件的大量出现。

（4）超限事件的人工分析与过滤　人工分析在飞行品质监控的几个环节中也是非常重要的一环。无论数据译码、监控标准体系还是飞行事件分析程序，其准确性都要通过人工分析这一途径进行检验。除此之外，由于客观条件的限制，有时监控算法即使再完善也不可能涵盖所有情况，把好这道关口，既可以给飞行人员提供准确的信息，同时也保证了在此基础上的统计与趋势分析真正具有可靠性。

因数据帧突变或数据部分丢失导致的超限事件，虽经常发生，但很容易识别，只要人工过滤掉即可；因天气或 ATC 原因导致的超限事件，一经查实，也应尽可能删除；因监控项目标准的某个细节或监控算法的不周全导致的超限事件，还有一部分超限事件是因设备本身导致的，有些则需要仔细分析才能识别；还有些超限事件单从译码数据也无法了解当时的情况。

5.4.3.3　飞机故障诊断

（1）飞行员故障分析报告　即使在维修和维护方面采取了多种手段，仍然难以避免飞机在空中飞行过程中出现故障。飞机起飞以后，故障诊断监测的任务实际上是由机组来完成，因此，各大航空公司机务部门都十分重视飞行员的故障报告。

航空公司会要求每个航班的机组报告故障发生情况。即使处理后，机务部门还会统计飞行员故障报告月报表。飞行员报告率是重要的技术指标，反映了飞机每 100 次起降中飞行员报告的故障比率，比率越高越危险。航空公司机务部门不仅计算当月的飞行员报告率，而且与前两个月的飞行员报告率进行比较，统计出 3 个月的平均值。通过统计的飞行员故障报告情况，进行相关分析，制定相关决策。

（2）飞机智能故障诊断方法　在智能诊断方法中，目前研究较多的主要是基于规则的智能故障诊断、基于实例的智能故障诊断、基于模糊理论的智能故障诊断和基于神经网络的智能故障诊断。

（3）飞机/发动机远程故障诊断　远程故障诊断是以资源共享、协同工作、远程监测和远程诊断为目的的系统，飞机/发动机的远程故障诊断包括两方面含义。

① 利用地空数据链形成的数据传输系统，对飞机/发动机进行远程故障诊断　这个含义上的远程故障诊断主要是针对信息采集远程化的特点而言的。远程化的信息采集是指利用地空数据链快速、及时传递动态信息，由飞机制造商的专家和工程技术人员对飞机/发动机故障进行实时诊断。根据远程故障诊断的结果，机组人员可以采取针对性措施，及时排除故障和降低风险，确保飞机安全飞行，这也是当前空客、波音等航空公司倡导的"与飞机共同飞行"理念的具体体现。

② 利用飞机制造商建立的分布式故障诊断网络系统，对飞机/发动机进行远程故障诊断　对于分布式故障诊断网络系统，主要是指在这个系统中，移动的是信息（数据），而不是人。建立这样的分布式故障诊断网络系统，可以起到以下两方面的作用。

a. 改变了以往飞机/发动机发生故障，故障诊断人员"疲于奔命"的局面，在一定程度上提高故障诊断的效率。

b. 通过分布式故障诊断网络系统，可以实现专家知识的共享，提高故障诊断的准确度。

正是由于以上两方面原因，分布式的远程故障诊断系统主要立足于提高故障诊断的效率和效益。

通过以上两种形式的故障诊断，具有以下三方面的重要作用。

a. 加快故障诊断速度，提高飞机的安全性。

b. 提高故障诊断效率，提高飞机的经济性。

c. 提高故障诊断准确度，改进飞机的可靠性。

5.4.3.4 飞机可靠性监控

飞机可靠性监控可以在飞机系统或部件发生故障或失效之前及时发现其恶化的征候，保证飞机飞行安全性，提高飞机、系统或部件的固有可靠度，保证机群的可靠性性能指标在可以接受的范围内，并为航空公司改进维修方案和维修管理提供依据，以持续保持其维修方案和维修工作的有效性。

(1) 可靠性监控系统框架 可靠性监控子系统通过采集各类维修可靠性信息和与之相关的信息经过适当的数据处理与分析，对需要进行工程调查的项目展开调查，进一步提出相应的纠正措施，最后将分析结果以数据显示和报告的形式发布。其系统框架如图5-7所示。

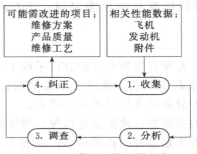

图 5-7 可靠性监控系统框架

(2) 可靠性监控系统工作流程 可靠性监控系统主要由可靠性数据采集、可靠性数据分析、纠正措施、性能标准、数据显示和报告及维修方案调整等几部分组成。所有可靠性数据和信息的记录、传输、处理和分析都是利用计算机网络系统、数据系统和相应的应用程序来实现的。计算机网络系统为可靠性监控提供了数据和信息流程的载体。数据库存储了收集到的各种数据，而数据分析采用专门的统计分析软件或故障树分析方法进行。

(3) 飞机可靠性监控的项目 可靠性监控的项目主要包括各航空器主要系统和航空器制造厂家在持续适航文件中明确的重要维修项目和重要结构项目。

① 对全球机队可靠性水平的动态监控项目

a. 非计划/计划维修发现（包括机组报告故障、机务自检故障）。

b. 航班不正常事件。

c. 重要事件。

d. 重复/间隙性故障。

e. 发动机性能数据。

② 对飞机维修方案的动态监控项目

a. 发动机/附件的非计划拆换和故障。

b. 计划维修项目的检查和发现（包括非例行工卡、结构腐蚀损伤等）。

(4) 可靠性性能参数 可靠性性能参数如表5-1所示。

表 5-1　可靠性性能参数

类型	指标
反映飞机使用、停场和维修情况的参数	可用架目、在用架目、平均可用率、非计划停场天数
反映航班运行性能的参数	签派可靠度、运行不正常率
对安全性有潜在影响的参数	重要事件发生率
反映发动机的可靠性参数	发动机非计划拆换率、发动机空中停车(IFSD)
反映系统/部件可靠性的参数	机组故障报告率、机务故障报告率、附件 URR(unscheduled removal rate)、MTBUR(mean time between unscheduled removal)、MTBF(mean time between failure)和机队性能趋势

　　除了表中的可靠性性能参数外，还要考虑飞机运行不正常事件、检修重要事件、飞机重大故障、单机重复故障、重大结构损伤报告、CAT Ⅱ类运行事件、其他可能导致安全隐患的维修或运行事件。

5.4.3.5　飞机可靠性评估

　　对飞机个体进行运行可靠性评估，是飞机安全监控的重要环节。在进行飞机可靠性评估时，重点关注以下几个问题：飞机发生故障具有小样本性，有必要研究基于小样本的可靠性评估方法；利用飞机具有的丰富的状态监测信息和检查信息进行可靠性评估，提高可靠性评估的准确性。

　　(1) 基于 Weibull 分布的小样本故障数据的飞机可靠性评估　由于飞机对可靠性的高要求，故障数据小，所以是典型的小样本数据。

　　Weibull 分布在工程中有着广泛的应用，可以用来描述复杂系统的寿命分布模型。Weibull 分布的分析计算方法主要为极大似然估计法，但 Weibull 分布中的参数不存在二维充分统计量，参数的区间估计一般使用 Fish 矩阵来求解分布参数的协方差矩阵。在大样本的条件下，采用极大似然估计法是渐近正态的；对于小样本故障数据的复杂系统，使用极大似然估计法则无法实现准确评估可靠性。采用 Bayes 方法可以充分融合各类先验信息，能够使评估更加符合实际使用情况。

　　(2) 基于检测和监测信息的飞机可靠性动态评估　为保证民航飞机的可靠性和安全运行，实际上存在两个相互依赖和相互作用的系统：一是通过维修来保证和维持民航飞机安全的维修系统，维修后民航飞机的实际运行状态直接决定着飞机的可靠性水平；二是对民航飞机及各分系统的状态进行监控、检测和检查的系统。传统的研究是将两者割裂开来，视为不相关的两个系统独立运作。飞机本身大多带有一定的监测系统并传递监测信息，这些信息便于及时跟踪系统状态。监测信息是通过对系统中可能存在的潜在故障和隐蔽故障而执行的检测过程获取的，由于是否执行检测取决于系统的状态，发生具有一定的成本，应对其进行优化。检查信息主要是通过对维修差错等人的因素可能对飞机状态的影响而执行的检查过程获取的，由于是否执行检查取决于系统的状态，其发生也具有一定的成本，也应对其进行优化。

5.5　水运安全

5.5.1　船上应急程序

　　船舶在海上航行时，由于可能遭遇恶劣的气象情况及其他海上风险，可能存在船舶结构和设备缺陷、货物移动、人员过失等因素，可能面临威胁人身、船舶和财产安全以及海洋环境的各种紧急情况。事先识别和标明各种船上紧急情况，并制定相应的应急程序，对于避免或减少伤亡和损失是至关重要的。

5.5.1.1 船上紧急情况

船上紧急情况是指船上导致或可能导致人员伤亡、财产损失或海洋环境污染损害的状态。国际海事组织于1997年通过的A.852（20）号决议《船上紧急情况应急计划集成系统构成指南》，根据致损原因和对象将船上紧急情况大致分为4类23种。

（1）火灾海损类　主要包括：碰撞；搁浅、触礁、火灾、爆炸、船体破损、进水、严重横倾、恶劣天气损害；弃船救生。

（2）机损和污染类　主要包括：主机失灵、舵机失灵；供电故障；机舱事故；船舶溢油；造成污染的意外排放。

（3）货物损害类　主要包括：货物移位；海难自救抛货；危险货物事故。

（4）人身安全类　主要包括：严重伤病；人员落水；海盗或暴力行动；搜救、救助；进入封闭场所；战区遇险；直升机操作。

5.5.1.2 船舶应急计划

（1）发生火灾时的应急　在发现船舶火灾后，初始灭火行动是关键，有效的初始行动能及时控制火势，避免火势蔓延，为彻底灭火打下基础。

船舶火灾事故是常见的海损事故之一。火灾事故造成的损失很大，船舶发生火灾后，为达到迅速、有效灭火，减少损失的目的，一般应遵守下列行动顺序：查明火情、控制火势、组织救援和检查清理。

在彻底扑灭余火，抽水、排烟以后，必要时仍要派人值守、监视观察，防止复燃或发生其他情况。

火灾的发生离不开"燃烧三要素"，即可燃物质、助燃物质和火源。灭火的方法就是针对三要素而采取冷却法、隔离法、窒息法等。只要三要素中的任一要素得到控制，即可达到灭火的目的，根据火源所处的不同位置以及火灾的不同种类，所采取的灭火方法、使用的灭火设备会有所不同，现场指挥应在查明情况的前提下正确选择使用。

（2）发生碰撞时的应急　船舶碰撞事故是海上事故中发生率较高的海事，据统计绝大部分碰撞事故是由人为因素造成的。船舶在航行中发生碰撞，其后果非常严重，船舶可能因此而进水甚至沉没。因此在发生碰撞后，应迅速、果断地采取应急行动。

发现者应立即发出警报，并通知船长和机舱，召集船员采取应急行动。船长是碰撞应急总指挥，应该在驾驶台督促大副和轮机长查明破损部位的损坏情况，协调本船各部门并正确指挥全船采取各种措施。全体船员检查受损情况决定应急部署，根据船舶发生碰撞的性质、具体情况，迅速调查受损程度和部位，将受损情况报告驾驶台，可酌情分别发出堵漏、人员落水、消防、油污等应急部署警报，并采取适当的应急措施。

碰撞事故发生后，船长应立即报告船舶公司和船舶代理人。值班驾驶员应做好详细记录，保存相关海图，船员应向船长如实汇报有关情况。船长负责指导驾驶员谨慎、如实地填写航海日志。

（3）发生搁浅时的应急　搁浅是由于水深小于船舶实际吃水使船体搁置水底。船舶因操纵不当、机械设备故障、定位失误、走锚或不可抗力等原因将可能造成搁浅/触礁事故。船舶的搁浅/触礁事故也是发生率较高的事故，大多是由人为因素所致。

船舶在航行中，当值班驾驶员发现船舶即将搁浅/触礁时，应尽可能抛下双锚，并立即发出警报，召集船员，报告船长，通知机舱，切忌用车或用舵企图盲目脱浅或摆脱礁石。发生搁浅/触礁时，船长应在驾驶台操纵船舶并指挥全船的应急行动。同时，应急反应行动过程中应保持连续定位。

（4）发生进水时的应急　船舶进水主要是由于搁浅、触礁、碰撞、爆炸、船舶老旧、水密失效、大风浪袭击、造船缺陷、严重横倾、武器攻击等原因引起的。如果进水速度大于排水速度就会危及船舶安全。

发现船舶破损进水的船员，应立即发出警报，召集船员，并报告船长和通知机舱。船长在驾驶台负责全船堵漏并担任应急行动总指挥，在能保证船位的情况下指挥当班驾驶员采取减速、停车等措施，保持破损位置位于下风（流）处，以减小进水量，必要时操纵船舶冲滩或弃船。

（5）船舶保安事件的应急反应　船舶保安薄弱环节包括但不限于：船舶保安组织的不健全；船舶人员的保安警觉性不高；与船舶保安有关的人员对自己的职责不明确；由于疲惫而不能保持有效的保安戒备；不能有效地控制他人接近和进入船舶；不能有效地监控船舶内部（包括甲板和限制区域）以及船舶周围；不能及时获得公司和其他外部的支持；不能有效地实施船舶保安应急计划；船舶保安计划及保安措施不能适应船舶当时的营运环境；船舶保安设备和系统不能经常保持有效状态等。

在接到对船舶炸弹威胁的电话时应该保持平静，尽可能延长与电话威胁者的通话时间，要求威胁者重复并记录其所讲的每一个词，有助于确定威胁者身份或其位置的背景声响，并立即通知船长或船舶保安员。

在进行炸弹搜查前，船长和船舶保安员应首先确定搜索区域。如果发现可疑物件或包裹，应该保护好现场，不要移动、触摸、摆弄或采用任何方法干扰，不要向可疑物泼水或投掷任何物品。使用垫子或沙袋在可疑物周围堆放，以减少空气流动对其的影响，但不要遮盖可疑物。在可疑物附近不要使用无线电设备；在可疑物附近不要发出声响或震动。

当发现船舶遭遇海盗或武装攻击时，应立即通知船长、船舶保安员以及驾驶台。船长接到通知后立即上驾驶台，船舶保安员接到通知后应携带船舶内部对讲设备赶赴现场。鸣放预先规定的警报，迅速集合船员，船舶保安员在现场指挥，执行预定的应急程序。

（6）发生战争时的应急　船舶在战争区域航行和靠港作业时，应做好战争应急措施，以保证船舶和人员的安全。

船长发现船舶面临战争危险时应立即报告公司，适当调整船舶营运策略和航线，尽可能避免驶入战区和停靠战区附近的港口，必要时应向船舶公司请求船舶彻底驶离战争区域。

同时，加强对船员的教育，使船员在思想上高度重视，在心理上稳定情绪，提高防范意识和自我保护意识。

船舶在战区航行时，应加强值班，保持戒备，同时使用能使船舶尽快驶过战区的航向和航速。值班驾驶员和水手应加强海、空瞭望，谨慎驾驶，认真收听 VHF（无线电电波），做到及早发现、及早通知、及早行动、及早宽裕地避开海面上的漂雷、可疑船舶、可疑漂移物。

5.5.1.3　船舶应变部署

国际海上人命安全公约（SOLAS 公约）将同时包含弃船和消防的应急计划称为应变部署表；将为船舶其他应急情况预先制定的行动方案称为应急计划（或程序）。二者都属于船舶应急预案。

船舶所处的环境复杂多变，随时都有可能发生各种危及船舶和人的生命安全的紧急情况。为了避免造成严重后果，把损失减少到最低程度，每一船舶都应该根据人员状况、本船设备和情况，编制应变部署表，明确制定每个人在紧急情况下应到达的岗位及执行的任务，并定期进行训练及应变演习，使预定方案变成船员的本能，从而在发生紧急情况时能够迅速协同抢救，正确熟练地使用各种应急设备，有效地控制局面。

应变部署表包含弃船和消防两种紧急情况，它的基本内容包括：

船舶及船公司的名称、船长署名及公布日期；紧急报警信号的应变种类及信号特征、信号发送方式和持续时间；职务与编号、姓名、艇号、筏号的对照一览表；航行中驾驶台、机舱、电台固定人员及其任务；消防应变、弃船求生、施救救生艇筏的详细内容和执行人员编号；每项应变具体指挥人员的接替人；主要救生、消防设备的位置。

应急用的个人安全设备，包括个人救生设备、消防员装备以及可用于其他紧急情况的船员劳动防护用品。个人救生设备包括救生圈、救生衣、救生服和抗暴露服，要求在主管机关监督下按 SOLAS 公约规定配备。消防员装备要求包括防护服、消防靴和手套、抗撞防护消防头盔、符合要求的手提电安全灯、太平斧和呼吸器等。在其他应急情况下，如果没有法定的个人安全设备，可用船员平时工作用的一些劳动防护用品作为个人安全设备。它们通常包括安全帽、防护手套、防撞防滑工作鞋、防护眼镜、工作服和安全带等。

5.5.1.4　船舶内部通信与报警系统

用于船内通信的设备有电话、有线对讲机、无线对讲机和话管。有线广播、报警系统用于单向传递应急信息。驾驶台还可以用车钟摇两次完车信号的方式通知机舱人员撤离。最有效的船内应急通信系统是船内有线电话和有线对讲机。

船上应急报警系统分为全船性报警系统和局部性报警系统。全船性报警系统通常挂接火灾自动报警系统、烟火探测自动报警系统、手动火警按钮和驾驶台警报器等。局部性报警系统主要有：主机、舵机、供电、锅炉等的故障自动报警系统，用于通知机舱值班人员照料和修理；机舱的 CO 自动报警系统，用于通知机舱人员立即撤离。

除上述的声、光报警系统外，船上还使用汽笛和有线广播报警，必要时，船钟、雾锣、口哨等均可用于报警。船上还有保安报警系统，系统启动后能激发并向主管机关指定的主管当局发送船对船保安警报，而不向任何其他船舶发送船舶保安警报，以及不在船上发出任何补报。

船员应熟悉各种形式的警报，以免延误宝贵的应急时机。

5.5.2　船舶安全管理

5.5.2.1　船舶安全管理体系

国际海事组织从 1959 年成立以来，已经制定了十多项有关海运安全的国际公约和议定书，进入 20 世纪 80 年代后，海上安全和船舶防污染公约不断地得到修改，随之也加进了一些新的强制性规则和标准。从 1979 年到 1993 年，国际海事组织先后针对人为因素和管理问题通过了多项大会决议，并最终于 1993 年 11 月 4 日在其第 18 届大会上通过了 A. 741（18）号决议，决议附件即为《国际船舶安全运行和防污染管理规则》（the International Management Code for the Safe Operation of Ships and for Pollution Prevention），简称《国际安全管理规则》（International Safety Management Code，即 ISM Code）。该规则旨在提供船舶安全管理、安全营运和防止污染的国际标准；该规则依据一般原则和目标制定，用概括性术语写成，因而具有广泛的适用性。

ISM 规则定义，"安全管理体系"是指能使公司人员有效实施公司安全和环境保护方针的结构化和文件化的体系。安全管理体系应当符合强制性规定及规则，并对国际海事组织主管机关、船级社和海运行业组织所建议的适用的规则、指南和标准予以考虑。

5.5.2.2　港口国监督

港口国监督是各国海事主管机关为保障水上人的生命财产安全和防止船舶污染水域，对抵达本国港口的外国籍船舶的技术状况、操作性要求、船舶配员、船员的生活和工作条件等所进行的监督检查。

一次完整的港口国监督程序包括选船、初步检查、详细检查、纠正与滞留和检查报告。选取受检船舶时，作为原则，给予具有较高风险值的船舶以较高的优先顺序。一些区域性港口国监督谅解备忘录组织设计了选船系统，用以决定船舶检查有限顺序。

港口国监督检查的内容包括船舶结构设备、船舶安全配员、船上操作性要求以及船员工作和生活条件几个方面，具体检查内容包括：船舶配员；船舶和船员有关证书、文书、文件、资料；船舶结构、设施和设备；载重线要求；货物积载及其装卸设备；船舶保安相关内容；船员对与其岗位职责相关的设施、设备的实际操作能力以及船员所持适任证书所对应的适任能力；船员人身安全、卫生健康条件；船舶安全与防污染管理体系的运行有效性；法律、行政法规以及国际公约要求的其他检查内容。

第6章
建筑安全技术

6.1 建筑施工安全

建筑业是高危险和事故多发行业。施工生产过程的复杂性等建筑施工特点都决定了施工过程中的不确定性,施工过程、工作环境必然呈多变状态,因而容易发生安全事故。

建筑工程施工安全事故是指在建筑工程施工过程中,在施工现场突然发生的一个或一系列违背人们意愿的、可能导致人员伤亡(包括人员急性中毒)、设备损坏、建筑工程倒塌或废弃、安全设施破坏以及财产损失的(发生其中任一项或多项),迫使人们有目的的活动暂时或永久停止的意外事件。建筑工程生产安全事故发生率一直居高不下,在各产业系统中仅次于采矿业,给国家和人民的生命财产造成重大损失。

引发建筑工程安全事故的直接因素有以下几个。

(1) 人的不安全行为 施工人员安全防范意识相对较差,冒险蛮干的现象比较普遍。同时施工的流动性又造成施工人员产生"临时性"的思想,往往不能认真做好各项施工设施和防护设施。

(2) 物的不安全状态 建筑工程安全生产的特点决定了施工生产的安全隐患多存在于高处作业、交叉作业、垂直运输、个体劳动保护以及使用机械设备上。

(3) 环境条件的不利影响 如冬期施工和雨期施工给安全工作带来不便。

依据 GB 6441—1986《企业职工伤亡事故分类标准》,按直接致使人员受到伤害的原因进行分类,伤亡事故可分为 20 类。在建筑工程施工过程中伤亡事故类别主要是高处坠落、坍塌(含土方坍塌、脚手架坍塌、模板坍塌)、物体打击、机具伤害和触电五类。

根据国务院 2007 年 6 月 1 日起实施的《生产安全事故报告和调查处理条例》,生产安全事故造成的人员伤亡或者直接经济损失,又可分为以下等级:特别重大事故、重大事故、较大事故、一般事故。

6.1.1 建筑施工安全管理体制

6.1.1.1 建筑施工安全管理概述

国务院 2010 年 23 号文件《关于进一步加强企业安全生产工作的通知》中提出:深入贯彻落实科学发展观,坚持以人为本,牢固树立安全发展的理念,切实转变经济发展方式,调整产业结构,提高经济发展的质量和效益,把经济发展建立在安全生产有可靠保障的基础上;坚持"安全第一、预防为主、综合治理"的方针,全面加强企业安全管理,健全规章制度,完善安全标准,提高企业技术水平,夯实安全生产基础;坚持依法依规生产经营,切实加强安全监管,强化企业安全生产主体责任落实和责任追究,促进我国安全生产形势实现根本好转。国家规定要对安全生产进行监督管理。政府是安全生产监管的主体。

(1) 国家监管　安全生产的国家监督，是指政府及其有关部门的监督。各级政府要对本地区的安全生产负责。同时，监察机关依照行政监察法的规定，对负有安全生产监督管理职责的部门及其工作人员履行安全生产监督管理职责实施监察。负有安全生产监督管理职责的部门，必须依法对涉及安全生产的事项进行审批并加强监督管理。

(2) 行业管理　各级建设行政主管部门本着"管理生产必须管理安全"的原则，管理本辖区的建筑安全生产工作，建立安全专管机构，配备安全专职人员。

在中国建筑业"统一管理，分级负责"的安全管理模式下，省、市建设行政主管部门一般都成立了代表政府执法检查的建筑安全监督站，初步形成了"纵向到底，横向到边"的建筑安全生产监督管理体系。

(3) 社会监督　安全生产是一项十分复杂的系统工程，点多面广，涉及的影响因素较多，所以，要同时调动和发挥社会各方面力量，建立起经常性的、有效的群防群治的监督机制，齐抓共管，才能从根本上保障安全生产。社会监督主要依靠社会公众的监督、基层群众性自治组织对安全生产的监督，以及通过新闻媒体的宣传教育及舆论监督来实现。

开展安全生产监督的管理，主要通过制定出针对建设行业特点的管理措施与监察手段，促使企业贯彻国家的安全生产法规、政策，并做好施工现场的安全检查，严肃事故处理，同时，需加强培训教育考核工作。

① 建筑企业安全生产管理　大中型建筑企业安全生产管理机构通常分三级管理制：建筑工程总公司设安全处、建筑工程公司设安全科（或安技科）、建筑工程项目部设安全组（或专职安全员）。

建设部于 2004 年下发了《建筑施工企业安全生产管理机构设置及专职安全生产管理人员配备办法》，要求在建筑施工企业及工程项目中设置独立的安全专管部门负责安全生产管理工作。

② 工程监理单位安全监理　工程监理单位安全监理是中介机构安全服务助管的主要单位之一，其次还有承担安全评价、认证、检测、检验的机构，它们具备国家规定的资质条件，并对其做出的安全评价、认证、检测、检验的结果负责。安全监理是工程建设监理的重要组成部分，也是建设工程安全生产管理的重要保障。

③ 建筑施工人员的自我安全防护　建筑业是工伤事故的多发性行业，根据一些工伤事故案例分析，发生工伤事故的直接原因是施工现场防护不足，造成作业环境的不安全状态；施工操作人员不遵守劳动生产纪律，违反操作规程，造成了人的不安全行为；根本原因是安全生产的规章制度不完善，安全管理存在欠缺。要做到安全生产，一方面要做好安全生产的管理和施工安全防护，另一方面还要不断提高操作人员的自我防护能力，两方面一起抓，才能实现安全生产。

6.1.1.2　施工安全生产原则

安全生产必须坚持"安全第一、预防为主、综合治理"的原则。在施工前，首先进行调查研究，根据其调查结果编制施工组织设计、施工方案设计及重要工程安全技术措施方案，并由相关负责人审核并备案。施工时必须要设置专职安全员管理施工，定期检查执行情况，检查违章指挥、违章作业、违反劳动纪律的情况，检查与施工计划是否相符，或预知危险时，必须及时采取相应措施。

职业安全卫生实施必须符合国家规定的标准，对一切新建、改建及扩建的基本建设项目、技术改造项目、改进的建设项目，必须与主体工程同时设计、同时施工、同时投入生产和使用。

对事故处理必须坚持和实行"四不放过"的原则，即：事故原因没有查清不放过；事故责任者和群众没有受到教育不放过；安全隐患没有采取切实可行的防范措施不放过；事故责任者没有受到严肃处理不放过。

6.1.1.3　施工现场安全管理

施工现场安全管理属于微观的建筑安全管理，是施工活动的基本保证，是施工现场综合管理的一个重要组成部分。其管理的内容涉及制定安全规划、组织、协调、监督、明确和落实安全责任，以及开展安全活动等诸多方面的工作。

（1）施工前协调会议　施工单位在开工前，与业主、监理和项目经理、各专业施工单位负责人等举行协调会议，以施工安全生产为中心，针对施工全过程中出现的问题进行协调，并把建筑施工过程所要遇到的困难等事前告知相关单位。

（2）制定安全生产责任制　安全生产责任制是保证安全生产的基本制度，包括项目经理部各级领导、技术、管理等与施工生产有关的各类人员的安全生产责任制。

（3）施工现场安全生产目标管理　安全目标管理是建设工程的重要举措之一。企业或项目要实施安全目标管理，制定死亡事故控制目标、安全达标、文明施工目标等。施工现场还要明确施工期内的总目标和分阶段安全目标，即基础、主体、屋面、装修等安全目标，并将责任分解，以便于不同阶段对不同人和不同的安全目标进行考核。

（4）施工组织设计　施工组织设计是指导施工的纲领性文件，要经生产、技术、机械、材料、安全等部门审查通过并由具有法人资格的企业总工程师审批生效。施工组织设计编制包括全场性施工准备计划、施工部署及主要建筑物的施工方案、施工进度计划、施工现场布置等。对于专业性较强的项目，需要单独编制专项施工方案。

（5）分部（分项）工程安全技术交底　安全技术交底是指导操作人员安全施工的技术措施，是工程项目安全技术方案的具体落实。在图纸会审的基础上，工程开工前，项目经理部技术负责人必须向承担施工的责任工长、专业队长、班组长和相关人员进行技术交底。

（6）安全生产检查　安全生产检查是安全生产管理的重要环节。企业及项目安全机构要进行定期和不定期的安全生产检查，项目及班组安全员要进行日检，做好日检记录，并逐步养成习惯。

（7）安全教育　安全教育包括法制教育、劳动纪律教育、安全生产知识和安全生产技能四个方面的内容。对特种作业人员必须通过培训考核合格，并取得岗位证书方可上岗作业。

（8）工伤事故处理　企业按规定上报事故月报。发生事故后项目总监理签发工程暂停令，并在第一时间上报相应安全主管部门，同时要求施工单位立即停止施工。施工单位立即有组织地进行抢救伤员，保护现场，排除险情，并采取措施防止事故扩大。对事故要按事故调查分析规定进行处理，并建立工伤事故档案。

（9）施工现场的布置　施工现场平面布置时要满足施工要求，厂内道路畅通，运输方便，平面布置符合安全、消防、环境保护的要求。在施工现场内，每一个危险部位都要悬挂相应的标志牌，以便提示职工预防危险的发生。

6.1.2　建筑施工安全技术

6.1.2.1　施工组织设计与安全技术措施

施工组织设计是全面规划和部署将拟建工程全部施工活动的一个技术文件。根据任务情况，目前的施工组织设计基本上可分为施工组织总设计、施工组织工程设计、施工过程设计（或称施工方案）及专项技术措施几种。从安全生产观点出发，不搞施工组织设计，不做施工方案，要保证施工，安全生产是根本不可能的，也是安全工作绝对不能允许的。

施工组织设计编制人员必须牢固树立"安全第一"的思想，从审核工程设计开始就要考虑施工的安全，选用的施工方法、施工机械、变配电设施、架设工具等，首先考虑的问题就是能否保证安全施工。在确保安全施工的基础上，再研究经济、施工进度等诸因素。

　　大型综合建设工程编制施工组织总设计，及单位工程编制的施工组织设计，必须包括编制安全技术措施，重要的分项工程或新技术、新工艺在编制施工方案或作业设计时，必须编制安全技术措施。进行各级施工组织设计交底时，必须同时进行安全技术交底，特别要向班组做安全技术和安全措施细则交底。特殊工程还必须编制专项技术措施。

　　根据有关规程的规定，结合以往施工的经验，参照以前的事故教训，对以下情况须编制安全技术措施。根据实际需要选择和补充新内容。

　　(1) 根据基坑、基槽、地下室挖土方的深度和素土壤种类，选择土方开挖方法，确定边坡坡度或土壁支撑的方法，以防止土方坍塌。

　　(2) 脚手架、吊篮、吊架、桥架的强度设计及上下道路主要安全技术措施。

　　(3) 安全平网、密封网的架设要求，架设层次。

　　(4) 外用电梯的设置及井架、门式架等垂直运输设备拉结要求及防护技术措施。

　　(5) "四口、五临边"的防护和交叉施工作业场的隔离防护措施。

　　(6) 高处或抗体交叉作业须有防护和保护措施。

　　(7) 凡高于周围避雷设施的施工工程、暂设工程、井架门架等金属构筑物，都必须采取防雷措施。

　　(8) 防火防爆防毒措施。

　　(9) 季节性的施工措施。

　　(10) 施工工程与周围通行的道路、民房防护隔离棚的措施。

　　(11) 安全用电和机电设备的保护措施。

　　(12) 预防自然灾害的措施。

　　(13) 对于特殊工程，必须制定有针对性、行之有效的专门安全技术措施以确保安全施工。

　　施工企业应当建立施工组织设计和安全技术措施方案的审查、审批制度。工程开工前，应随同施工组织设计向参加施工的操作人员认真进行安全技术措施交底。同时，施工组织的编制者、施工技术负责人、施工工长及安全员都要随时检查安全技术措施是否落实。

6.1.2.2　施工现场平面规划的安全技术

　　施工现场平面规划，是对工程施工所需要的施工机械、材料、半成品等构件的堆放场地和加工场地以及临时运输道路、供水、供电和其他临时设施的合理布置。它具体反映在施工组织设计中的施工现场平面图上。施工现场平面规划主要受施工的工艺流程和安全方面的因素制约。

　　对于施工现场道路与通道，应首先确定工人进出工地或建筑物的通道，运输路线应沿仓库和堆放场进行布置，使之畅通。必须采用环形线单向通行。材料存放应尽可能靠近施工地点位置。若场地狭小时，可通过合理制定不同材料的进料时间计划，来解决这一问题。此外，构件的堆放位置应保证起重吊装的安全。而建筑机械的安装地点一般都是根据操作需要来进行确定。

　　模板、钢筋加工和混凝土的搅拌作业点应设在建筑物附近，并使进料车进出方便。而这些场所有可能受到高处物料坠落打击的危险，故应提供坚固的头顶保护。如果塔吊外伸幅度过大，也可使这些作业点离开建筑物一定的距离。危险性较大的材料堆放，必须按照安全规程要求在施工平面图中标明具体位置。

　　办公室和医疗室，常常设在建筑工地入口处。工人宿舍、食堂等，有条件时一般设在施工现场的外围或外部，不得受洪水、泥石流、滑坡、陡坡之害，并避免设在低洼潮湿、有烟尘、有害健康的地方。

6.2　建筑防灾减灾

　　房屋作为人类栖息的场所和进行各类活动的物质条件，安全是第一位的，直接影响安全的因素，除房屋结构外，当属各类灾害对其的破坏，在各类灾害中发生频率最高的要算火灾，破坏最大的应该是地震，此外还有风灾、雷击、爆炸等诸多方面。

6.2.1　建筑物与火灾

　　建筑物起火的原因是多种多样的，起火原因包括使用明火不慎、化学或生物化学的作用、用电线短路和纵火等。在建筑设计中，除了要充分估计到建筑物内部起火的可能性外，还要注意到外部环境可能出现引起建筑物起火的条件，不能留下隐患。此外，在建筑设计中考虑地震和战时火灾的特点，采取防范措施，避免大的火灾损失。

6.2.1.1　建筑防火分隔

　　防火分隔是针对火灾旺燃期所采取的防止其扩大蔓延的基本措施。

　　防火分区是指在建筑内部采用防火墙、耐火楼板及其他防火分隔设施分隔而成，能在一定时间内防止火灾向同一建筑的其余部分蔓延的局部空间。防火分区按其作用，又可分为水平防火分区和垂直防火分区。水平防火分区用以防止火灾在水平方向扩大蔓延，主要是按建筑面积划分的。垂直防火分区主要是防止起火层火势向其他楼层垂直方向蔓延，主要是以每个楼层为基本防火单元的。

　　（1）建筑平面防火设计

　　① 水平防火分区　民用建筑根据其建筑高度和层数可分为单、多层民用建筑和高层民用建筑。高层民用建筑根据其建筑高度、使用功能和楼层的建筑面积可分为一类和二类。民用建筑的分类应符合表 6-1 的规定。

　　除 GB 50016—2014《建筑设计防火规范》另有规定外，不同耐火等级建筑的允许建筑高度或层数、防火分区最大允许建筑面积应符合表 6-2 的规定。

　　② 防火分隔措施　要对建筑物进行防火阻隔，就要通过分隔物耐火构件来实现。所谓防火分隔物，是指能在一定时间内阻止火灾蔓延，把整个建筑物内部空间划分成若干个较小的防火空间的物体。防火分隔物一般分为两类：一类是固定的；另一类是可移动的或活动的。固定的防火分隔物如建筑物中的墙体、楼板等，非固定的防火分隔物如防火门、防火卷帘门、防火窗、防火阀、防火水幕等。

　　（2）建筑剖面防火设计　火灾垂直蔓延主要以热对流方式进行，也有辐射和传导。

　　① 竖向防火分区　竖向防火分区主要是由具有一定耐火能力的钢筋混凝土楼板作分隔构件。

　　② 防止火灾从外窗蔓延　火焰通过外墙窗口向上层蔓延，是建筑火灾竖向蔓延的一个重要途径。解决的办法是，要求上下层窗口之间的墙体（包括窗下墙及边梁）保证一定高度，一般高度 h 不应小于 $1.5\sim1.7m$。减少火灾从窗口向上层蔓延，也可以采取减小窗口面积，或增加窗上口边梁的高度或设置挑檐、阳台等措施。

　　③ 竖井防火分隔措施　楼梯间、电梯井、通风管道井、电缆井、垃圾井因串通各层的楼板，形成竖向连通的井孔。竖井通常采用具有 1h 以上（楼梯间及电梯井为 2h）耐火极限的不燃烧体作为井壁，必要的开口部位应设防火门或防火卷帘加水幕保护。

　　④ 中庭的防火设计　中庭通常出现在高层建筑中。其最大的问题是发生火灾时，以楼层分隔的水平防火分区被上下贯通的大空间所破坏。因此，建筑中庭防火分区面积应按上、下层连通的面积叠加计算，当超过一个防火区面积时，应符合如下规定。

　　a. 房间与中庭回廊相通的门、窗应设自行关闭的乙级防火门、窗。

b. 与中庭相连的过厅、通道处应设乙级防火门，或耐火极限大于 3h 的防火卷帘分隔。

c. 中庭每层回廊都要设自动喷水灭火设备，以提高初期火灾的扑救效果。喷头要求间距不小于 2m，也不能大于 2.8m，以提高灭火和隔火的效果。

d. 中庭每层回廊应设火灾自动报警设备，以求早报警，早扑救，减少火灾损失。

e. 按照要求设置排烟设施。

f. 净空高度小于 12m 的中庭，其可开启的天窗或高侧窗的面积不应小于该中庭面积的 50%。

g. 中庭屋顶承重构件采用金属结构时，应包敷不燃烧材料或喷涂防火涂料，其耐火极限不应小于 1h，或设置自动喷水灭火系统。

表 6-1　民用建筑的分类

名称	高层民用建筑		单、多层民用建筑
	一类	二类	
住宅建筑	建筑高度大于 54m 的住宅建筑（包括设置商业服务网点的住宅建筑）	建筑高度大于 27m，但不大于 54m 的住宅建筑（包括设置商业服务网点的住宅建筑）	建筑高度不大于 27m 的住宅建筑（包括设置商业服务网点的住宅建筑）
公共建筑	1. 建筑高度大于 50m 的公共建筑； 2. 任一楼层建筑面积大于 1000m² 的商店、展览、电信、邮政、财贸金融建筑和其他多种功能组合的建筑； 3. 医疗建筑、重要公共建筑； 4. 省级及以上的广播电视和防灾指挥调度建筑、网局级和省级电力调度； 5. 藏书超过 100 万册的图书馆	除住宅建筑和一类高层公共建筑外的其他高层民用建筑	1. 建筑高度大于 24m 的单层公共建筑； 2. 建筑高度不大于 24m 的其他民用建筑

注：1. 表中未列入的建筑，其类别应根据本表类比确定。

2. 除本规范另有规定外，宿舍、公寓等非住宅类居住建筑的防火要求，应符合本规范有关公共建筑的规定；裙房的防火要求应符合本规范有关高层民用建筑的规定。

3. 除本规范另有规定外，裙房的防火要求应符合本规范有关高层民用建筑的规定。

表 6-2　不同耐火等级民用建筑的允许建筑高度或层数、防火分区最大允许建筑面积

名称	耐火等级	允许建筑高度或层数	防火分区的最大允许建筑面积/m²	备注
高层民用建筑	一、二级	按表 6-1 确定	1500	对于体育馆、剧场的观众厅，防火分区的最大允许建筑面积可适当增加
单、多层民用建筑	一、二级	按表 6-1 确定	2500	
	三级	5 层	1200	
	四级	2 层	600	
地下或半地下建筑（室）	一级		500	设备用房的防火分区最大允许建筑面积不应大于 1000m²

(3) 建筑总平面布置　建筑总平面布置主要指建筑物之间的防火间距与消防车道的设计。防火间距是指防止着火建筑的辐射热在一定时间内引燃相邻建筑，且便于消防扑救的间隔距离。防火间距按相邻两建筑物外墙的最近距离计算。

① **防火间距**　防火间距是一座建筑物着火后，火灾不致蔓延到相邻建筑物的最小间隔。GB 50016—2014《建筑设计防火规范》规定，民用建筑之间的防火间距不应小于表 6-3 的规定。

表 6-3　民用建筑之间的防火间距

建筑类别		高层民用建筑/m	裙房和其他民用建筑/m		
		一、二级	一、二级	三级	四级
高层民用建筑	一、二级	13	9	11	14
裙房和其他民用建筑	一、二级	9	6	7	9
	三级	11	7	8	10
	四级	14	9	10	12

② 消防车道　街区内的道路应考虑消防车通行。因此，设计总平面时，常利用交通道路作为消防车道，并规定其道路中心线间距不宜超过 160m。对于二次使用功能多、面积大、建筑长度大的建筑，应在适当位置设置穿过建筑的消防车道。规模较大的封闭式商业街、购物中心、游乐场所等，进入院内的消防车道出入门不应少于 2 个，且院内道路宽度不应小于 6m。厂房、库房，特别是一些大面积的工厂、仓库，应沿厂房、库房两侧长边设置消防车道或宽度不小于 6m 的可供消防车通行的平坦空地。为了使消防车辆能迅速靠近高层建筑，展开有效的救助活动，高层建筑周围应设置环形消防车道。沿街的高层建筑，其街道的交通道路可作为环形车道的一部分。当设置环形车道有困难时，可沿高层建筑的两个长边设置消防车道。不能设置环形车道时，应设置尽头式消防车回车场。

6.2.1.2　建筑防灭火技术

通过分析国内外火灾实例，按其特点，可将火灾发展的过程分为三个阶段。第一阶段是火灾初起阶段，当时的燃烧是局部的，火势不够稳定，室内的平均温度不高。第二阶段是火灾发展到猛烈燃烧的阶段，这时燃烧已经蔓延到整个房间，室内温度升高到 1000℃ 左右，燃烧稳定，难以扑灭。最后进入第三阶段，即衰减熄灭阶段，这时室内可以燃烧的物质已经基本烧光，燃烧向着自行熄灭的方向发展。

建筑防火主要是针对火灾发展过程的第一阶段和第二阶段进行的。需要针对火灾发展阶段的特点，采取限制火势或抵制火势直接威胁的保护措施。

建筑防灭火技术，即为建筑初期灭火。所谓初期灭火，就是针对起火点及火灾初期阶段的消防设计。火灾的早期发现和扑救具有极其重要的意义，它可能以最小的代价，将损失限制在最小范围之内，对防止造成灾害有特别重要的作用。自动报警和自动喷水灭火系统是现代建筑最重要的初期灭火措施。

(1) 火灾自动报警系统　火灾自动报警系统是为了在火灾发生时能够及时发现并报告火情以控制火灾的发生，尽早扑灭火灾，提高火灾监测、报警和灭火控制技术以及消防系统的自动化水平。

民用建筑火灾自动报警系统的设置，应按国家现行有关规范的规定执行。首先应按照建筑物的使用性质、火灾危险性划分的保护等级选用不同的火灾自动报警系统。一般情况下，一级保护对象采用控制中心报警系统，并设有专用消防控制室。二级保护对象采用集中报警系统，消防控制室可兼用。三级保护对象宜用区域报警系统，可将其设在消防值班室或有人值班的场所。

① 消防控制室　消防控制中心系统中，消防控制室是核心部位。根据 GB 50016—2014《建筑设计防火规范》的要求，凡是有消防联动控制要求的火灾自动报警系统，都应有消防控制室和设置消防控制盘。

② 火灾探测器　火灾探测器是指用来响应其附近区域由火灾产生的物理和化学现象的探测器件。在工程设计中，应根据不同的火灾选择不同的类型，并且还要根据不同的场所选择适合该场所形式的火灾探测器，这样才能够使其有效地探测火灾。火灾探测器类型主要有感温式、烟感式、光电感烟式、感光式等。

③ 火灾报警控制器　火灾报警控制器（亦称火灾报警器）是用来接收火灾探测器发出的

火警电信号，将此火警信号转化为声、光信号，并显示其着火部位或报警区域，是一种电子电路组成的火灾自动报警和监视装置。

（2）自动喷水灭火系统　自动喷水灭火系统是一种能自动打开喷头洒水灭火，同时发出火警信号的固定灭火装置。自动喷水灭火系统适用于各类民用与工业建筑，但不适用于下列物品的生产、使用及储存场所。

① 遇水发生爆炸或加速燃烧的物品。

② 遇水发生剧烈化学反应或产生有毒有害物质的物品。

③ 洒水将导致喷溅或沸溢的液体。

自动喷水灭火系统一般设置在下列部位和场所。

① 容易着火的部位，如舞台、厨房、旅馆客房、汽车停车库、可燃物品库房等。这些部位可燃物品多，容易因自燃、灯光烤灼、吸烟不慎等原因产生起火点并引发火灾，因此必须予以迅速扑灭。

② 人员密集的场所，如观众厅、展览厅、餐厅、商场营业厅、体育健身房等公共活动用房等。人员密集场所一旦发生火灾，由于出口少、人员多，往往会因拥挤碰撞甚至跌倒践踏而造成疏散困难，因此在人员密集的场所也应设置喷头及时扑灭火灾。

③ 兼有以上两种特点的部位，如餐厅、展览厅等，均应设置自动喷水灭火系统。

④ 疏散通道，如门厅、电梯厅、走道、自动扶梯底部等。

⑤ 火灾蔓延途径，如玻璃幕墙、共享空间的中庭、自动扶梯开口部位等，也应设置自动喷水灭火系统。

⑥ 疏散和扑救难度大的场所。地下室一旦发生火灾，不仅疏散困难，也不容易扑救，应设置自动喷水灭火系统。

（3）室内消火栓灭火系统　室内消火栓灭火系统是把室外给水系统提供的水量，经过加压（外网压力不满足需要时）输送到用于扑灭建筑物内的火灾而设置的固定灭火设备，是建筑物中最基本的灭火设施。

多层建筑内的室内消火栓灭火系统的任务主要控制前 10min 火灾，10min 后由消防车扑救；高层建筑消防立足自救，室内消火栓灭火系统要在整个灭火过程中起主要作用。

（4）其他灭火系统　其他灭火系统主要指气体灭火、泡沫灭火和干粉灭火。

① 气体灭火系统　一般来讲，气体灭火系统只用于建筑物、构筑物内部不能用水作为灭火剂的场所。

气体灭火系统主要适用于大中型电子计算机房，大中型通信机房或电视发射塔微波室，贵重设备室，文物资料珍藏库，大中型图书馆和档案库，发电机房、油浸变压器室、变电室、电缆隧道或电线夹层等电气危险场所。

常用气体灭火剂有卤代烷、二氧化碳、水蒸气、烟雾及混合气体。其中卤代烷因有破坏大气臭氧层的缺点，将被禁用，目前已研制出过渡性替代物。

② 泡沫灭火系统　泡沫灭火系统是用泡沫灭火剂与水按比例混合而制得泡沫混合液，经泡沫发生设备与吸入的空气混合形成泡沫，分为低倍数（2~20 倍）、中倍数（21~200 倍）和高倍数（201~2000 倍）三种。泡沫可漂浮或黏附在可燃、易燃液体、固体表面或者充满某一有着火物质的空间，使燃烧物质熄灭。泡沫能覆盖或淹没火源，同时可将可燃物与空气隔开，泡沫本身及从泡沫混合液中析出的水可起冷却作用（只有低泡沫才较为明显）。

③ 干粉灭火系统　干粉灭火系统所用灭火剂是干燥而易流动的细微粉末，喷射后呈粉雾状进入火焰区，抑制物料的燃烧。

灭火剂与火焰接触，在高温条件下，可使干粉颗粒爆裂成为更多更小的颗粒，使干粉的比表面积剧增，增加了与火焰的接触面积，增强了吸附力，从而提高了干粉灭火的效能。

（5）灭火器 灭火器是一种移动式应急的灭火器材，主要用于扑救初期火灾，对被保护物品起到初期防护作用。灭火器轻便灵活，使用广泛。虽然灭火器的灭火能力有限，但初期火灾范围小，火势弱，是扑灭火灾的最佳时机，如能配置得当，应用及时，灭火器作为第一线灭火力量，对扑灭初起火灾具有显著效果。

灭火器应设于明显和便于取用的地方，而且不能影响安全疏散。当这样设置有困难和不可能时，必须有明显的指示标志，指出灭火器的实际位置。灭火器应相对集中，适当分散设置，以便能够尽快就近取用。

灭火器最大保护距离是指灭火器配置场所内，任意着火点到最近灭火器设置点的行走距离。即要求灭火器设置点到计算单元内任一点的距离都小于灭火器的最大保护距离。对在不同危险等级的场所，要求有不同的保护距离。表 6-4、表 6-5 分别为 A 类火灾场所的灭火器最大保护距离和 B、C 类火灾场所的灭火器最大保护距离。

表 6-4 A 类火灾场所的灭火器最大保护距离

危险等级	最大保护距离/m	
	手提式灭火器	推车式灭火器
严重危险级	15	30
中危险级	20	40
轻危险级	25	50

表 6-5 B、C 类火灾场所的灭火器最大保护距离

危险等级	最大保护距离/m	
	手提式灭火器	推车式灭火器
严重危险级	9	18
中危险级	12	24
轻危险级	15	30

6.2.1.3 安全疏散

建筑物发生火灾时，为了避免建筑物内的人员因烟气中毒、火烧和房屋倒塌而受到伤害，必须尽快撤离失火建筑，同时，消防队员也要迅速对起火部位进行火灾扑救。因此，建筑需要完善的安全疏散设施。

安全疏散设计是建筑设计中最重要的组成部分之一。因此，要根据建筑物的使用性质、人们在火灾事故时的心理状态与行动特点、火灾危险性大小、容纳人数、面积大小，合理地布置疏散设施，为人员的安全疏散创造有利条件。

建筑物内的人员能否安全地疏散，取决于人员所需的安全疏散时间（required safety egress time，RSET）与火场可用的安全疏散时间（available safety egress time，ASET）的比较，如图 6-1 所示。如果 RSET≤ASET，则人员疏散是安全的，两者差值越大则安全度越高，反之则不安全。

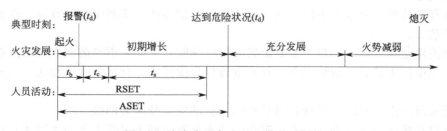

图 6-1 火灾发展与人员疏散的时间线

众多火灾事故警示人们，依据现行防火规范进行疏散出口设计、施工，在日常运营过程中保持疏散出口的畅通，对于公众聚集场所十分重要。

(1) 安全分区与疏散路线

① 疏散安全分区 当建筑物某一空间内发生火灾，并达到轰燃时，沿走廊的门窗会被破坏，导致浓烟烈火扑向走道。若走道的吊顶、墙壁上未设有效的阻烟、排烟设施，或走道外墙未设有效的排烟窗，则烟气迟早会侵入前室，并进而涌入楼梯间。另一方面，发生火灾时，人员的疏散行动路线也基本上和烟气的流动路线相同，即房间→走道→前室→楼梯间。因此，烟气的蔓延扩散，将对火灾层人员的安全疏散形成很大的威胁。

为保障人员疏散安全，最好能使上述疏散路线中各个空间的防烟、防火性能依序逐步提高，并使楼梯间的安全性达到最高。为叙述方便，将各空间划分为不同的区间，称为疏散安全分区。以一类高层民用建筑及高度超过32m的二类高层民用建筑及高层厂房为例，离开火灾房间后先进入走道，走道的安全性应高于火灾房间，称其为第一安全分区；以此类推，前室为第二安全分区，楼梯间为第三安全分区。一般来说，当进入第三安全分区后由于楼梯间不能进入烟气，即可认为到达了相当安全的空间。除外部安全出口外，疏散楼梯是安全出口的主要形式。

② 防烟分区 形成防烟分区通常是由设置隔烟和阻烟设施实现的，主要有防烟垂壁和挡烟梁等。

a. 固定式挡烟板 从平顶下突出不小于0.5m的梁，可兼作挡烟梁用，对阻挡烟气蔓延有一定的效果，并可形成防烟分区。

b. 活动式挡烟板 当顶棚高度较小，或为了吊顶的装饰效果，常设置活动式挡烟板。活动式挡烟板一般设在吊顶上或吊顶内，火灾时与感烟探测器联动，可在防灾中心遥控，也可就地设手动操作，降下后，板的下端至楼地面的高度应在1.8m以上。

c. 防烟卷帘 防烟卷帘要求气密性好，在压差为20Pa时，每平方米的漏烟量小于$0.2m^3/min$，防烟卷帘的宽度一般不超过5m，与感烟探测器联动或在防灾中心控制。

③ 疏散路线 国外多次建筑火灾的统计表明，死亡人数中有50%左右是被烟气毒死的。烟在建筑物内的流动，在不同燃烧阶段，呈现不同特点：火灾初期，热烟密度小，烟带着火舌向上升腾，遇到顶棚，即转化为水平方向运动，其特点是呈层流状态流动，试验证明，这种层流状态可保持40～50m。烟在顶棚下向前运动时，如遇梁或挡烟垂壁，烟气受阻，此时，烟会倒折回来，聚集在空间上空，直到烟的层流厚度超过梁高时，烟才会继续前进，并占满相邻空间，此阶段，烟的扩散速度约为0.3m/s。轰燃前，烟的扩散速度为0.5～0.8m/s，烟占走廊高度约一半。轰燃时，烟被喷出的速度高达每秒数十米，烟也几乎降到地面。

烟在垂直方向的流动更快，一般可达到3～5m/s。日本曾在东京海上大厦中进行过火灾试验。火灾室设在大楼的第四层，点火2min后，由室内喷出的烟就进入了相距30m的楼梯间。3min后，烟已充满整个楼梯间，并进入各层走廊中。5～7min后，上面三层走廊内烟的状态均对疏散构成危险。

综合性高层建筑，应按照不同用途，分区布置疏散路线，既利于平时管理，也便于火灾时有组织地疏散。

非高层民用建筑，因为一般不需要设置防烟楼梯间，因此可不经前室直接由走道（廊）进入楼梯间；多层民用建筑一般情况下，其疏散楼梯为敞开式，直接与走道相通，其安全分区不明确。

五层及五层以上，有时应设计封闭楼梯间，疏散安全分区为两级。

直接可以从房间逃至室外，一般只有在一层或带有足够大室外平台的楼层才有可能，绝大多数情况下，房间内的人员是先通过走道疏散的，疏散安全分区只有一级。

(2) 房间内人员疏散 房间内人员的安全疏散，主要考虑疏散门的数量、宽度及开启方向、疏散距离及疏散时间。

① 一般无固定座椅的房间 较大房间的门不应少于 2 个，两门之间的距离不宜小于 5m。人员较多时，门应外开，外开的门不应影响走道的有效宽度。歌舞、娱乐、放映、游艺场所的疏散出口不应少于 2 个，当建筑面积小于 50m² 时，可设一个疏散口。单层公共建筑（托儿所、幼儿园除外），如面积不超过 200m²，且人数不超过 50 人时，可设一个直通室外的安全出口。

房间内最远点到房门的距离与带形走道两侧或尽端的房间到外出口的最短距离相同。

面积超过 100 m² 且经常有人停留或可燃物较多的房间应考虑排烟。这是指高层建筑内的房间。排烟方式可分为自然排烟方式和机械排烟方式两种。采用自然排烟的房间，设置的可开启外窗面积不小于该房间地面面积的 2%。

② 有固定座椅的人员密集场所 剧院、电影院、礼堂建筑的观众厅安全出口（太平门）的数目均不应少于 2 个，且每个安全出口的平均疏散人数不应超过 250 人。观众厅席位超过 2000 座时，其超过部分，每个安全出口的平均疏散人数不应超过 400 人。体育馆观众厅安全出口的数目不应少于 2 个，且每个安全出口的平均疏散人数不宜超过 400～700 人。同时，应均匀布置疏散门（门宽一般为 1.4m）。疏散门应向疏散方向开启。但房间内人数不超过 60 人，且每樘门的平均通行人数不超过 30 人时，门的开启方向可以不限。疏散门不应采用转门。

高层建筑内的观众厅、展览厅、多功能厅、餐厅、营业厅、阅览室等，其室内任一点至最近安全出口的直线距离不宜超过 30m，其他房间内最远点的直线距离不宜超过 15m。

在确定允许疏散时间时，首先要考虑火场烟气的问题，故允许疏散时间应控制在轰燃之前，并适当考虑安全系数。

影剧院、礼堂的观众厅，容纳人员密度大，安全疏散更为重要，所以允许疏散时间要从严控制。一、二级耐火等级的影剧院允许疏散时间为 2min，三级耐火等级的允许疏散时间为 1.5min。由于体育馆的规模一般比较大，观众厅容纳人数往往是影剧院的几倍到几十倍，火灾时的烟层下降速度、温度上升速度、可燃装修材料、疏散条件等也不同于影剧院，所需疏散时间一般比较长，所以对一、二级耐火等级的体育馆，其允许疏散时间为 3～4min。

剧院、电影院、礼堂、体育馆等场所，其观众厅内的疏散走道宽度应按其通过人数每 100 人不小于 0.6m 计算，但最小净宽度不应小于 1m，边走道不宜小于 0.8m。

③ 地下建筑 一般的地下建筑，必须有 2 个以上的安全出口。安全出口宜直通室外。对于较大的地下建筑，有 2 个或 2 个以上的防火分区且相邻分区之间的防火墙上设有可作为第二安全出口的防火门时，每个防火分区可只设一个直通室外的安全出口。电影院、礼堂、商场、展览厅、大餐厅、旱冰场、体育场、舞厅、电子游艺场，要设不少于两个直通地面的安全出口。使用面积不超过 50m² 的地下建筑，且经常停留的人数不超过 15 人时，可设一个直通地上的安全出口。为避免紧急疏散时人员拥挤或烟火封口，安全出口宜按不同方向分散均匀布置。直接通向地面的门，其总宽度应按其通过人数每 100 人不小于 1m 计算。

安全疏散距离要满足以下要求。

a. 房间内最远点到房间门口的距离与地上建筑相同，不能超过 15m。

b. 房间门至最近安全出口的距离不应大于表 6-6 的要求。

表 6-6 直通疏散走道的房间疏散门至最近安全出口的直线距离

名称	直线距离/m					
	位于两个安全出口之间的疏散门			位于袋形走道两侧或尽端的疏散门		
	一、二级	三级	四级	一、二级	三级	四级
托儿所、幼儿园、老年人建筑	25	20	15	20	15	10
歌舞娱乐放映游艺场所	25	20	15	9	—	—

名称			直线距离/m					
			位于两个安全出口之间的疏散门			位于袋形走道两侧或尽端的疏散门		
			一、二级	三级	四级	一、二级	三级	四级
医疗建筑	单、多层		35	30	25	20	15	10
	高层	病房部分	24	—	—	12	—	—
		其他部分	30	—	—	15	—	—
教学建筑	单、多层		35	30	25	22	20	10
	高层		30	—	—	15	—	—
高层旅馆、公寓、展览建筑			30	—	—	15	—	—
其他建筑	单、多层		40	35	25	22	20	15
	高层		40	—	—	20	—	—

注：1. 建筑内开向敞开式外廊的房间疏散门至最近安全出口的直线距离可按本表的规定增加 5m。

2. 直通疏散走道的房间疏散门至最近敞开楼梯间的直线距离，当房间位于两个楼梯间之间时，应按本表的规定减少 5m；当房间位于袋形走道两侧或尽端时，应按本表的规定减少 2m。

3. 建筑物内全部设置自动喷水灭火系统时，其安全疏散距离可按本表及注 1 的规定增加 25%。

地下建筑烟热的危害性大，其疏散时间应严格控制，参考地面建筑的疏散时间及国外有关资料，同时考虑经济条件后，我国地下建筑疏散时间规定应控制在 3min 之内。

我国高层建筑地下室，多设有人防地下室，人防地下室因防爆需要，人员出入口窄而不畅，所以火灾时疏散格外困难，远远超出 3min 的要求。因此，对这种地下室，应按设计内容使用，不可改作其他用途，特别是不能改为有大量集中人员使用的地下室。

对于地下建筑来说，如何控制烟气的扩散是防火问题的重点。地下建筑的防烟分区应与防火分区相同，其面积不应超过 500m²，且不得跨越防火分区。在地下商业街等大型地下建筑的交叉道口处，两条街道的防烟分区不得混合。这样，不仅能提高相互交叉的地下街道的防烟安全性，而且，防烟分区的形状简单，可以提高排烟效果。

（3）走道疏散   走道疏散，指的是从房门到达室外安全场所及多高层建筑从房门到达封闭楼梯间、防烟楼梯间及避难层的过渡空间的疏散，主要是走道或走廊。

① 双向疏散   根据火灾事故中疏散人员的心理与行为特征，在进行建筑平面设计，尤其是布置疏散楼梯间时，原则上应使疏散的路线简洁，并能与地下安全出口自然排烟构造、人们日常的活动路线相结合，使人们通过平时活动了解疏散路线。

开向走道的每一房间的外门处，最好都能向两个方向疏散，避免出现袋形走道。一字形、L 形建筑，端部应设疏散楼梯，以利形成双向疏散。"中心核式建筑"应围绕交通核心布置环形走道；布置环形走道有困难时，也应使大部分走道有双向疏散的功能。

② 疏散距离   对一般民用建筑，根据建筑物的使用性质、耐火等级，对房门到安全出口的疏散距离提出不同要求，如表 6-6 所示。

③ 走道防排烟   楼层水平通道作为第一安全区，是水平疏散路线中最重要的一段，它分别连通各个房间和楼梯间。该走道应能较好地保障逃出房间的人员顺利地到达第二安全区——前室或楼梯间。因此，必须重视走廊内装修的防火问题，尽量减少使用可燃物装修。

a. 排烟   走道排烟方式有自然排烟及机械排烟两种，采用自然排烟的内走道，其可开启外窗的面积不应小于内走道地面面积的 2%。不能直接对外采光和自然通风，且长度超过 20m 的内走道，或虽有直接采光和自然通风，但长度超过 60m 的内走道，应设机械排烟。走道机械排烟应采用能与烟探测器联动的防排烟设施。

b. 挡烟垂壁 挡烟垂壁的作用除了可减慢烟气扩散的速度，还有提高防烟分区排烟口的吸烟效果。一般挡烟垂壁可依靠结构梁来实现，有时也可选用专门的产品来实现。

如果在结构梁型垂壁上贴可燃装修材料，或用可燃体制作挡烟垂壁，都会导致可燃材料被烟气烤燃，为了保证挡烟垂壁在火灾中的作用，应采用 A 级装修材料。

c. 防烟与装修 走道防烟最好的办法是将通道与阳台、外廊连通，或缩短走廊距离并直接对外开窗。北方采暖地区则设置可自动开启的高窗。减少装修可燃物，是防止走道发烟的重要措施。因此，建筑的水平疏散走道和安全出口的门厅，其顶棚装饰材料应采用 A 级装修材料，其他部位应采用不低于 B 级的装修材料。

(4) 安全出口 安全出口是指供人员安全疏散用的房间的门、楼梯间或直通室外安全区域的出口。为了在发生火灾时，能够迅速安全地疏散人员、减少人员伤亡，在建筑防火设计时，必须设置足够数量的安全出口。安全出口应分散布置，且易于寻找，并应有明显标志。

安全出口的宽度是由疏散宽度指标计算得来的。宽度指标是对允许疏散时间、人体宽度、人流在各种疏散条件下的通行能力等进行调查、实测、统计、研究的基础上建立起来的，工程设计中主要用百人宽度指标来计算安全出口宽度。

安全出口一般是指直通建筑物首层之外门及门厅或楼层楼梯间的门；若为防烟楼梯间，则指走道通向前室的门；以楼层说，水平方向的疏散到此已告完成，人员开始进入第二安全区——前室或楼梯。人们在前室既可暂时避难，也可由此沿楼梯向下层和楼外疏散。无论如何，此时人的生命已有了基本的安全保障。

安全出口还包括直通以下场所的门：避难层、有进一步逃生条件的屋顶或足够大的平台，这些场所的安全性相当于室外，一般也是通过疏散楼梯间到达的。

疏散楼梯一般均不应少于 2 个，且应与走道连通，形成双向疏散系统。中心核式高层建筑布置走道时，两个安全出口最近边缘之间的水平距离不应小于 5m；发生火灾时，人们首先会选择熟悉并经常使用的、由电梯组成的疏散路线，因此靠近电梯间设置疏散楼梯，即可将平常使用的路线和疏散路线结合起来，有利疏散的快速和安全。对于设有多个疏散楼梯的大型空间，疏散楼梯应均匀分散布置，也就是说，同一建筑空间中的安全疏散距离不能太近。疏散楼梯的宽度应通过计算确定。

除 GB 50016—2014《建筑设计防火规范》另有规定外，公共建筑内疏散门和安全出口的净宽度不应小于 0.90m，疏散走道和疏散楼梯的宽度不应小于 1.10m。

高层公共建筑内楼梯间的首层疏散门、首层疏散外门、疏散走道和疏散楼梯的最小净宽度应符合表 6-7 的规定。

表 6-7 高层公共建筑内楼梯间的首层疏散门、首层疏散外门、疏散走道和疏散楼梯的最小净宽度

建筑类别	最小净宽度/m			
	楼梯间的首层疏散门、首层疏散外门	走道		疏散楼梯
		单面布房	双面布房	
高层医疗建筑	1.30	1.40	1.50	1.30
其他高层公共建筑	1.20	1.30	1.40	1.20

一般情况下，梯跑和休息平台的宽度不宜小于 1.2m，踏步宽度不应小于 250mm；高度不应大于 180mm。高层公共建筑的疏散楼梯两梯段间水平净距不小于 150mm，目的是方便扑救时消防水龙带偶然穿越。疏散楼梯不应采用扇形踏步，但踏步上下两级所形成的平面角不超过 10°，且每级离扶手 250mm 处的踏步宽度超过 220mm 时可以例外，疏散楼梯不允许旋转式，但在个别层间使用人数很有限时可予考虑。

6.2.2 建筑物与地震

6.2.2.1 概述

地震，俗称地动，是一种自然现象，即因地下某处岩层突然破裂，或因局部岩层坍塌、火山喷发等引起的振动以波的形式传到地表引起地面的颠簸和摇动，这种地面运动称为地震。地震是自然界中威胁人类安全的主要灾害之一。它具有突发性强、破坏性大和比较难预测的特点。

地震震级 M 是表示地震大小或强弱的指标，是地震释放能量多少的尺度，它是地震的基本参数之一。它是以标准地震仪所记录的最大水平位移（即目前国际上比较通用的里氏震级）。小于 2 级的地震，一般人们感觉不到，只有仪器才能记录下来，称为微震；2～4 级为有感地震；5 级以上就会引起不同程度的破坏，称为破坏性地震；7 级以上则为强烈地震。

地震烈度是指某一地区的地面及房屋建筑等遭受一次地震影响的强弱程度。

基本烈度是指某一地区，在今后一定的时间内和一般的场地条件下，可能普遍遭遇到的最大地震烈度值。各个地区的基本烈度，是根据当地的地质地形条件和历史地震情况等，由有关部门确定的。设计烈度是建筑物抗震设计中实际采用的地震烈度，也称抗震设防烈度。设计烈度是根据建筑物的重要性，在基本烈度的基础上按区别对待的原则确定。

对于特别重要的建筑物，经国家批准，设计烈度要按基本烈度提高一度采用。

所谓特别重要的建筑物，是指具有重大政治经济意义和文化价值的以及次生灾害特别严重的少数建筑物，这些建筑物必须保证具有特殊的安全度。

对于重要建筑物，设计烈度按基本烈度采用。所谓重要建筑物是指在使用上、生产上、政治经济上具有较大影响的，以及地震时容易产生次生灾害的，或一旦破坏后修复较困难的建筑物，如医院、消防、供水、供电等建筑物。

对于次要建筑物，设计烈度可比基本烈度降低二度采用。如一般仓库、人员较少的辅助建筑物等。此外，为了保证属于大量的 7 度地区的建筑物都具有一定的抗震能力，当基本烈度为 7 度时设计烈度不降低。对于临时性建筑物，可不考虑设防。

6.2.2.2 建筑抗震基本原则

(1) 抗震设防的依据 抗震设防是指对建筑结构进行抗震设防，并采取一定的抗震构造措施，以达到结构抗震的效果和目的。抗震设防的依据是抗震设防烈度。抗震设防必须贯彻执行《中华人民共和国建筑法》和《中华人民共和国防震减灾法》，并实行以预防为主的方针，使建筑经抗震设防后，减轻建筑的地震破坏，避免人员伤亡，减少经济损失。

(2) 抗震设防的目标 建筑结构的抗震设防目标，是对于建筑结构应具有的抗震安全性能的要求，即建筑结构物遭遇到不同水准地震影响时，结构、构件、使用功能、设备的损坏程度及人身安全的总要求，具体的要求如下。

① 当遭受低于本地区抗震设防烈度的多遇地震（50 年内超越概率约为 63.2% 的地震烈度）时，一般不损坏或不需要修理可继续使用（通俗解释为"小震不坏"）。

② 当遭受相当于本地区抗震设防烈度的影响（50 年内超越概率约为 10% 的地震烈度，即达到中国地震烈度区划图规定的地震基本烈度或新修订的中国地震动参数区划图规定的峰值加速度）时，可能损坏，一般修理或不需要修理仍可继续使用（通俗解释为"中震可修"）。

③ 当遭受高于本地区抗震设防烈度预估的罕遇地震影响（50 年内超越概率为 2%～3% 的地震烈度）时，不致倒塌或发生危及生命的严重破坏（通俗解释为"大震不倒"）。

6.2.2.3 建筑抗震设防的分类标准

(1) 抗震设防类别划分的依据 建筑抗震设防类别划分，应根据下列因素综合确定。

① 社会影响和直接、间接经济损失的大小。

② 城市的大小和地位、行业的特点、工矿企业的规模。

③ 使用功能失效后对全局的影响范围大小。

④ 结构本身的抗震潜力大小、使用功能恢复的难易程度。

⑤ 建筑物各单元的重要性有显著不同时，可根据局部的单元划分类别。

⑥ 在不同行业之间的相同建筑，由于所处地位及受地震破坏后产生后果及影响不同，其抗震设防类别可不相同。

（2）抗震设防类别划分的要求　建筑抗震设防类别根据其使用功能的重要性可分为甲类、乙类、丙类、丁类四个类别，其划分应符合下列要求。

① 甲类建筑　地震破坏后对社会有严重影响，造成国民经济巨大损失或有特殊要求的建筑。

② 乙类建筑　主要指使用功能不能中断或需尽快设计，且地震破坏会造成社会重大影响和国民经济重大损失的建筑。

③ 丙类建筑　地震破坏后有一般影响及其他不属于甲、乙、丁类的建筑。

④ 丁类建筑　地震破坏或倒塌不会影响甲、乙、丙类建筑，且社会影响、经济损失轻微的建筑。一般为储存物品价值低、人员活动少的单层仓库等建筑。

（3）抗震设防标准的要求　各类建筑的抗震设防标准，应符合下列要求。

① 甲类建筑　应按提高设防烈度一度设计（包括地震作用和抗震措施）。

② 乙类建筑　地震作用应按本地区抗震设防烈度设计。抗震措施，设防烈度为 6～8 度时应提高一度设计，当为 9 度时，应加强抗震措施。对较小的乙类建筑，可采用抗震性能好、经济合理的结构体系，并按本地区的抗震设防烈度采取抗震措施。乙类建筑的地基基础可不提高抗震措施。

③ 丙类建筑　地震作用和抗震措施应按本地区设防烈度设计。

④ 丁类建筑　一般情况下，地震作用可不降低；抗震措施可按本地区设防烈度降低一度设计，当设防烈度为 7～9 度时，抗震措施可按本地区设防烈度降低一度设计，当为 6 度时可不降低。

6.2.3　建筑物与爆炸

6.2.3.1　概述

爆炸概述内容见第 2 章内容，在此不做赘述。

6.2.3.2　建筑物的分类设防

（1）厂房建筑分类设防　按照形成化学性爆炸物质的分类，厂房建筑可分为火化工厂房和一般爆炸危险厂房两类。

① 火化工厂房建筑防爆　火化工厂房专门制造或加工火药、炸药、雷管、导火索、子弹等爆炸性物品，发生爆炸事故时造成危害特别大，建厂前应严格按照国家有关技术规范进行设计，并经过国家有关部门审批。

此类厂房应远离城市居民区、公共建筑物、铁路、公路、桥梁、港口、飞机场等人员较集中的地方。因受条件限制不得不与其他建筑场地相邻建厂时，应保持足够的安全距离。

② 一般爆炸危险厂房建筑防爆　一般爆炸危险厂房，生产加工石油、化工、轻工、有色金属等物品，它们必须在一定的条件下，才能够形成爆炸的条件，而且还必须遇到火源才能够引起爆炸，但如果一旦发生爆炸事故，造成的危害也较大，因此，建厂前也应按照国家有关技术规范进行设计，同时必须经国家有关部门审批。

此类厂房建筑防爆设计，应根据生产过程中使用、产生的物质和产品的特点、闪点、爆炸极限，按照一般厂房生产的火灾危险性分类。

（2）仓库建筑分类设防　按照形成化学性爆炸物质的分类，仓库建筑可分为爆炸性物品仓库和化学危险物品仓库两类。

　　① 爆炸性物品仓库建筑防爆　爆炸性物品仓库专门储存火药、炸药、雷管、子弹等爆炸性物品。物品集中是仓库的特点，仓库内储存大量的爆炸性物品，一旦发生爆炸事故，将会造成严重的危害。因此，建库时必须严格按照国家有关技术规范进行设计，并由国家有关部门进行审批。

　　此类仓库应该远离城市居民区、公共建筑物、铁路、桥梁、港口、机场等人员较集中的地方。因受条件限制不得不与其他建筑物相邻建库时，必须保证足够的距离。

　　此类仓库防爆设计，应根据储存的爆炸性物品特性，按国家有关技术规定，采取分类分库分间储存；每一座仓库的最大储库量或最大的占地面积不得超过有关技术规定，建筑设计应采取防爆措施，库房室外四周还应砌筑防爆围堤。山洞设库、靠山设库可利用自然环境作屏障，既安全，又可以节约投资。

　　② 化学危险物品仓库建筑防爆　化学危险物品仓库专门储存桶装易燃液体、瓶装可燃气体、瓶装化学试剂等危险物品，简称危险物品仓库。剧毒物品、腐蚀性物品、放射性物品等也属于化学危险性物品大多数化学危险品在一定的条件下均能发生爆炸事故。

　　此类物品的一个特点是大多数物品容易着火燃烧，一旦发生爆炸，往往造成火灾，由于着火燃烧快，来不及灭火抢救，容易造成严重后果。如果仓库与相邻建筑没有足够的防火间距，大火还会蔓延到相邻建筑物，造成更大的危害。

　　此类仓库防爆设计，应根据储存物品的特性、闪点、爆炸极限，按照储存物品的火灾危险性分类进行设防。

6.2.3.3　建筑物的防爆设计

　　(1) 厂房建筑的防爆设计　厂房建筑防爆设计应包括以下几点。

　　① 有爆炸危险的厂房宜采用单层建筑。

　　② 有爆炸危险的厂房不应设在建筑物地下室或半地下室。

　　③ 有爆炸危险的厂房，其耐火等级不应低于二级。

　　④ 有爆炸危险的厂房内防火墙间距不宜过大。

　　⑤ 有爆炸危险的厂房宜采用开敞式或半开敞式建筑。

　　(2) 仓库建筑的防爆设计　仓库建筑防爆设计应包括以下几点。

　　① 有爆炸危险的仓库应采用单层建筑。

　　② 有爆炸危险的物品应分类分库储存。

　　③ 有爆炸危险的仓库占地面积不应过大，并应设防火墙分隔小间储存。

　　④ 有爆炸危险的物品不应储存于在地下室、半地下室的仓库。

　　⑤ 有爆炸危险的仓库不应设在有火源的辅助房间。

　　⑥ 有爆炸危险的仓库必须根据不同情况采取自然通风和隔热降温的措施。

　　(3) 露天生产场所建筑的防爆设计　露天生产不需要建筑厂房，但按照生产工艺的要求，尚需要建造控制室、电视监视室、电子计算机室、配电室、分析室、办公室、生活室等建筑物。工人、技术员除每班一至两次巡视露天生产设备机器工作的情况外，大部分时间都是在这些建筑物内进行工作。因此，这些建筑物易燃面积小，但是用途十分重要，万一发生爆炸时，这些建筑物遭受到倒塌破坏，会造成工人、技术员伤亡，各种设备会被破坏而失灵，生产运转中断，而且往往引起火灾，甚至蔓延至整个工厂，国内外已经有这方面事故教训，因此设计应引起重视，采取防爆措施。

　　这些建筑物在使用过程中有各种火源，如果不是生产工艺过程的限制，就不要布置在有爆炸危险场所内，因受生产工艺过程的限制或总平面用地的关系，需要布置在有爆炸危险场所内时，设计必须采取下列防爆措施。

　　① 采用机械送风。

　　② 选用耐爆结构形式。

③ 外墙开设耐爆固定窗。

④ 外墙开设双门斗。

⑤ 室内地面高出露天生产界区地面。

⑥ 外墙穿管道必须密封。

6.2.4　建筑物与雷击

建筑物应根据其重要性、使用性质、发生雷电事故的可能性和后果，按防雷要求分为三类，具体分级见第 1 章 1.1.5 节。对于不同类型的建筑物，宜采取不同的防雷措施，具体如下。

（1）一般规定

① 各类防雷建筑物应采取防直击雷和防雷电波侵入的措施。

② 装有防雷装置的建筑物，在防雷装置与其他设施和建筑物内人员无法隔离的情况下，应采取等电位连接。

（2）第一类防雷建筑物的防雷措施　第一类防雷建筑物的防直击雷的措施应符合下列要求。

① 应装设独立避雷针或架空避雷线（网），使被保护的建筑物及风帽、放射管等突出屋面的物体均处于接闪器的保护范围内。架空避雷网的网格尺寸不应大于 5m×5m 或 6m×4m。

② 排放爆炸危险气体、蒸气或粉尘的放散管、呼吸阀、排风管等的管口外的以下空间应处于接闪器的保护范围内。当有管帽时，应按表 6-8 确定；当无管帽时，应为管口上方半径 5m 的半球体。接闪器与雷闪的接触点应设在上述空间之外。

表 6-8　有管帽的管口外处于接闪器保护范围内的空间

装置内的压力与周围空气压力的压力差/Pa	排放物的密度	管帽以上的垂直高度/m	距管口处的水平距离/m
<5	重于空气	1	2
5~25	重于空气	2.5	5
≤25	轻于空气	2.5	5
>25	重于或轻于空气	5	5

③ 排放爆炸危险气体、蒸气或粉尘的放散管、呼吸阀、排风管等，当其排放物达不到爆炸浓度、长期点火燃烧、一排放就点火燃烧时，即发生事故时排放物才达到爆炸浓度的通风管、安全阀，接闪器的保护范围可仅保护到管帽，无管帽时可仅保护到管口。

④ 独立避雷针的杆塔、架空避雷线的端部和架空避雷网的各支柱处应至少设一根引下线。对用金属制成或有焊接、绑扎连接钢筋的杆塔、支柱，宜利用其作为引下线。

⑤ 独立避雷针和架空避雷线（网）的支柱及其接地装置至被保护建筑物及其有联系的管道、电缆等金属物之间的距离应不小于 3m。

⑥ 架空避雷线和架空避雷网至屋面和各种突出屋面的风帽、放散管等物体之间的距离应不小于 3m。

⑦ 独立避雷针和架空避雷线（网）应有独立的接地装置，每一引下线的冲击接地电阻不宜大于 10Ω。在土壤电阻率高的地区，可适当增大冲击接地电阻。

第一类防雷建筑物防止雷电波侵入的措施应符合下列要求。

① 低压线路宜全线采用电缆直接埋地敷设，在入户端应将电缆的金属外皮、钢管接到防雷电感应的接地装置上。当全线采用电缆有困难时，可采用钢筋混凝土杆和铁横担的架空线，并应使用一段金属铠装电缆或护套电缆穿钢管直接埋地引入，其埋地长度不应小于 15m。

在电缆与架空线连接处，尚应装设避雷器。避雷器、电缆金属外皮、钢管和绝缘子铁脚、金具等应连在一起接地，其冲击接地电阻不应大于 10Ω。

② 架空金属管道，在进出建筑物处，应与防雷电感应的接地装置相连。距离建筑物 100m 的管道，应每隔 25m 左右接地一次，其冲击接地电阻不应大于 20Ω，并宜利用金属支架或钢筋混凝土支架的焊接、绑扎钢筋网作为引下线，其钢筋混凝土基础宜作为接地装置。

埋地或地沟内的金属管道，在进出建筑物处亦应与防雷电感应的接地装置相连。

（3）第二类防雷建筑物的防雷措施

① 第二类防雷建筑物防直击雷的措施，宜采用装设在建筑物上的避雷网（带）或避雷针或由其混合组成的接闪器。避雷网（带）应沿屋角、屋脊、屋檐和檐角等易受雷击的部位敷设，并应在整个屋面组成不大于 10m×10m 或 12m×8m 的网格。

② 引下线不应少于两根，并应沿建筑物四周均匀或对称布置，其间距不应大于 18m。当仅利用建筑物四周的钢柱或柱子钢筋作为引下线时，可按跨度设引下线，但引下线的平均间距不应大于 18m。

③ 每根引下线的冲击接地电阻不应大于 10Ω。防直击雷接地宜和防雷电感应、电气设备、信息系统等接地共用同一接地装置，并宜与埋地金属管道相连。

在共用接地装置与埋地金属管道相连的情况下，接地装置宜围绕建筑物敷设成环形接地体。

④ 高度超过 45m 的钢筋混凝土结构、钢结构建筑物，尚应采取防侧击和等电位的保护措施。

⑤ 有爆炸危险的露天钢质封闭气罐，当其壁厚不少于 4mm 时，可不装设接闪器，但应接地，且接地点不应少于两处；两接地点间距离不宜大于 30m，冲击接地电阻不应大于 30Ω。

（4）第三类防雷建筑物的防雷措施

① 第三类防雷建筑物防直击雷的措施，宜采用装设在建筑物上的避雷网（带）或避雷针或由其混合组成的接闪器。避雷网（带）应沿屋角、屋脊、屋檐和檐角等易受雷击的部位敷设，并应在整个屋面组成不大于 20m×20m 或 24m×16m 的网格。

② 砖烟囱、钢筋混凝土烟囱，宜在烟囱上装设避雷针或避雷环保护。多支避雷针应连接在闭合环上。当非金属烟囱无法采用单支或双支避雷针保护时，应在烟囱口装设环形避雷带，并应对称布置三支高出烟囱口不低于 0.5m 的避雷针。钢筋混凝土烟囱的钢筋应在其顶部和底部与引下线和贯通连接的金属爬梯相连。

③ 引下线不应少于两根，但周长不超过 25m 且高度不超过 40m 的建筑物可只设一根引下线。引下线应沿建筑物四周均匀或对称布置，其间距不应大于 25m。但引下线的平均间距不应大于 25m。

（5）其他防雷措施 当一座防雷建筑物中兼有第一、二、三类防雷建筑物时，其防雷分类和防雷措施宜符合下列规定。

① 当第一类防雷建筑物的面积占建筑物总面积的 30% 及以上时，该建筑物宜确定为第一类防雷建筑物。

② 当第一类防雷建筑物的面积占建筑物总面积的 30% 以下，且第二类防雷建筑物的面积占建筑物总面积的 30% 及以上时，或当这两类防雷建筑物的面积均小于建筑物总面积的 30%，但其面积之和又大于 30% 时，该建筑物宜确定为第二类防雷建筑物。但对第一类防雷建筑物的防雷电感应和防雷电波侵入，应采取第一类防雷建筑物的保护措施。

③ 当第一、二类防雷建筑物的面积之和小于建筑物总面积的 30%，且不可能遭直接雷击时，该建筑物可确定为第三类防雷建筑物；但对第一、二类防雷建筑物的防雷电感应和防雷电波侵入，应采取各自类别的保护措施；当可能遭直接雷击时，宜按各自类别采取防雷措施。

　　当一座建筑物中仅有一部分为第一、二、三类防雷建筑物时，其防雷措施宜符合下列规定。

　　① 当防雷建筑物可能遭直接雷击时，宜按各自类别采取防雷措施。

　　② 当防雷建筑物不可能遭直接雷击时，可不采取防直击雷措施，可仅按各自类别采取防雷电感应和防雷电波侵入的措施。

　　③ 当防雷建筑物的面积占建筑物总面积的 50％以上时，该建筑物宜按上述第一部分规定采取防雷措施。

第7章
职业危害控制技术

7.1 职业性危害因素与职业性损害

职业性危害因素是指与职业生命有关并对职业人群健康产生直接或潜在不良影响的环境危害因素。职业性损害通常指职业岗位受到外界各种创伤因素作用所引起的器官、皮肉、筋骨、脏腑等组织结构的破坏，及其所带来的局部和全身反应。生产工艺过程、劳动过程和生产环境等方面的有害因素均可能对作业者造成职业性损害。

生产工艺过程中产生的有害因素有：化学因素，如生产性粉尘、有毒物质等；物理因素，如异常气象条件、非电离辐射、电离辐射等；生物因素，如炭疽杆菌、布氏杆菌、医务工作者接触的传染性病源等。

劳动过程中的有害因素有：劳动组织和制度的不合理、劳动中的精神（心理）过度紧张、劳动强度过大或劳动安排不当、个别器官或系统过度紧张、不良体位或使用不合理的工具设备等。

工作环境的有害因素有：生产场所设计不符合卫生要求或卫生标准、缺乏必要的卫生工程技术设施、缺乏防尘、防毒、防暑降温、防噪声等措施、自然环境中的太阳辐射、安全防护设备和个人防护用品方面有缺陷等。

在实际的生产场所中，这些有害因素常不是单一存在的，往往同时存在着多种有害因素，这对劳动者的健康将产生联合的、危害更大的影响。目前对生产作业者危害最大的两个职业性有害因素是生产性粉尘以及生产时机械设备的噪声与振动。

7.1.1 生产性粉尘职业健康危害

在产品生产过程中产生的粉尘统称为生产性粉尘。生产性粉尘严重危害在作业场所的工作人员，是造成肺尘埃沉着病等职业病的主要元凶。

7.1.1.1 生产性粉尘及分类

(1) 根据粉尘组成成分的化学特性和含量多少分类 根据粉尘组成成分的化学特性和含量多少可以将粉尘分为以下三类。

① 无机性粉尘 根据组成成分的来源不同，又可分为如下几种：金属性粉尘，例如铝、铁、锡、铅、锰、铜等金属及其化合物粉尘；非金属的矿物粉尘，例如石英、石棉、滑石、煤等；人工合成无机粉尘，例如水泥、玻璃纤维、金刚砂等。

② 有机性粉尘 有机性粉尘可分为如下几种：植物性粉尘，例如木尘、烟草、棉、麻、谷物、茶、甘蔗、丝等粉尘；动物性粉尘，例如畜毛、羽毛、角粉、骨质等粉尘；人工有机粉尘，例如有机染料、农药、人造有机纤维等。

③ 混合性粉尘　是指上述各类或同类粉尘中的几种物质的混合物。在生产环境中。大多数情况下存在的是两种或两种以上物质混合组成的粉尘。

（2）根据粉尘颗粒在空气中停留的状况分类　根据粉尘颗粒在空气中停留的状况可以将粉尘分为以下两类。

① 降尘　一般指空气动力学直径大于 $10\mu m$，在重力作用下可以降落的颗粒状物质。

② 飘尘　指粒径小于 $10\mu m$ 的微小颗粒，如平常所说的包括烟、烟气和雾在内的颗粒状物质。由于这些物质粒径很小、重量轻，故可以长时间停留在大气中，在大气中呈悬浮状态，分布极为广泛。

（3）根据粉尘粒子在呼吸道沉积的部位分类　根据粉尘粒子在呼吸道沉积的部位可以将粉尘分为以下三类。

① 非吸入性粉尘　非吸入性粉尘又可称为不可吸入粉尘，一般认为，空气动力学直径大于 $15\mu m$ 的粒子被吸入呼吸道的机会非常少，因此称为非吸入性粉尘。

② 可吸入粉尘　空气动力学直径小于 $15\mu m$ 的粒子可以吸入呼吸道，进入胸腔范围，因而称为可吸入粉尘或胸腔性粉尘。其中，空气动力学直径为 $1\sim15\mu m$ 的粒子主要沉积在上呼吸道。医学上的可吸入粉尘则具体指可吸入而且不再呼出的粉尘，它包括沉积在鼻、咽、喉头、气管和支气管及呼吸道深部的所有粉尘。

③ 呼吸性粉尘　空气动力学直径小于 $5\mu m$ 以下的粒子可到达呼吸道深部和肺泡区，进入气体交换的区域，称为呼吸性粉尘。

7.1.1.2　生产性粉尘对人体的危害

所有粉尘对身体都是有害的。粉尘对机体的损害是多方面的，尤其以呼吸系统损害最为主要。

（1）对呼吸系统的影响　粉尘对机体影响最大的是呼吸系统损害，包括肺尘埃沉着病、粉尘沉着症、有机粉尘引起的肺部病变、呼吸系统炎症和呼吸系统肿瘤等疾病。

① 肺尘埃沉着病　肺尘埃沉着病是由于在生产环境中长期吸入生产性粉尘而引起的以肺组织纤维化为主的疾病。根据粉尘性质不同，肺尘埃沉着病的病理学特点也轻重不一。

② 粉尘沉着症　有些生产性粉尘，如锡、铁、锑等粉尘，被吸入后，主要沉积于肺组织中呈现异物反应。以网状纤维增生的间质纤维化为主，在 X 射线胸片上可以看到满肺野圆形阴影，主要是这些金属的沉着，这类病变又称粉尘沉着症，不损伤肺泡结构，因此肺功能一般不受影响，机体也没有明显的症状和体征，对健康危害不明显。

③ 有机粉尘引起的肺部病变　有机粉尘有着不同于无机粉尘的生物学作用，而且不同类型的有机粉尘作用也不相同。有机粉尘也引起肺部改变，如吸入棉、亚麻或大麻尘引起的棉尘病，常表现为休息后第一天上班后出现胸闷、气急和（或）咳嗽症状，可有急性肺通气功能改变，吸烟又吸入棉尘可引起非特异性慢性阻塞性肺病（COPD）。

④ 呼吸系统肿瘤　某些粉尘本身是或者含有人类肯定致癌物，如石棉、游离二氧化硅、镍、铬、砷等，都是国际癌症研究中心提出的人类肯定致癌物，含有这些物质的粉尘就可能引发呼吸和其他系统肿瘤。此外，放射性粉尘也可能引起呼吸系统肿瘤。

⑤ 呼吸系统炎症　粉尘对人体来说是一种外来异物，因此机体具有本能的排除异物反应，在粉尘进入的部位积聚大量的巨噬细胞，导致炎性反应，引起粉尘性气管炎、支气管炎、肺炎、哮喘性鼻炎和支气管哮喘等疾病。

⑥ 其他呼吸系统疾病　由于粉尘诱发的纤维化、肺沉积和炎症作用，还常引起肺通气功能的改变，表现为阻塞性肺病；慢性阻塞性肺病也是粉尘接触作业人员常见疾病。在肺尘埃沉着病病人中还常并发肺气肿、肺心病等疾病。

长期的粉尘接触，除局部的损伤外，还常引起机体抵抗功能下降，容易发生肺部非特异性感染，肺结核也是粉尘接触人员易患感疾病。

（2）局部作用 粉尘作用于呼吸道黏膜，早期引起其功能亢进、黏膜下毛细血管扩张、充血。黏液腺分泌增加，以阻留更多的粉尘，长期则形成黏膜肥大性病变，然后由于黏膜上皮细胞营养不足，造成萎缩性病变，呼吸道抵御功能下降。皮肤长期接触粉尘可导致阻塞性皮脂炎、粉刺、毛囊炎、脓皮病。金属粉尘还可引起角膜损伤、浑浊，沥青粉尘可引起光感性皮炎。

（3）中毒作用 含有可溶性有毒物质的粉尘，如含铅、砷、锰等可在呼吸道黏膜很快溶解吸收，导致中毒。呈现出相应毒物的急性中毒症状。

（4）粉尘爆炸 有些粉尘分散在空气或其他助燃气体中所形成的粉尘云达到一定浓度时，若遇到能量足够的火源时可发生爆炸。粉尘爆炸对生产场所和作业工人的生命构成严重威胁。

7.1.1.3 生产性粉尘的卫生标准

机体对侵入体内的粉尘具有一定的清除能力，因此，长期接触较低浓度粉尘对机体损伤相对较小，而高浓度的粉尘作业可能在一定时间内造成明显的病损。职业卫生标准是以保护劳动者健康为目的，对劳动条件中各种卫生要求做出的技术规定，是一种技术尺度，具体到存在粉尘危害的行业，就是粉尘浓度接触限值，即采取控制措施使粉尘浓度不超过的粉尘浓度值。

（1）制定粉尘职业接触限值的目的 GBZ/T 210.2—2008《工作场所粉尘职业接触限值》中指出：考虑到粉尘致纤维化的慢性作用特点，粉尘职业接触限值应制定时间加权平均容许浓度（PC-TWA）。致肺纤维化作用较强的，应同时制定总粉尘和呼吸性粉尘职业接触限值；致肺纤维化作用较弱的，可只制定总粉尘职业接触限值。粉尘的职业接触限值不作为致肺纤维化以外的粉尘的毒性、致癌性和变应性等毒性作用的依据。

（2）粉尘职业接触限值的含义 职业接触限值是职业性有害因素的接触限量标准，指劳动者在职业活动过程中长期反复接触对机体不引起急性或慢性有害健康影响的容许接触水平。粉尘的职业接触限值划分为时间加权平均容许浓度和短时间接触容许浓度两类。

7.1.2 生产性毒物职业健康危害

所谓毒物，是指它进入机体后，能与体液和细胞结构发生化学和生物物理变化，扰乱或破坏机体的正常生理功能，引起机体可逆性的或不可逆性的病理状态，甚至危及生命的物质。在工业生产中产生或使用的毒性物质，称为生产性毒物。在生产劳动过程中由生产性毒物引起的中毒称为职业性化学中毒。

7.1.2.1 生产性毒物的毒性

毒物的毒性，是指引起机体损伤的能力。毒性的大小可以用能引起某种毒性反应的剂量来表示。毒性剂量越小，表明该毒物的毒性越大。常用于评价毒物的急性、慢性毒性指标有以下几种。

（1）半数致死量或浓度（LD_{50} 或 LC_{50}） 引起全组染毒动物半数（50%）死亡的剂量或浓度。LD_{50}（或 LC_{50}）是评价化学毒物毒性大小最重要的参数，也是对不同化学毒物的急性毒性分级的标准。化学毒物的急性毒性与 LD_{50}（或 LC_{50}）呈反比，即急性毒性越大，LD_{50}（或 LC_{50}）的数值越小。

（2）绝对致死量或浓度（LD_{100} 或 LC_{100}） 引起全组染毒动物全部（100%）死亡的最小剂量或浓度。

（3）最小致死量或浓度（MLD 或 MLC） 在全组染毒动物中引起个别动物死亡的剂量或浓度。

（4）最大耐受量或浓度（LD_0 或 LC_0） 在全组染毒动物中全部存活，一个不死的最大剂量或浓度。

（5）**急性阈剂量或浓度（Lim$_{ac}$）**　一次染毒后，引起全组染毒动物某种有害反应的最小剂量或浓度。

（6）**慢性阈剂量或浓度（Lim$_{ch}$）**　在长期多次染毒后，引起全组染毒动物某种有害反应的最小剂量或浓度。

（7）**慢性"无作用"剂量或浓度**　在慢性染毒后，全组染毒动物未出现任何有害作用的最大剂量或浓度。一种毒物对试验动物产生同一反应所需的剂量，其因所用动物种属或种类、染毒的途径、毒物的剂型等条件不同而不同。吸入中毒所引起的动物死亡（或其他反应）除与毒物的浓度有关外，还与接触时间有关。

7.1.2.2　生产性毒物的危害

（1）**毒物进入人体的途径**　毒物可经呼吸道、皮肤和消化道进入人体。在工业生产中，毒物主要经过呼吸道和皮肤进入人体，亦可经消化道进入，但比较次要。

① 呼吸道　呼吸道是工业生产中毒物进入体内的最重要途径。凡是以气体、蒸气、雾、烟、粉尘形式存在的毒物，均可经呼吸道侵入体内。人的肺脏由亿万个肺泡组成，肺泡壁很薄，壁上有丰富的毛细血管，毒物一旦进入肺脏，很快就会通过肺泡壁进入血液循环而被运送到全身。通过呼吸道吸收最重要的影响因素是其在空气中的浓度，浓度越高，吸收越快。

② 皮肤　在工业生产中，毒物经皮肤吸收引起中毒亦比较常见。脂溶性毒物经表皮吸收后，还需有水溶性，才能进一步扩散和吸收，所以水、脂皆溶的物质（如苯胺）易被皮肤吸收。

③ 消化道　在工业生产中，毒物经消化道吸收多半是由于个人卫生习惯不良，手沾染的毒物随进食、饮水或吸烟等而进入消化道。进入呼吸道的难溶性毒物可经由咽部被咽下而进入消化道。

（2）**对人体的危害**　有毒物质对人体的危害主要是引起中毒。化学品的毒作用可分为如下临床类型：引起刺激、过敏、缺氧、昏迷和麻醉、全身中毒、致癌、致畸、致突变和肺尘埃沉着病。

① 刺激　刺激意味着身体同化学品接触已相当严重，一般受刺激的部位为皮肤、眼睛和呼吸系统。

a. 皮肤　当某些化学品和皮肤接触时，化学品可使皮肤保护层脱落，而引起皮肤干燥、粗糙、疼痛，这种情况称为皮炎，许多化学品能引起皮炎。

b. 眼睛　化学品和眼部接触导致的伤害，轻至轻微的、暂时性的不适，重至永久性的伤残，伤害严重程度取决于中毒的剂量。

c. 呼吸系统　雾状、气态、蒸气化学刺激物和上呼吸系统（鼻和咽喉）接触时，会导致火辣辣的感觉，这一般是由可溶物引起的，如氨水、甲醛、二氧化硫、酸、碱，它们易被鼻咽部湿润的表面所吸收。处理这些化学品必须小心对待，如在喷洒药物时，就要防止吸入这些蒸气。

一些化学物质将会渗透到肺泡区，引起强烈的刺激。在工作场所一般不易检测这些化学物质，但它们能严重危害工人健康。化学物质和肺组织接触后，会立即或在几小时后引起肺水肿。这种症状由强烈的刺激开始，随后会出现咳嗽、呼吸困难（气短）、缺氧以及痰多，例如二氧化氮、臭氧及光气。

② 过敏　接触某些化学品可引起过敏，开始接触时可能不会出现过敏症状，然而长时间的暴露会引起身体的过敏反应。即便是接触低浓度化学物质也会产生过敏反应，皮肤和呼吸系统可能会受到过敏反应的影响。

a. 皮肤　皮肤过敏是一种看似皮炎（皮疹或水疱）的症状，这种症状不一定在接触的部位出现，而可能在身体的其他部位出现，引起这种症状的化学品包括环氧树脂、胺类硬化剂等。

b. 呼吸系统　呼吸系统对化学物质的过敏会引起职业性哮喘，这种症状的反应常包括咳嗽（特别是夜间）以及呼吸困难（如气喘和呼吸短促），引起这种反应的化学品有甲苯、聚氨酯、福尔马林。

③ 缺氧（窒息）　窒息涉及对身体组织氧化作用的干扰。这种症状分为三种：单纯窒息、血液窒息和细胞内窒息。

a. 单纯窒息　这种情况是由于周围氧气被惰性气体所代替，如氮气和二氧化碳等，而使氧气量不足以维持生命的继续。一般情况下，空气中含氧 21%。如果空气中氧浓度降到 17% 以下，致使机体组织的供氧不足，就会引起头晕、恶心、调节功能紊乱等症状。这种情况一般发生在空间有限的工作场所，缺氧严重时导致昏迷，甚至死亡。

b. 血液窒息　这种情况是由于化学物质直接影响机体传送氧的能力，典型的血液窒息性物质就是一氧化碳。空气中一氧化碳含量达到 0.05% 时就会导致血液携氧能力严重下降，甚至造成窒息。

c. 细胞内窒息　这种情况是由于化学物质直接影响机体和氧结合的能力，如氰化氢、硫化氢等，尽管血液中含氧充足，这些物质也会影响细胞和氧的结合能力。

④ 昏迷和麻醉　接触高浓度的某些化学品，如乙醇、丙醇、丙酮、丁酮等，会导致中枢神经抑制。这些化学品有类似醉酒的作用，一次性大量接触可导致昏迷，甚至造成死亡，但也会导致一些人沉醉于这些化学品。

⑤ 全身中毒　人体是由许多系统组成的，全身中毒是指化学物质引起的对一个或多个系统产生有害影响并扩展到全身的现象，这种作用不局限于身体的某一点或某一区域。

肝脏的作用就是净化血液中的有毒物质，并在排泄前将它们转化为无害的和水溶性的物质。然而有一些物质是对肝脏有害的，根据接触的剂量和频率，反复损害肝脏组织可能造成伤害，引起病变（肝硬化）和降低肝脏的功能。

肾脏是泌尿系统的一部分，它的作用是排出由身体产生的废物，维持水、盐平衡，并控制和维持血液中的酸度。泌尿系统各部位都可能受到有害物质损害，不少生产性毒物对肾脏有毒性，尤其以重金属和卤代烃最为突出，如汞、铅、铬、四氯化碳、溴甲烷等。

神经系统控制机体的活动功能，它也能被一定的化学物质所损害。如长期接触一些有机溶剂会引起疲劳、失眠、头痛、恶心，更严重的将导致运动神经障碍、瘫痪、感觉神经障碍；接触对硫磷等有机磷酸盐化合物可能导致神经系统失去功能。

⑥ 致癌　长期接触一定的化学物质可能引起细胞的无节制生长，形成癌性肿瘤。这些肿瘤可能在第一次接触这些物质以后很长时间才表现出来，这一时期被称为潜伏期，一般为 4～10 年。发生职业肿瘤的部位是变化多样的，未必局限于接触区域，如砷、石棉、铬等物质可能导致肺癌；膀胱癌和接触联苯胺、萘胺、皮革粉尘等有关。

⑦ 致畸　接触化学物质可能对未出生胎儿造成危害，干扰胎儿的正常发育，在怀孕的前三个月，脑、心脏、胳膊和腿等重要器官正在发育，一些研究表明化学物质可能干扰正常的细胞分裂过程，如麻醉性气体、水银和有机溶剂，从而导致胎儿畸形。

⑧ 致突变　某些化学品对人的遗传基因的影响可能导致后代发生异常，试验结果表明 80%～85% 的致癌化学物质对后代有影响。

⑨ 肺尘埃沉着病　肺尘埃沉着病是由于在肺的换气区域发生了小尘粒的沉积以及肺组织对这些沉积物的反应，很难在早期发现肺的变化，当 X 射线能够检查发现这些变化的时候，病情已经较重了。肺尘埃沉着病患者肺的换气功能下降，在剧烈活动时将出现呼吸短促症状，这种作用是不可逆的，能引起肺尘埃沉着病的物质有石英晶体、石棉、滑石粉、煤粉等。

生产性毒物引起的中毒往往是多器官、多系统的损害。如常见毒物铅可引起神经系统、消化系统、造血系统及肾脏损害；三硝基甲苯中毒可出现白内障、中毒性肝病、贫血、高铁血红蛋白血症等。同一种毒物引起的急性和慢性中毒所损害的器官及表现可能有很大差别。例如，苯急性中毒主要表现为对中枢神经系统的麻醉作用，而慢性中毒主要为对造血系统的损害。此外，有毒化学品对机体的危害取决于一系列因素和条件，如毒物本身的特性（化学结构、理化特性）、毒物的剂量、浓度和作用时间、毒物的联合作用、个体的敏感性等。

7.1.3 振动与噪声危害

7.1.3.1 振动的危害与评价

（1）振动的危害 振动是噪声的主要来源，还通过基础传向各方。环境科学所指的振动污染是指对人体及生物带来的有害影响的振动。振动会引起人体内部器官的振动或共振，从而导致疾病的发生，对人体造成危害，严重时会影响人的生命安全，因此振动污染是一种不可忽略的公害。

（2）振动的评价 描述振动的物理量有频率、位移、速度和加速度。

振动的评价标准可以用不同的物理量来表示，用得比较多的有加速度级和振动级。我国规定的"城市区域环境振动标准"如表 7-1 所示。振动强弱对人体的影响，大体上有四种情况。

① 振动的"感觉阈"，人体刚能感觉到振动，对人体无影响。

② 振动的"不舒服阈"，这时振动会使人感到不舒服。

③ 振动的"疲劳阈"，它会使人感到疲劳，从而使工作效率降低，实际生活中以该阈为标准，超过者被认为有振动污染。

④ 振动的"危险阈"，此时振动会使人们产生病变。

表 7-1 GB 10070—1988 规定的城市各类区域铅垂向 Z 振级标准值

适用地带范围	Z 振级标准值/dB	
	昼间	夜间
特殊住宅区	65	65
居民文教区	70	67
混合区、商业中心区	75	72
工业集中区	75	72
交通干线道路两侧	75	72
铁路干线两侧	80	80

7.1.3.2 噪声的危害与评价

（1）噪声的危害 噪声的危害是多方面的、严重的，必须引起人们足够的重视，现分述如下。

① 引起听力损伤 大量的研究证明：噪声危害人的听力，轻则高频听音损伤，中则耳聋，重则耳鼓膜破裂。同时还发现，噪声对人听力危害的程度，是与噪声的形式、强度、频率及暴露的时间密切相关的。

② 噪声引起疾病 在噪声影响下，可能诱发疾病，这和个人的体质、噪声的强弱和频率的大小有关。噪声作用于人的中枢神经系统，使人的基本生理过程——大脑皮层的兴奋与抑制的平衡失调，导致条件反射异常，使人感到疲劳、头昏脑胀等。噪声作用于中枢神经系统，还会影响人的其他器官。

③ 噪声对其他方面的影响及危害 噪声还会带来其他方面的影响和危害，比如影响人们的休息和睡眠，干扰语言信息传递，降低劳动生产率，对建筑物和仪器设备的危害等。

（2）噪声的评价

① 响度级 响度级是表示响度的主观量，它是以 1000 Hz 的纯音作为基准，其噪声

听起来与该纯音一样响时，就把这个纯音的声压级称为该噪声的响度级，单位为方（phon）。例如，一个噪声与声压级是 85dB 的 1000Hz 纯音一样响，则该噪声的响度级就是 85phon。

以 1000Hz 纯音为标准，测出整个听觉频率范围纯音的响度级，称为等响曲线（简称为 ISO 曲线），如图 7-1 所示。

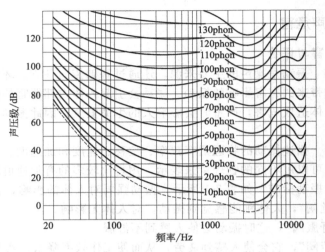

图 7-1 等响曲线

等响曲线图中每一条曲线相当于声压级和频率不同而响度相同的声音。最下面的曲线是听阈曲线，最上面的曲线是痛阈曲线，中间是人耳可以听到的正常声音。

响度级是一个相对量，不能直接进行加减运算，为了计算绝对值和百分比，引入一个响度单位宋（sone）。1sone 是频率为 100Hz、声压级为 40dB 的纯音的感觉反应量，即 40phon 为 1sone。响度级每增加 10phon，响度相应改变 1 倍，50phon 为 2sone，60phon 为 4sone 等。响度 S 和响度级 L_S 之间的关系为：

$$S = 2^{\frac{L_S - 40}{10}}$$
(7-1)

② 计权网络　计权网络是模拟人耳对 40phon 纯音的等响曲线，称为 A 计权网络，测出的值称为 A 声级，其单位一般用 dB(A) 表示。类似地还有 B 计权和 C 计权。B 计权网络是模拟人耳对 70phon 纯音的等响曲线，称为 B 声级，单位用 dB（B）表示。C 计权网络是模拟人耳对 100phon 纯音的等响曲线，称为 C 声级，单位用 dB(C) 表示。A、B、C 计权网络的频率响应如图 7-2 所示。

人们工作的环境，有可能是稳态的噪声（噪声的强度和频率基本不随时间变化）环境，也可能是非稳态的噪声环境。

7.1.4 辐射危害

7.1.4.1 辐射的定义

辐射是指由场源发出的电磁能量中一部分脱离场源向远处传播，而后再返回场源的现象。自然界中的一切物体，只要温度在绝对温度零度以上，都以电磁波和粒子的形式时刻不停地向外传送热量，这种传送能量的方式被称为辐射。

7.1.4.2 辐射的分类及危害

按照辐射作用于物质时所产生效应的不同，辐射可分为电离辐射与非电离辐射。电离辐射

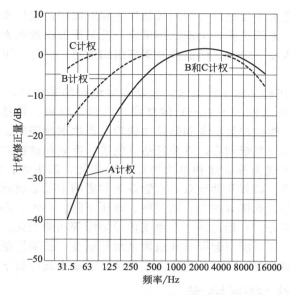

图 7-2　A、B、C 计权网络的频率响应

包括宇宙射线、X 射线和来自放射性物质的辐射。非电离辐射包括紫外辐射、红外辐射、射频辐射等。

（1）电离辐射及危害　电离辐射是一切能引起物质电离的辐射的总称，是指电磁辐射波谱的量子能量水平，可引起机体生物大分子电离作用的辐射，其种类很多，高速带电粒子有 α 粒子、β 粒子、质子，不带电粒子有中子以及 X 射线、γ 射线。

一定剂量的电离辐射作用于人体所引起的全身放射性损伤如下。

① 急性放射病　急性放射病是指短时间内一次或多次受到大量照射所引起的全身性病变，多见于事故性照射和核爆炸。急性放射病可分为三种类型：骨髓型、肠胃型和脑型。

a. 骨髓型　主要引起骨髓等造血系统损伤，表现为白细胞减少和感染性出血，以口咽部感染灶常见。

b. 肠胃型　表现为频繁呕吐、腹泻、水样便或水便，可导致失水，并常发生肠麻痹、肠套叠、肠梗阻。

c. 脑型　表现为精神萎靡、意识障碍、共济失调、抽搐、躁动和休克。

② 慢性放射病　慢性放射病是指较长时间受到超限制剂量照射所引起的全身性损伤，多发生于防护条件差的外照射工作场所，或不重视核素操作卫生防护的人员。早期以自主神经系统功能紊乱为主，表现为头痛、头晕、睡眠障碍、疲乏无力、记忆力下降等，可伴有消化系统障碍和性功能减退。后期检查可见腱反射、腹壁反射减退。妇女有经期紊乱、经血量减少或闭经。外周血检查常见白细胞总数先增加后减少，骨髓象晚期增升低下。

（2）非电离辐射及危害

① 紫外辐射　凡物体温度达 1200℃ 以上，辐射光谱中即可出现紫外线，其波长随温度的增高而变短，强度变大。电焊、气焊、电炉炼钢、紫外线照射等工作场合均可接触紫外线。

紫外线对机体的影响主要是对皮肤和眼睛的危害。可引起皮肤红斑、水泡、水肿；身体长期暴露在紫外线中可使皮肤皱缩、老化，甚至诱发皮肤癌。另外，过量波长为 250～320nm 的紫外线可被角膜和结膜上皮大量吸收，引起急性角膜结膜炎，称为"电光性眼炎"（一种法定职业病），多见于无防护的电焊操作工或辅助工。

② 红外辐射　太阳光下的露天作业，开放的火焰、熔融状态的金属和玻璃、烘烤等作业均可受到红外辐射。

红外辐射对机体的危害主要是红外线的致热作用和对眼睛的损伤作用。较大强度的红外线可致皮肤局部温度升高，血管扩张，出现红斑反应，反复照射出现色素沉着。过量照射，除急性皮肤烧伤外，还可进入皮下组织，使血液及深部组织加热。另外，可伤及眼角膜、虹膜、晶体、视网膜。

③ 射频辐射　射频辐射又称无线电波，包括高频电磁场和微波，是电磁辐射波谱中量子能量水平最小、波长最长（1mm～3km）的频段。广播、电视、雷达发射塔、工业热处理、焊接、冶炼、医疗射频、微波加热设备和微波通信均会产生射频辐射。

高频和微波都会对神经系统和心血管系统造成危害。高频和微波对神经系统的影响是最敏感和最常见的表现，会出现类神经症和植物神经功能紊乱，如头痛、头昏、乏力、记忆力减退、手足多汗、易脱发等。高频和微波对心血管系统的影响主要是植物神经功能紊乱，以副交感神经反应占优势者居多，具体表现为心动过缓、血压下降、心悸、心前区疼痛和压迫感，心电图检查可有窦性心律不齐、心动过缓、右束支传导阻滞等功能变化。

微波除上述作用外，还可能引起眼睛和血液系统的病变。长期接触大强度微波的工人，可发现晶状体浑浊、视网膜改变，以及外周血白细胞计数、血小板计数下降。

7.2　生产性粉尘控制技术

7.2.1　通风除尘

通风除尘就是利用自然或机械方法向某一空间送入外界新鲜空气或从某一空间排出其内的空气，从而达到用外界新鲜空气置换其内含有粉尘的污浊空气、改善其内空气质量的目的。

7.2.1.1　通风的作用

通风主要有以下作用：提供作业场所中作业人员呼吸及燃烧设备燃烧所需的氧气，并将氧气浓度控制在国家有关标准规定的最低允许浓度范围内；稀释作业场所内粉尘、污染物及有毒有害气体，并将其浓度控制在国家有关标准规定的最高允许浓度范围内，从而保证工作人员的健康；使作业场所空气中的易燃易爆粉尘与气体的浓度低于其爆炸下限，防止火灾或爆炸事故发生，保障作业的安全；控制作业场所的温度和湿度，创造良好的作业环境，保证作业者的健康和生产的正常进行。

7.2.1.2　通风方法

(1) 局部排风系统　防止有害物（粉尘、有害蒸气和气体）污染室内空气最有效的方法是在有害物产生地点直接把它们收集起来，经过净化处理，排至室外，这种通风方法称为局部排风。局部排风系统需要的风量小、效果好，设计时应优先考虑。局部排风系统的结构由如下几部分组成。

① 局部排风罩　它主要用来捕集有害物。性能良好的局部排风罩，只要较小的风量就可以获得良好的工作效果。由于生产设备和操作方式的不同，排风罩的形式多种多样。

② 风管　即通风系统中输送气体的管道，它把系统中的各种设备或部件连成一体。

③ 净化设备　当排出空气中有害物浓度超过排放标准时，必须用净化设备处理。

④ 风机　它向系统提供空气流动的动力。为防止风机的磨损和腐蚀，通常把它放在净化设备的后面。

(2) 全面通风系统　如果由于生产条件限制、有害物源不固定等原因，不能采用局部排风，或采用局部排风后，室内有害物浓度仍超过卫生标准，这种情况下可以采用全面通风。全面通风也称稀释通风，它一方面用清洁空气稀释室内空气中的有害物浓度，同时不断把污染空气排至室外，使室内空气中有害物浓度不超过卫生标准规定的最高允许浓度。全面通风所需的风量大大超过局部排风，相应的设备也较庞大。

（3）局部送风系统　只需向个别的局部工作地点送风，在局部地点造成良好的空气环境，这种通风方法称为局部送风。

7.2.2　化学和物理除尘

7.2.2.1　化学抑尘

（1）化学抑尘剂的分类　按照化学抑尘剂的抑尘机理，可将其分为粉尘湿润剂、粉尘黏结剂和粉尘凝聚剂三大类。

粉尘湿润剂用于提高水对粉尘的湿润能力和抑尘效果，它特别适合于疏水性的呼吸性粉尘，如应用于控制大气飘尘的喷雾系统、湿式除尘器、各种细颗粒物的预湿润、煤层注水预湿润、颗粒物料和废物料的预湿润以及道路扬尘控制等。

粉尘黏结剂是利用覆盖、黏结、固化和聚合等原理防止泥土和粉尘飞扬。根据其作用机理与材料，粉尘黏结剂可以进一步分为无机和有机化合物粉尘黏结剂以及复合粉尘黏结剂。

粉尘凝聚剂由吸水、保水能力很强的强吸水剂组成。如聚丙烯酸钠、聚乙烯酸胺树脂、聚丙烯甘醇、聚乙二醇月桂酸酯等。

迄今，化学抑尘剂已经被广泛地应用于各个领域的粉尘污染防治，但现有的大多数抑尘剂主要用于防治煤尘。大多数化学抑尘剂为粉尘黏结剂（占50%）和粉尘湿润剂（占44%）。

（2）添加化学湿润剂的喷雾系统中颗粒凝并机理分析　化学湿润剂湿润粉尘的微观机理为：湿润剂是由亲水基和亲油基两种不同性质基团组成的化合物。湿润剂溶于水中时，其分子完全被水分子包围，亲水基一端被水分子吸引入水中，亲油基一端被水分子排斥向空气中。于是湿润剂物质的分子会在水溶液表面形成紧密的定向排列层，即界面吸附层，这使得水的表层分子与空气的接触状态发生变化。接触面积大大减小，水的表面张力也随着减小，水的强极性现象部分消失；同时朝向空气的亲油基与粉尘粒子之间有吸附作用，而把尘粒带入水中，使尘粒得到充分湿润。另一种解释是表面活性剂能提高粉尘颗粒在溶液中的电位，进而增加水对粉尘的湿润能力。

喷雾中加入湿润剂后，降低液滴的表面张力，使尘粒能够容易地被液滴吞没；尘粒被液滴吞没后液滴体积增大，进一步增大液滴黏附粉尘的有效面积；湿润剂减小水的表面张力，从而减小了从喷嘴喷出的液滴的尺度，增加了喷出液滴的颗粒数量和黏附尘粒的比表面积，使尘粒更容易沉降。

一般情况下，使用化学湿润剂需要和喷淋塔、自激式洗涤器、文丘里洗涤器等湿式除尘器设备或者喷雾设备结合使用或者直接将化学湿润剂注入需要湿润的物质中。例如，为了提高煤层注水降尘的效果，可以在水中添加湿润剂。

7.2.2.2　磁化水降尘

我国已从20世纪80年代开始了磁化水降尘的研究，磁化水降尘的研究和应用不断得到重视。

磁化水是指经过磁水器处理过的水，它使水的物理化学性质发生了暂时的变化。这种暂时改变水性质的过程称为磁化。磁化程度的好坏与磁水器的结构、磁水器的磁场强度及特性、水中含有杂质的性质、水的温度及水在磁水器内的流动速度等因素有关。

磁化水的除尘机理如下：首先，经磁化且由活性水分子组成的水体作为捕尘体具有很强的极性，容易与其他物质形成物理键而发生吸附，这种吸附由范德华力、色散力、偶极子力等作用而形成。因此不易解脱。粉尘在磁场作用下同样可能导致极性加强，导致水体与粉尘更容易发生相互吸附，从而除去粉尘。其次，水分子链（团）的氢键发生畸变、断裂，使液体分子间的平衡距离变大，引力常数变小，表面张力降低，导致喷出的雾滴更细小。而普通水表面张力较大，喷雾时不易破碎，雾滴粒径就较大。另外，磁化后水的黏度有所下降，这也使喷出的雾滴减小，雾滴的总表面积增大，大大增加了与粉尘接触的概率，而且雾化效果好，雾滴分布均匀。

磁化水不但吸附能力增加，黏性、表面张力降低，而且硬度变软，溶解能力、渗透能力都有所增加，这些都有利于增强对粉尘的捕集效果。

7.2.2.3 泡沫除尘

将泡沫剂和水一起按一定比例混合，通过发泡器产生大量高倍数泡沫喷洒到尘源或空气中。当泡沫液喷洒到岩矿或料堆上时，便形成无空隙的泡沫体覆盖在尘源上，使粉尘得以湿润和抑制；当泡沫液喷射到含尘空气中时，则形成大量的泡沫粒子群（也可称为泡沫雾），其总体积和总表面积很大，从而大大增加雾液与尘粒的接触面积和附着力，因此有利于提高水雾的降尘效果。尤其是对呼吸性粉尘的捕集，而且耗水量少得多。例如，泡沫除尘与其他湿式除尘相比，用水量减少 35%～80%，而除尘效率却比喷雾洒水高 2～5 倍。

泡沫除尘不仅应用于矿井掘进机、采煤机工作时除尘，而且用于输送机转载点、矿车翻罐笼及原煤溜槽等处除尘。特别是运输那些难以湿润的煤炭或使用快速胶带输送机运输原煤的情况，更适合使用泡沫除尘方法。

7.2.2.4 其他物理化学防尘技术

近年来，随着科技的发展，超声波除尘、微生物法除尘等新兴除尘方式取得了较大进展，为高效除尘开创了新途径。

(1) 声波雾化降尘技术 该项技术是利用声波凝聚、空气雾化的原理，从提高尘粒与尘粒、雾粒与尘粒的凝聚效率以及雾化程度来提高呼吸性粉尘的降尘效率。该项技术所研制的声波雾化喷嘴具有普通压气雾化喷嘴的特点，雾化效果好，耗水量低，雾粒密度大。但缺点是声波雾化喷嘴产生的声波频率在可听范围内，声压级较高，噪声较大。此外，雾粒变小易受环境风流的影响，寿命较短。

(2) 预荷电高效喷雾降尘技术 对现场粉尘状况调查发现，悬游粉尘大多带有电荷，于是提出了如何利用这一现象来降低呼吸性粉尘的思路，如果让水雾带有极性相反的电荷，就可以使雾粒和尘粒之间产生较强的静电引力，从而提高水雾对粉尘的捕获效果。实现这一目的的关键是能研制出耗水量小、雾化效果好、雾粒密度大而且水雾能够带上足够多的电荷的电介喷嘴。

(3) 电离水除尘 电离水除尘是通过电离水使弥散于空气中的粉尘粒子及降尘雾滴带电，利用带电极性相反时相互吸引的原理，实现粉尘的凝聚沉降。国外煤矿使用静电喷涂的喷枪，在 30000V 的电压、500mA 的电流及 28.2L/min 的流量下，使降尘雾滴带上正电，可以取得良好的降尘效果。

(4) 超声波除尘 超声波具有良好的方向性、反射性和穿透能力，能在气体、液体及固体媒介中传播，产生各种超声波效应，如机械效应、热效应、化学效应、声空化等。在超声波的作用下，空气将产生激烈震荡，悬浮的尘粒间剧烈碰撞，导致尘粒的凝结沉降。

7.2.3 粉尘净化

7.2.3.1 重力沉降室和惯性除尘器

(1) 重力沉降室 重力除尘技术是利用粉尘颗粒的重力沉降作用而使粉尘与气体分离的除尘技术。含尘气体在风机的作用下被吸入沉降室，由于沉降室内气流通过的横截面积突然增大，含尘气体在沉降室内的流速将比输送管道内的流速小得多。一般认为在沉降室内的气流呈层流状态，尘粒和气流具有相同水平速度，但气流中质量和粒径较大的尘粒在重力作用下获得较大的沉降速度，经过一段时间之后，尘粒降落到沉降室底部，从气流中分离出来，从而实现除尘的目的。图 7-3 为重力沉降室。

重力沉降室的主要优点是：结构简单，阻力低，一般为 $50\sim150Pa$，主要是气体入口和出口的压力损失，因此运行稳定，造价、运行和维护费用低，经久耐用；另外，设备磨损很小，可处理高磨料及高浓度的含尘气体，可以回收干粉，而且处理含尘气体的温度不受限制。它的缺点是：除尘效率低，一般只有 $40\%\sim50\%$，适于捕集密度和粒径较大的粉尘；设备较庞大，适合处理中等气体量的常温或高温气体，常作为多级除尘的预除尘使用。

图 7-3　重力沉降室

（2）惯性除尘器　在重力沉降室中，为了增强除尘效果，可设置与气流方向平行的沉降隔板。除此之外，还可以在沉降室内部采取一些其他措施，如设置垂直于或倾斜于气流方向的挡板、铁丝网等障碍物，这就使气流遇到障碍物而绕流时，粉尘在惯性的作用下从气流中分离出来，从而使气体得以净化，这就是惯性除尘器的工作原理。其设备结构简单，阻力较小，但除尘效率不高，适用于大颗粒（$20\mu m$ 以上）的干燥非纤维性粉尘。一般用于多级净化系统的一级除尘。

惯性除尘器有各种各样的形式，如气流折转式惯性除尘器、百叶式惯性除尘器、挡板式惯性除尘器、迷宫式惯性除尘器等。惯性除尘器除尘机理如图 7-4 所示。百叶式惯性除尘器如图 7-5 所示。离心浓缩器如图 7-6 所示。挡板式惯性除尘器如图 7-7 所示。迷宫式惯性除尘器如图 7-8 所示。

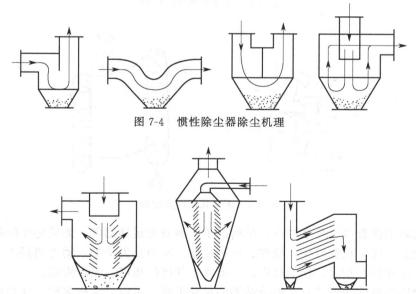

图 7-4　惯性除尘器除尘机理

图 7-5　百叶式惯性除尘器

7.2.3.2　旋风除尘器

旋风分离器是利用旋转气流所产生的离心力，将固体颗粒或液滴从气流中分离出来的一种干式气固（液）分离的机械设备。其内部无运动部件。它既可以设计成分级器，也可以设计成分离器，对于捕集、分离 $5\sim10\mu m$ 以上的粉尘或雾效率较高。用来净化含尘气体的旋风分离器即为旋风除尘器。

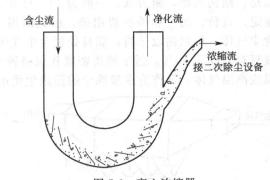

图 7-6　离心浓缩器

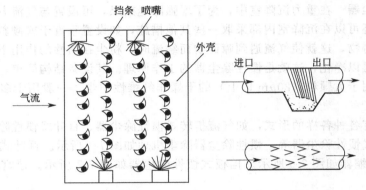

图 7-7　挡板式惯性除尘器

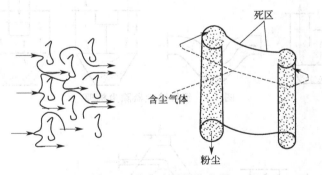

图 7-8　迷宫式惯性除尘器

一般旋风除尘器有以下几个特点：结构简单，器身无运动部件。无须特殊的附属设备，占地面积小，制造、安装投资较少；操作、维护简便，压力损失中等，动力消耗不大，运转、维护费用较低；操作弹性较大，性能稳定，不受含尘气体的浓度、温度限制。

旋风除尘器按照结构形式及各部分结构的尺寸不同，可以分为很多种，如基本型旋风除尘器、扩散型旋风除尘器、旁路式旋风除尘器、组合式旋风除尘器等。

基本型旋风除尘器工作原理如图 7-9 所示，基本型旋风除尘器由进气管、外圆筒、圆锥筒和排气管（内圆筒）、灰斗、排灰阀五部分组成。

含尘气流从进气口沿切向高速进入除尘器。由于受到外圆筒上盖及内圆筒壁的限流，迫使气流作自上而下的旋转运动，通常把这种运动称为外涡旋，在气流旋转过程中形成很大的离心力。尘粒在离心力的作用下，密度大于气体的粉尘被逐渐甩向外壁，尘粒一旦与器壁接触，便失去惯性力而靠入口速度的动量和向下的重力沿外壁面下落，直至灰斗。旋转下降的外旋流因受到锥体收缩的影响逐渐向中心汇集，根据"旋转矩"不变的原理，其切向速度不断提高。当气流达到锥体的某一位置时，即以同样的旋转方向从旋风除尘器中下部由下而上继续作螺旋形流动，即内涡旋。内旋流不含大颗粒粉尘，所以比较干净，最后经净化的空气由排气管排出除尘器以外。

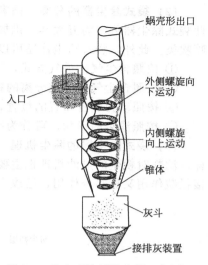

图 7-9　基本型旋风除尘器工作原理

7.2.3.3　湿式除尘器

湿式除尘器是通过含尘气体与液滴或液膜的接触使尘粒从气流中分离的。它的优点是：结构简单、操作及维修方便，投资低，占地面积小；除尘效率高，能同时进行有害气体的净化、烟气冷却和增湿。它适用于非纤维性的、能受冷且与水不发生化学反应的含尘气体，特别适用于处理高温、高湿同时含有多种有害物的气体，或有爆炸危险的气体。它的缺点是：有用物料不能干法回收；高温烟气洗涤后温度下降，会影响烟气在大气中的扩散；当气体中含有腐蚀性介质时，要考虑防腐措施；如果设备安装在室外，还须考虑设备在冬天的防冻问题以及冬季排气冷凝形成的水雾等；遇到疏水性粉尘，单纯用清水除尘效率较低，需往水中加入添加剂，如湿润剂等物质，以改善除尘效果；不适用于除去黏性粉尘和水硬性粉尘。湿式除尘器的另外一个重要问题就是污水和泥浆处理比较困难。为了避免水污染，要设置专门的废水处理设备，目前的湿式除尘器大都采用循环水。

影响湿式除尘器的主要因素除了上面讨论过的液滴直径、液滴与尘粒相对运动速度外，还有如下影响因素。

（1）单位体积空气的耗水量　单位体积空气的耗水量越多，捕尘效率越高，但所用动力亦增加。若使用循环水时，需采取净化措施。而且循环水中微细粒子增加，将使水的乳性增加，从而使捕尘体即分散液滴的粒径加大，会降低效率。

（2）粉尘的密度　粉尘的密度大则易于捕集，空气中含尘浓度高，总捕集效率高。

（3）粉尘的湿润性　不易湿润的粉尘与水滴碰撞时，难以被捕获。尘粒表面吸附空气形成气膜或覆盖油层时，都难以被液滴捕获。向水中添加表面活性剂，降低水的表面张力或使之荷电，均可提高湿润效果。

7.2.3.4　过滤式除尘器

过滤式除尘器是利用含尘气流通过过滤材料时，将气流中固体粉尘分离捕集的装置。其中过滤材料可以分为纤维织物滤料和颗粒物滤料。

（1）袋式除尘器的特点　袋式除尘器的优点是：除尘效率高，特别是对微细粉尘也有较高的除尘效率，一般可达99％；适应性强，例如，它可比电除尘器更好地捕集高电阻率粉尘，对入口含尘浓度的适应范围大；使用灵活，处理风量范围大，可以做成直接安装于室内、机器附近的小型机组，也可以做成大型的除尘器室；结构简单，可以采用简易袋式除尘器，或采用效率更高的脉冲清灰袋式除尘器；工作稳定，便于回收干料，没有污泥处理、腐蚀等问题，维护简单。

它的缺点是：应用范围受到滤料耐温、耐腐蚀性能的限制，特别是在耐高温性能方面，不适宜处理湿度大的含尘气流，以及黏结性强、吸湿性强的粉尘；处理风量大时，占地面积大，造价高；滤料需定期更换，从而增加了设备的运行维护费用；滤料更换时，劳动条件也差。

（2）袋式除尘器的分类　国家颁布的袋式除尘器的分类标准是按清灰方式进行分类的。由此袋式除尘器可分为五大类：机械振动类、分室反吹类、喷嘴反吹类、振动反吹并用类及脉冲喷吹类。此外，袋式除尘器还可以按照以下几种方式进行分类。

① 按照含尘气体进气方式，可分为内滤式和外滤式。

② 按照含尘气体与被分离的粉尘的下落方向，可分为逆流式和顺流式。

③ 按照动力装置布置的位置，可分为正压式和负压式。

④ 按照滤袋的形状，可分为圆袋和扁袋。

（3）袋式除尘器的除尘机理　滤料对粉尘的过滤作用如图 7-10 所示。同湿式除尘机理一样，滤料对粉尘的过滤机理也主要是直接拦截作用、惯性作用、打散作用以及静电作用等。直接拦截作用又称筛分作用，已成为重要的捕尘因素。

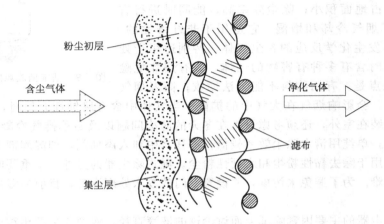

图 7-10　滤料对粉尘的过滤作用

7.2.3.5　电除尘器

（1）电除尘器的特点　电除尘器的优点是：除尘效率高，设备阻力小，总能耗低；处理烟气量大；耐高温，能捕集腐蚀性大、黏附性强的气溶胶颗粒。

电除尘器的缺点是：一次性投资和钢材消耗较大；占地面积和占用空间体积较大；对制造、安装和运行水平要求较高；易受工况条件的影响，电除尘器对粉尘电阻率最为敏感。

（2）电除尘器的分类　按电极清灰方式不同，可分为干式电除尘器、湿式电除尘器、雾状粒子捕集器和半湿式电除尘器。

按气体在电场内的运动方向，可分为立式电除尘器和卧式电除尘器。前者含尘气流自下而上运动，后者含尘气流沿水平方向运动。

按收尘极的形式不同，可分为管式电除尘器、板式电除尘器和棒帷式电除尘器。

按收尘极和电晕极的不同配置，可分为单区电除尘器和双区电除尘器。

虽然电除尘器的类型很多，但大多数工业窑炉采用的是干式电除尘器、板式电除尘器、单区电除尘器、卧式电除尘器。

（3）电除尘器的结构　电除尘器主要由两大部分组成：一部分是电除尘器的本体系统。它是实现气体净化的场所，是电除尘器的主体设备；另一部分是电除尘器的电气系统，用于向电除尘器提供动力和实施控制，它也是电除尘器的重要组成部分。

电除尘器的本体系统主要包括收尘极系统（含收尘极板和收尘极悬挂、振打装置）、电晕极系统（含电晕线、电晕极框架、电晕极振打装置、绝缘管套和保温箱）、烟箱系统（含进出气烟箱、气流分布板和槽形板）、壳体系统（含立柱、横梁、壁板、支座、保温层、梯子和平台）和储卸灰系统（含灰斗、阻流板、插板箱和卸灰阀）等。

7.2.4　个体防护

虽然采用了综合防尘措施，但仍不能将空气中的含尘量降到国家卫生标准时，作业人员必须佩戴个体防尘用具。个体防护是减少吸入粉尘的最后一道措施。目前，我国的个体防尘用具主要有自吸过滤式防尘口罩、动力型防尘口罩及防尘服。

7.2.4.1　自吸过滤式防尘口罩

（1）国家标准　自吸过滤式防尘口罩（以下简称防尘口罩）是指靠佩戴者呼吸克服部件阻力，用于防尘的过滤式呼吸护具。它可分为复式防尘口罩、简易防尘口罩。复式防尘口罩是指配有滤尘盒和呼吸阀且吸气和呼气分离的自吸过滤式防尘口罩；简易防尘口罩是指吸气和呼气都通过滤料的自吸过滤式防尘口罩。

表 7-2　自吸过滤式防尘口罩性能

项目名称		指标	
		复式防尘口罩	简易防尘口罩
阻尘效率/%		≥95	≥90
阻力/Pa	吸气	≤49	≤39.2
	呼气	≤29.4	≤29.4(有阀)
质量/g		≤150	≤70
死腔/mL		≤180	≤180
呼吸阀气密性		当负压在 1961Pa 时,恢复至零值时间要超过 10s	
吸气阻力上升值/Pa		≤117.6	≤98
湿气阻力值/Pa			≤147
视野(下方)/(°)		≥60	

国家标准对防尘口罩的技术要求如下。

① 所用材料应无异常气味，对人无过敏性，无刺激性伤害。

② 滤尘材料的技术要求如下：选用材质不得对人体皮肤产生刺激和过敏性有害影响；超细纤维滤料的阻尘效率大于 95%，其他滤料大于 90%；初始阻力值小于 40Pa；湿阻力上升值小于 147Pa。

口罩性能要满足如表 7-2 所列要求。

自吸过滤式防尘口罩的使用条件如下：不适用于含有烟气和氧低于 18% 的环境；在选用防尘口罩时，应依据粉尘最高容许浓度和环境的粉尘浓度选用口罩类型。

（2）防尘口罩的特点

① 简易防尘口罩　简易防尘口罩一般都不设呼气阀，吸入及呼出的空气都经过同一通道。由于呼吸时随气流夹带的各种杂物会逐渐沉积在过滤层上，致使口罩的呼吸阻力不断增加。在粉尘浓度高或劳动强度大的条件下工作时，随着时间的持续，往往会有呼吸费力的感觉，而且过滤细粉尘能力较差，这是简易防尘口罩的主要缺点。它的优点是：结构简单，轻便，容易清洗，成本低廉。

② 复式防尘口罩　复式防尘口罩按照结构形式可分为半面型和全面型。前者只把呼吸器官（口和鼻）盖住，后者则把整个面部包括眼睛都盖住。复式防尘口罩的主要优点是：阻尘率高，呼吸阻力低。其缺点是：质量较大，对视线上有一定的妨碍。

7.2.4.2　动力型防尘口罩

（1）过滤式送风防尘口罩　包括 AFK-1 型过滤式送风防尘口罩、AFM-1 型过滤式送风防尘头盔、AFM-2 型过滤式送风防尘头盔等。

（2）隔绝式压风呼吸器　隔绝式压风呼吸器是隔离式新型个体防护装备，具有防尘、防毒的双重功能。

7.3 生产性毒物综合防治措施

由生产性毒物引起的危害常常是可以预防的，采取的综合性防毒措施应从技术、管理等方面同时入手。防毒技术措施就是从防止生产性毒物危害的角度出发，一方面对生产工艺、设备设施和操作等方面进行设计、检查和保养；另一方面，是对作业环境中的有毒物质采取净化回收的措施。此外，宣传教育也是防毒管理措施的一项重要内容，主要是指通过学校教育和社会教育等不同途径，传授与训练防毒方面的有关知识和操作方法。

7.3.1 生产性毒物预防措施

(1) 以无毒、低毒的物料和工艺代替有毒、高毒的物料和工艺 在工业生产中使用原料及各种辅助材料时，尽量以无毒、低毒代替有毒、高毒，尤其是以无毒代替有毒，是从根本上解决生产性毒物对人造成危害的最佳措施，也是当前"清洁生产"概念的核心内容之一，目前各行各业都已研究出许多较为成熟的替代工艺方法。

① 电泳涂漆 涂料溶剂中的苯及其同系物（甲苯、二甲苯）对人体危害大，而改用以水作为溶剂的水溶性漆，并采用电泳涂漆工艺，可以消除苯系物的危害。电泳涂漆安全无毒且经济。目前水溶性电泳漆的品种有改性油、酚醛树脂、醇酸树脂等，但大多数只能作为底漆用，且颜色多为深色。由于以水作溶剂，水挥发得慢，所以水溶性漆只能用电泳涂漆，且烘干温度较高，而不能用喷漆或刷漆的方法，否则易发生流挂和烘烤起泡现象。

② 无苯稀料 涂料稀释剂（稀料）中含大量苯及其同系物，我国曾进行过大量关于用低毒物料代替苯系物作为溶剂的研究和试验。目前推广使用的抽余油，是炼油厂抽去芳香烃后剩余的油，去除属于橡胶溶剂油的 $60\sim90℃$ 馏分，只用 $95\sim145℃$ 末段馏分，其毒性大大低于苯类溶剂，其配方如表 7-3 所示。

表 7-3 部分无苯稀料漆种配方

稀料组分	配方/份			
	硝基漆	过氯乙烯漆	醇酸树脂漆	氨基树脂漆
乙酸乙酯	17	10	—	—
乙酸戊酯	13	8	—	—
乙醇	20	—	—	—
丙醇	—	27	—	—
丁醇	—	—	—	20
抽余油	50	55	50	40
清油①	—	—	50	40

①清油即低于 C_{10} 的烷基苯，苯系化合物的毒性因有烷基而大为减弱，烷基链越长则毒性越小。

③ 无汞仪表 工业生产中有很大一部分仪表是含汞仪表，制造和使用含汞仪表的工人必然要接触汞。用无汞仪表代替含汞仪表是消除汞害的重要防护措施，主要有：以硅整流器或硒整流器代替汞整流器；用橡胶波纹管、平衡弹簧等元件代替压力计中的汞，制成无汞差压计，以代替水银差压计；用热电偶温度计、工业双金属温度计等代替水银温度计。

④ 无铅涂料 为防止铅及其化合物对人体的危害，在涂料行业中以立德粉（即锌钡白、硫化锌和硫酸钡的混合白色颜料，一般硫化锌含量为 $28\%\sim30\%$）或钛白粉（即二氧化钛，TiO_2）代替铅白 [即碱式碳酸铅 $2PbCO_3\cdot Pb(OH)_2$]。在防锈底漆中，用氧化铁红（Fe_2O_3）代替铅丹（Pb_3O_4）。

以无毒、低毒物料代替有毒、高毒物料有着十分广泛的发展前景，即使是某些被人们利用其毒性的物质，也可以采用这种代替。如人们利用农药的毒性治理田地中的虫害，同样可以研制出杀虫效率高，对人、畜毒性低的高效低毒农药。这种代替收效快，设备改动少，是值得重视和有实际意义的防毒措施。但是这种代替物必须比原用物的毒性低，货源应稳定充足，价格不能提高过多，也不能影响产品质量及作业效果。

(2) 改革工艺　改革工艺即在选择新工艺或改造旧工艺时，应尽量选用那些生产过程不产生（或少产生）有毒物质或将这些有毒物质消除在此生产过程中的工艺路线。在选择工艺路线时，应把有毒无毒作为权衡选择的主要条件，同时要把此工艺路线中所需的防毒措施费用纳入技术经济指标中。改革工艺大多是通过改动设备、改变作业方法或改变生产工序等，以达到不用或少用、不产生或少产生有毒物质。

重要的有机化工原料苯胺的生产，国内过去一直采用铁粉为还原剂，把硝基苯（$C_6H_5NO_2$）还原成苯胺（$C_6H_5NH_2$）。整个生产过程是间歇操作，时间长、耗能大，尤其是产生大量的铁泥废渣及废水，它们含有对人体危害极大的硝基苯和氨基苯。现在许多企业已采用了新兴的流态化技术，改用硝基苯氢气催化还原法制苯胺新工艺，从而使生产过程连续化、自动化，且大大减少了生产中毒物对人及环境的危害。

为了控制有毒物质的产生，还可以把干式作业改为湿式作业，如洒水、喷雾、洒入吸湿性盐类的水溶液等物，使粉尘固结；添加湿润剂，以改善有毒物质难湿润的性质等。又如燃料粉末可改成浆状或湿块状，减少其散逸，降低作业环境空气中的有毒物质的浓度。

在工业生产中，对于那些毒性大、卫生标准要求高、采取防毒措施又较为困难的生产过程，应尽可能地采用无毒、低毒工艺。这种工艺的变革涉及有毒作业的各行各业，随着科技的发展，行业之间的宣传和交流，这样的改革会获得越来越多的成功。

(3) 生产过程的密闭　防止有毒物质从生产过程中散发、外逸，关键在于生产过程的密闭程度。生产过程的密闭包括设备本身的密闭及投料、出料，物料的输送、粉碎、包装等过程有毒物质的不散逸。

设备本身密闭，就是将设备封严、封实。如橡胶加工中的塑炼和混炼，是在开炼机和密炼机中进行的，如果不密闭，则散发出大量有毒气体和烟尘。经改进后，配合其他机械操作，把设备密闭起来，用通风排毒措施解决操作中排出的有毒物质，改善了作业环境。如生产条件允许，应尽可能使密闭的设备内保持负压，以提高设备的密闭效果。

生产过程的投料、出料、运输等环节，也是防止毒物外逸的关键。对于气、液物料，往往用风机、泵等作为运输动力，依靠高位槽、管道作为投料、出料、运输的设施。对于固体物料，如工艺允许，可将固体熔化成液体；对于粉末固体物料，可采用软管真空加料法；如采用机械投料、出料，可将机械投料、出料装置密封起来；用密闭的脉冲除尘器代替原有的布袋除尘器等，尽可能实现生产连续化和机械化，以降低生产性毒物对人体的危害。

生产过程中的跑、冒、滴、漏现象，是造成有毒物质散逸、设备遭到腐蚀破坏以及发生急性中毒等事故的重要原因。消灭这些现象的关键，在于加强教育管理工作。然而实际生产中由于受生产条件限制而无法将设备完全密闭，或密闭的生产设备仍有毒物外逸时，应采用局部排风的办法，用排风罩将有毒物质从其发生源抽走。

(4) 隔离操作　隔离操作就是把工人操作的地点与生产设备隔离开来。隔离可以把生产设备放在隔离室内，采用排风装置使隔离室内保持负压状态，也可以把工人的操作地点放在隔离室内，采用向隔离室内输送新鲜空气的方法使室内处于正压状态。前者多用于防毒，而后者多用于防暑降温。当工人远离生产设备时，就要使用仪表控制生产或采用自行调节，以达到隔离的目的。

7.3.2　生产性毒物治理措施

工业生产中采用一系列的防毒技术预防措施后，仍然会有有毒物质散逸，如受生产条件限制使得设备无法完全密闭，或采用低毒代替高毒而并不是无毒代替高毒等，此时必须对作业环境进行治理，以达到国家卫生标准。

（1）通风排毒 通风排毒可分为局部排风和全面通风换气两种。局部排风是把有毒物质从发生源直接抽出去，然后净化回收；而全面通风换气则是用新鲜空气将作业场所中的有毒气体稀释，使有毒气体浓度符合国家卫生标准。采用通风排毒措施时，应尽可能地采用局部排风的方法。

局部排风系统是由排风罩、风道、风机、净化装置或排放装置等组成的。设计局部排风系统时，首要的问题是选择排风罩的形式、尺寸以及所需控制的风速，从而确定排风量，以及局部排风系统的设计。

全面通风换气适用于低毒物质，有毒气体散发源过于分散且散发量不大的情况，或虽有局部排风装置但仍有散逸的情况，全面通风换气可作为局部排风的辅助措施。采用全面通风换气措施时，应根据车间气流条件，使新鲜空气或污染较少的空气先流经工作地点，再去冲淡污染较严重的空气。也就是应使进风口接近工作地点，或有毒气体浓度较低的区域，而排风口应接近有毒气体的发生源。根据我国 GBZ 1—2010《工业企业设计卫生标准》规定，当数种溶剂（苯及其同系物或醇类或乙酸酯类）蒸气或数种刺激性气体（三氧化硫及二氧化硫或氟化氢及其盐类等）同时放散于空气中时，全面通风换气量应按各种气体分别稀释至卫生标准值所需要的空气量的总和计算。除上述有害物质的气体及蒸气外，其他有害物质同时散逸于空气中时，通风量应仅按需要空气量最大的有害物质计算。其计算公式如下：

$$L=\frac{M}{Y_s-Y_0} \tag{7-2}$$

式中 L——全面通风换气量，m^3/s；

M——有毒物质的散发量，mg/s；

Y_s——有毒物质的最高容许浓度，即卫生标准，mg/m^3；

Y_0——进风中有毒物质的浓度，mg/m^3。

应该指出，在生产中可能突然逸出大量有害物质或易造成急性中毒或易燃易爆的化学物质的作业场所，必须设计自动报警装置、事故通风设施，其通风换气次数不少于 12 次/h。事故排风装置的排出口，应避免影响居民和行人。

（2）净化回收 车间空气中有毒物质的净化回收，对于改善劳动条件和防止环境污染都有极为重要的意义。净化回收就是把有毒物质予以处理或回收，是"综合利用，化害为利"的一个重要方面。净化回收的方法，因车间空气中有毒物质的存在状态不同而不同：一类是气溶胶状态，即雾、烟、尘等微小颗粒分散在空气中构成的非均相系统；另一类是气体、蒸气状态，它们与空气呈分子状态均匀混合，构成均相系统。

7.3.3 个人防护

个人防护也是综合防毒措施之一。根据有毒物质进入人体的三条途径——呼吸道、皮肤和消化道，相应地采取各种有效措施保护劳动者。

7.3.3.1 皮肤防护

皮肤防护主要依靠个人防护用品，如工作服、工作帽、工作鞋、手套、口罩、眼镜等，这些防护用品可以避免有毒物质与人体皮肤的接触。对于外露的皮肤，则需涂抹皮肤防护剂。

由于工种不同，所以个人防护用品的性能也依工种的不同而有所区别。操作者应按工种要求穿用工作服等。对于裸露的皮肤，也应视其所接触的不同物质，涂抹相应的皮肤防护剂。

7.3.3.2 呼吸防护

呼吸防护是防止有毒物质由呼吸道进入人体引起职业性化学中毒的重要措施之一。但是，这种防护只是一种辅助性的保护措施，而根本的解决办法在于改善劳动条件，降低作业场所有毒物质的浓度。我国已经制定了呼吸防护用品的选用标准 GB/T 18664—2002《呼吸防护用品的选择、使用与维护》。

用于防毒的呼吸防护器材，大致可分为两类：过滤式防毒呼吸器和隔离式防毒呼吸器。

（1）过滤式防毒呼吸器　过滤式防毒呼吸器主要有过滤式防毒面具和过滤式防毒口罩。它们的主要部件是一个面具或口罩，后面接一个滤毒罐。它们的净化过程是先将吸入空气中的有害粉尘等物阻止在滤网外，过滤后的有毒气体再经滤毒罐进行化学或物理吸附（吸收）。滤毒罐中使用的吸附（收）剂可分为下列几类：活性炭、化学吸收剂、催化剂、纺织品等。

过滤式防毒面具是由面罩、吸气软管和滤毒罐组成的。使用时要注意以下几点。

① 面罩接头型号大小可分为五个型号，佩戴时要选择合适的型号，并检查面具及橡胶软管是否老化，气密性是否良好。

② 使用前要检查滤毒罐的型号是否适用，滤毒罐的有效期一般为两年，所以使用前要检查是否已失效。滤毒罐的进、出气口平时应盖严，以免受潮或与岗位低浓度有毒气体作用而失效。

③ 有毒气体浓度超过 1％或者空气中含氧量低于 18％时，不能使用。

过滤式防毒口罩的工作原理与防毒面具相似，采用的吸附（收）剂也基本相同，只是结构形式与大小等方面有些差异，使用范围有所不同，由于滤毒盒容量小，一般用以防御低浓度的有害物质。

使用防毒口罩时要注意以下几点。

① 注意口罩的型号应与预防的毒物相一致。

② 注意有毒物质的浓度和氧的浓度。

③ 注意使用时间。

（2）隔离式防毒呼吸器　所谓“隔离式”是指供气系统和现场空气相隔绝，因而可以在有毒物质浓度较高的环境中使用。隔离式防毒呼吸器主要有各种正压式空气呼吸器和各种蛇管式呼吸头盔。

正压式空气呼吸器广泛应用于消防、工矿企业等系统，为消防队员、抢险救灾人员、工矿企业作业人员在浓烟、蒸气、缺氧等各种恶劣环境中提供呼吸保护，避免吸入有毒气体，从而有效地进行灭火、抢险救灾救护和劳动作业。

蛇管式呼吸头盔是通过长管将较远地点的新鲜空气供人呼吸，这种面具又分为自吸式和送风式两种。前者是依靠使用人员自己吸入清洁空气，因此要求保证面罩的气密性好，软管不能过长，更不能发生吸气受阻现象，所以适用性不高。后者是将过滤后的压缩空气经减压再送入工作面盔，使盔内保持正压状态，以供人呼吸。送风面盔常用于目前尚无法采取防毒措施的地方，如工人到油罐或反应釜中工作，或在船舱内涂漆而又无法通风时。

7.3.4　应急救援

为预防急性职业性化学中毒事故的发生，《中华人民共和国职业病防治法》中明确规定：对可能发生急性职业损伤的有毒、有害工业场所，用人单位应当设置报警装置，配备现场急救药品、冲洗设备、应急撤离通道和必要的泄险区。应急救援主要内容如下。

（1）产生或可能存在毒物或酸碱等强腐蚀性物质的工作场所应设冲洗设施。

（2）酸、碱等高危液体物质储罐区周围应设置泄险沟（堰）。

（3）在生产中可能突然溢出大量有害物质或易造成急性中毒或存在易燃易爆的化学物质的室内作业场所，应设置事故通风装置及与事故排风相连接的泄漏报警装置。

（4）应结合生产工艺和毒物特性，在有可能发生急性职业性化学中毒的工作场所，设计自动报警或检测装置。

（5）可能存在或产生有毒物质的工作场所应根据有毒物质的理化特性和危害特点配备现场急救用品，设置洗眼喷淋设施、应急撤离通道、必要的泄险区以及风向标。

（6）生产或使用有毒物质的、有可能发生急性职业病危害的工业企业的劳动定员设计应包括应急救援组织机构（站）编制和人员定员。

（7）生产或使用剧毒或高毒物质的高风险工业企业应设置紧急救援站或有毒气体防护站。

（8）有可能发生化学性灼伤及经皮肤黏膜吸收引起急性中毒的工作地点或车间，应根据可能产生或存在的职业性有害因素及其危害特点，在工作地点就近设置现场应急处理设施。急救设施应包括：不断水的冲淋、洗眼设施，气体防护柜，个人防护用品，急救包或急救箱以及急救药品，转运病人的担架和装置，急救处理的设施，以及应急救援通信设备等。

（9）工业园区内设置的应急救援机构（站）应统筹考虑园区内各企业的特点，满足各企业应急救援的需要。

（10）对于生产或使用有毒物质的且有可能发生急性职业病危害的工业企业的卫生设计应制定应对突发职业性化学中毒的应急救援预案。

7.4　振动与噪声控制技术

7.4.1　振动控制技术

噪声污染是一种物理性污染，它的特点是局部性和无后效应。噪声源、传播途径和接收者三个环节是噪声控制中必须考虑的，相应的措施包括声源控制、传播途径控制和保护接收者三个方面。

7.4.1.1　动力吸振

动力吸振是振动控制常用方法之一，通过动力吸振器吸收主振动系统的振动能量，可达到降低主振动系统振动的目的。

（1）无阻尼动力吸振器　如图7-11所示的单自由度强迫振动系统，质量为M，刚度为K，在一个频率为ω、幅值为F_A的简谐外力激励下，系统将作强迫振动。对于无阻尼系统，可以得到质量块M的强迫振动振幅为：

$$A_0 = \frac{X_{st}}{1 - \left(\dfrac{\omega}{\omega_0}\right)^2} \tag{7-3}$$

式中，ω_0为振动系统的固有频率，$\omega_0 = \sqrt{K/M}$；X_{st}为质量块在非简谐外力F_A作用下发生的静位移，$X_{st} = F_A/K$。由式（7-3）可知，当激励频率ω接近或等于系统固有频率ω_0时，其振幅就变得很大。实际振动系统总是具有一定阻尼，因此振幅不可能为无穷大。在考虑系统的黏性阻尼C之后，其强迫振动的振幅则为：

$$\left[1 - \left(\frac{\omega}{\omega_0}\right)^2\right]^2 + \left(2 \times \frac{C}{C_0} \times \frac{\omega}{\omega_0}\right)^2 \tag{7-4}$$

式中，C_0为临界阻尼常数，$C_0 = 2\sqrt{MK}$。对于自由衰减振动系统，只有当系统阻尼小于临界阻尼时，才能够得到衰减振动的解；而当系统阻尼大于临界阻尼时，就得到非振动状态的解。

当系统阻尼很小时，动力吸振将是一个有效的办法。在主系统上附加一个动力吸振器，动力吸振器的质量为m，刚度为k。由主系统和动力吸振器构成的无阻尼二自由度系统的强迫振动方程的解为：

$$A = \frac{X_{st}[1-(\omega/\omega_0)^2]}{[1-(\omega/\omega_b)^2][1+k/K-(\omega/\omega_0)^2]-k/K}$$

$$B = \frac{X_{st}}{[1-(\omega/\omega_b)^2][1+k/K-(\omega/\omega_0)^2]-k/K} \tag{7-5}$$

式中，A 为主振动系统强迫振动振幅；B 为动力吸振器附加质量块的强迫振动振幅，$\omega_b=\sqrt{k/m}$ 为动力吸振器的固有频率。这个二自由度系统的固有频率可以通过式(7-5) 的分母为零得到：

$$\omega_{1,2}^2 = \frac{\omega_0^2}{2}\left[1+\lambda^2+\mu\lambda^2\pm\sqrt{(1-\lambda^2)^2+\mu^2\lambda^4+2\mu\lambda^2(1+\lambda^2)}\right] \tag{7-6}$$

式中，ω_0 为主振动系统的固有频率，$\omega_0=\sqrt{K/M}$；μ 为吸振器与主振系的质量比，$\mu=m/M$，λ 为吸振器与主振系的固有频率之比，$\lambda=\omega_b/\omega_0$。

如果激振力的频率恰好等于吸振器的固有频率，则主振系质量块的振幅将变为零，而吸振器质量块的振幅为：

$$B = -\frac{K}{k}X_{st} = -\frac{F_A}{k} \tag{7-7}$$

此时，激振力激起动力吸振器的共振，而主振动系统保持不动，这就是动力吸振器名称的来由。

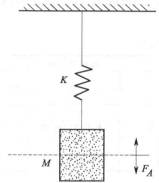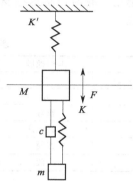

图 7-11　单自由度强迫振动系统　　　　图 7-12　附加阻尼动力吸振器的强迫振动系统

(2) 阻尼动力吸振器　如果在动力吸振器中设计一定的阻尼，可以有效拓宽其吸振频带。如图 7-12 所示，在主振系上附加一阻尼动力吸振器，吸振器的阻尼系数为 c，则可以得到主振系的质量块和吸振器的质量块分别对应的振幅为：

$$A = X_{st}\sqrt{\frac{(2\beta f)^2+(f-\lambda)^2}{(2\beta f)^2[(1+\mu)f^2-1]^2+[\mu\lambda^2 f^2-(f^2-1)(f^2-\lambda^2)]^2}}$$

$$B = X_{st}\sqrt{\frac{(2\beta f)^2+\lambda^2}{(2\beta f)^2[(1+\mu)f^2-1]^2+[\mu\lambda^2 f^2-(f^2-1)(f^2-\lambda^2)]^2}} \tag{7-8}$$

式中，A 为主振动系统强迫振动振幅；B 为动力吸振器附加质量块的强迫振动振幅。其中，各主要参数为：归一化频率 $f=\omega/\omega_0$，固有频率比 $\lambda=\omega_b/\omega_0$，临界阻尼比 $\beta=c/2\sqrt{mk}$，质量比 $\mu=m/M$。

与无阻尼动力吸振器不同的是，阻尼动力吸振器不受频带的限制，因此被称为宽带吸振器。

7.4.1.2　振动隔离

机械设备在运转时将不可避免地产生振动：一方面直接向外辐射噪声，另一方面以弹性波的形式通过与之相连的结构向外传播，并在传播的过程中向外辐射噪声。

（1）隔振原理

① 隔振的分类　隔振就是在振动源与地基、地基与需要防振的机器设备之间安装具有定弹性的装置，使得振动源与地基之间或设备与地基之间的近刚性连接成为弹性连接，以隔离或减少振动能量的传递，达到减振降噪的目的。根据隔振目的的不同，通常将隔振分为积极隔振和消极隔振两类。

② 隔振的评价　描述和评价隔振效果的物理量中最常用的是振动传递系数 T。传递系数是通过隔振元件传递的力与扰动力之间的比值，或传递的位移与扰动之间的比值，即：

$$T = \left| \frac{传递力幅值}{扰动力幅值} \right| = \left| \frac{传递位移幅值}{扰动位移幅值} \right|$$

如果 T 越小，说明通过隔振元件传递的振动越小，隔振效果越好。如果 $T=1$，则表明干扰全部被传递，没有隔振效果，在地基与设备之间不采取隔振措施就是这类情形；如果地基与设备之间采用隔振装置，使得 $T<1$，则说明扰动只被部分传递，起到了一定的隔振效果；如果隔振系统设计失败，也可能出现 $T>1$ 的情形，这时振动被放大。

（2）常用隔振器及其应用　工程实践中，凡是能够支撑运动设备动力载荷，具有良好弹性恢复性能的材料或装置，都可以作为隔振材料或隔振元件使用。常用的隔振材料有钢弹簧、橡胶、软木、毛毡类等。此外，还有空气弹簧、液体弹簧等。表 7-4 是各类材料的性能比较，可以根据需要选用，有时也将这些材料复合使用以满足要求，如钢弹簧-橡胶隔振器就是一种常用的隔振装置。

表 7-4　常见隔振材料的性能比较

性能	剪切橡胶	金属弹簧	软木	玻璃纤维板	气垫
最低自振频率/Hz	3	1	10	7	0.2
横向稳定性	好	差	好	好	好
抗腐蚀老化性	较好	最好	较差	较好	较好
应用广泛程度	广泛应用	广泛应用	不够广泛	手工部门应用	极少应用
施工与安装	方便	较方便	方便	不方便	不方便
造价	一般	较高	一般	较高	高

① 钢弹簧隔振器　钢弹簧隔振器是常用的一种隔振器。它有螺旋弹簧式隔振器和板条式钢板隔振器两种类型，如图 7-13 所示。

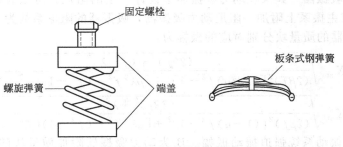

图 7-13　钢弹簧隔振器

② 橡胶隔振器　橡胶隔振器也是工程中常用的一种隔振装置。橡胶隔振器最大的优点是本身具有一定的阻尼，在共振点附近有较好的隔振效果。橡胶隔振器通常采用硬度和阻尼合适的橡胶材料制成，根据承力条件的不同，可以分为压缩型、剪切型、压缩剪切复合型等。

③ 空气弹簧　空气弹簧也称气垫。这类隔振器的隔振效率高，固有频率低，通常在 1Hz以下，而且具有黏性阻尼，因此具有良好的隔振性能。当负荷振动时，空气在空气室与储气室

间流动。可通过阀门调节压力。

工程应用中除单独使用某种隔振材料外，也常将几种隔振材料结合使用，如应用最多的有钢弹簧-橡胶复合式减振器、软木-弹簧隔振装置及毡类-弹簧隔振装置等，这些隔振装置综合了不同材料的优点。

（3）防震沟　在振动波传播的途径上挖沟，以阻止振动的传播，这种沟称为防振沟。如果振动是以在地面传播的表面波为主，该方法十分有效。一般来说，防振沟越深，隔振效果越好。沟的宽度对隔振效果影响不大。防振沟中间以不填材料为佳，若为了防止其他物体落入沟内，可适当填些松散的锯末、膨胀珍珠岩等材料。

7.4.1.3　阻尼减振

对于薄板类结构振动及其辐射噪声，如管道、机械外壳、车船体和飞机外壳等，在其结构表面涂贴阻尼材料也能达到明显的减振降噪效果，这种振动控制方式称为阻尼减振。

（1）阻尼减振原理　阻尼是指系统损耗能量的能力。从减振的角度看，就是将机械振动的能量转变成热能或其他可以损耗的能量，从而达到减振的目的。阻尼技术就是充分运用阻尼耗能的一般规律，从材料、工艺、设计等各项技术问题上发挥阻尼在减振方面的潜力，以提高机械结构的抗振性、降低机械产品的振动、增强机械与机械系统的动态稳定性。

（2）阻尼的产生机理　从工程应用的角度讲，阻尼的产生机理就是将广义振动的能量转换成可以损耗的能量，从而抑制振动、冲击、噪声。从物理现象上区分，阻尼可以分为以下五类：工程材料的内阻尼；流体的黏滞阻尼；接合面阻尼与库仑摩擦阻尼；冲击阻尼；磁电效应阻尼。

（3）阻尼材料　衡量材料阻尼特性的参数是材料损耗因子。大多数阻尼材料的损耗因子随环境条件变化而变化。特别是温度和频率对损耗因子具有重要影响。不同的阻尼材料有不同的性能曲线，适用于不同的使用环境，表 7-5 是各种阻尼材料分类。

表 7-5　常见阻尼材料分类

项目	分类	用途
按用途分类	用于减振的平板型及压敏型材料 用于噪声控制的泡沫多孔材料 用于减振降噪的复合型材料 用于特殊工作环境的特种材料	
按材料性质分类	黏弹类阻尼材料	阻尼橡胶 阻尼塑料
	金属类阻尼材料	阻尼合金 复合阻尼钢板
	液体阻尼材料	阻尼油料 阻尼涂料
	沥青型阻尼材料	

（4）阻尼基本结构及其应用　阻尼减振技术是通过阻尼结构得以实施的，而阻尼结构又是各种阻尼基本结构与实际工程结构相结合而组成的。阻尼基本结构大致可分为离散型的阻尼器件和附加型的阻尼结构。

离散型阻尼器件可分为两类：一类是应用于振动隔离的阻尼器件，如金属弹簧减振器、弹性材料减振器、空气弹簧减振器、干摩擦减振器等；另一类是应用于吸收振动的阻尼器件，如阻尼吸振器、冲击阻尼吸振器等。附加型阻尼结构可大致分为三类：第一类是直接黏附阻尼结构，如自黏附阻尼结构、约束层阻尼结构、多层的约束阻尼结构、插条式阻尼结构等；第二类是直接附加固定的阻尼结构，如封砂阻尼结构、空气挤压薄膜阻尼结构；第三类是直接固定组合的阻尼结构，如接合阻尼结构等。

7.4.2 噪声控制技术

7.4.2.1 消声技术

消声器是噪声控制工程中常用的一种装置，一般用于控制空气动力性噪声，其特点是能有效地阻止或减弱噪声向外传播，通常安装于空气动力设备的气流进出口或气流通道上。

(1) 消声器分类 不同消声器的消声原理是不同的，消声效果也不同。

阻性消声器是一种能量吸收性消声器，通过在气流通过的途径上固定多孔性吸声材料，利用多孔吸声材料对声波的摩擦和阻尼作用将声波能量转化为热能，达到消声的目的。抗性消声器则利用声波的反射和干涉效应等，通过改变声波的传播特性，阻碍声波能量向外传播。

鉴于阻性消声器和抗性消声器各自的特点，因此常将它们组合成阻抗复合型消声器，以同时得到高、中、低频率范围内的消声效果，如微穿孔板消声器就是典型的阻抗复合型消声器。其优点是耐高温、耐腐蚀、阻力小等；缺点是加工复杂、造价高。

(2) 消声器性能评价 消声器的性能评价主要采用三项指标，即声学性能、空气动力性能、结构性能。

① 消声器声学性能 消声器的声学性能包括消声量的大小、消声频带范围的宽窄两个方面。设计消声器的目的就是要根据噪声源的特点和频率范围，使消声器的消声频率范围满足需要，并尽可能地在要求的频带范围内获得较大的消声量。

消声器的声学性能可以用各频带内的消声量来表征。通常有四种度量方法：传声损失 L_{TL}、末端降噪量 L_{NR}、插入损失 L_{IL} 和声衰减 ΔL_A。

② 空气动力性能 消声器的空气动力性能是评价消声性能好坏的另一项重要指标，它反映了消声器对气流阻力的大小，也就是安装消声器后输气是否通畅，对风量有无影响，风压有无变化。消声器的空气动力性能用阻力系数或阻力损失来表示。

阻力系数是指消声器安装前后的全压差与全压之比，对于确定的消声器，其中阻力系数为定值。阻力系数的测量比较麻烦，一般只在专用设备上才能测得。

阻力损失，简称阻损，是指气流通过消声器时，在消声器出口端的流体静压比进口端降低的数值。很显然，一个消声器的阻损大小是与使用条件下的气流速度大小有密切关系的。消声器的阻损能够通过实地测量求得，也可以根据公式进行估算。阻损分为两大类：一类是摩擦阻力；另一类是局部阻力。

③ 结构性能 消声器结构性能是指它的外形尺寸、坚固程度、维护要求、使用寿命等，它也是评价消声器性能的一项指标。

好的消声器除应有好的声学性能和空气动力性能之外，还应该体积小、重量轻、结构简单、造型美观、加工方便，同时要具有坚固耐用、使用寿命长、维护简单和造价便宜等特点。

评价消声器的上述三个方面的性能，既互相联系又互相制约。从消声器的消声性能考虑，当然在所需频率范围内的消声量越大越好，但是同时必须考虑空气动力性能的要求。例如，汽车上的排气消声器如果阻损过大，会使功率损失增加，甚至影响车辆行驶。在兼顾消声器声学性能和空气动力性能的同时，还必须考虑结构性能的要求，不但要耐用，还应避免体积过大、安装困难等情况。在实际运用中，对这三方面的性能要求，应根据具体情况做具体分析，并有所侧重。

7.4.2.2 隔声技术

(1) 隔声原理 当声波在传播途径中遇到均质屏障物（如木板、金属板、墙体等）时，由于介质特性阻抗的变化，使部分声能被屏障物反射回去并被屏障物吸收，只有一部分声能可以透过屏障物辐射到另一空间去，透射声能仅是入射声能的一部分。由于传出来的声能总是或多或少地小于传进来的能量，这种由屏障物引起的声能降低的现象称为隔声。具有隔声能力的屏障物称为隔声结构或隔声构件。

隔声构件隔声量的大小与隔声构件的材料、结构和声波的频率有关。

① 质量定律　隔声构件的性质、结构形式是很多的。墙的单位面积质量越大，隔声效果越好；单位面积每增加一倍，隔声量增加 6dB。这一规律通常称为质量定律。

② 吻合效应　实际上的单层均质密实墙都是具有一定刚度的弹性板，在被声波激发后，会产生受迫弯曲振动。如果板在斜入射声波激发下产生的受迫弯曲波的传播速度 c_p 等于板固有的自由弯曲波的传播速度 c_b，则称为发生了"吻合"。这时板就非常"顺利"地跟随入射声波弯曲，使入射声能大量地透射到另一侧去，称为吻合效应。

③ 单层均质墙的隔声性能　单层均质密实墙的隔声性能和入射声波的频率有关，其频率特性取决于墙本身的单位面积质量、刚度、材料的内阻尼以及墙的边界条件等因素。频率从低端开始，板的隔声受刚度控制，隔声量随频率增加而降低；随着频率的增加，质量效应增大，在某些频率下，刚度和质量效应共同作用而产生共振现象，图 7-14 中 f_0 为共振基频，这时板振动幅度很大，隔声量出现极小值，隔声量大小主要取决于构件的阻尼，故称为阻尼控制；当频率继续增高，则质量起主要控制作用，这时隔声量随频率增加而增加；而在吻合临界频率 f_c 处，隔声量有一个较大的降低，形成一个隔声量低谷，通常称为吻合谷。

④ 双层墙的隔声性能　若在两层墙间夹以一定厚度的空气层，其隔声效果会优于单层实心结构，从而突破质量定律的限制。两层均质墙与中间所夹一定厚度的空气层所组成的结构，称为双层墙。

一般情况下，双层墙比单层均质墙隔声量大 5～10dB；如果隔声量相同，双层墙的总重比单层墙减少 2/3～3/4。这是由于空气层的作用提高了隔声效果。其机理是当声波透过第一层墙时，由于墙外及夹层中空气与墙板特性阻抗的差异，造成声波的两次反射，形成衰减，并且由于空气层的弹性和附加吸收的作用，使振动的能量衰减较大，然后再传给第二层墙，又发生声波的两次反射，使透射声能再次减少，因而总的投射损失更多。

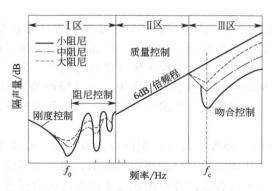

图 7-14　单层均质墙典型隔声频率特性曲线

（2）隔声间　由不同隔声构件组成的具有良好隔声性能的房间称为隔声间。隔声间的结构根据实际情况形状各异，但不外乎封闭式和半封闭式两种。隔声间除需要有足够隔声量的墙体外，还要具有隔声性能的门和窗。通常门或窗的隔声量总比隔墙差一些。我们把具有门、窗等不同隔声构件的墙体称为组合墙。

单纯提高墙的隔声量对提高组合墙的隔声量作用不大，也不经济，因此常采用双层或多层结构来提高门窗的隔声量。门窗的隔声能力与组合墙的隔声能力关系很大，因为它不同于一般的门窗结构，需要用双层或多层复合隔声板制成，而且必须在碰头缝处进行密封，这种特殊的门窗称为隔声门、隔声窗。不同构造的隔声门窗的隔声量见表 7-6 和表 7-7。

表 7-6 门的隔声量

构造/mm	隔声量/dB						
	125Hz	250Hz	500Hz	1000Hz	2000Hz	4000Hz	平均
三合板门,扇厚 45	13.4	15	15.2	19.7	20.6	24.5	16.8
三合板门,扇厚 45,上开一小观察孔,玻璃厚 3	13.6	17	17.7	21.7	22.2	27.7	18.8
重塑木门,四周用橡胶和毛毡密封	30	30	29	25	26		27
分层木门,密封	20	28.7	32.7	35	32.8	31	31
分层木门,不密封	25	25	29	29.5	27	26.5	27
双层木板实拼门,板厚共 100	15.4	20.8	27.1	29.4	28.9		29
钢板门,厚 6	25.1	26.7	31.1	36.4	31.5		35

表 7-7 窗的隔声量

构造/mm	隔声量/dB						
	125Hz	250Hz	500Hz	1000Hz	2000Hz	4000Hz	平均
单层玻璃窗,玻璃厚 3~6	20.7	20	23.5	26.4	22.9		22±2
单层固定窗,玻璃厚 6.5,四周用橡胶密封	17	27	30	34	38	32	29.7
单层固定窗,玻璃厚 15,四周用腻子密封	25	28	32	37	40	50	35.5
双层固定窗	20	17	22	35	41	38	28.8
有一层倾斜玻璃双层窗	28	31	29	41	47	40	35.5
三层固定窗	37	45	42	43	47	56	45

(3) 隔声罩 将噪声源封闭在一个相对较小的空间内,以减少向周围辐射噪声的罩状壳体,称为隔声罩。这是在声源处控制噪声的有效措施。隔声罩通常是兼有隔声、吸声、阻尼、隔振和通风、消声等功能的综合结构体。

7.4.2.3 吸声技术

在降噪措施中,吸声是一种有效的方法,因而在工程中被广泛应用。采用吸声手段改善噪声环境时,通常有两种处理方法:一种是采用吸声材料;另一种是采用吸声结构。

(1) 吸声原理与应用

① 吸声降噪原理 在房间中,由于声波传播中受到壁面的多次反射而形成混响声,混响声的强弱与房间壁面对声音的反射性能密切相关。壁面材料的吸声系数越小,对声音的反射能力越大,混响声相应越强,噪声源产生的噪声级就提高得越多。为了降低混响声,通常用吸声材料装饰在房间壁面或在房间中挂一些空间吸声体。当从噪声源发出的噪声碰到这些材料时,被吸收一部分,从而使总噪声级降低。目前在一般建筑和工业建筑中,广泛应用这种吸声处理方法。

② 吸声量 工程上评价一种吸声材料的实际吸声效果时,通常采用吸声量进行评价。吸声量的定义为吸声系数与所使用吸声材料的面积的乘积,用 A 来表示,单位为 m^2。当评价某空间的吸声量时,需要对空间内各吸声处理面积与吸声系数的乘积进行求和。得到该空间的总吸声量为:

$$A = \sum S_i \alpha_i \tag{7-9}$$

(2) 吸声材料 采用吸声材料进行声学处理也是最常用的吸声降噪措施。工程上具有吸声作用并有工程应用价值的材料多为多孔性吸声材料,而穿孔板等具有吸声作用的材料,通常被归为吸声结构。多孔吸声材料种类很多,按成型形状可分为制品类和砂浆类;按照材料可以分为玻璃棉、岩棉、矿棉等;按多孔性形成机理及结构状况又可分为三种:纤维状、颗粒状和泡沫塑料等。

(3) 常用的吸声材料的吸声特性 表 7-8 是采用驻波管法测定得到的常用建筑材料的吸声系数。

表 7-8　常用建筑材料的吸声系数

建筑材料	吸声系数					
	125Hz	250Hz	500Hz	1000Hz	2000Hz	4000Hz
普通砖	0.03	0.03	0.03	0.04	0.05	0.07
涂漆砖	0.01	0.01	0.02	0.02	0.02	0.03
混凝土块	0.36	0.44	0.31	0.29	0.39	0.25
涂漆混凝土块	0.10	0.05	0.06	0.07	0.09	0.08
混凝土	0.01	0.01	0.02	0.02	0.02	0.02
木料	0.15	0.11	0.10	0.07	0.06	0.07
灰泥	0.01	0.02	0.02	0.03	0.04	0.05
大理石	0.01	0.01	0.02	0.02	0.02	0.03
玻璃窗	0.15	0.10	0.08	0.08	0.07	0.05

（4）吸声结构　吸声处理中较常采用的措施就是采用吸声结构。吸声结构的吸声机理就是利用亥姆霍兹共振吸声原理。

① 共振吸声原理　亥姆霍兹共振吸声器示意图及等效线路图如图 7-15 所示。

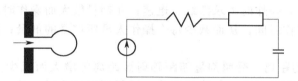

图 7-15　亥姆霍兹共振吸声器示意图及等效线路图

当声波入射到亥姆霍兹共振吸声器的入口时，容器内口的空气受到激励，将产生振动。容器内的介质将产生压缩或膨胀变形。根据等效线路图分析，可以得到单个亥姆霍兹共振吸声器的等效声阻抗为：

$$Z_a = R_a + j\left(M_a\omega - \frac{1}{C_a\omega}\right) \tag{7-10}$$

式中，Z_a 为声阻抗；R_a 为声阻；M_a 为亥姆霍兹共振吸声器的声质量，$M_a = \rho_0 l/S$，其中，ρ_0 为空气密度，l 为入口管长度，S 为入口管面积；C_a 为亥姆霍兹共振吸声器的声顺，$C_a = V_0/(\rho_0 c_0^2)$，其中，V_0 为容器体积。由上式可以得到亥姆霍兹共振吸声器的共振频率为：

$$f_0 = \frac{c_0}{2\pi}\sqrt{\frac{S}{V_0 l}} \tag{7-11}$$

亥姆霍兹共振吸声器达到共振时，其声抗最小，振动速度达到最大，对声的吸收也达到最大。

② 常用吸声结构　工程中常用的吸声结构有空气层吸声结构、薄膜共振吸声结构和板共振吸声结构、穿孔板吸声结构、微穿孔板吸声结构、吸声尖劈等，其中最简单的吸声结构就是吸声材料后留空气层的吸声结构。

7.5　辐射防护技术

辐射对人体的照射方法分为外照射和内照射两类。当放射性核素经由食入、吸入、皮肤黏膜或伤口进入体内时，在体内衰变释放粒子、光子等作用于机体的称为内照射；体外电离辐射源释放出粒子、光子作用于机体的称为外照射。与此相应，辐射防护分为外照射防护和内照射防护两类。内、外照射的不同特点见表 7-9。

表 7-9　内、外照射的不同特点

照射方式	辐射源类型	危害方式	常见致电离粒子	照射特点
内照射	多见开放源	电离、化学毒性	α 射线、β 射线	持续
外照射	多见封闭源	电离	高能 β 射线、电子、γ 射线、X 射线、中子	间断

7.5.1　外照射防护的基本方法

（1）外照射防护的基本原则　根据外照射的特点，外照射防护的基本原则是尽量减少或避免射线从外部对人体的照射，使之所受照射不超过国家规定的剂量限值。

（2）外照射防护的基本方法　外照射防护可以归纳为三种基本方法，即可以采用以下三种办法中的一种或它们的综合：尽量缩短受照时间；尽量增大与辐射源的距离；在人和辐射源之间设置屏蔽物。这三种基本方法亦称时间防护、距离防护和屏蔽防护。时间、距离、屏蔽一般也称为外照射防护三要素。

① 减少接触放射源的时间　在剂量率一定的情况下，人体所接受辐射的剂量与受照时间成正比，受照时间越长，所受累积剂量也越大。因此，在保证按要求完成工作任务的前提下，应尽可能地缩短人员与放射源接触的时间，这称为时间防护。具体方法很多，如在操作放射源之前，做好充分的准备，操作时力求熟练、迅速；在剂量较大而操作时间又很长时，可采用轮班操作，限制每人的操作时间，从而减少每个操作人员所接受的剂量；避免在放射源旁边做不必要的停留。

② 增大与辐射源的距离　受照剂量随距辐射源距离的增大而减少。对发射 γ 射线的点状源来源，当空气和周围物质对于 γ 射线的吸收、散射可以忽略时，某一点的照射量率与放射源距离的平方成反比，这种方法称为距离防护。具体的方法也是多种多样的，如用各种长柄的操作器械和机械手进行远距离操作，人员经常活动的场所与放射源之间保持足够的距离，操作台也要与放射源有一定的间隔等。

③ 设置屏蔽　如操作强辐射源时，单靠缩短时间和增大距离往往还满足不了安全防护的要求，此时需要在人体与辐射源之间设置一种或几种足够厚度的防护屏障，使之在某一指定点上由源产生的剂量率降低到有关标准所规定的限值以下，这种方法称为屏蔽防护。选择哪种屏蔽材料，取用多大厚度，除取决于射线种类和能量、源的活度及工作时间等因素外，还要从实际出发，注意选择价格便宜、来源方便的材料。根据防护要求不同，屏蔽物可以是固定式的，也可以是移动式的。固定式的如墙壁、局部防护墙、地板、天花板、观察窗、水井等；移动式的如铅砖、各种包装容器、屏风等。

另外，应当注意到任何辐射防护与空气相互作用，会产生臭氧、氮氧化物等有害气体；高能带电粒子束、光子束或中子束照射到物质上，可能会产生感生放射性。所以，在应用外照射辐射源时，除外照射防护外，还需注意采取相应的措施，防止内照射、有害气体等对人体的损害。

屏蔽材料的选择原则是：在选择屏蔽材料时，必须充分注意各种辐射与物质相互作用的差别。材料选择不当，不仅在经济上造成浪费，更重要的是还在屏蔽效果上适得其反。例如，对 β 射线辐射选择屏蔽材料时，必须先用低 Z（质子数）材料置于近 β 射线辐射源的一侧，然后视情况，在其后附加高 Z 材料。如果次序颠倒，由于 β 射线在高 Z 材料中比低 Z 材料中能产生更强的韧致辐射，结果形成一个相当强的新的 X 射线辐射源。又如利用电子直线加速器建成一个强 X 射线辐射源，那就要选用高 Z 材料靶子，既可屏蔽电子束，又能形成一个较强的 X 射线辐射源。

可用的屏蔽材料种类繁多，需要根据具体情况来选择，总的原则是根据辐射的类型和应用的特点来选择，同时又要考虑经济代价和材料的容易获得。

7.5.2 内照射防护的基本方法

(1) 内照射防护的基本原则 根据内照射的特点，制定各种规章制度，采取各种有效措施，阻断放射性物质进入人体的各种途径，在最优化原则的范围内，使摄入量减少到尽可能低的水平。

(2) 内照射防护的基本方法 从事非密封源的操作时，除应考虑缩短操作时间、增大与辐射源距离和设置防护屏障，以防止射线对人体过量的外照射，还应考虑防止放射性物质通过吸入、食入、皮肤渗入和伤口侵入进入人体所造成的内照射危害。

根据放射性物质进入人体的途径，内照射防护的基本方法是"包容、隔离"和"净化、稀释"，以及"遵守规章制度、做好个人防护"。

① 包容、隔离 包容是指在操作过程中，将放射性物质密闭起来，如采用通风橱、手套箱等均属于这一类措施，操作高活度放射性物质时，应在密闭的热室内用机械手操作，这样使之与工作场所的空气隔绝。

隔离就是分隔，根据放射性核素的毒性大小、操作量多少和操作方式等将工作场所进行分级、分区管理。

在污染控制中，包容、隔离是主要的，特别是在放射性毒性高、操作量大的情况下更为重要。开放型放射性工作场所空气污染是造成工作人员内照射的主要途径，必须引起足够的重视，采取良好的密封隔离措施，尽量避免或减少空气被放射性物质污染。

② 净化、稀释 净化就是采取吸附、过滤、除尘、凝聚沉淀、粒子交换、蒸发、去污等方法，尽量降低空气、水中放射性物质浓度、降低物体表面放射性污染水平。

稀释就是在合理控制下，利用干净的空气或水使空气或水中的放射性物质的浓度降低至控制水平以下。

净化与稀释，首先要净化，将放射性物质充分浓集，然后将剩余的水平较低的含放射性物质的空气或水进行稀释，经监测符合国家标准，并经审管部门批准后，才可排放。

在开放型放射操作中，"包容、隔离"和"净化、稀释"往往联合使用。如在高度性放射操作中，要在密闭手套箱中进行，把放射性物质包容在一定范围内以限制可能被污染的体积和表面。同时要在操作的场所进行通风，把工作场所中可能被污染的空气通过过滤净化经烟囱排放到大气中得到稀释，从而使工作场所空气中放射性物质浓度控制在一定水平以下。

③ 遵守规章制度、做好个人防护 工作人员操作放射性物质时，必须遵守相关的规章制度。制定切实可行而又符合安全标准的规章制度，并付诸严格执行，是减少事故发生、及时发现事故和控制事故蔓延扩大的重要措施之一。

正确使用个人防护用具也是非常重要的防护手段。供从事放射工作使用的防护用具，不但应满足一般劳动卫生要求，而且必须满足辐射防护的特殊要求。

参 考 文 献

[1] 胡兴志，罗建国．机电安全工程 [M]．北京：国防工业出版社，2016.
[2] 孙世梅．机电安全技术 [M]．北京：中国建筑工业出版社，2016.
[3] 刘双跃．机电安全工程 [M]．北京：冶金工业出版社，2015.
[4] 李刚．电气安全 [M]．沈阳：东北大学出版社，2011.
[5] 钮英建．电气安全工程 [M]．北京：中国劳动社会保障出版社，2009.
[6] 刘爱群，廖可兵．电气安全技术 [M]．北京：中国矿业大学出版社，2014.
[7] 梁慧敏，张奇，白春华．电气安全工程 [M]．北京：北京理工大学出版社，2010.
[8] 刘道华．压力容器安全技术 [M]．北京：中国石化出版社，2009.
[9] 张万岭．特种设备安全 [M]．北京：中国计量出版社，2006.
[10] 蒋军成．化工安全 [M]．北京：机械工业出版社，2008.
[11] 蒋军成，虞汉华．危险化学品安全技术与管理 [M]．北京：化学工业出版社，2005.
[12] 邵辉．化工安全 [M]．北京：冶金工业出版社，2012.
[13] 毕明树，周一卉，孙洪玉．化工安全工程 [M]．北京：化学工业出版社，2014.
[14] 张乃禄，肖荣鸽．油气储运安全技术 [M]．西安：西安电子科技大学出版社，2013.
[15] 陈宝智．矿山安全工程 [M]．北京：冶金工业出版社，2009.
[16] 金龙哲．矿山安全工程 [M]．北京：机械工业出版社，2011.
[17] 金龙哲，宋存义．安全科学技术 [M]．北京：化学工业出版社，2004.
[18] 宋守信，谭南林．交通安全运输安全技术 [M]．北京：中国劳动社会保障出版社，2012.
[19] 王燕，彭金栓．交通运输安全系统工程 [M]．长沙：中南大学出版社，2014.
[20] 肖贵平，朱晓宁．交通安全工程 [M]．第2版．北京：中国铁道出版社，2011.
[21] 王华伟，吴海桥．航空安全工程 [M]．北京：科学出版社，2014.
[22] 郝勇．个人安全与社会责任 [M]．武汉：武汉理工大学出版社，2013.
[23] 杨金铎．建筑防灾与减灾 [M]．北京：中国建材工业出版社，2002.
[24] 武明霞．建筑安全技术与管理 [M]．北京：机械工业出版社，2007.
[25] 李英姬，齐良锋．建筑施工安全技术 [M]．北京：中国建筑工业出版社，2012.
[26] 吴庆洲．建筑安全 [M]．北京：中国建筑工业出版社，2007.
[27] 武明霞．建筑安全技术与管理 [M]．北京：机械工业出版社，2007.
[28] 李英姬，齐良锋．建筑施工安全技术 [M]．北京：中国建筑工业出版社，2012.
[29] 李钰．建筑施工安全 [M]．北京：中国建筑工业出版社，2009.
[30] 李钰，王春肯．建筑消防工程学 [M]．徐州：中国矿业大学出版社，2012.
[31] 张荣．职业安全教育 [M]．北京：化学工业出版社，2009.
[32] 袁昌明，张晓冬，章保东．工业防毒技术 [M]．北京：冶金工业出版社，2006.
[33] 孙宝林．工业防毒技术 [M]．北京：中国劳动社会保障出版社，2008.
[34] 王建龙，何仕均．辐射防护基础教程 [M]．北京：清华大学出版社，2012.
[35] 陈万金，陈燕俐，蔡捷．辐射及其安全防护技术 [M]．北京：化学工业出版社，2005.
[36] 盛美萍，王敏庆，孙进才．噪声与振动控制技术基础 [M]．第2版．北京：科学出版社，2007.
[37] 陈卫红，邢景才，史廷明．粉尘的危害与控制 [M]．北京：化学工业出版社，2005.